Die Maschine: Freund oder Feind?

AF130823

Caja Thimm · Thomas Christian Bächle
(Hrsg.)

Die Maschine: Freund oder Feind?

Mensch und Technologie im digitalen Zeitalter

Hrsg.
Caja Thimm
Universität Bonn
Abteilung für Medienwissenschaft
Bonn, Deutschland

Thomas Christian Bächle
Alexander von Humboldt Institut für
Internet und Gesellschaft (HIIG)
Berlin, Deutschland

ISBN 978-3-658-22953-5   ISBN 978-3-658-22954-2   (eBook)
https://doi.org/10.1007/978-3-658-22954-2

Die Deutsche Nationalbibliothek verzeichnet diese Publikation in der Deutschen Nationalbiblio-
grafie; detaillierte bibliografische Daten sind im Internet über http://dnb.d-nb.de abrufbar.

Springer VS
© Springer Fachmedien Wiesbaden GmbH, ein Teil von Springer Nature 2019
Das Werk einschließlich aller seiner Teile ist urheberrechtlich geschützt. Jede Verwertung, die
nicht ausdrücklich vom Urheberrechtsgesetz zugelassen ist, bedarf der vorherigen Zustimmung
des Verlags. Das gilt insbesondere für Vervielfältigungen, Bearbeitungen, Übersetzungen,
Mikroverfilmungen und die Einspeicherung und Verarbeitung in elektronischen Systemen.
Die Wiedergabe von allgemein beschreibenden Bezeichnungen, Marken, Unternehmensnamen
etc. in diesem Werk bedeutet nicht, dass diese frei durch jedermann benutzt werden dürfen. Die
Berechtigung zur Benutzung unterliegt, auch ohne gesonderten Hinweis hierzu, den Regeln des
Markenrechts. Die Rechte des jeweiligen Zeicheninhabers sind zu beachten.
Der Verlag, die Autoren und die Herausgeber gehen davon aus, dass die Angaben und
Informationen in diesem Werk zum Zeitpunkt der Veröffentlichung vollständig und korrekt
sind. Weder der Verlag, noch die Autoren oder die Herausgeber übernehmen, ausdrücklich oder
implizit, Gewähr für den Inhalt des Werkes, etwaige Fehler oder Äußerungen. Der Verlag bleibt
im Hinblick auf geografische Zuordnungen und Gebietsbezeichnungen in veröffentlichten Karten
und Institutionsadressen neutral.

Springer VS ist ein Imprint der eingetragenen Gesellschaft Springer Fachmedien Wiesbaden
GmbH und ist ein Teil von Springer Nature
Die Anschrift der Gesellschaft ist: Abraham-Lincoln-Str. 46, 65189 Wiesbaden, Germany

Inhaltsverzeichnis

Herausgeber- und Autorenverzeichnis

Über die Herausgeber

Thomas Christian Bächle, Dr. phil., ist Medienwissenschaftler und leitet am Alexander von Humboldt Institut für Internet und Gesellschaft (HIIG) in Berlin zusammen mit Christian Katzenbach das Forschungsprogramm „Die Entwicklung der digitalen Gesellschaft". Gastprofessur am Hermann von Helmholtz-Zentrum für Kulturtechnik an der Humboldt-Universität zu Berlin (2019). Bis 2018 war er am Institut für Sprach-, Medien- und Musikwissenschaft (Abteilung Medienwissenschaft) der Universität Bonn tätig. Promotion im Fach Medienwissenschaft an der Universität Bonn, *MA in Digital Media and Cultural Form* an der *University of London, Goldsmiths College;* Studium der Medienwissenschaft, Politikwissenschaft und Amerikanistik in Bonn und Aberdeen (Schottland). Zu seinen Forschungsschwerpunkten zählen die Zusammenhänge zwischen Körper, Identität und Technologie, Mensch/Maschine-Interaktion und Interfaces, Robotik, Simulationstechnologien, mobile Medien, eHealth sowie Techniken und Praktiken der Überwachung. Buchveröffentlichungen: Mythos Algorithmus. Die Fabrikation des computerisierbaren Menschen (Wiesbaden 2014); Mobile Medien – Mobiles Leben. Neue Technologien, Mobilität und die mediatisierte Gesellschaft (zus. mit Caja Thimm; Berlin 2014); Digitales Wissen, Daten und Überwachung zur Einführung (Hamburg 2016).

Caja Thimm, Prof. Dr., ist Professorin für Medienwissenschaft und Intermedialität an der Universität Bonn. Sie hat in Heidelberg, Berkeley und San Francisco (USA) studiert und Gastprofessuren in Santa Barbara (USA), Cardiff, Liverpool (UK) und Dijon (Frankreich) innegehabt. Von 2008–2010 war sie stellvertretende Vorsitzende der 6. Altenberichtskommission der Bundesregierung, seit 2017 ist sie Sprecherin des Graduiertenkollegs sowie des Forschungsverbundes NRW „Digitale Gesellschaft". (Ko)-editierte Publikationen umfassen u. a. „Media

Logics Revisited" (2018), „Political Campaigning on Twitter: the EU Elections 2014 in the Digital Public Sphere" (2016) oder „Digitale Gesellschaft – Partizipationskulturen im Netz" (2014).

Autorenverzeichnis

Maren Bennewitz, Prof. Dr., ist seit 2014 Professorin für Humanoide Roboter am Institut für Informatik der Universität Bonn und leitet dort die gleichnamige Arbeitsgruppe. Sie studierte Informatik mit Nebenfach Volkswirtschaftslehre an der Universität Bonn und promovierte 2004 an der Universität Freiburg, wo sie von 2008 bis 2014 eine Juniorprofessur innehatte. In ihrer Forschung beschäftigt sie sich mit mobilen Robotern, die in für Menschen geschaffenen Umgebungen agieren und mit ihnen interagieren und entwickelt u. a. Methoden zur Umgebungswahrnehmung und Exploration, Navigation und Bewegungsplanung sowie intuitiver Interaktion zwischen Mensch und Roboter.

Clemens Heinrich Cap, Prof. Dr. rer. nat., wurde 1965 in Innsbruck, Österreich geboren. Nach einem Studium der Mathematik, Informatik und Physik an der Universität Innsbruck erwarb er 1988 das Doktorat in Mathematik. Nach einer Zeit als Postdoc und Assistenzprofessor an der Universität Zürich habilitierte er sich 1995 in Informatik. Seit 1997 ist er Professor für Informations- und Kommunikationssysteme an der Universität Rostock. Seine Forschungsinteressen umfassen verteilte Systeme, Systemsicherheit, Internet-Anwendungen und soziale Probleme der Informatik. Er hat eine Reihe von Forschungsprojekten unter Förderung der DFG, des BMBF und der EU durchgeführt. Er hält regelmäßig Gastvorlesungen im Baltikum und in der Schweiz und ist ein Fellow des Stifterverbands für die Deutsche Wissenschaft.

I Chun Cheng, studierte Journalismus an der Shih Hsin Universität in Taipei Taiwan. Sie war in Taiwan als Redaktionsassistentin und Journalistin berufstätig. Derzeit studiert sie im Master Medienwissenschaft an der Friedrich-Wilhelms-Universität in Bonn.

Michael Decker, Prof. Dr., studierte Physik mit Nebenfach Wirtschaftswissenschaften an der Universität Heidelberg, 1992 Diplom, 1995 Promotion. 2006 Habilitation an der Universität Freiburg mit einer Arbeit zur angewandten interdisziplinären Forschung in der Technikfolgenabschätzung. Berufliche Stationen waren das Deutsche Zentrum für Luft- und Raumfahrt (DLR) in Stuttgart und die Europäische Akademie GmbH, Ahrweiler. Seit 2003 wissenschaftlicher Mitarbeiter im Institut für Technikfolgenabschätzung und Systemanalyse (ITAS, KIT), seit 2004 stellvertretender Institutsleiter und seit 2014 Leiter des ITAS. Er ist Universitätsprofessor für Technikfolgenabschätzung am Karlsruhe Institut für Technologie (KIT). Zu seinen Forschungsinteressen zählen: Theorie und Methodik der Technikfolgenabschätzung (TA), Technikfolgenforschung zur Nanotechnologie und zur Robotik, Konzeptionen inter- und transdisziplinärer Forschung.

Christoph Ernst, PD Dr., ist wissenschaftlicher Mitarbeiter im Rahmen des DFG-Projektes „Van Gogh TV. Erschließung, Multimedia-Dokumentation und Analyse ihres Nachlasses" (Prof. Dr. Jens Schröter) in der Abteilung Medienwissenschaft der Universität Bonn. Forschungsschwerpunkte in den Bereichen Diagrammatik & Medienästhetik der Informationsvisualisierung; Theorien des impliziten Wissens & digitale Medien, insb. Interfacetheorie; Medientheorie & Medienphilosophie, insb. hinsichtlich Interkulturalität; Ästhetik & Theorie audiovisueller Medien (Film & Fernsehen). Letzte Veröffentlichung: *Diagrammatik – Ein interdisziplinärer Reader,* hrsg. mit Birgit Schneider und Jan Wöpking, Berlin: De Gruyter 2016, *Medien und implizites Wissen,* hrsg. mit Jens Schröter, Siegen: Universitätsverlag 2017, *Diagramme zwischen Metapher und Explikation – Studien zur Medien- und Filmästhetik der Diagrammatik,* Bielefeld: transcript 2019. Weiteres: www.christoph-ernst.com

Michael Hüther, Prof. Dr., geboren am 24.04.1962 in Düsseldorf, absolvierte von 1982 bis 1987 sein Studium der Wirtschaftswissenschaften sowie der mittleren und neuen Geschichte an der Justus-Liebig-Universität Gießen. Nach Abschluss des Promotionsverfahrens wurde er 1991 wissenschaftlicher Mitarbeiter und 1995 Generalsekretär des Sachverständigenrates zur Begutachtung der gesamtwirtschaftlichen Entwicklung. Im Jahr 1999 wechselte er als Chefvolkswirt zur DekaBank und wurde dort 2001 zum Bereichsleiter Volkswirtschaft und Kommunikation ernannt. Seit August 2001 ist er Honorarprofessor an der EBS Business School in Oestrich-Winkel. Seit Juli 2004 ist er Direktor und Mitglied des Präsidiums beim Institut der deutschen Wirtschaft Köln.

Ara Jo, absolvierte ihren B.A. in Philosophie und Medien-Kultur mit dem Schwerpunkt auf Postkonstruktivismus und M. Foucault an der Hanyang Universität in Südkorea. Derzeit studiert sie Medienwissenschaft im Master an der Friedrich-Wilhelms-Universität in Bonn.

Maximilian Lippemeier, studierte Film – Schwerpunkt Drehbuch – an der ifs internationale filmschule köln mit dem Abschluss Bachelor of Arts. Er ist als Autor u. a. auf das Genre Science-Fiction spezialisiert. Sein Drehbuch zum

Thema künstliche Intelligenz, „Symptom Mensch", wurde beim Sehsüchte Festival 2016 in Potsdam als bestes Drehbuch nominiert. Derzeit studiert er im Master Medienwissenschaft an der Friedrich-Wilhelms-Universität in Bonn.

Doris Mathilde Lucke, Dr. rer. pol., phil. habil., Diplom-Soziologin, seit 1998 mit Gast- und Vertretungsprofessuren in Salzburg, Zürich und an der Humboldt Universität zu Berlin erste Professorin für Soziologie an der Universität Bonn. Langjährige Sprecherin der Sektion Rechtssoziologie in der Deutschen Gesellschaft für Soziologie (DGS) und zeitweise Mitglied in deren Konzil. Seit 2000 Mitherausgeberin der Zeitschrift für Rechtssoziologie (ZfRSoz), seit 2007 Prüfungsberechtigung auch im Fach Medienwissenschaft und Mitglied im Zentrumsrat „Cultural Studies" der Universität Bonn sowie Vertrauensdozentin für eine politiknahe Stiftung. Zu ihren Forschungsschwerpunkten zählen: Akzeptanzforschung, Gender Studies, Rechts- und Familiensoziologie, private Lebensformen, seit einigen Jahren auch Sozionik und Reproduktionstechnologien.

Dominik L. Michels, Prof. Dr., begleitet verschiedene Projekte zur digitalen Transformation in Wirtschaft und Gesellschaft in Nordamerika, Europa und im Nahen Osten. Mitte 2014 nahm er Forschung und Lehre am Institut für Informatik der Stanford University auf und ist seit 2016 für die Fachbereiche Informatik und Mathematik der KAUST, einer Eliteuniversität US-amerikanischen Vorbilds im Königreich Saudi-Arabien, tätig. Seine Forschungstätigkeiten umfassen die Entwicklung hochperformanter und intelligenter Algorithmen, computergestützte Simulationen, Artificial Intelligence und Machine Learning, sowie verschiedene Aspekte des Scientific Computing und des Visual Computing.

Christian Montag, Prof. Dr., ist seit 2014 Heisenberg-Professor für *Molekulare Psychologie* an der Universität Ulm/Deutschland sowie seit 2016 Visiting Professor an der UESTC in Chengdu/China. Zuvor hat er in Gießen Psychologie studiert und danach an der Universität Bonn promoviert und habilitiert. Neben den biologischen Grundlagen der Persönlichkeit erforscht Christian Montag mit modernen wissenschaftlichen Methoden, wie sich ein Zuviel an Digital auf uns Menschen und unsere Gesellschaft auswirkt. Außerdem forscht er im Bereich der Neuroökonomik und Psychoinformatik. Aktuell sitzt er im Editorial Board der Fachzeitschriften *Addictive Behaviors, Personality Neuroscience* und *International Journal of Environmental Research and Public Health.* Zusätzlich ist er Mitherausgeber der internationalen Buchserie *Studies in Neuroscience, Psychology and Behavioral Economics.*

Patrick Nehls, (M.A.) hat Theater-, Film und Medienwissenschaften an der Universität Wien (B.A.) und Medienwissenschaften an der Universität Bonn studiert. Seit 2016 ist er wissenschaftlicher Mitarbeiter und Doktorand am Institut für Sprach-, Medien und Musikwissenschaften der Universität Bonn. Die Schwerpunkte seiner wissenschaftlichen Arbeit liegen in der visuellen Kommunikationsforschung und in der Methodenforschung. Letzte Publikationen: Thimm & Nehls (2018) Digitale Methoden, in N. Baur & J. Blasius (Hrsg.) (2018) Handbuch Methoden der empirischen Sozialforschung; Thimm & Nehls (2017) Sharing grief and mourning on Instagram: Digital patterns of family memories. In: S. Averbeck-Lietz & L. d'Haenens (Hrsg.) Communications. The European Journal of Communication Research.

Peter Regier, hat sein Studium im Fach Maschinenbau mit Bachelor (B.Sc.) und Master (M.Sc.) an der Universität Duisburg-Essen abgeschlossen und ist seit 2014 als Doktorand am Institut für Informatik der Universität Bonn in der Arbeitsgruppe Humanoide Roboter tätig. Die mobile Roboter-Navigation und maschinelle Perzeption sind die Schwerpunkte seiner wissenschaftlichen Arbeit.

Kamila Rutkosky, absolvierte ihr Bachelor-Studium im Bereich Journalismus an der Universität Tuiuti in Curitiba, Brasilien. Seit fünf Jahren arbeitet sie als Journalistin bei der Deutschen Welle, wo sie sich auf die Themen Wissenschaft, Umwelt und Technik spezialisiert hat. Zusätzlich zu ihrer Arbeit bei der Deutschen Welle absolviert Kamila Rutkosky momentan den Masterstudiengang in ‚Medienwissenschaft' an der Friedrich-Wilhelms-Universität in Bonn.

Jens Schröter, Dr. phil. habil., ist seit April 2015 Inhaber des Lehrstuhls „Medienkulturwissenschaft" (W3) an der Universität Bonn. Von 2008–2015 Professor für „Theorie und Praxis multimedialer Systeme" (W2) an der Universität Siegen. 2010–2014 Projektleiter (zusammen mit Prof. Dr. Lorenz Engell, Weimar): „Die Fernsehserie als Projektion und Reflexion des Wandels" im Rahmen des DFG-SPP 1505: Mediatisierte Welten. Antragssteller und Mitglied des DFG-Graduiertenkollegs 1769 „Locating Media", Universität Siegen seit 2012. Forschungsschwerpunkte, Theorie und Geschichte digitaler Medien, Theorie und Geschichte der Fotografie, Fernsehserien, Dreidimensionale Bilder, Intermedialität, Kritische Medientheorie. April/Mai 2014: „John von Neumann"-Fellowship an der Universität Szeged; September 2014: Gastprofessur an der Guangdong University of Foreign Studies, Guangzhou, VR China; WS 14 15 Senior-Fellowship am DFG-Forscherkolleg „Medienkulturen der Computersimulation", Leuphana-Universität Lüneburg. Buchveröffentlichungen u. a.: *3D. History, Theory and Aesthetics of the Transplane Image,* Bloomsbury: New York u. a. 2014; Hrsg.

Handbuch Medienwissenschaft, Stuttgart, Metzler 2014. Visit www.medienkultur-wissenschaft-bonn.de.

Sabine Sielke, Prof. Dr., ist Professorin für Literatur und Kultur Nordamerikas, Leiterin des Nordamerikastudienprogramms und des German-Canadian Centre der Universität Bonn sowie Sprecherin des Bonner Zentrums für Kulturwissenschaft/Cultural Studies. Zu ihren Veröffentlichungen gehören Reading Rape (Princeton 2002), Fashioning the Female Subject (Ann Arbor 1997), die Reihe Transcription, über hundert Essays und Buchkapitel zu Lyrik und Poetik, Moderne und Postmoderne, Literatur- und Kulturtheorie, Gender & African American Studies, Populärkultur und Fragestellungen an den Schnittstellen von Kultur- und Naturwissenschaft. Von ihren 16 (ko-)editierten Büchern erschien zuletzt American Studies Today: New Research Agendas (Winter 2014).

Michael Wetzel, Prof. Dr., geb. 1952; nach dem Studium der Philosophie, Germanistik und Linguistik und der Promotion zum Thema „Autonomie und Authentizität" Lehrtätigkeiten an der Université de Chambéry, am Collège International de Philosophie in Paris, an den Universitäten von Kassel, Mannheim, Wien, Innsbruck und Essen Habilitation über „Kindsbräute: Motive und Medien einer Männerphantasie" (publiziert als „Mignon. Die Kindsbraut als Phantasma der Goethezeit", München 1999); 1996/1997 Documenta-Professur an der Kunsthochschule Kassel; seit 2002 Professor für Literatur- und Filmwissenschaft an der Universität Bonn; zahlreiche Publikationen zur französischen Philosophie des s. g. Poststrukturalismus, zur Intermedialität von Text und Bild, zur Autor- und Künstlerthematik (als Monografie demnächst: „Der Autor-Künstler", Berlin 2016) und zur Inframedialität nach Marcel Duchamp; letzte Publikation: „Jacques Derrida" Stuttgart Frühjahr 2010.

Die Maschine: Freund oder Feind?

Perspektiven auf ein interdisziplinäres Forschungsfeld

Caja Thimm und Thomas Christian Bächle

Freund oder Feind? Selbstverständlich folgt darauf keine eindeutige Antwort, denn in den bekannten Deutungen des Verhältnisses zwischen den Maschinen und den Menschen findet sich immer beides. Spätestens mit der industriellen Revolution ist die Maschine zum Objekt sehr ambivalenter Bewertungen geworden. Die Maschine unterstützt den Menschen, vereinfacht und bereichert sein alltägliches Leben, befreit ihn gar von seinen Defiziten; zugleich erscheint ihre Wirkungsweise undurchsichtig und unheimlich und sie droht den Menschen zu kontrollieren oder zu ersetzen. Sie symbolisiert Fortschritt und Erlösung und gilt doch zugleich als Ursache und Antreiber gesellschaftlicher Konflikte.

Eine ähnliche Ambivalenz ist auch heute zu beobachten. Doch die rasanten technologischen Entwicklungen der letzten Jahre haben nicht nur bei technischen Laien, sondern auch bei Expert*innen und Wissenschaftler*innen zu zunehmend negativen Einschätzungen des technologischen Wandels geführt (Lucke in diesem Band). Viele dieser kritischen Perspektiven lassen sich unter ein emotionales Muster bündeln, das das Verhältnis zwischen Mensch und Maschine im Laufe der Jahrhunderte immer wieder bestimmt hat, gegenwärtig jedoch eine zunehmende Verbreitung findet – die „Angst vor der Maschine" (Seng 2018). Heute ist diese Angst nicht nur mit Themen wie dem Verschwinden der Arbeit verbunden (dazu die Beiträge von Hüther und Schröter in diesem Band), sondern mit dystopischen

C. Thimm (✉)
Bonn, Deutschland
E-Mail: thimm@uni-bonn.de

T. C. Bächle (✉)
Berlin, Deutschland
E-Mail: thomas.baechle@hiig.de

© Springer Fachmedien Wiesbaden GmbH, ein Teil von Springer Nature 2019
C. Thimm und T. C. Bächle (Hrsg.), *Die Maschine: Freund oder Feind?*,
https://doi.org/10.1007/978-3-658-22954-2_1

Vorstellungen vom vollständigen Untergang der Menschheit: Künstliche Intelligenz beherrscht menschliches Denken und Handeln, die Manipulationsmacht durch digitale Großkonzerne führt zu einem „Feudalismus 2.0" (dazu Cap in diesem Band).

Gerade weil die Angst vor den Maschinen und ihren sozialen und politischen Auswirkungen als Topos aus dem größeren Kontext des Mensch-Technik-Verhältnisses bekannt ist, kommt der Aktualisierung dieser Debatte ein wichtiger Stellenwert zu. So lassen sich gegenwärtig einige bekannte Argumente, aber auch gänzlich neue Deutungen erkennen. Charakteristisch erscheint die häufig emotionsgeladene Annäherung an das Verhältnis Mensch und Technologie, wobei interessanterweise auch nationale Stereotype gern bemüht werden. So argumentiert der bekannte US-amerikanische Technikjournalist Jeff Jarvis (2014), dass die Amerikaner als technikaffine und fortschrittsgläubige Nation der Technologie grundsätzlich eher zugewandt seien als die technikskeptischen Europäer, bei denen sich sogar ein typisches Muster erkennen lasse: eine „Eurotechnopanik". In der ZEIT (26. November 2014) (https://www.zeit.de/kultur/2014-11/jeff-jarvis-eurotechnopanik-google-verleger-essay/) führt er aus:

> Die dritte Kraft, die gegen das Internet und den Fortschritt wirkt, ist kultureller Natur: eine moralische Angst, die Verleger und Politiker gern begünstigen und verstärken. Ich nenne sie Technopanik. Erinnern wir uns an die Reaktionen, als Google Street View nach Deutschland kam. Politiker stachelten fast 250.000 Bürger an, von Google die Unkenntlichmachung ihrer Wohnhäuser zu fordern. Dies führte zur Erfindung des Worts „Verpixelungsrecht" und meine schelmischen deutschen Freunde auf Twitter benannten ihr Land um in „Blurmany".

Jarvis kritisiert eine vermeintliche Geschichtsvergessenheit in Europa und erinnert an den europäischen Fortschrittsglauben und die damit verbundene Technikeuphorie, die sich in den berühmten Weltausstellungen immer wieder manifestiert habe. Im weiteren plädiert er für eine offene Debatte über den gesellschaftlichen Wandel – sowohl die guten wie die schlechten Seiten müssten ihren Platz haben denn, so Jarvis, „wenn wir alles Schlechte verbieten, das dieser Wandel hervorbringen könnte, berauben wir uns auch aller noch unbekannten Vorzüge".

In diesem Sinne versteht sich das vorliegende Buch in seiner thematischen und disziplinären Breite als Debattenbeitrag. Schon der Titel deutet auf einen nicht nur argumentativen Konflikt hin, der in der öffentlichen, und manchmal auch in der wissenschaftlichen, Diskussion kategoriale Wertungen vergibt – die Maschine als entweder gut oder schlecht. Der Binarismus von ‚Freund oder Feind' spitzt zugleich eine Fragestellung zu, die in den konkreten Auseinandersetzungen in den Buchbeiträgen selbst viel differenzierter herausgearbeitet wird. Der Titel will also einerseits die Perspektive des Widerständigen und Konfliktären nicht verschweigen, versteht sich andererseits als Auftrag, das Verhältnis zwischen Mensch und Technik bzw. Mensch und Maschine nuanciert zu reflektieren.

Denn schon immer war dieses Verhältnis von wechselvollen Emotionen begleitet. Damit stehen auch die neuen Maschinen des 21. Jahrhunderts in der Tradition der Ambivalenz zwischen Technikfurcht und Technikenthusiasmus. Maschinen können „Freunde" im besten Sinne sein, selbst wenn es einigen Unbehagen bereiten mag, dass heute mechanische Robben in der Betreuung älterer Menschen Einsatz finden (Pfadenhauer und Dukat 2016) oder ein Sexroboter zum ‚Partner' werden kann (Scheutz und Arnold 2016). Was heute (noch) als ungewöhnlich gilt, kann morgen schon als Normalität anerkannt und Teil unseres Alltags sein. Wir wollen daher auch solche Phänomene ernst nehmen und in den Beiträgen erkunden, was Menschen dazu bewegen kann, Maschinen ihren Freund (oder auch Feind) zu nennen.

Zwei Vorbemerkungen sind für dieses Vorhaben besonders wichtig. Das Verhältnis zwischen *dem* Menschen und *der* Maschine zu bestimmen, bedeutet erstens immer auch, eine ganz wesentliche Vorannahme zu machen: Beide Seiten existieren als voneinander unabhängige Entitäten, die wechselseitig aufeinander Bezug nehmen. Bereits in ihrem Entstehungsprozess sind Maschinen jedoch eng gebunden an politische, soziale oder kulturelle Prozesse und „auf zuvor gesetzte Zwecke hin entworfen, ausgearbeitet und strukturiert" (Nancy 2011, S. 55). Viele der diskursiven Deutungsmuster basieren aber auf genau dieser Gegenüberstellung *Mensch vs. Maschine* und funktionieren allein durch diese Vorannahme – Maschinen, die als Kreationen, Partner oder Gegner des Menschen angesehen werden müssen. So ist auch unsere Ausgangsfrage zu verstehen, die antagonistische Deutungsmuster aufgreift. Eine ebenso wirkmächtige Konstante in der Deutung des Verhältnisses Mensch-Maschine, ist zweitens die letztlich stets historisch spezifische Zeitdiagnose, eine – unsere! – Generation lebe in einem besonderen Zeitalter (Marvin 1990). Wieder einmal ein neues Zeitalter der Maschinen also (Brynjolfsson und McAfee 2014), ein stets wiederkehrender „Future Shock" (Toffler 1970)? Das Verhältnis von Mensch und Maschine wird aktuell von technischen Trends wie der so genannten „Künstlichen Intelligenz" und Robotern geprägt. Sie werden „unser Leben verändern" und das wird „jetzt alles ganz schnell gehen", lernen wir immer aufs Neue (Ramge 2018).

Die Bestimmungen des Mensch-Maschine-Verhältnisses kehren im Mantel anderer Techniken und soziokultureller Kontexte wieder. Betrachtet man die Reflektion auf diese Veränderungen und der Technologieentwicklung selbst so wird hingegen ersichtlich, dass die Debatte oftmals hinterher hinkt. Die sozial- und geisteswissenschaftliche Forschung ist hier keine Ausnahme, da sie mit den technischen Umwälzungen kaum mithalten kann. Das Thema der Maschine und ihrer Rolle in einer digitalen, datafizierten Gesellschaft im öffentlichen Diskurs, in Wirtschaft und Politik wird derzeit sehr prominent ausgehandelt. Als zentrale Debattenstränge und Diskursmuster, die dieses Forschungsfeld aus inter- und transdisziplinärer Perspektive auszeichnet, lassen sich (unter anderen) die folgenden erkennen:

1 Diskursmuster „Arbeit und Substitution"

Der bekannteste und in der Geschichte der Technologieentwicklung immer wiederkehrende Topos ist die Angst der Menschen vor der Substitution durch die Maschine (Heßler 2015). Nicht erst seit den Maschinenstürmern zu Beginn des 20. Jahrhunderts und dem Weberaufstand gegen die Mechanisierung eines Berufsstandes spielt dieser Konflikt und die damit einhergehenden Existenzängste eine zentrale Rolle (Mumford 1969). Die Furcht davor, dass Maschinen Menschen substituieren ist aber nicht nur im Zusammenhang mit ökonomischen Argumenten zu verorten. Vielmehr sind damit auch grundlegende Ohnmachtsängste verbunden, die sich auf Kontroll- und Autonomieverlust beziehen. Für das 21. Jahrhundert wurde diese Debatte besonders durch Jeremy Rifkins berühmten Abgesang auf das Ende der Arbeit (Rifkin 1995) zugespitzt. Er geht von einem breitflächigen Arbeitsplatzverlust bis hin zur Massenarbeitslosigkeit durch eine fortschreitende Technisierung aus und brachte das heute kontrovers diskutierte Thema des „bedingungslosen Grundeinkommens" in die Diskussion ein. Im Umfeld dieses Substitutionsdiskurses im Kontext der Arbeitswelt lassen sich auch heute Konfliktlinien im Hinblick auf zukünftige Entwicklungen aufzeigen. Während nicht nur die Gewerkschaften neue Formen der Ausbeutung befürchten, sehen Arbeitswissenschaftler eine neue Welle der Humanisierung der Arbeit, in der die Arbeit zum Spaß wird, da der Mensch für kreative Tätigkeiten freigesetzt wird. Während einige Forscher*innen soziale Roboter als Mitglieder in kooperativen Teamprozessen voraussehen, befürchten andere wiederum die Dominanz der technischen Intelligenz über die menschliche (Überblick bei Bottroff und Hartmann 2015). Diese Debatte ist bestimmt von Schlagworten wie Fremdbestimmung, Entgrenzung oder Überforderung. Als griffiger Terminus aus der Ökonomie hat sich das Schlagwort der „Industrie 4.0" herausgebildet, das versucht, dem Szenario einer technisierten Arbeitswelt einen neuen Sinnzusammenhang zu geben.

2 Diskursmuster „Neue Nähe – Anthropomorphisierung der Maschine"

Eine neue Nähe könnte man hinter der zunehmenden Vermenschlichung der Technik vermuten. Unter Anthropomorphisierung wird zunächst das Abbilden menschlicher Eigenschaften auf Objekte bzw. Entitäten verstanden, das sich unterschiedlich manifestieren kann (Epley et al. 2007). Die Objekte können dabei Tiere, Naturgewalten oder Produkte sein. In seinem historischen Abriss zur Geschichte des Roboters konstatiert Ichbiah (2005, S. 9), dass sich „die meisten Leute künstliche Wesen intuitiv mit menschlichen Zügen vorstellen". Es scheine, als versuche der Mensch ständig, sich ein Ebenbild zu erschaffen, dessen Schicksal er vollständig in der Hand habe (Ichbiah 2005, S. 9). Dabei ist Anthropomorphisierung häufig eine Form der Annäherung, mit deren Hilfe man Fremdheit überbrücken will. Anschaulich demonstriert wird diese Perspektive in den Studien von Darling (2017) zu tierähnlichen Robotern oder in den Untersuchungen zum Einsatz von Tierrobotern in der Altenpflege (Weiss 2012). Nicht zu unterschätzen ist der strategische Einsatz von Anthropomorphisierung in der technischen Produktentwicklung. Hier spielen z. B. Genderaspekte keine unwesentliche Rolle. So ist es sicher kein Zufall, dass es weibliche Namen und weibliche Stimmen sind, mit denen die Assistenzsysteme von Apples Siri bis hin zu Amazons Alexa ausgestattet sind. Aber bei der menschlichen Ähnlichkeit kann ein Zuviel auch Ängste auslösen: Das sogenannte „uncanny valley" Phänomen (dazu Thimm in diesem Band) ist genau der Punkt, an dem eine fehlende Differenz zwischen Mensch und Maschine das Gefühl von Fremdheit und letztlich Abwehr auslösen kann.

3 Diskursmuster „Singularität und die Verschmelzung zwischen Mensch und Maschine"

Das auch heute noch futuristisch anmutende Szenario über die Cyborgisierung des Menschen, das sich besonders ausgeprägt in den Arbeiten des Futuristen und Transhumanisten Ray Kurzweil (2013) findet, dürfte einer der Entwürfe sein, die die weitest gehende Veränderung von Gesellschaft in den Mittelpunkt stellt – die allmähliche Ersetzung des Menschen (zur Motivgeschichte „künstlicher Menschen" siehe Kegler 2002). Beginnend mit dem Körper, der zunehmend mit Ersatzteilen ausgestattet wird, um seine Fragilität zu beheben, bis hin zur intelligenten und spirituell überlegenen Maschine reichen die Narrative in diesem Diskurs. Kurzweil (2006) hat zudem mit seiner These von der „Singularität", dem

Moment, im dem Maschinen den Menschen in Bezug auf seine kognitiven und intelligenten Fähigkeiten überholen, einen Topos in der Debatte markiert, der angesichts der Entwicklungen im Feld der KI inzwischen sogar zu Warnungen etablierter KI-Forscher geführt hat. Die Möglichkeit, dass mit ‚klugen Maschinen' wirklich Intelligenz geschaffen würde, regt weite Teil der Technikforschung an, über das Konkurrenzverhältnis zwischen Mensch und Künstlicher Intelligenz zu räsonieren. Heute sind solche Überlegungen nicht mehr als abwegig verschrien, anders noch als dies beim Erscheinen von Kurzweils Buch mit dem programmatischen Titel „The age of the spiritual machines – When computers exceed human intelligence" im Jahr 1999 der Fall gewesen war.

4 Diskursmuster „Autonome Technologie als Bedrohung von Mensch und Welt"

Viele der skizzierten Dimensionen lassen sich im letzten Diskursmuster abbilden: dem der grundlegenden Bedrohung des Menschen in seiner Existenz und damit der ganzen Welt (Anders 1988). Grundmuster ist hier vor allem die historische Erfahrung mit der Atomkraft, die vom omnipotenten Mittel der Energielieferung zur tödlichen Waffe wurde. So ziehen auch die Verfasser des US-amerikanischen Berichts zur Nationalen Sicherheit („Artificial Intelligence and National Security"; Allen und Chan 2017) entsprechende Parallelen zur Entwicklung der Nuklearenergie und, auf der Ebene der Kriegsführung, der Atombombe. Die Frage nach der friedlichen Nutzung der Atomenergie wird von ihnen als Blaupause für den Umgang mit KI angesehen. Die Verabschiedung von der Atomkraft als Mittel der Energieproduktion in Deutschland wurde genau durch die Erkenntnis ihrer mangelhaften Kontrollmöglichkeit motiviert – ohne den GAU in Fukushima im Jahr 2011 wäre diese Erkenntnis wohl später oder möglicherweise gar nicht umgesetzt worden.

Wie bedrohlich eine vermeintlich autonome Technologie auch von besonnenen Wissenschaftler*innen eingeschätzt wird, zeigt sich u. a. daran, dass sich ein Zusammenschluss bedeutender KI-Entwickler mit einer Selbstverpflichtung zur Kontrolle von KI an die Öffentlichkeit wendet. Das „Future of Life Institute" wurde von Skype-Miterfinder Jaan Tallin und dem Physiker Max Tekmark ins Leben gerufen, um die Entwicklung der KI für friedliche Zwecke zu fordern. Ihr „Mission Statement" beschreibt dies wie folgt:

To catalyze and support research and initiatives for safeguarding life and developing optimistic visions of the future, including positive ways for humanity to steer its own course considering new technologies and challenges. We are currently focusing on keeping artificial beneficial and we are also exploring ways of reducing risks from nuclear weapons and biotechnology (https://futureoflife.org/).

Aber nicht nur die Wissenschaft ist über die mögliche Weiterentwicklung der KI besorgt, auch die Digitalkonzerne selbst fordern gesetzliche Regelungen. So hat eine von Google unterstützte Projektgruppe unter dem Titel „The Malicious Use of Artificial Intelligence" eine breite Warnung vor den Problemen ungesteuerter KI-Systeme publiziert (Brundage et al. 2018). Ganz offensichtlich sind also Szenarien einer kognitiven Konkurrenz zwischen Menschen und Künstlicher Intelligenz keine reinen Fantasiegebilde mehr. Das Deutungsmuster wandelt sich von der Automatisierung vormals von Menschen ausgeführter Handlungen über Handlungen, die von Maschinen selbst ausgeführt werden (Rammert und Schulz-Schaeffer 2002) hin zur Vorstellung der völligen „Autonomie der Maschine" (Schröter 2017). Die Maschine braucht Regeln moralischen Handelns (Wallach und Allen 2009), eine völlig freie „Superintelligenz" (Bostrom 2016) bedroht sonst den Fortbestand der Menschheit.

5 Diskursmuster: Gesellschaft, Macht und Kontrolle – digitaler Feudalismus?

Während die bisher skizzierten Diskursfelder keine dezidiert politische Theorie in den Mittelpunkt stellten, ist dies bei der Debatte um den „digitalen Feudalismus" anders gelagert – hier werden gesellschaftliche Machtverhältnisse konkret diskutiert. Gefragt wird nach den Konsequenzen der „Maschinisierung" des menschlichen Alltages. Die Debatte um den digitalen Feudalismus geht von der Konstatierung neuer Machverhältnisse aus, die durch die Maschine bzw. den Maschinenbesitz bedingt sind. So argumentiert Fairfield (2017, S. 28) in seinem Buch „Owned", dass Besitz und Kontrolle heute nicht mehr automatisch gekoppelt sind:

> One key reason we don't control our devices is that the companies that make them seem to think – and definitely act like – they still own them, even after we've bought them. A person may purchase a nice-looking box full of electronics that can function as a smartphone, the corporate argument goes, but they buy a license only to use the software inside.

Dies bedeutet für die Besitzer*innen, dass sie nur einen Teil der Maschine wirklich besitzen, nämlich das physische Material. Genau genommen sind sie damit immer nur Nutzer*innen, denn das System der Softwareabhängigkeit der Maschinen führt dazu, dass Unternehmen (und Regierungen) diese Produkte auch nach dem Kauf kontrollieren können. Das ist so, als ob ein Autohändler ein Auto verkauft, sich aber sein Eigentum am Motor vorbehält, argumentiert Fairfield. Doch die Erweiterung des Internets scheint uns zurück zu etwas Ähnlichem wie diesem alten Feudalmodell zu bringen, wo die Menschen nicht die Gegenstände besaßen, die sie jeden Tag benutzten (Banta 2017). In der Version des 21. Jahrhunderts verwenden Unternehmen das Recht des geistigen Eigentums um physische Objekte zu kontrollieren, von denen Verbraucher denken, sie zu besitzen. Der Gedanke, dass die Hersteller dies zu noch größerer Marktmacht nutzen, erscheint da nicht mehr abwegig. Man kann davon ausgehen, dass das Internet der Dinge uns immer mehr Geräte ins Haus bringen wird, die in sich einen erweiterten Gebrauchswert haben – sie sind in sich bereits kommunizierende Maschinen, die ihre Nutzer*innen zugleich umfassend überwachen und Daten über diese erheben (dazu der Beitrag von Bächle im vorliegenden Band). Apple hat die damit verbundenen Kontrollmöglichkeiten mit seinem System der Plattformökologie verdeutlicht: Nur von Apple erlaubte Apps dürfen installiert werden, nicht genehme Inhalte können leicht gesteuert bzw. verhindert werden. Heute ist ein Toaster chipgesteuert, um das Verbrennen des Brotes zu verhindern – wer aber garantiert, dass nicht eines Tages nur noch bestimmte Brotsorten von einem Hersteller getoastet werden? Wer stellt sicher, dass nicht nur bestimmte Automarken an den elektrischen Ladestationen geladen werden?

Dies sind Fragen, die uns alle in der näheren Zukunft beschäftigen werden. Bevor aber Gesetze erlassen und neue Regularien in Kraft treten können, müssen wir uns alle fragen, welches Verhältnis wir zu den Maschinen der Zukunft haben wollen.

6   Zu den Beiträgen im Einzelnen

Die skizzierten Diskursmuster, Argumente und Positionen werden in vielfältiger Art und Weise in den nachstehenden Beiträgen aufgegriffen und weiterentwickelt. Zentral ist dabei die Ausrichtung auf das Interdisziplinäre, weshalb sich in diesem Band nicht nur Vertreter*innen unterschiedlicher geistes- und kulturwissenschaftlicher Disziplinen wie Medienwissenschaft oder Germanistik, sondern auch der Sozialwissenschaften wie Soziologie, Ökonomie, Politikwissenschaft bis hin zu Technikwissenschaften wie Informatik und Roboterforschung finden. Auch in den Beiträgen selbst werden die Grenzen zu anderen Fächern ausgelotet. So diskutieren ein Medienwissenschaftler (Jens Schröter) und ein Ökonom (Michael Hüther) die Zukunft der Arbeit aus höchst unterschiedlichen Perspektiven und thematisieren, interessanterweise, ganz ähnliche Konfliktlinien.

Die erste Gruppe der Beiträge widmet sich zunächst der Maschine selbst: ihrer Perzeption und Geschichte, ihrer Reflextion in aktuellen Mediendiskursen wie Werbung oder Film, ihren Eigenschaften und ihrer individuellen und gesellschaftlichen Perspektivierung. In der zweiten Gruppierung an Beiträgen finden sich dann Aspekte der Politik(en) und der (sozialen) Kontexte wieder, die beleuchten, wie Maschinen an der konkreten Ausgestaltung gesellschaftlicher Prozesse beteiligt sind. Diese reichen vom zentralen Thema „Wirtschaft und Arbeit", über Überwachung und Kriegsführung bis zum Problemfeld Internetsucht.

Die historischen Muster der Debatte um die Rolle der Maschine mit einem Schwerpunkt auf den neuen Herausforderungen der Maschinenethik thematisiert Caja Thimm im ihrem Beitrag. Sie diskutiert ein erweitertes Verständnis des Maschinenbegriffs und betont, dass Maschinen auch als immaterieller Gegenstand zu betrachten sind. Hier steht die Rolle der Künstlichen Intelligenz im Fokus und die Frage, welchen ethischen Perspektiven diese Form von ‚Maschine' genügen müssen. Sabine Sielke argumentiert in ihrem Beitrag gegen einen Freund-Feind-Binarismus für die Beschreibung des Verhältnisses von Mensch und Maschine. Am Beispiel der Visualisierung des Gehirns als „Gehirnmaschine" in Werbeanzeigen macht sie deutlich, wie stark die Deutung des Gehirns als ‚perfekte' Maschine auch das Bild des Menschen bestimmt. Ihr Argument verdeutlicht, dass die wahrgenommene Grenze zwischen Mensch und Maschine zunehmend verwischt. Michael Wetzel problematisiert den Freund-Feind-Binarismus aus einer interkulturell-vergleichenden Perspektive und argumentiert, dass in Japan entsprechend dem religiösen Modell der Koexistenz auch das Verhältnis zum Phänomen des Maschinellen nicht eindeutig oder gar polar gesehen wird. Während für das abendländische Denken die Werte des Humanen und des Maschinellen immer noch gegensätzlich und sogar unvereinbar erscheinen, so Wetzel, sei in Japan schon seit jeher jede Form technischer Prothesen eine Form der Extension unserer Sinne.

Mit der Frage der Kompetenzen der Maschine selbst beschäftigt sich dann der Beitrag von Dominik L. Michels, der einen zentralen Modus des Maschinellen herausarbeitet: die Simulation. Dabei geht er von der Prämisse aus, dass sich die computergestützte Simulation zu einer zentralen Kulturtechnik herausgebildet hat und einen digitalen Methodenapparat zur Analyse und Vorhersage und schließlich zur Schaffung wissenschaftlicher Erkenntnisse darstellt. Dies belegt er beispielhaft an visuellen Darstellung von Bewegungs- und Strukturmustern, die mithilfe von Simulationstechniken verstehbar werden.

Eine andere Perspektive auf die Kompetenzen von Maschinen veranschaulicht der Beitrag von Caja Thimm, Peter Regier, I Chun Cheng, Ara Jo, Maximilian Lippemeier, Kamila Rutkosky, Maren Bennewitz und Patrick Nehls. Hier wird an einem Interaktionsexperiment mit einem Roboter verdeutlicht, welche Grundhaltungen und Erwartungen Menschen gegenüber Maschinen haben, wenn sie mit ihnen in einer konkreten Interaktionssituation konfrontiert sind. Es zeigt sich, dass trotz fehlerhafter Leistungen der Maschine ein großer Vertrauensvorschuss gegenüber einem ‚freundlichen', humanoiden Roboter auch dann noch besteht, wenn deutliche Grenzen seiner Kommunikationsfähigkeit ersichtlich werden.

Eine kritische Perspektive auf das konkrete Verhältnis zwischen Mensch und Roboter nimmt Michael Decker ein. Er argumentiert aus der Sicht der interdisziplinären Technikfolgenabschätzung und beleuchtet am Beispiel von Servicerobotern im privaten Umfeld, dass das Handeln von Robotern in einem vormals nur von Menschen geprägten Handlungszusammenhang insbesondere aus ethischer Perspektive zu problematisieren ist. In Bezug auf die Frage nach der Ersetzbarkeit des menschlichen Akteurs durch das Robotersystem liegt nach Decker nahe, dass die Antwort auf die Frage, ob der menschliche Akteur in einem konkreten Handlungszusammenhang den Roboter als Freund oder Feind ansehen wird, von der Ausgestaltung der konkreten Ersetzungsleistungen abhängig ist. Nicht alles, so Decker, muss dabei als bedrohlich angesehen werden.

Die zweite Gruppe der Beiträge fokussiert Politiken und Kontexte, die durch Maschinen entweder gänzlich neu gestaltet, oder aber kategorial verändert werden. Die Perspektive der Politik(en) wird von Clemens Heinrich Cap eröffnet, der die grundlegende Frage nach der Rolle von Machtverhältnissen für die Herausbildung digitaler Gesellschaften diskutiert. Die Aushandlung könnte nach dem Modell der Aufklärung geschehen und einen beginnenden digitalen Feudalismus 2.0 aufhalten, so seine These. Im historischen Vorbild verbleibend, könnten individuelles Engagement, Freiheitsliebe, Toleranz und Solidarität wichtige Elemente einer solchen Entwicklung sein, die gegen die neuen digitalen Feudalstrukturen und Ausbeutungsprozesse stemmt.

Sehr konkret diskutiert Michael Hüther in seinem Beitrag dann den schon fast klassisch zu nennenden Konflikt um die Rolle von Technologie und Arbeit. Ausgehend vom ‚Metaprozess der Digitalisierung' thematisiert Hüther Aspekte der Disruption aus makroökonomischer Perspektive und kommt zu dem Schluss, dass die aktuell wirkenden Veränderungen nicht als Bedrohung im Sinne eines Konfliktszenarios ‚Mensch gegen Maschine' wahrgenommen werden sollten, sondern als Chance im Sinne einer kooperativen Konstellation ‚Mensch mit Maschine'. Auch Jens Schröter widmet sich dem Spannungsfeld Technologie und Arbeit. Er beleuchtet in seinem Beitrag die grundsätzlichen Wandelprozesse von Arbeit aus einer medienbezogenen Sicht und konstatiert das Verschwinden der Arbeit im Sinne einer „technologischen Arbeitslosigkeit". Der Artikel betont, dass insbesondere die Differenz digitaler zu bisherigen Technologien ein wesentlicher Punkt ist, der die Diskussion um ‚post-kapitalistische' Alternativen antreibt. Schröter plädiert dabei für eine präzisere Unterscheidung der Typen von Maschinen, so z. B. klassische, energieverarbeitende und trans-klassische informationsverarbeitende, digitale Maschinen. Von diesem Unterschied hängt laut Schröter die Frage ab, ob es technologische Arbeitslosigkeit (überhaupt) gibt.

In einen zweiten zentralen Themenbereich aus dem Spannungsfeld der Politiken führt Thomas Christian Bächle ein. Die Thematisierung des Überwachungspotenzials und der konkreten Überwachungspraktiken weist direkt auf das Konfliktfeld zwischen den Rechten des Einzelnen auf Privatheit und dem Anspruch des Staates auf Information. Die sich daran konsequenterweise anknüpfende Frage nach der Autonomie des Einzelnen sieht Bächle im Kontext einer gesamtgesellschaftlichen Debatte verortet. Als „hochinvasiv" beschreibt er Überwachungspraktiken, die Emotionen oder Persönlichkeitsmerkmale als Fiktionen über Gruppen und Einzelpersonen konstruieren und das Risiko einer totalen Überwachungsgesellschaft in sich bergen. Die technische Entwicklung stellt zugleich tradierte Konzepte wie „Autonomie", „Privatheit" oder „Selbst" infrage.

Eine ebenso politische wie ethisch brisante Frage bearbeitet Christoph Ernst. Autonome Waffensysteme, die ohne menschliches Zutun Entscheidungen von großer Tragweite treffen, sind keine Science-Fiction-Vorstellung mehr, sondern längst Realität. Ernst greift in seinem Beitrag die Frage der Mensch-Maschine-Kooperation im Kontext von Kriegführung auf und betont, dass es um ein Abwägen zwischen menschlichen und maschinellen Kapazitäten gehen muss. Dabei spielt nach Ernst auch das Interface-Design eine Rolle, da emotional-affektive Konsequenzen der Entscheidung zum Töten durch Interfaces erleichtert werden. Nicht zwangsläufig folgt daraus, dass verbessertes Interfacedesign auch bei der Vermeidung von falschen Entscheidungen über Leben und Tod die alleinige Lösung ist. Trotzdem, so Ernst abschließend, werden solche Tötungsszenarien auf Ebene der Medien mitentschieden.

Psychologische Perspektiven auf die Politiken des Alltags und die Nutzerkulturen digitaler Medien durch das Individuum stellt abschließend Christian Montag vor. Ausgehend von einer gesundheitspsychologischen Perspektive beleuchtet er die häufig gestellte Frage nach dem möglichen Suchtcharakter der „Übernutzung" von Internet und Smartphone. Daran anschließend wird der Einfluss der digitalen technologischen Neuerungen auf das Alltagsleben aus einer ökonomisch-psychologischen Perspektive betrachtet, wobei Montag ein besonderes Augenmerk auf Produktivitätseinbußen aber auch auf die Möglichkeit von Flow-Zuständen beim Arbeiten im digitalen Zeitalter legt. Zu Ende des Beitrages stellt Montag das umstrittene Feld der Psychoinformatik vor. Diese nutzt Methoden der Informatik und der Datenanalyse persönlicher Medienproduktion zur Auswertung, um basierend auf diesen computer-algorithmischen Analysen Einblicke in die aktuelle Befindlichkeit oder Stimmung einer Person oder die Persönlichkeit eines Menschen zu bekommen. Montag diskutiert abschließend die Frage, ob uns die immer rasanter verlaufenden digitalen Entwicklungen mehr Nutzen oder Kosten bringen.

Eine ganz grundlegende Kritik, die Technikfolgen aus einer soziologischen und feministischen Perspektive einbringt, schließt das Buch ab. Doris Mathilde Lucke sieht das Menschheitsthema der Reproduktion aus der Sicht manipulatorischer Technologien und mutmaßt das Ende der menschlichen Evolutionsprozesse. Hier wird Technologie nicht aus der Perspektive einer Maschine gesehen, sondern als grundlegender, das Individuum und die Gesellschaft umwälzender Prozess, der Ausleseverfahren des menschlichen Erbgutes zur Verhandlungsmasse einer technisierten Gesellschaft macht.

Literatur

Allen, G., & Chan, T. (2017). Artificial intelligence and national security. Belfer Center for Science and International Affairs, Cambridge. https://www.belfercenter.org/publication/artificial-intelligence-and-national-security. Zugegriffen: 1. Aug. 2018.

Anders, G. (1988). *Die Antiquiertheit des Menschen. Bd. 1: Über die Seele im Zeitalter der zweiten industriellen Revolution*. München: Beck (Erstveröffentlichung 1956).

Banta, N. (2017). Property interests in digital assets: The rise of digital feudalism. *Cardozo Law Review, 38,* 1099. SSRN: https://ssrn.com/abstract=3000026.

Bostrom, N. (2016). *Superintelligence. Paths, dangers, strategies*. Oxford: Oxford University Press.

Bottroff, A., & Hartmann, E. A. (Hrsg.). (2015). *Zukunft der Arbeit in Industrie 4.0*. Wiesbaden: Springer Vieweg.

Brundage, M., et al. (2018). The malicious use of artificial intelligence: Forecasting, prevention, and mitigation. https://arxiv.org/abs/1802.07228. Zugegriffen: 2. Aug. 2018.

Brynjolfsson, E., & McAfee, A. (2014). *The second machine age. Work, progress and prosperity in a time of brilliant technologies*. New York: Norton.

Darling, K. (2017). „Wer ist Johnny?" Anthropomorphes Framing in Mensch-Roboter-Interaktion, Integration und Politik. In: P. Lin, G. Bekey, K. Abney, & R. Jenkins (Hrsg.), *Robotethik 2.0*. Oxford: Oxford University Press. http://dx.doi.org/10.2139/ssrn.2588669. Zugegriffen: 2. Aug. 2018.

Epley, N., Waytz, A., & Cacioppo, J. T. (2007). On seeing human: A three-factor theory of anthropomorphism. *Psychological Review, 114,* 864–886.

Fairfield, J. A. (2017). *Owned. Property, privacy, and the new digital serfdom*. Cambridge: Cambridge University Press.

Heßler, M. (2015). Die Ersetzung des Menschen? Die Debatte um das Mensch-Maschinen-Verhältnis im Automatisierungsdiskurs. *Technikgeschichte, 82*(2), 109–136.

Ichbiah, D. (2005). *Roboter. Geschichte – Technik – Entwicklung*. München: Knesebeck.

Jarvis, J. (2014). Eurotechnopanik. https://www.zeit.de/kultur/2014-11/jeff-jarvis-eurotechnopanik-google-verleger-essay/. Zugegriffen: 1. Aug. 2018.

Kegler, K. R. (2002). Der künstliche Mensch – Visionen des Machbaren. In K. Kegler & M. Kerner (Hrsg.), *Der künstliche Mensch. Körper und Intelligenz im Zeitalter ihrer technischen Reproduzierbarkeit* (S. 9–33). Köln: Böhlau.

Kurzweil, R. (1999). *The age of the spiritual machines – When computers exceed human intelligence*. New York: Penguin.

Kurzweil, R. (2006). *The singularity is near: When humans transcend biology*. New York: Penguin.

Kurzweil, R. (2013). *How to create a mind. The secret of human thought revealed*. New York: Penguin.

Marvin, C. (1990). *When old technologies were new. Thinking about electronic communication in the late nineteenth century*. Oxford: Oxford University Press.

Mumford, L. (1969). *Mythos der Maschine. Kultur, Technik und Macht*. Frankfurt: Fischer alternativ.

Nancy, J.-L. (2011). Von der Struktion. In E. Hörl (Hrsg.), *Die technologische Bedingung. Beiträge zur Beschreibung der technischen Welt* (S. 54–72). Frankfurt: Suhrkamp.

Pfadenhauer, M., & Dukat, C. (2016). Professionalisierung lebensweltlicher Krisen durch Technik? Zur Betreuung demenziell erkrankter Personen mittels sozial assistiver Robotik. *Österreichische Zeitschrift für Soziologie, Sonderheft Handlungs- und Interaktionskrisen, 41*(1), 115–131.

Ramge, T. (2018). *Mensch und Maschine. Wie Künstliche Intelligenz und Roboter unser Leben verändern*. Stuttgart: Reclam.

Rammert, W., & Schulz-Schaeffer, I. (Hrsg.). (2002). *Können Maschinen handeln? Soziologische Beiträge zum Verhältnis von Mensch und Technik*. Frankfurt a. M.: Campus.

Rifkin, J. (1995). *The end of work: The decline of the global labor force and the dawn of the post-market era*. New York: Putnam.

Scheutz, M., & Arnold, T. (2016). Are we ready for sex robots? In *The eleventh ACM/IEEE international conference on human robot interaction*, Piscataway, NJ, USA, 2016, S. 351–358.

Schröter, W. (Hrsg.). (2017). *Autonomie des Menschen – Autonomie der Systeme. Humanisierungspotenziale und Grenzen moderner Technologien*. Mössingen: Talheimer.

Seng, L. (2018). Mein Haus, mein Auto, mein Roboter? Eine (medien-) ethische Beurteilung der Angst vor Robotern und künstlicher Intelligenz. In M. Rath, F. Krotz, & M. Karmasin (Hrsg.), *Maschinenethik – Normative Grenzen autonomer Systeme* (S. 57–72). Wiesbaden: Springer.

Toffler, A. (1970). *Future shock*. New York: Random House.

Wallach, W., & Allen, C. (2009). *Moral machines. Teaching robots right from wrong*. Oxford: Oxford University Press.

Weiss, A. (2012). Technik in animalischer Gestalt. Tierroboter zur Assistenz, Überwachung und als Gefährten in der Altenhilfe. In J. Buchner-Fuhs & L. Rose (Hrsg.), *Tierische Sozialarbeit* (S. 429–442). Wiesbaden: Springer.

Teil I
Die Maschine: Metapher, Mythos, Objekt

Die Maschine – Materialität, Metapher, Mythos

Ethische Perspektiven auf das Verhältnis zwischen Mensch und Maschine

Caja Thimm

Zusammenfassung

Das Verhältnis der Menschen zur Technologie und zu ihren ‚Maschinen' ist schon immer ambivalent – Maschinen stehen für Fortschritt und Bedrohung gleichermaßen. Angesichts der massiven technologischen Veränderungen wird deutlich, dass Maschinen nicht länger auf ein physikalisches Objekt zu reduzieren sind, sondern auch Programmcodes, Algorithmen oder Künstliche Intelligenz sein können. Diese Veränderungsprozesse verweisen auf die Notwendigkeit, den Begriff der Maschine von seiner Materialität zu lösen. Dabei müssen jedoch ethische Perspektiven genauso einbezogen werden wie politische und soziale Konsequenzen der Maschinennutzung durch den Menschen: die Ethik der Maschine muss neu gedacht werden.

Schlüsselwörter

Geschichte der Maschine · Maschinenbegriff · Künstliche Intelligenz · Maschinenethik · Roboterethik · Digitaler Feudalismus

C. Thimm (✉)
Bonn, Deutschland
E-Mail: thimm@uni-bonn.de

© Springer Fachmedien Wiesbaden GmbH, ein Teil von Springer Nature 2019
C. Thimm und T. C. Bächle (Hrsg.), *Die Maschine: Freund oder Feind?*,
https://doi.org/10.1007/978-3-658-22954-2_2

1   Einleitung

Das Leben des Homo sapiens ist seit Beginn seiner Existenz von dem Spannungsfeld zwischen der nutzenbringenden und der gefährlichen Technik gekennzeichnet.
Menschlicher Erfindergeist hat von der einfachen Waffe bis zur Atomkraft eine
Bandbreite an Technologien entwickelt, die in ihren Auswirkungen von der Über-
lebensstrategie bis zur (möglichen) Extinktion reichen. Viele der Verquickungen
zwischen Technologie und menschlichem Leben haben dabei einen Komplexitäts-
grad erreicht, der Menschen überfordert. Diese Komplexität führt zu Unsicherheit
und zu einer Emotionalisierung, die auch der Tatsache geschuldet ist, dass weder
die gesamtgesellschaftlichen noch die persönlichen Folgen der Technologienent-
wicklung absehbar sind. Technik-Euphoriker und Technik-Skeptiker malen Szenarien zwischen Rettung und Untergang aus, je nach persönlicher Überzeugung und
fachlichem Hintergrund – für die Laien ein oft kaum durchschaubares Geflecht
unterschiedlicher Positionen und Argumente.

Emotionale Aufladung, mythische Überhöhung oder Verteufelung und die politische Deutung von Maschinen haben im Laufe der Menschheitsgeschichte das Verhältnis zu technologischen Neuerungen fast immer begleitet. Das häufig konfliktäre
Verhältnis zwischen Mensch und Maschine markiert dabei Entwicklungssprünge
für gesellschaftlichen Wandel, da diese Konflikte verdeutlichen, wie sich Menschen
rund um die Technik neu organisieren bzw. welche Technik in einer Gesellschaft
durchsetzungsfähig wird. Besonders anschaulich werden diese Konfliktlinien in der
Science Fiction Literatur oder ihrer filmischen Realisierung. Die Visualisierung von
Maschinen in Filmklassikern wie „Metropolis", „2001: Odyssee im Weltraum",
„Bladerunner", „Matrix" oder den „Terminator"-Filmen verweist auf die kulturelle
Formung der Maschine. Dabei ist manchmal der menschliche Körper die technologische Basis, wie bei Figuren von Frankenstein, über Superman bis hin zu Terminator, manchmal ein Gerät, das zum Freund (oder Gegner) des Menschen wird, wie die
berühmte Roboterfigur R2D2. Hier wird die Maschine personifiziert und mythisch
aufgeladen. Aber so verschieden die physikalischen Manifestationen der Maschinen
auch sein mögen – immer schwebt als Konstante die Machtfrage im Raum: Kontrolliert der Mensch die Maschine oder, wie bei Frankenstein, macht sich die Maschine
unabhängig und entwickelt einen eigenen Willen?

Das Spannungsfeld zwischen Mensch und Maschine dient aber keineswegs nur
als Inspiration für künstlerische Utopien oder Dystopien, sondern ist auch immer
theoretischer wie politisch-praktischer Gegenstand von Wissenschaft und Gesellschaft. Terminologisch zu Hause ist diese Fragestellung bisher vor allem in den
„Science and Technology Studies", aber auch Politikwissenschaft, Soziologie,
Philosophie und Medienwissenschaft haben das Thema immer wieder aufgegriffen.

Blick man auf die Debatten der letzten Jahre so lässt sich konstatieren, dass der Machtdiskurs um die Rolle der Maschine für die Gesellschaft neue Intensität gewonnen hat. Deutlich wird dies bei einem Blick in die traditionellen Massenmedien. Hier finden sich in vielen Presseberichten zur neuen Rolle der Maschine für zukünftige Gesellschaften alarmistische Untertöne. Man sieht nicht nur Arbeitsplätze, sondern die gesamte Gesellschaft als bedroht. So titelte die taz (am 04.10.2017):

> Guter Roboter, schlechter Roboter: Jobverlust durch Automatisierung? Roboter, die über Recht und Unrecht entscheiden? Das sind keine Debatten der Zukunft. Wir sind mittendrin.

Ganz ähnlich berichtete die Süddeutsche Zeitung über „Die Furcht durch eine Maschine ersetzt zu werden" (SZ, 24.05.2017) und der Economist sieht in seinem Spezial (Juni 2016) zu „Return of the machinery question" (Economist 2016) sowohl die Weltwirtschaft als auch die Gesellschaft vor umwälzenden Herausforderungen. Diese aktuellen Thematisierungen gehen mit einer Technisierungswelle einher, die vor allem in den humanoiden Robotern und der sogenannten „Künstlichen Intelligenz" neue publicityträchtige Manifeste findet.

Anders jedoch als es die Personifizierung im technischen Kleid des Roboters suggeriert, ist der heutige technologische Wandel ein Massenphänomen: bei einer Internetnutzung von über 90 % in den Industrieländern, bei einer jungen Generation, die nahezu vollständig im digitalen Umfeld lebt und sich als „app generation" manifestiert (Gardener und Davis 2013) kann von entfremdeter Technologie nicht mehr gesprochen werden. Es sind die nutzergenerierten Datenströme, die die Basis für die neue ‚Maschine', die Künstliche Intelligenz, liefern.

All diese Entwicklungen erfordern eine kritische und ethisch reflektierte Einschätzung, die der Tatsache Rechnung trägt, dass auch der Begriff und die Objektivierung von „Maschine" einer grundlegenden Neupositionierung bedarf. Für die Beurteilung der aktuellen Debatte ist es daher hilfreich, zunächst einen Blick in die Geschichte des Mensch-Maschine-Verhältnisses zu werfen, denn viele Argumente sind keineswegs so neu, wie sie gerade erscheinen mögen.

2 Moderne Deutungen des Begriffs „Maschine"

Maschinen waren, zumindest in ihrer ursprünglichen Bedeutung, aufgrund ihrer Entstehungsweise immer Produkte des Menschen. Anders allerdings als in der Antike, in der die Maschine als Mittel zu einer Täuschung – dem Erzeugen unnatürlicher, also unmöglicher Effekte – und erst in zweiter Linie als Arbeitshilfe verstanden wurde, ist die Maschine spätestens seit der industriellen Revolution ein Objekt ambivalenter Bewertungen (Noble 1986). Einerseits symbolisieren Maschinen Fortschritt und menschlichen Erfindergeist, andererseits sind sie Auslöser, Treiber und Symbol für gesamtgesellschaftliche Konflikte. Beispielhaft für dieses Spannungsfeld lässt sich die Einführung des mechanischen Webstuhls Mitte des 19. Jahrhunderts anführen. Während die Weber ihre Tätigkeiten in einem Muster von Abläufen handwerklich perfektioniert hatten, wurden sie nun als Maschinenbediener gleichsam selbst zu einem Teil der Maschine. Der daraus resultierende Weberaufstand markierte einen sozialen Umbruch, der für die gesamte Moderne den paradigmatischen Konflikt zwischen Mensch und Maschine markierte. Der massenhafte Einsatz von Maschinen wurde zum Grundmotor der Industrialisierung, und nicht zu Unrecht wird daher die Webmaschine in Kombination mit der Dampfmaschine als einer der Ursprünge der industriellen Revolution angesehen (Meacci 1998).

Die Definition und Bewertung dessen, was eine „Maschine" ist und was sie bewirkt, unterscheidet sich nicht nur in Bezug auf ihre konkreten zeitgeschichtlichen Auswirkungen, sondern auch in Bezug auf die grundlegende gesellschaftliche Haltung gegenüber der Technologie. Dabei ist zu betonen, dass Maschinen bereits in ihrem Entstehungsprozess mit den politischen, sozialen und kulturellen Umgebungen verbunden sind: „Die Maschine taucht nicht aus irgendeinem Nichts auf. Sie ist selbst maschiniert, das heißt, sie ist auf zuvor gesetzte Zwecke hin entworfen, ausgearbeitet und strukturiert" (Nancy 2011, S. 55). Ein Beispiel für die politische Einbettung der Maschine gibt der Wirtschaftswissenschaftler David Ricardo (1772–1823) in seinem 1821 erschienen Werk „Political Economy and Taxation". In „On Machinery" diskutiert er „the influence of machinery on the interests of the different classes of society" und beruft sich dabei auf „opinion entertained by the labouring class, that the employment of machinery is frequently detrimental to their interests" (Ricardo 1951, S. 474). Hier steht das konfliktäre Grundverhältnis zwischen der Maschine und der Arbeiterschaft im Mittelpunkt, weniger jedoch der Maschinenbesitz, der im Marxismus als zentrale Kategorie eingeführt wurde (s. auch Fuchs und Mosco 2015). Eine dezidiert maschinenfeindliche Perspektive findet sich bei Lewis Mumford (1969), der neben der Maschine als materialem Gegenstand eine unsichtbare „Mega-Maschine" konzipierte, mit der er die Wirtschafts- und Lebensweisen in der modernen, funktional differenzierten Gesellschaft umschreibt. Mumford (1969, S. 258) zufolge existierte bereits in der Antike ein Mythos der Maschine beziehungsweise der Glaube, „dass diese Maschine von Natur aus unbezwingbar sei – und doch, vorausgesetzt, dass man sich ihr nicht widersetzte, letztlich segensreich". Sein Konzept der Mega-Maschine ist dezidiert technikdeterministisch: Die Technologien sind Teil der Mega-Maschine, die die Menschen beherrscht. Diese Deutung entpersonalisiert jedoch politische Machstrukturen und unterschlägt die Rolle des Menschen als Entwickler der Maschinen. Ein positiver Technikeinsatz, der dem Menschen das Leben erleichtert, ist entsprechend nicht Teil des Mumfordschen Maschinenbildes.

Die Frage nach der Rolle der Maschine für Gesellschaft, Arbeit und sozialen Zusammenhalt steht, wie skizziert, immer wieder neu zur Debatte. Anders aber als vor 200 Jahren, als die Maschine noch als greifbares, materiales und fassbares physisches Werkzeug sichtbar war, werden heute Maschinen immer weniger als physische Objekte erfahrbar. Während die „Maschinenstürmer", die 1811 in England und bald darauf auch in Frankreich, mehrere Hundert Spinnereien aus Protest zerstörten, noch einen physikalisch identifizierbaren Gegenstand vorfanden (Noble 1986), wird die Maschine heute zunehmend immateriell bzw. nimmt eine andere Gestalt an. Einerseits findet sich auch heute noch eine zumeist materialbasierte Definition von Maschine, wie in der ISO Norm (ISO 12100:2010). Hier ist eine Maschine eine

> mit einem Antriebssystem ausgestattete oder dafür vorgesehene Gesamtheit miteinander verbundener Teile oder Vorrichtungen, von denen mindestens eine(s) beweglich ist und die für eine bestimmte Anwendung zusammengefügt sind.

Andererseits aber macht sich zunehmend die Erkenntnis breit, dass Maschinen auch Programmcodes sein können – die Algorithmisierung vieler Prozesse und der Einzug der Künstlichen Intelligenz in Alltagsroutinen verweist auf die Notwendigkeit, den Begriff der Maschine von seiner bisher definierenden Materialität zu lösen.

2.1   Maschinen als Konkurrenten?

Als eine Konstante in diesem Jahrhunderte alten Diskurs über Maschine, Mensch und Gesellschaft lässt sich, wie bereits angerissen, die manchmal implizite, manchmal explizite Furcht vor der Maschine bzw. deren Folgen für den Menschen anführen. Dabei gilt diese Furcht weniger der körperlichen Unversehrtheit oder der politischen Entmachtung durch die Maschine, wie dies in den filmischen Narrativen häufig zum Thema gemacht wird. Vielmehr gelten die Ängste häufig den konkreten wirtschaftlichen Folgen, entweder aus der Sicht einer persönlichen Konkurrenzsituation oder aus der volkswirtschaftlichen Perspektive auf die gesamtgesellschaftlichen Kosten.

Betrachtet man die Entwicklungen der digitalen Maschinen so lässt sich fest-stellen, dass das Verhältnis zwischen Mensch und Maschine seit dem Sieges-zug des Computers zunächst ein eher entspanntes war. Computer galten zu Beginn ihrer massenhaften Verbreitung nur als ‚Schreibmaschinen' und wurden nicht als entfremdende Mächte mit Bedrohungspotenzial wahrgenommen, son-dern als persönliche Dienstleister, die individuellen Interessen und persönlichen Anforderungen zu Diensten sind. So war auch der für das Marketing eingeführte Begriff des „Personal Computers" (PC) nicht nur ein kluger Schachzug der Werbestrategen, sondern auch metaphorische Markierung einer Machtstruktur zwischen Mensch und Maschine. Zumindest vordergründig führte die Maschine nur durch die Besitzer*innen kontrollierbare Dienstleistungen durch. Allerdings neigt sich diese Phase der wahrgenommenen Kontrolle der digitalen Maschinen deutlich ihrem Ende zu. Die Haltungen gegenüber den neuen Maschinen sind im Zeitalter von Digitalisierung und Datafizierung längst nicht mehr nur unbefangen, sondern, ganz im Gegenteil, von zunehmendem Misstrauen geprägt.

Die Furcht vor den Auswirkungen der Maschinen findet sich heute vor allem in zwei Figuren wieder: dem Algorithmus und dem Roboter. Gerade letztere bie-ten sich als physisch identifizierbare Projektionsflächen für all das an, was mit Technologie verbunden werden kann. Roboter sind die bildhafte Manifestation der Maschine im 21. Jahrhundert. Maschinen sind aber, wie bereits ausgeführt, nicht mehr nur als sichtbare und physisch greifbare Objekte präsent, sondern in Form von unsichtbaren Programmcodes, Algorithmen und Künstlicher Intelligenz (KI). Damit gewinnt auch die Frage nach dem Konkurrenzverhältnis wieder an Aktualität. Angestoßen wurde diese Debatte u. a. durch eine in der Öffentlich-keit breit rezipierte Studie der Universität Oxford zu möglichen Arbeitsplatzver-lusten durch den Einsatz von KI und Robotik von Frey und Osborne (2013). Die Autoren erarbeiteten darin eine Liste von 700 Berufsbildern, die sie als von der Digitalisierung bedroht kategorisierten. Als Ergebnis erstellten sie ein Ranking für eine „Rote Liste" der am meisten bedrohten Berufe. Da dabei eine Vielzahl von Alltagsberufen aus dem Dienstleitungssektor enthalten war, löste diese Stu-die in vielen Ländern Besorgnis über die Zukunft etablierter Berufsfelder aus. Betrachtet man die öffentliche Debatte zu dieser Thematik aus einer zeitlich län-geren Perspektive (dazu auch Hüther in diesem Band), so wird deutlich, dass sich Diskursmuster wiederholen. Auch diese (aktuelle) Sorge um die Zukunft wich-tiger Berufsfelder manifestiert sich nämlich in der bekannten rhetorischen Figur der Bedrohung durch die sinnbildliche Maschine des Roboters. Anschaulich lässt sich dies an den beiden nachstehenden SPIEGEL-Titeln verdeutlichen: Mit fast 40 Jahren Abstand wird im Jahr 2016 wieder der Roboter zur Metapher für die Konkurrenz der Maschine (vgl. Abb. 1).

Abb. 1 Titelbilder DER SPIEGEL. (Vom 17.4.1978 und 30.09.2016)

Während im Jahr 1978 Roboter noch als futuristische Figuren aus Science Fiction Romanen angesehen und als Metaphern des technischen Fortschritts genutzt wurden, hat sich dies heute kategorial verändert. Roboter sind im Alltag vieler Menschen angekommen, inzwischen sind Saug- oder Mähroboter in allen Baumärkten unproblematisch erhältlich. Und Roboter werden, so Rötzer (2016), wohl in absehbarer Zeit sogar „neue Mitbewohner":

> Maschinen und Roboter, die immer selbständiger handeln und entscheiden sollen, ziehen als Saug- und Mähroboter, als Pflege-, Spiel-, Service- oder auch Sexroboter, als unverkörperte Agenten, als Überwachungs- oder auch als Kampfroboter in die Lebenswelt ein. Wir müssen uns an den Umgang mit den neuen Mitbewohnern unserer Lebenswelt gewöhnen und diesen müssen höchst unterschiedliche Regeln im Umgang mit den Menschen und der Umwelt einprogrammiert oder anerzogen werden (Quelle: Heise-Information zum Buch).

Auch wenn Maschinen unseren Alltag also seit langer Zeit bestimmen und der Mensch schon lange die Macht und das Wissen besitzt, die Energie der Bewegung von Wind und Wasser so zu nutzen, dass sein Leben leichter, seine Arbeit produktiver wird (Kurz und Rieger 2015, S. 8), beginnt nun aber eine Phase maschineller Entwicklungen, die im Kern eine ganz neue Kategorie beinhaltet: die Maschinisierung des Gehirns. (s. auch den Beitrag von Sielke in diesem Band). Die Frage nämlich, wie sich die Digitalisierung und Automatisierung geistiger Tätigkeiten nicht nur in der konkreten Ausgestaltung der Technologien manifestiert, sondern wie sie Gesellschaft verändern wird, steht im Mittelpunkt einer Debatte um eine neue Symbiose zwischen Mensch und Maschine und dürfte fraglos eine der zentralen Herausforderungen der Zukunft sein.

2.2 Der Mensch als Maschine – von McLuhan zum Transhumanismus

Die metaphorische Aufladung des Mensch-Maschine-Verhältnisses ist auch für die Medientheorie eine zentrale Diskursfigur. Es war besonders Marshall McLuhan, der diese Perspektive auf Rolle und Funktion der Medien für die Gesellschaft in die Debatte eingebracht hat und von Mensch/Maschine-Analogien ausging. Medien begriff er als „extensions of man" und begründete damit das neurophysiologische Paradigma der Medientheorie. Sein Medienkonzept orientiert sich am Phänomen der Rückkopplung der menschlichen Sinnesorgane und physischen Aktionsorgane (Muskeln) an das zentrale Nervensystem und der Verschmelzung dieser Impulse. Nimmt man nun neue Technologien und technologische Prozesse, z. B. Algorithmen, als Erweiterungen sowohl der menschlichen Sinnes- als auch der Aktionsorgane, so kann man sie als Rückkopplung auf sich selbst verstehen. Die „electric simulation" der Medienwirklichkeit ist eine Ausweitung des Bewusstseins über die Dimensionen des Sprachlichen hinaus in eine Kultur der Oberflächen, die McLuhan als finale Phase des Verschwindens des Menschen ansieht (McLuhan 1964, S. 11 f.):

> After three thousand years of explosion, by means of fragmentary and mechanical technologies, the Western world is imploding. During the mechanical ages we had extended our bodies in space. Today, after more than a century of electric technology, we have extended our central nervous system itself in a global embrace, abolishing both space and time as far as our planet is concerned. Rapidly, we approach the final phase of the extensions of man – the technological simulation of consciousness, when the creative process of knowing will be collectively and corporately extended to the whole of human society, much as we have already extended our senses and our nerves by the various media.

Diese neurophysiologische Sichtweise auf eine Kollektivierung von Wissensbeständen eröffnet einen sinnenbetonten Zugang zum Verhältnis Mensch-Maschine. Wenn McLuhan die Telegrafenleitungen als Nervenstränge der Landschaft bezeichnet und das Nervensystem zu einer Metapher der Datennetze erklärt, so wird die Grenze, die die Sinnesorgane bisher dazwischen setzten, obsolet. Der letzte Schritt bei McLuhan markiert die Entäußerung des Zentralnervensystems hin zum Bewusstsein: „extension of consciousness" ist dann die Verschmelzung des Menschen mit der Technologie. Dabei ist McLuhan ein bekennender Medienenthusiast – die Ausweitungsmetapher ist bei ihm positiv besetzt und dient als Ermöglichungsplattform für die menschliche Entwicklung (McLuhan 1969).

McLuhans Grundideen haben auch praktische Relevanz für die Entwicklung von Maschinen, gut ersichtlich am Beispiel des „Turing-Tests". Der Turing-Test ist ein von Alan Mathison Turing entwickelter Test, mit Hilfe dessen man glaubte festzustellen zu können, ob Maschinen ein dem Menschen vergleichbares oder sogar überlegenes Denkvermögen besitzen (Copeland 2000). Im Verlauf des Testes führt eine menschliche/r Fragesteller*in mit zwei anderen Gesprächspartner*innen eine Unterhaltung mittels Tastatur und Monitor und ohne Sichtkontakt. Der eine Gesprächspartner ist ein Mensch, der oder die andere eine Maschine. Beide versuchen den Fragesteller davon zu überzeugen, dass sie denkende Menschen sind. Falls der Fragesteller nach der Befragung nicht sagen kann, welches die Maschine oder der Mensch ist, wird der Maschine menschliches Denkvermögen, also künstliche Intelligenz, zugeschrieben. Dieser berühmte Test hat seine aktuelle Entsprechung in der Debatte um die „social bots" gefunden: Ist einmal die Identität des Kommunikationspartners im Netz nicht mehr wirklich überprüfbar, wie dies Neff und Nagy (2016) am Beispiel des social bots „Tay" exemplarisch veranschaulichen, so zeigt sich eine neue Qualität in der Relation von Mensch und Maschine. Die an viele Online-Bezahlvorgänge gekoppelte freundliche Aufforderung, durch Eingabe eines Codes zu belegen, dass der Nutzer ein Mensch ist, ist eine ironiefreie und etwas hilflose Manifestation eben dieser zunehmenden Zweifel am Menschencharakter digitaler Adressaten.

Während heute das Misstrauen in die Menschähnlichkeit der Maschine zunimmt, wurde dies von dem Computertheoretiker John Charles M. Licklider im Jahr 1960 noch anders beurteilt. Er sah die Zukunft des Mensch-Maschine Verhältnisses als Symbiose: „Man-computer symbiosis is a subclass of man-machine systems. There are many man-machine systems. At present, however, there are no man-computer symbioses." Dabei betrachtet er diese zukünftigen Symbiosen jedoch nicht nur als Erweiterung des Menschen, sondern als einen eigenen Organismus (S. 5)

As a concept, man-computer symbiosis is different in an important way from what North has called ,mechanically extended man'. In the man-machine systems of the past, the human operator supplied the initiative, the direction, the integration, and the criterion. The mechanical parts of the systems were mere extensions, first of the human arm, then of the human eye. These systems certainly did not consist of ,dissimilar organisms living together…' There was only one kind of organism-man-and the rest was there only to help him.

Hier zeigen sich deutliche Parallelen zum Gedankengebäude von McLuhan. Allerdings ist Lickliders Blickwinkel ein unkritischer - Gefahren oder Risiken formulierte er nicht (Licklider 1960, S. 10):

The hope is that, in not too many years, human brains and computing machines will be coupled together very tightly, and that the resulting partnership will think as no human brain has ever thought and process data in a way not approached by the information-handling machines we know today.

Eine ähnliche Perspektive der Verschmelzung mit oder Ersetzung des Menschen durch Technologie wird von den sogenannten „Transhumanisten" seit mehr als einem Jahrzehnt öffentlichkeitswirksam vertreten. Transhumanisten gehen davon aus, dass die nächste Evolutionsstufe der Menschheit durch die Fusion mit Technologie erreicht wird. Die Technologien, die wir heute zum Beispiel in Form von Uhren an unseren Körpern tragen, werden, so die Thesen der Transhumanisten, künftig in den Körper implantiert. Ultimativ wird der Mensch durch Cyborgs ersetzt. In diesem Zusammenhang diskutieren Protagonisten dieser Denkrichtung – hervorzuheben ist hier insbesondere Ray Kurzweil (2000) – die Frage, wann sich Mensch und Maschine auf gleicher Augenhöhe treffen – die sogenannte „singularity". Der Begriff Singularität steht für den Zeitpunkt, an dem Maschinen so intelligent sind, dass sie selbst aus ihren Fehlern lernen und sich so selbst konstant weiter entwickeln können. Sie haben damit die Unabhängigkeit vom Menschen erreicht und können immer bessere Versionen von sich selbst herstellen. Die Frage, wann dieser Punkt eintritt, bzw. ob es eine Form der Gleichheit von Menschen und Maschine geben kann, ist allerdings höchst umstritten. Während eine solche Vorstellung für manche die größte denkbare existenzielle Bedrohung der Menschheit ist, birgt sie für andere die Hoffnung auf ein goldenes Zeitalter des Trans- und Posthumanismus (dazu die Beiträge in Hurlbut et al. 2016).

Aber selbst wenn man weder an eine Symbiose zwischen Mensch und Maschine glaubt, noch den Zeitpunkt der Singularität gekommen sieht, lassen doch ganz konkrete neue Maschinen zunehmend den Ruf nach einer ethischen

Reflextion dieser Entwicklungen aufkommen. Unter dem Stichwort der „autonomen Maschine" werden wichtige Debatten zur Kontrolle von selbstfahrenden Autos oder autonom agierenden Robotern geführt, die für die weitere Entwicklung von hoher Relevanz sind. Rath et al. (2018, S. 2) führen beispielsweise zur Frage nach der Notwendigkeit einer Maschinenethik aus, dass von einer Differenz von Sein und Sollen aus zu argumentieren auch unter den Prämissen einer mediatisierten und automatisierten Gesellschaft nichts an Relevanz verloren hat, ganz im Gegenteil. Sie sehen in der Formulierung von „Korrekturvorbehalten gegenüber den moralischen Standards einer bestimmten mediatisierten Praxis" einen Kern ethischer Argumentation.

3 Maschinenethik

Die Frage nach einer Ethik der Maschine hat inzwischen die Feuilletons und Technikseiten der Tagespresse erreicht. Nicht erst seit den bekannt gewordenen tödlichen Unfällen der selbstfahrenden Autos wird gefragt, ob sich Ethik in die Sprache von Maschinen übersetzen lässt und ob Roboter Moral lernen wie Menschen (Wirtschaftswoche 16.02.2017).

Interessanterweise lassen sich frühe Grundlagen der Maschinenethik in der Science Fiction Literatur verorten, am berühmtesten wohl in den sogenannten „Robotergesetzen", die Isaac Asimov (1966) in seiner Kurzgeschichte „Geliebter Roboter" entwickelt hat. Diese Robotergesetze bestehen im Kern aus drei Maximen:

1. Ein Roboter darf kein menschliches Wesen (wissentlich) verletzen oder durch Untätigkeit (wissentlich) zulassen, dass einem menschlichen Wesen Schaden zugefügt wird.
2. Ein Roboter muss den ihm von einem Menschen gegebenen Befehlen gehorchen – es sei denn, ein solcher Befehl würde mit Regel eins kollidieren.
3. Ein Roboter muss seine Existenz beschützen, solange dieser Schutz nicht mit Regel eins oder zwei kollidiert.

Hier erhält der Roboter die Gestalt eines dem Menschen untergebenen Dienstleisters mit dem Recht auf eine eigene Existenz. Angesicht neuer Entwicklungen des ‚machine learnings' stellen sich aber nunmehr darüber hinausgehende ethische Fragen, die u. a. das Spannungsfeld zwischen der Autonomie der Maschine und der Kontrolle durch den Menschen umfassen. Damit kommt konsequenterweise die Frage nach der Notwendigkeit einer Maschinenethik ins Spiel.

Die bisher die Debatte um die Maschinenethik bestimmenden Perspektiven sind vielfältig und wenig systematisch. Bei technischen Artefakten wie Robotern oder Drohnen wird zumeist eine Parallele zu ‚Menschenethik' gezogen:

> Die Maschinenethik hat die Moral von autonomen oder teilautonomen Programmen und Maschinen zum Gegenstand, etwa von Agenten, Robotern und Drohnen. Sie kann als Pendant zur Menschenethik angesehen werden (Gabler Wirtschaftslexikon online 2017).

Für Rath et al. (2018, S. 5) ist „Maschinenethik [ist] im nicht trivialen Sinne einer Ethik der Maschinen – verstanden als *genetivus objectivus* – immer Ethik des Menschen im Blick auf die Maschine". Sie sehen Maschinenethik als Teil einer umfassenderen Medienethik, die Maschinen als Akteure vor dem Hintergrund einer veränderten Kommunikations- und Medienkultur versteht. Damit wird die Einbettung von Maschinen, in welcher Form auch immer sie dem Menschen begegnen, in die gesellschaftlichen Kontexte zwingend.

Maschinenethik lässt sich entsprechend aus mehreren Sichtweisen differenzieren: a) der Perspektive der Einschreibung von ethisch-normativen Grundsätzen in den Programmcode der Maschine; b) der Perspektive der autonomen Maschine, die durch Lernprozesse aus ihrer Umwelt erhältliche Daten distrahiert und zu neuen Handlungsweisen zusammenführt, also ‚lernt'; c) der menschlichen Perspektive auf die Maschine, insbesondere auf humanoide Roboter, die von Menschen als menschenähnliche Wesen angesehen werden und daher genauso wie Menschen einem Verletzungs- und Tötungsverbot unterliegen.

Genauer definieren Bendel et al. (2017, S. 7):

> Machine ethics refers to the morality of semi-autonomous or autonomous machines, robots, bots or software systems. They become special moral agents; depending on their behavior, we can call them moral or immoral machines. They decide and act in situations where they are left to their own devices, either by following pre-defined rules or by comparing their current situations to case models, or as machines capable of learning and deriving rules. Moral machines have been known for some years, at least as prototypes.

Allerdings, so macht die nachstehende Grafik deutlich, lassen sich hier eine Vielzahl von stark miteinander verwobenen Konstruktionen und Determinanten aufzeigen, die Maschinenethik als einen eher ungeordneten Ansatz erscheinen lässt (siehe Abb. 2).

Diese verschiedenen Aspekte zur Präzisierung des Felds der Maschinenethik (Abb. 2) verweisen anschaulich auf die Unbestimmtheit des Gegenstandsbereiches.

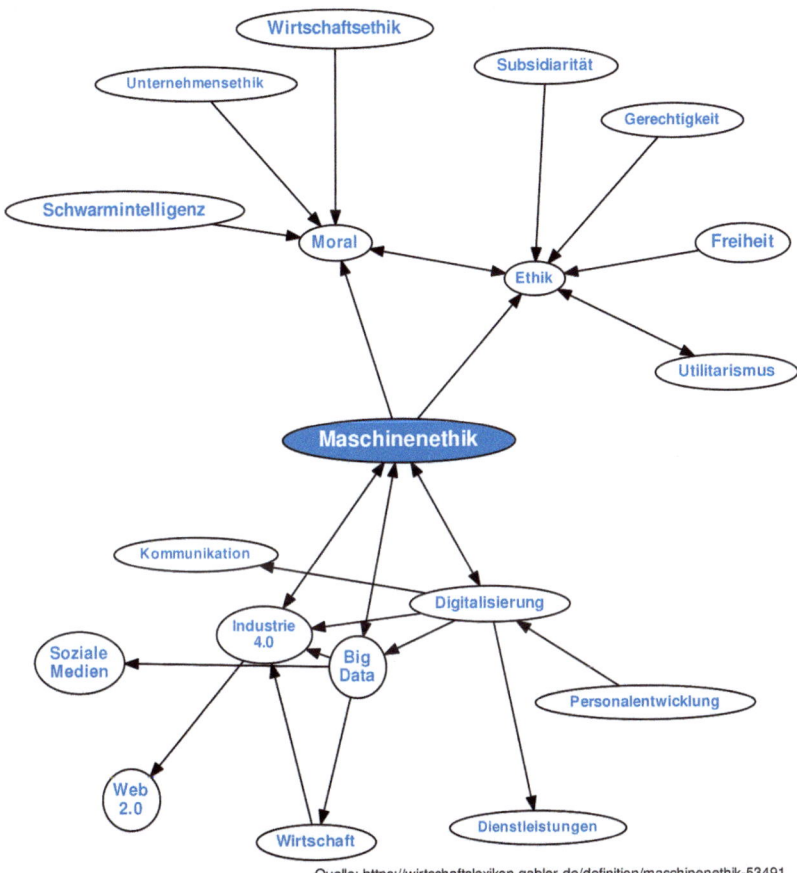

Quelle: https://wirtschaftslexikon.gabler.de/definition/maschinenethik-53491

Abb. 2 Mind-map zur Maschinenethik. (Bendel, Gabler Wirtschaftslexikon online, Springer 2017)

Maschinen sind eingebettet in Kontexte und Nutzungssysteme („Industrie 4.0"), bestehen aus Software („shopping bot"), oder aus Hardware („Roboter"). Maschinenethik erfasst menschliche Lebenswelten (Gesundheit, Wirtschaft), beinhaltet aber auch Aspekte der Verantwortungsethik. Damit wird der Definitionsbereich von „Maschine" deutlich ausgeweitet und erfasst nicht nur solche alltäglichen Praxen, die durch Maschinen ermöglicht oder bequemer bzw. praktischer werden, sondern es müssen auch solche menschlichen Lebensbereiche erfasst werden, die bisher für Maschinen als nicht zugänglich erschienen, wie beispielsweise Sexualität (Levy 2008, Cheok und Levy 2018).

Genau diese Ausweitung auf vielfältige Kontexte, die vorher der Mensch-Mensch-Interaktion vorbehalten waren, macht die Frage nach der Ethik der Maschine immer komplexer. Nimmt man die Roboterethik als eine Form der Maschinenethik, so wird schnell deutlich, dass hier andere Kategorien zum Tragen kommen (Krotz 2018). Roboterethik lässt sich in der Tradition der Moralphilosophie verankern, in der der Mensch mit seinen Rechten, seiner Würde, seinen Pflichten und seiner Verantwortung – immer gegenüber anderen Menschen – im Mittelpunkt steht. Wenn aber nun einem Roboter menschenähnliche Rechte zugestanden werden sollen, wie dies im Rechtsausschuss des Europäischen Parlaments im Januar 2017 diskutiert wurde, so stellen sich Fragen nach der Definition von Rechten, Pflichten und Verantwortungszuschreibung unter gänzlich anderen Prämissen (auch Lin et al. 2012). Sicherlich ist ein eigener Rechtsstatus für Roboter noch Zukunftsmusik. Aber ebenso wie vor 200 Jahren bei der juristischen Person wird bereits jetzt über die Einführung einer sogenannten „Elektronischen Person" diskutiert. Entsprechend liest sich die Resolution zur Entwicklung von zivilrechtlichen Rahmenbedingungen für Roboter, die als Empfehlung an die Europäische Kommission formuliert wurde, wie eine Handlungsanweisung auf diesem Weg (EU Report 2017, paragraph 59):

> Creating a specific legal status for robots in the long run, so that at least the most sophisticated autonomous robots could be established as having the status of electronic persons responsible for making good any damage they may cause, and possibly applying electronic personality to cases where robots make autonomous decisions or otherwise interact with third parties independently.

Diese Sichtweise auf die Roboter als Person ist dabei sowohl für die Ethik als auch für die Rechtsprechung eine Frage nach der grundsätzlichen Statuszuweisung von Maschinen – würde man ihnen umfassenden Rechten und Pflichten zuweisen, so würden sie dem Menschen gleichgestellt. Dass sich dazu massive Kritik formiert, ist nicht überraschend (s. den offenen Brief der KI-Initiative unter http://www.robotics-openletter.eu/).

An dieser Debatte wird deutlich, dass die Entwicklung der Maschinen selbst mit neuen ethischen Herausforderungen einhergeht. Die Einführung sogenannter autonomer Systeme (z. B. autonomes Fahren, autonome Kriegsführung) bedingt eine Problematisierung von Verantwortlichkeiten, Moral und Ethik der Maschine in den jeweiligen Handlungskontexten, sei es im Straßenverkehr oder in der alltäglichen Kommunikation (Rötzer 2016; Wallach und Allen 2009). Dies liegt im Wesentlichen an einer den Algorithmen zugeschriebenen eigenständigen

Handlungsfähigkeit, durch die in der Konsequenz auch bestimmte Werte-ordnungen durchgesetzt werden. Vermeintlich autonom agierende Algorithmen scheinen unabhängig von einer menschlichen Kontrolle handeln zu können, da sich durch die sich rasant verbessernden Künstliche Intelligenz-basierten Rechen-verfahren wie „deep learning" nunmehr auch die Möglichkeit besteht, Wissen zu generieren, das sich weiter von einer menschlichen Kontrolle und Einflussnahme emanzipiert (Bächle et al. 2018). Misselhorn geht sogar ganz grundlegend von der These aus, dass Maschinen „eine basale Form des Handelns aus Gründen" (2016, S. 10) zugeschrieben werden kann. Zugleich konstatiert sie, dass „morali-sche Handlungsfähigkeit [...] auf einer rudimentären Ebene schon dann gegeben [sei], wenn ein System über Repräsentationen moralischer Werte verfügt". Den-noch verfügten autonome Maschinen nicht „über vollumfängliche moralische Handlungsfähigkeit, wie sie Menschen zukommt" (Misselhorn 2016, S. 12), da diese an Bewusstsein und Willensfreiheit gebunden sei und damit eben auch an die Freiheit, unmoralisch zu handeln. Eine solche Sichtweise auf die Maschine als selbstlernend und handlungsfähig führt konsequenterweise eine neue Per-spektivierung ein: die der „moralischen Maschine". Welchen moralischen Prin-zipien diese Maschine folgt bzw. folgen soll, wird dabei keineswegs einheitlich beantwortet.

In diesem Zusammenhang kommt ein Begriff ins Spiel, der als zentrale Kate-gorie der Debatte um die Maschine angesehen werden kann: der Begriff der ‚Autonomie'. Wie an anderer Stelle bereits expliziert (Thimm und Bächle 2018), ist der Begriff der Autonomie als ganz wesentlich für Digitalisierungsprozesse anzusehen. Fast inflationär gebraucht, ist er in kurzer Zeit zu einer Metapher für die Loslösung der Technik aus der menschlichen Kontrollsphäre geworden. Damit einher geht die Beobachtung, dass in immer mehr Bereichen des alltäg-lichen Lebens handlungsförmige Aktionen in zunehmender Zahl von technischen Systemen vollzogen werden. Der Handlungsraum, der vormals nur mit anderen Menschen sozial geteilt werden musste, trägt zunehmend auch technische Anteile (Verbeek 2005) und hat mit Technologien wie Drohnen oder Robotern neue ‚Mitspieler' erhalten.

Damit ist Autonomie auch zentral für die Frage nach der ethischen Dimen-sion des Verhältnisses zwischen Menschen und (ihren) Maschinen. Als wichtige Grundlage ist zu berücksichtigen, dass Technologien nicht per se neutral sind. Vielmehr transportieren sie bereits qua ihrer Struktur und den in ihr Design ein-gegangenen Entscheidungen – ihr spezifisches „Skript" (Akrich 2006) – auch Funktionen der Bewertung, Ordnung oder Interpretation. Zentral für die Per-spektivierung von Maschinen ist daher die Frage, wie sich bestehende soziale und kulturelle Machtordnungen in ihnen kondensieren, indem sie technische

Praktiken, regulative Zusammenhänge oder diskursives Wissen in die Maschine einschreiben. Die Kontrolle über diese Einschreibung mag heute noch menschlich gesteuert sein, aber für die Zukunft sollte davon besser nicht ausgegangen werden.

4   KI als Maschine zwischen neuer Freiheit und „Pandora's Box"

„Optimizing logistics, detecting fraud, composing art, conducting research, providing translations: intelligent machine systems are transforming our lives for the better", – so leitet Julia Bossman (2016) ihre Ausführungen zu den 10 wichtigsten ethischen Herausforderungen des KI-Zeitalters ein. Diese optimistische Sichtweise auf die positiven Effekte der „intelligenten Maschine" wird allerdings keineswegs von allen geteilt. Ron Arkins (2007) Überlegungen, autonome Robotersysteme, die in der Lage sind zu töten, mit ethischen Regeln auszustatten, führte zu neuen Perspektiven auf die Technikethik (Boddington 2017). Maschinenethik ist inzwischen unmittelbar mit der Frage verbunden, nach welchen ethischen Regeln Maschinen im Kriegsfall töten. Diese Entwicklung erreichte im Jahr 2017 einen publizistischen Höhepunkt, als prominente KI-Forscher, allen voran Tesla-Chef Elon Musk, einen Brandbrief zur Kontrolle künstlicher Intelligenz publizierten. Dabei ging es ihnen um eine sehr spezifische Einsatzform – die „autonomous weapons". Die Unterzeichner warnten vor unkalkulierbaren Risiken und forderten in ihrem Aufruf die Vereinten Nationen zum politischen Handeln auf (https://futureoflife.org/open-letter-autonomous-weapons/):

> Lethal autonomous weapons threaten to become the third revolution in warfare. Once developed, they will permit armed conflict to be fought at a scale greater than ever, and at timescales faster than humans can comprehend. These can be weapons of terror, weapons that despots and terrorists use against innocent populations, and weapons hacked to behave in undesirable ways. We do not have long to act. Once this Pandora's box is opened, it will be hard to close.

Selbst das amerikanische Militär sieht sich in Bezug auf die Entwicklung von KI-basierten Waffensystemen vor neuen ethischen Herausforderungen. So finden sich in einem Bericht zu „Artificial Intelligence and National Security" aus dem Jahr 2017 (Allen und Chan 2019) warnende Formulierungen:

We stand at an inflection point in technology. The pace of change for Artificial Intelligence is advancing much faster than experts had predicted. These advances will bring profound benefits to humanity as AI systems help tackle tough problems in medicine, the environment and many other areas. However, this progress also entails risks. The implications of AI for national security become more profound with each passing year. In this project, we have sought to characterize just how extensive these implications are likely to be in coming years (S. 70).

Die Verfasser ziehen eine Parallele zur Entwicklung der Nuklearenergie und, auf der Ebene der Kriegsführung, der Atombombe – die Frage nach der friedlichen Nutzung der Atomenergie wird von ihnen als Blaupause für den Umgang mit KI gewertet. Dies entspricht auch der ethischen Dimension von Kriegsrobotern oder (teil-) automatisierten Waffen. Die Funktion dieser Geräte ist eine per se moralisch problematische, nämlich: töten. Unbemannte, semiautonome oder ferngesteuerte Luftfahrzeuge sind bereits im Einsatz (vgl. z. den Beitrag von Christoph Erst in diesem Band). Die Angst vor solchen Robotern ist insofern neu zu gewichten als unklar ist, nach welchen Regeln letale Drohnen ihre Ziele aussuchen. Bisher standen beim Einsatz tödlicher Maschinen stets menschliche Entscheidungen im Hintergrund, dies wird sich in absehbarer Zeit ändern (Tzafestas 2016). Es erscheint daher angesichts des bereits heute existierenden Spektrums von Maschinen, sei es in Gestalt von Saugrobotern, Kuscheltieren für Senioren, bis zu Sex-Puppen oder autonomen Waffensystemen, angemessen, bezüglich einer ethischen Beurteilung des Einflusses von Robotern und künstlicher Intelligenz verschiedene Einsatzgebiete zu unterscheiden (auch Seng 2018). Solche Roboter, denen nur ein begrenztes Repertoire zur Verfügung steht und die damit in ihrem Aktionsradius beschränkt sind, sollten von denjenigen unterschieden werden, die *eigene* Entscheidungen außerhalb des vorgesehenen Rahmens treffen können. Anders ist es bei Kriegsrobotern oder (teil-) automatisierten Waffen. Hier wird die Frage nach der Verantwortung die Politik zum Handeln zwingen: Die Verantwortung für das Töten kann auch dann nicht auf Maschinen übertragen werden, wenn diese selbst Entscheidungen auf der Basis ihrer Ausgangsprogrammierung autonom treffen.

5 Digitale Werteordnung als gesellschaftliche Aufgabe

Man muss den dramatischen Ton, der in vielen aktuellen Zukunftsentwürfen dominiert, nicht in allen Facetten teilen, aber eine kritische Haltung zur Entwicklung der autonomen Maschine ist notwendig. Denn spätestens seit den ersten

Unfällen mit autonomen Fahrzeugen stellen sich Fragen zur zukünftigen Rolle der Maschine für unsere globale Digitalgesellschaft: Inwiefern ‚handelt' die Maschine und wie soll sie handeln? Wer trägt die Verantwortung für Handeln oder unterlassenes Handeln von Maschinen, wie bewerten wir künstliche Intelligenz und ihre Auswirkungen? Wie verändert sie die Alltagswelt des Menschen und wie erweitert sie unsere Kommunikations- und Handlungsmöglichkeiten? All dies sind Fragen, die im Zusammenhang mit breiten gesellschaftspolitischen Entwicklungen stehen.

Auch im Alltag der Menschen, für die sich das Digitale nicht so leicht erschließt, entstehen unausweichlich anmutenden Digitalisierungsprozesse, die prägenden Einfluss auf das Leben haben. Diese reichen von der politischen Information auf digitalen Zeitungen über den Einkauf auf Amazon, von der innerfamiliären Organisation und Kommunikation über WhatsApp oder Skype bis zum Auto als rollendem Computer oder den digitalen Haushalthilfen wie Alexa oder Servicerobotern: unser Alltag ist Teil eines globalen Datafizierungsprozesses. Dabei ist Datafizierung sowohl Kultur als auch Methode – einerseits definiert als die freiwillige und unfreiwillige Produktion von Datenspuren im digitalen Umfeld, andererseits als ein Mechanismus zur Identifizierung sozialer Muster, welche Voraussagen über menschliches Handeln in der Zukunft ermöglichen. Diese Form der auch als „datasurveillance" oder „life mining" bezeichneten Kontrolle des datenbasierten Digitallebens wird inzwischen vielfach problematisiert. Dabei haben besonders die dystopischen Vorstellungen Hochkonjunktur. Exemplarisch sei dies an einem der Hauptapologeten der Netzeuphorie der frühen Internetjahre verdeutlicht, dem Mathematiker und Preisträger des Deutschen Buchhandels, Jaron Lanier. Lanier plädiert inzwischen dafür, sich von sozialen Netzwerken zu verabschieden (Lanier 2018). Er sieht in ihnen eine Entmündigung des Einzelnen und eine Machtkonzentration bei den Kontrolleuren der Maschine.

Auf der alltägliche Handlungsebene dagegen hat sich, so scheint es zumindest, die große Menge der Nutzer*innen damit abgefunden, auf diese Weise für die zur Verfügung gestellte digitale Infrastruktur zu bezahlen. Die Tatsache allerdings, dass den wenigsten Menschen diese Form der neuen Währung bewusst sein dürfte, führt dazu, dass bedenkenlos immer mehr soziale Aktivitäten ins Internet und vor allem in die Sozialen Medien verlagert werden. Damit wird das Netz nicht mehr als eigener und vom nicht-digitalen unterscheidbarer Raum definiert, sondern mehr und mehr im umfassenden Sinne zu einer *digitalen Lebenswelt*. Betrachtet man die Perspektivierungen auf diese digitale Lebenswelt, die aktuell den Diskursrahmen bestimmen, so lässt sich eine deutliche Dominanz der Kritik am Digitalen konstatieren (aktuelle Übersicht bei Lovink 2017). Kritisiert werden die Techniken, ihre Gefahren für Gesellschaft, Familie und Arbeit und betont wird der Opferstatus des völlig ausgelieferten, ausspionierten und manipulierten Einzelnen. Es erscheint vielfach Einigkeit zu herrschen, dass Dystopie, Disruption und Desillusionierung als zentrale Themen zu benennen sind. Hier hat der Diskurs um die Bedrohung durch die Maschine also einen besonderen Platz gefunden. Eine prominente Rolle spielen dabei Algorithmen, die inzwischen zur Metapher für eine unbekannte Macht geworden sind. Deutlich wird diese Perspektive u. a. an dem Buchtitel von Cynthia O'Neil (2016), die Algorithmen als „Weapons of MathDestruction" bezeichnet und in diesem Wortspiel Mathematik mit Massenvernichtungswaffen vergleicht. Technologien erscheinen hier inzwischen mit einem Bedrohungspotenzial ausgestattet, das dem der analogen Welt in Nichts nachsteht.

Entsprechend wird in der aktuellen Entwicklung der digitalisierten Gesellschaft vor allem eine Form der digitalen Moderne entwickelt, die mehr und mehr die Gegenwelt zur Hoffnung auf Demokratisierung, Wohlstand und Partizipation ist. Gewarnt wird vor der unkontrollierten Sammlung und Speicherung von personenbezogenen Daten, Manipulation durch mächtige, aber undurchsichtige Internetkonzerne oder Staats-Agenturen, vor umfassender Überwachung, Zensur und Gängelung, digitaler Kriminalität, Einflussnahme durch künstliche Intelligenzen und die Okkupation des Netzes durch Geheimdienste oder Großkonzerne. Dabei wird diese Perspektive dadurch verschärft, dass die Welt in diesem digitalen Kosmos gefangen erscheint. Die digitale Übermacht, deren kulturpessimistische Überhöhungen den Unterton vieler Debattenbeiträge ausmacht, bildet die Grundlage der meisten Überlegungen zur „digitalen Moderne". Fragt man nach den Gründen für diese Form der Auslegung, so kann die Technikskepsis, die Menschen seit jeher befällt, wenn sie großer Umwälzungen gewahr werden, als eine, wenn auch nicht hinreichende, Erklärung dienen.

6   Fazit: Ethische Leitlinien für das Leben mit Maschinen?

Die skizzierten Entwicklungen stellen sowohl technische und politische als auch ethische Herausforderung dar. Die digitale Maschine ist nicht länger eine Spielwiese für Experimente, sondern muss im Zusammenhang mit dem „Mensch-Sein im Zeitalter Künstlicher Intelligenz" gesehen werden (Tegmark 2017) und darf als Prüfstein für Demokratie unter digitalen Bedingungen gelten (Thimm 2017). Dass diese Themen über die technischen Fragen hinweg zu einer politischen Herausforderung in Bezug auf die Zukunft von Gesellschaft geworden sind, liegt auf der Hand. Dies ist u. a. dadurch bedingt, dass das Internet keine Sekundärwelt ist, auf die man ohne weiteres verzichten könnte. Im Gegenteil, digitale, datafizierte Umwelten sind als gleichwertige Lebenswelt zu konzeptionalisieren. Daher müssen auch die Fragen nach den Grenzen des technisch Möglichen in dieser Lebenswelt gestellt werden, so wie dies im Kontext der autonomen Waffensysteme bereits getan wird. Damit gehören ethische Grundüberlegungen zu den wichtigen Rahmungen dieser Entwicklung.

Das Problem ist, dass die (technische) Entwicklung der gesellschaftlichen Debatte, wie so häufig, weit voraus ist. Künstliche Intelligenz hat sich technisch enorm entwickelt, sie steuert Autos, therapiert Patient*innen, verkauft Produkte. Diese rasanten Entwicklungen markieren, im Vergleich zur Geschichte maschineller Entwicklungen bis ins 20. Jahrhundert hinein, nicht nur eine neue Geschwindigkeit der Technologie, sondern einen Paradigmenwechsel: Der Mensch wird hier bald nicht mehr gebraucht. Maschinen lernen aus Material, das Menschen (mehr oder weniger) freiwillig zur Verfügung stellen, sie modellieren aus kulturellen Artefakten wie Texten, Bildern oder Filmen und aus den alltäglichen digitalen Spuren der Menschen umfassende Muster und Handlungstypen, die dann in den menschlichen Alltag zurückgespeist werden. Der Wissenskanon beispielsweise, den Google unter anderem durch die massenhafte Digitalisierung von Büchern monopolisiert hat, wird nicht mehr nur als kulturelles Gut vorgehalten, um menschliches Wissen und Kultur für zukünftige Generationen zu bewahren, sondern fungiert als Trainingsdatenbank für Maschinen, die aus dieser menschlichen Kreativität lernen. Ziel dabei ist also nicht, dass Menschen dauerhaft auf große Wissensbestände zugreifen können, sondern dass das Wissen der Menschheit die Maschinen klüger macht.

Diese Entwicklungen haben bisher nur wenige politische Reaktionen provoziert. Noch erscheinen die politischen Eliten den digitalen Monopolen hilflos gegenüber zu stehen, obwohl eine wichtige Konsequenz evident ist: Die Frage nach dem Besitz der Maschinen muss neu gestellt werden. Wenn es zunehmend nicht mehr um das Gerät oder den Gegenstand als solchen geht, sondern um die Kontrolle der Software, so verschieben sich zentrale Wertesysteme. Ähnlich wie man in den 90er Jahren Tintenstrahldrucker verschenkt hat, damit mehr Menschen die teuren Patronen kaufen, wird heute der wirtschaftliche Wert eines Gerätes an der Menge der Daten gemessen, die der eigentliche Eigner, nämlich der Besitzer der Software, damit erwirtschaftet. Diese neue Form des „digitalen Feudalismus" (dazu auch Carp in diesem Band) ist insofern besonders perfide, als sie die Feudalherren in einem guten Licht dastehen lässt: Ihre Produkte machen den Menschen Freude, verbessern ihre Alltagsorganisation und bieten völlig neue Formen von Leben, Arbeiten und Unterhaltung. Dass die dazu notwendigen Maschinen den Nutzer*innen nur scheinbar gehören, wird aufgrund ihrer Komposition und

Gestalt nicht bemerkt. Der zentrale Kern, die Mathematik (O'Neil 2016), ist nicht sichtbar. Die Frage aber, nach welchen Grundsätzen diese neuen Machtstrukturen zu regulieren sind, steht mehr nun doch und mehr im Blickfeld. Forderungen nach einem „ethischen Kompass", einer „praktischen Maschinenethik" oder, grundsätzlicher, einer „digitalen Werteordnung" (Thimm 2017) werden lauter.

Denn sicher ist, dass Bewältigung und Gestaltung der technologischen Umbrüche, die durch Digitalisierung und Vernetzung und die „Automatisierung des Geistes" (Kurz und Rieger 2015) entstehen, über die Sphäre der Technologie oder der Wissenschaft hinaus gedacht werden müssen. So summieren Kurz und Rieger (2015, S. 268) zutreffend: „Die Ersetzung von körperlicher Arbeit durch Roboter und Maschinen, der Rückzug des Menschen auf die Rolle des Konstrukteurs und Befehlsgebers, die Ablösung vieler geistiger Tätigkeiten durch Algorithmen wird zwangläufig profunde Auswirkungen auf die Struktur unserer Sozialsysteme und das Machtgefüge von Wirtschaft und Gesellschaft haben."

Wie sich diese Entwicklung für uns alle konkret gestalten wird, dürfte eine der großen Herausforderungen zukünftiger Gesellschaften sein.

Literatur

Allen, G., & Chan, T. (2019). Artificial intelligence and national security. Belfer Center for Science and International Affairs, Cambridge. https://www.belfercenter.org/publication/artificial-intelligence-and-national-security. Zugegriffen: 1. Aug. 2018.

Akrich, M. (2006). Die De-Skription technischer Objekte. In A. Belliger & D. Krieger (Hrsg.), *ANThology. Ein einführendes Handbuch zur Akteur-Netzwerk-Theorie* (S. 407–428). Bielefeld: transcript.

Arkin, R. C. (2007). Governing lethal behavior: Embedding ethics in a hybrid deliberative/reactive robot architecture. Report, Georgia Institute of Technology's GVU Center, GA. http://www.cc.gatech.edu/ai/robot-lab/online-publications/formalizationv35.pdf. Zugegriffen: 1. März 2019.

Asimov, I. (1966). *Geliebter Roboter*. München: Heyne.

Bächle, T. C., Ernst, C., Schröter, J., & Thimm, C. (2018). Selbstlernende autonome Systeme? – Medientechnologische und medientheoretische Bedingungen am Beispiel von Alphabets, Differentiable Neural Computer (DNC). In C. Engemann & A. Sudmann (Hrsg.), *Machine Learning – Medien, Infrastrukturen und Technologien der Künstlichen Intelligenz* (S. 169–194). Bielefeld: transcript.

Bendel, O. (2017). Maschinenethik. Beitrag für das Gabler Wirtschaftslexikon online. http://wirtschaftslexikon.gabler.de/Archiv/435569395/maschinenethik-v9.html. Zugegriffen: 15. Mai 2018.

Bendel, O., Schwegler, K., &; Richards, B. (2017). Towards Kant Machines. In *The AAAI 2017 Spring Symposium on artificial intelligence for the social good technical report* SS-17-01, S. 7–11.

Boddington, P. (2017). *Towards a code of ethics for artificial intelligence*. Cham: Springer International.

Bossmann, J. (2016). Top 10 ethical issues in artificial intelligence. World Economic Forum, 2016. https://www.weforum.org/agenda/2016/10/top-10-ethical-issues-in-artificial-intelligence/Thesen. Zugegriffen: 10. Juni 2018.

Cheok, A. D., & Levy, D. (Hrsg.). (2018). *Love and sex with robots. Third international conference, LSR 2017*. Cham: Springer.

Copeland, J. (2000). The turing test. *Mind and Machines, 10*, 519–539.

Economist. (2016). The return of the machinery question. https://www.economist.com/news/special-report/21700761-after-many-false-starts-artificial-intelligence-has-taken-will-it-cause-mass. Zugegriffen: 11. Mai 2018.

EU Report. (2017). Civil law rules on robotics, 27. Januar 2017, No. 2015/2103(INL). http://www.europarl.europa.eu/sides/. Zugegriffen: 15. Mai 2018.

Frey, C. B., & Osborne, M. (2013). The future of employment: How susceptible are jobs to computerisation? https://www.oxfordmartin.ox.ac.uk/publications/view/1314. Zugegriffen: 15. Mai 2018.

Fuchs, C., & Mosco, V. (2015). *Marx in the age of digital capitalism*. Boston: Brill.

Gardener, H., & Davis, K. (2013). *The app generation. How today's youth navigate identity, intimacy, and imagination in a digital world*. London: Yale University Press.

Hurlbut, J. B., & Tirosh-Samuelson, H. (Hrsg.). (2016). *Perfecting human futures: Transhuman visions and technological imaginations*. Wiesbaden: Springer.

Krotz, F. (2018). Die Begegnung von Mensch und Roboter. Überlegungen zu ethischen Fragen aus der Perspektive des Mediatisierungsansatzes. In M. Rath, F. Krotz, & M. Karmasin (Hrsg.), *Maschinenethik – Normative Grenzen autonomer Systeme* (S. 13–34). Wiesbaden: Springer.

Kurz, C., & Rieger, F. (2015). *Arbeitsfrei. Eine Entdeckungsreise zu den Maschinen, die uns ersetzen*. München: Goldmann.

Kurzweil, R. (2000). *The age of spritual machines. When computer exceed human intelligence*. New York: Penguin.

Lanier, J. (2018). *Ten arguments for deleting your social media accounts right now*. New York: Henry Holt & Co.

Levy, D. (2008). *Sex and love with robots. The evolution of human-robot relationships*. New York: Harper Perennial.

Licklider, J. C. (1960). Man-computer symbiosis. *IRE Transactions on Human Factors in Electronics, HFE-1*, 4–11.

Lin, P., Abney, K., & Bekey, G. A. (Hrsg.). (2012). *Robot ethics. The ethical and social implications of robotics*. Cambridge: University Press.

Lovink, G. (2017). *Im Bann der Plattformen. Die nächste Runde der Netzkritik*. Berlin: transcript.

McLuhan, M. (1964). *Understanding media: The extension of man*. Cambridge: MIT Press.

McLuhan, M. (1969). *Die mechanische Braut. Volkskultur des industriellen Menschen*. Berlin: Verlag der Kunst.

Meacci, F. (1998). Further reflections on the machinery question. *Contributions to Political Economy, 17*(1), 21–37.

Misselhorn, C. (2016). Moral in künstlichen autonomen Systemen? Drei Ansätze der Moralimplementation bei künstlichen Systemen. In F. Rötzer (Hrsg.), *Programmierte Ethik. Brauchen Roboter Regeln oder Moral?* (S. 9–18). Hannover: Heise.

Mumford, L. (1969). *Mythos der Maschine. Kultur, Technik und Macht.* Frankfurt: Fischer alternativ.

Nancy, J.-L. (2011). Von der Struktion. In E. Hörl (Hrsg.), *Die technologische Bedingung. Beiträge zur Beschreibung der technischen Welt* (S. 54–72). Frankfurt: Suhrkamp.

Neff, G., & Nagy, P. (2016). Talking to bots: Symbiotic agency and the case of tay. *International Journal of Communication, 10,* 4915–4931.

Noble, D. (1986). *Maschinenstürmer, oder die komplizierten Beziehungen der Menschen zu ihren Maschinen.* Berlin: Wechselwirkung.

O'Neil, C. (2016). *Math destruction. How big data increases inequality and threatens democracy.* New Yok: Penguin.

Rath, M., Karmasin, M., & Krotz, F. (2018). Brauchen Maschinen Ethik? Begründungstheoretische und praktische Herausforderungen. In M. Rath, F. Krotz, & M. Karmasin (Hrsg.), *Maschinenethik – Normative Grenzen autonomer Systeme* (S. 1–13). Wiesbaden: Springer.

Ricardo, D. (1951). *On the principles of political economy and taxation.* Cambridge: University Press (Erstveröffentlichung 1821).

Rötzer, F. (Hrsg.). (2016). *Programmierte Ethik. Brauchen Roboter Regeln oder Moral?* Hannover: Heise.

Seng, L. (2018). Mein Haus, mein Auto, mein Roboter? Eine (medien-) ethische Beurteilung der Angst vor Robotern und künstlicher Intelligenz. In M. Rath, F. Krotz, & M. Karmasin (Hrsg.), *Maschinenethik – Normative Grenzen autonomer Systeme* (S. 73–90). Wiesbaden: Springer.

Süddeutsche Zeitung. (2017). Die Furcht durch eine Maschine ersetzt zu werden. http://www.sueddeutsche.de/digital/digitalisierung-die-furcht-durch-eine-maschine-ersetzt-zu-werden-1.3518489. Zugegriffen: 10. Jan. 2018.

TAZ (Die Tageszeitung) (2017). Guter Roboter, schlechter Roboter. http://www.taz.de/!5452100/. Zugegriffen: 11. Jan. 2018.

Tegmark, M. (2017). *Leben 3.0: Mensch sein im Zeitalter Künstlicher Intelligenz.* Berlin: Ullstein.

Thimm, C. (2017). Digitale Werteordnung: Kommentieren, kritisieren, debattieren im Netz. *Forschung und Lehre, 17*(12), 1062–1063. http://www.wissenschaftsmanagement-online.de/beitrag/digitale-werteordnung-kommentieren-kritisieren-debattieren-im-netz-8506. Zugegriffen: 15. Jan. 2018.

Thimm, C., & Bächle, T. (2018). Autonomie der Technologie und autonome Systeme als ethische Herausforderung. In M. Rath, F. Krotz, & M. Karmasin (Hrsg.), *Maschinenethik – Normative Grenzen autonomer Systeme* (S. 73–90). Wiesbaden: Springer.

Tzafestas, S. (2016). *Roboethics. A navigating overview.* Heidelberg: Springer.

Verbeek, P.-P. (2005). *What things do. Philosophical reflections on technology, agency and design.* University Park: The Pennsylvania State University Press.

Wallach, W., & Allen, C. (2009). *Moral machines. Teaching robots right from wrong.* Oxford: Oxford University Press.

Wirtschaftswoche (16.02.2017). Wie können wir Maschinen Moral beibringen? https://www.wiwo.de/technologie/digitale-welt/serie-kuenstliche-intelligenz-wie-koennen-wir-maschinen-moral-beibringen/19241960.html. Zugegriffen: 11. Juni 2018.

Der Mensch als „Gehirnmaschine"

Kognitionswissenschaft, visuelle Kultur, Subjektkonzepte

Sabine Sielke

Zusammenfassung

Der Mensch hat sich gut mit Maschinen und Technologien angefreundet, deren wachsende Bedeutung unser Verständnis ‚menschlicher Natur' fundamental verändert. Folglich verwischt die Grenze zwischen Mensch und Maschine zunehmend, wozu nicht zuletzt auch die Vorstellung des menschlichen Gehirns als Computer und Netzwerk maßgeblich beiträgt. Der folgende Beitrag beleuchtet, wie die Kognitionsforschung – und die Popularisierung ihrer Annahmen, z. B. in der visuellen Kultur der Werbung – den Menschen oft mit dem (funktionierenden) Gehirn gleichsetzt, was mechanistischen Vorstellungen menschlicher Subjektivität zu einer Renaissance verhilft. Dabei korreliert das Bild des Menschen als „Gehirnmaschine" mit einem Phantasma der Selbstoptimierung, das sich bestens vermarkten lässt. Auch deshalb ist der Freund-Feind-Binarismus für die Beschreibung des Verhältnisses von Mensch und Maschine fragwürdig.

Schlüsselwörter

Gehirn · Kognitionswissenschaft · Neurowissenschaften · Human Brain Project · Bewusstsein · Visuelle Kultur

S. Sielke (✉)
Bonn, Deutschland
E-Mail: ssielke@nap-uni-bonn.de

© Springer Fachmedien Wiesbaden GmbH, ein Teil von Springer Nature 2019
C. Thimm und T. C. Bächle (Hrsg.), *Die Maschine: Freund oder Feind?*,
https://doi.org/10.1007/978-3-658-22954-2_3

1   Einleitung

Ob wir die Maschine als unseren Freund oder Feind verstehen wollen, ist zuallererst wohl eine Frage der Weltanschauung. Gleichzeitig haben wir uns in der Tat eng mit einer Reihe von Maschinen und Technologien angefreundet, deren wachsende Bedeutung nicht nur das Leben von Menschen, sondern auch unser Verständnis ‚menschlicher Natur' fundamental verändert. Dabei erscheint die Grenze zwischen Mensch und Technologie zunehmend porös und die „Schnittstellen" zwischen menschlichen Körpern und ihren „technischen Erweiterungen" rücken zunehmend ins Visier von Wissenschaft und Warenkulturen.[1] Dazu haben Marshall McLuhans (1995) Verständnis von Medien als „extensions of man" und Biotechnologien inklusive avancierter Prothetik[2] ebenso beigetragen wie Vorstellungen des menschlichen Gehirns als Computer und Netzwerk, die Forschung zur künstlichen Intelligenz oder neueste Entwicklungen von *Brain-Computer Interface*-Technologien.[3] Wir sind lange schon Varianten jener Cyborgs, die von der Biologin Donna Haraway (1985) vor über dreißig Jahren in ihrem „Cyborg Manifesto" noch als Movens einer fernen Utopie projiziert wurden. In der Tat liest sich Haraways Text, der bis heute nachhaltige Echos in wissenschaftlichen und künstlerischen Diskursen erzeugt, mittlerweile ein wenig wie jene Science-Fiction-Romane, deren Imagination für eine Zukunftsvision der wirklich ‚revolutionären' Innovationen nie ausreicht. Weder Aldous Huxley noch Philip K. Dick konnten sich das Internet oder Smartphones vorstellen – Technologien, die die Kapazität, Fähigkeiten und Funktionen des menschlichen Gehirns beharrlich ‚outsourcen'.

---

[1]Vgl. hierzu Sielke und Schäfer-Wünsche (Hrsg.) (2007). *The Body as Interface*.

[2]Vgl. Schiller (2007) sowie aktuell das Verbundprojekt „Anthropofakte: Schnittstelle Mensch" an der TU Berlin, das anhand des umfangreichen Prothesenbestands des Deutschen Hygiene-Museums in Dresden die Transformation gängiger Vorstellungen vom menschlichen Subjekt durch die Praxis verstärkter Aneignung von Hochtechnologien untersucht. Die von beiden Institutionen gemeinsam organisierte Tagung „Parahuman" am Hygiene-Museum (17.–18.3.2016) zielte auf eine „Bestand[s]aufnahme" und „Neuinterpretation" des menschlichen „Technokörpers" (https://www.anthropofakte.de/). Heute ist sogar das „Anstarren" von Prothesen, wie Burkhard Straßmann (2016) formuliert, „erwünscht", denn „[d]ie Prothese wird ästhetisch, macht erfolgreich und prominent". Seit 2000 schaffen es „athletisch trainierte Behinderte auf die Titelseiten von Magazinen und auf die Laufstege" und „optisch auffällige, manchmal von innen beleuchtete Beinprothesen" auf den Markt.

[3]Bei den so genannten BCI handelt es sich um Systeme, die über die Messung und Digitalisierung hirnelektrischer Signale „einen direkten Dialog zwischen Mensch und Maschine", namentlich die „Gedankensteuerung" von Geräten „ermöglichen sollen" (BBCI 2014).

Abb. 1 Werbung für die *Süddeutsche Zeitung* – „Erfrischung gefällig?" (2009). (Agentur Heye, München, https://www.econforum.de/beitraege/econ-megaphon-awards/2009/print/sueddeutsche-zeitung)

Mein Beitrag beleuchtet, wie – sowohl im Gegenzug zu als auch im Einklang mit diesen Tendenzen – die Kognitionsforschung und insbesondere ihre popularisierten und plausibilisierenden Annahmen Mensch(sein) zunehmend mit (einem funktionierenden) Gehirn gleichsetzen und auf Hirnfunktionen reduzieren. Damit werden, so mein Argument, nicht nur vermeintlich überkommene mechanistische Vorstellungen menschlicher Subjektivität wiederbelebt, was sich nicht zuletzt an der seriellen Wiederkehr von Bildern eines vom Körper losgelösten Gehirns in Medienformaten wie etwa der Werbung belegen lässt (siehe Abb. 1 und 2). Es wird darin als Organ sichtbar, das als *pars pro toto* auf den vergleichsweise irrelevanten ‚Rest' des Menschen zu verweisen scheint.[4]

---

[4]Interessanterweise hat die Literatur diese Entwicklung bereits antizipiert, als die Neurowissenschaften noch in den Anfängen steckten. So ersetzt die amerikanische Lyrikerin Emily Dickinson (1830–1886) das gebräuchlichere Wort „mind" vielerorts durch den Begriff des „brain". Dort, wo sich Gehirne losgelöst von Körpern durch Dickinsons Gedichte bewegen, formiert sich auch eine Kritik an der frühen Neurophysiologie (Sielke 2008, 2013, 2015).

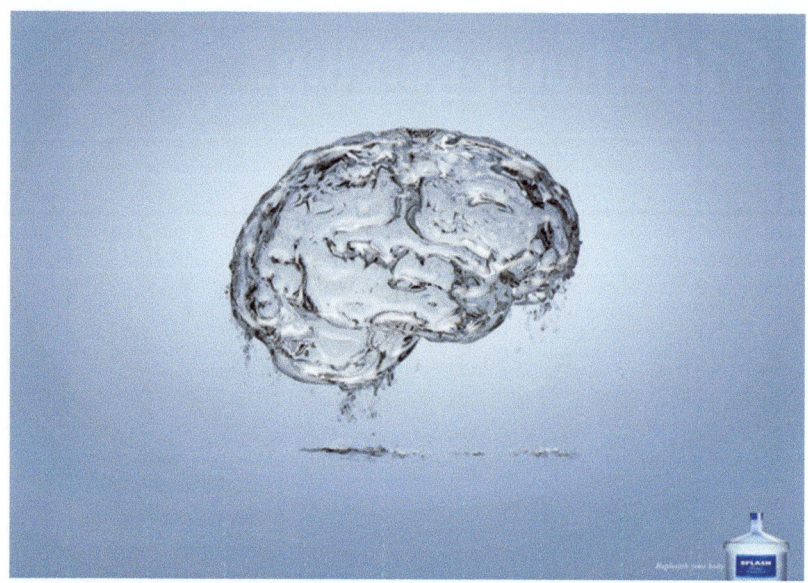

Abb. 2 Werbung für SPLASH-Trinkwasser – „Replenish your Body" (2011). (https://www.
pinterest.de/pin/191684527863599549/)

Das Bild des Menschen als „Gehirnmaschine" korreliert darüber hinaus mit
einem Phantasma der Selbstoptimierung, dem nicht nur viele Kaufkräftige mit
komfortablem Einkommen und vergleichsweise sorgenlosem Lebensstil in vielfältiger Art und Weise folgen und aus dem sich bestens materieller Profit schöp-
fen lässt. Auch deshalb ist der Freund-Feind-Binarismus für die Beschreibung des
Verhältnisses von Mensch und Maschine – meiner Ansicht nach – fragwürdig.

Ein zentrales Problem, das das Bild des kopflos-kopflastigen Bastlers (Abb. 3)
deutlich vor Augen führt, ist die Selbstbezüglichkeit der Kognitionsforschung,
da sie eben genau jene Prozesse zum Objekt ihrer Analysen macht, über die der
Mensch sich selbst analysiert. Anders formuliert: Der Mensch fungiert in der
Kognitionsforschung zugleich als Objekt und Subjekt; wir benutzen unser Gehirn
und unseren Geist, um zu erklären, wie Gehirn und Geist funktionieren. Wir sind
somit – als kreative, erkennende Wesen – sowohl Knotenpunkt als auch blinder
Fleck dieser Forschung (Thornton 2011, S. 160 f.).

Dieser Beitrag ist eine Vorarbeit für ein Buchprojekt, das sich Fragen an den
Schnittstellen von Kultur- und Kognitionswissenschaften und der Bedeutung der

Abb. 3 Biohacker. (transhumanity.net)

Kognitions- für die Kulturwissenschaften widmet, die beide jeweils ein weites Feld beschreiben. Heute mag es verwundern, dass der Begriff „Kognitionswissenschaft" erst 1973 durch den Chemiker und Physiker Christopher Longuet-Higgins eingeführt wurde, um eine breite interdisziplinäre Forschungslandschaft aus unter anderem Neurowissenschaft, Psychologie, Philosophie, Informatik (insb. künstliche Intelligenz) und Linguistik zu fassen, die die Prinzipien der Interaktion intelligenter Entitäten mit ihrer Umwelt untersucht (Scheerer 1988, S. 7). Die Komplexität der Kognitionsprozesse – die auch heute noch in erst geringem Maß erforscht sind – stellt nur einen Bruchteil der Forschungsagenda dar. Im genannten Buchprojekt geht es vor allem um Erinnerungsprozesse und ihre mediale Vermittlung – Prozesse, die für die kulturwissenschaftliche Forschung zunehmend bedeutsam geworden, für die Kognitionswissenschaft jedoch längst nicht fassbar sind. Für die erstgenannte

Disziplin gilt mittlerweile: „The medium is the memory" (Brody 1999).[5] Diese Adaption des Diktums „The medium is the message" untermauert nicht nur, dass das jeweilige Medium, wie McLuhan (1970, S. 18) es formulierte, „Ausmaß und Form des menschlichen Zusammenlebens gestaltet und steuert".[6] „The medium is the memory" meint vor allem auch, dass unterschiedliche Medien unsere Wahrnehmung und folglich unsere Erinnerung in jeweils spezifischer Weise formen oder auch formatieren. So sind Bilder und Bildmarken bekanntermaßen eindrücklicher als Texte. Die Kognitionswissenschaft – oder genauer: die viel beachtete Neurophysiologie – tut sich mit solchen Feinheiten jedoch schwer. So lässt sich die Gehirnaktivität bei Prozessen der Gesichtserkennung wohl lokalisieren und messen; diese Werte sagen jedoch nichts darüber aus, ob mir ein Gesicht beispielsweise auf einer Schwarzweißfotografie oder als lebendiges Gegenüber begegnet. Der Fokus liegt somit auch auf den immer noch engen Grenzen der Kognitionswissenschaft – einer Wissenschaft, die in den letzten drei Jahrzehnten eine immense Bedeutung und Popularität erfahren hat und dabei, wie hier argumentiert wird, unser Subjektverständnis fundamental zu verändern und zu naturalisieren sucht. Nicht zuletzt hat diese Forschung jene Ideologie potenzieller Selbstoptimierung befördert, von der bereits die Rede war und die sich bestens verkauft.

Die folgende Argumentation vollzieht sich in drei Schritten: Der erste und längste (Abschn. 2) setzt sich mit der Popularisierung der interdisziplinären Kognitionswissenschaften auseinander und zeigt, wie in ihrem Verlauf unsere Vorstellung von menschlicher Natur auf paradoxe Weise durch das Bild der „Gehirnmaschine" befördert wurde. In einem zweiten, kürzeren Schritt (Abschn. 3) wird dann ein genauerer Blick auf visuelle Darstellungen von Gehirnen geworfen, die im wahrsten Sinne des Wortes durch unsere visuelle Kultur geistern; das Hauptaugenmerk liegt hier auf der Werbung. Diese Bildlichkeit scheint uns weismachen zu wollen, das Gehirn sei eine Apparatur, die scheinbar losgelöst vom übrigen Körper eine Arbeit leistet, die sich auf verschiedenste Weise ‚tunen' und optimieren lässt und die einigen wenigen zahlungskräftigen Konsument(inn)en Wege in die Perfektion eröffnen kann. Nicht zuletzt deshalb wohl sind wir bereit, in größerem Umfang finanzielle Mittel in die Kognitionsforschung zu investieren – in eine Wissenschaft, deren Subjektverständnis, wie

---

[5]Siehe auch Walter Benjamins (1982, S. 464) Verständnis des Mediums als Erinnerung, die er in seiner Diskussion von Baudelaire entwickelt: „Dieses Medium ist die Erinnerung und sie war bei ihm [Baudelaire] von ungewöhnlicher Dichtigkeit."

[6]„It is the medium that shapes and controls the scale and form of human association and action" (McLuhan 1995, S. 9).

in einem dritten und letzten Schritt kurz resümiert wird, unseren Subjektstatus grundsätzlich in Zweifel zieht und doch noch viel weniger weiß, als sie bisweilen zu wissen vorgibt.

2   Popularisierung und Popularität der Kognitionsforschung

Am 22. Oktober 2015 berichtete *DIE ZEIT* unter der Überschrift „Ausnahmsweise Eins mit Sternchen" über das „euphorisch[e]", ja fast „überschwänglich[e]" Gutachten des Wissenschaftsrats, das die Arbeit des Hertie-Instituts für klinische Hirnforschung in Tübingen pries (Sentker 2015). Diese Hochachtung war eine Nachricht wert, denn seit Jahrzehnten wurde die klinische Forschung in Deutschland, unter anderem von der Deutschen Forschungsgemeinschaft (DFG), nur als „befriedigend" bewertet. Attestiert werden dem Institut „beeindruckende Publikationsleistungen" und die „enge Verknüpfung von Grundlagenforschung und Klinik" – ein Nexus, der als grundsätzliche Rechtfertigung biowissenschaftlicher Forschungen und ihrer Verfahren gilt. Finanziert wird die Tübinger Hirnforschung durch die namensgebende Stiftung bis 2020 mit drei Millionen Euro im Jahr. „Dann", so ließ sich lesen, „wird der Staat zuschießen müssen". Denn „das," so das Urteil des Wissenschaftsrats, „würde sich auszahlen".

Was diese Zeitungslektüre deutlich macht, ist sowohl das Volumen der Fördermittel, die bereitwillig aus privaten und öffentlichen Mitteln in die Hirnforschung investiert werden, als auch die Motivation für eine solche Investitionsbereitschaft: die Hoffnung auf lukrative Erträge. Dabei ist das Tübinger Projekt immer noch recht klein im Vergleich zum milliardenschweren Human Brain Project (HBP), einer „flagship initiative" der Europäischen Kommission, deren Name sicher nicht zufällig ein Echo des Human Genome Project erklingen lässt. Die „Key Performance Indicators and Targets" des Human Brain Project (in der Version von 2014) steuern an erster Stelle eine Simulation des menschlichen Gehirns an: „[R]econstructions and simulations of the brain", so wird erläutert, „provide a radically new approach to neuroscience, helping to fill gaps in the experimental data, connecting different levels of biological organisation, and enabling *in silico* experiments impossible in the laboratory" (HBP 2014, S. 24). Als weitere „Core Project Objectives" sind unter anderem folgende Ziele gelistet: „Develop Brain-Inspired Computing and Robotics", „Develop Interactive Supercomputing", „Map Brain Diseases", „Develop a Multi-Scale Theory for the Brain" (HBP 2014, S. 24 f.). Diese Umschreibungen weisen das Vorhaben als ebenso nebulös („brain-inspired", „interactive", „multi-scale") wie in der Tat ambitioniert aus: „Theory developed in the HBP will provide", so die Annahme, a framework for understanding learning, memory, attention and goal-oriented behaviour, the way function emerges from structure; and the level of biological detail required for mechanistic explanations of these functions. Simplification strategies and computing principles resulting from this work will make it possible to implement specific brain functions in Neuromorphic Computing Systems (HBP 2014, S. 25).

Bereits die Diktion dieser Texte verdeutlicht, dass das Gehirn nicht nur als Supercomputer projiziert und konzipiert wird. Vielmehr scheint die Erforschung seiner komplexen Dynamik primär der Weiterentwicklung von Computertechnologien zu dienen. Zu wenig Aufmerksamkeit, so mahnen Kritiker des Projekts, findet die Frage, „wie aus der Aktivität der Nervenzellen am Ende Gedanken und Verhalten entstehen" (Schnabel und Rauner 2013). Anders formuliert: Das sogenannte „hard problem of consciousness", wie der Philosoph David Chalmers (1995, passim) die Beziehung von Geist und Gehirn bzw. von Modellen neuronaler Prozesse und Modellen menschlichen Bewusstseins bezeichnet hat, verschwindet einmal mehr von der durch die aktuelle Kognitionswissenschaft fokussierten Bildfläche. Aufschlussreich ist daher ein Blick auf die Visualisierungsstrategien des Dokumentarfilms, den die Zeitschrift *Bild der Wissenschaft* (2015) über das Human Brain Project vertreibt. Unter dem Titel „Die Gehirnmaschine. Forscher entschlüsseln den Bauplan des menschlichen Gehirns" wird er als „2 Stunden großes Wissens-Kino" beworben:[7]

> Das menschliche Gehirn mit all seinen Fähigkeiten, nachgebaut mit Riesencomputern? Was nach Science Fiction klingt, ist bereits in vollem Gange: das Human Brain Project. Das Leuchtturmprojekt wird von der EU mit einer Milliarde Euro gefördert. Mehrere Hundert Forscher, 112 Institute in 24 Ländern arbeiten am detailgetreuen Nachbau des menschlichen Gehirns.

In der Tat scheint die Assoziation mit dem Science-Fiction-Genre nicht weit hergeholt, wenngleich versucht wird, die Neurophysiologie von Kognitionsprozessen in gewohntem Terrain zu verorten. So stellt die Reportage Analogien zwischen Nerven- und Autobahnen her, indem sie neuronale Prozesse als Formen von Nah- und Fernverkehr verbildlicht. Der Film bemüht somit eine beliebte Trope der Mobilität, ebenso wie die Werbung für Automobile gerne mit der Bildlichkeit von Kognitionsprozessen und Gehirnwindungen operiert und damit sowohl die sprichwörtliche

---

[7]Eine Art Trailer zum Film lässt sich auf YouTube ansehen: https://www.youtube.com/watch?v=5hkPB6G98ps (abgerufen am 31.10.2017).

Genialität deutscher Ingenieurskunst und seiner Exportschlager als auch den vermeintlichen Maschinencharakter des menschlichen Gehirns herausstellt. Diese Korrelation von neuronalen und automobilen Prozessen wird im Folgenden noch einmal betrachtet.

Wir sind anscheinend nur allzu gerne bereit, diese megalomanische – und, laut Initiator und Neuroforscher Henry Markram (Schnabel 2009), nicht zuletzt auch äußerst risikoreiche – Human-Brain-Forschung zu finanzieren; und das nicht nur, weil wir verstehen wollen, wie unsere Hirnmaschine tickt, wie ihre begrenzte Funktionsfähigkeit erweitert und ihre Lebensdauer verlängert werden könnte. Gerne vergessen wir dabei, dass solche Maschinen nicht mehr leisten können als das, was ihre Konstrukteure ihnen an Funktionen und Fähigkeiten ‚mitgeben'; „dass nichts in diesen künstlichen Wesen steckt, was wir nicht selbst in sie hineingebaut haben", wie es Holm Tetens (2003, S. 133) in seiner Abhandlung *Geist, Gehirn, Maschine: Philosophische Versuche über ihren Zusammenhang* formuliert.

Wir sind wohl aber auch deshalb willens, das Human Brain Projekt mit vollen Kräften zu unterstützen, weil sich die Biowissenschaften seit einigen Jahrzehnten als Leitwissenschaften etabliert und uns Neurobiologie, Molekulargenetik und Biotechnologie beständig neue Einblicke in unsere Körperlichkeit, in die Interaktion von Körper und Welt sowie in das Potenzial post- oder transhumaner Subjektivität versprechen. In den 1990er Jahren – im Verlauf jener „Decade of the Brain", die George H. W. Bush in einer Presidential Proclamation vom 17. Juli 1990 ins Leben rief (Fahnestock 2005, S. 159) – vollzog sich in der Tat eine Renaturalisierung von Konzepten wie Bewusstsein, Geist, Wille und Glaube. Als Konsequenz dieser Entwicklung erscheint das Bewusstsein mittlerweile als ein Epiphänomen, als ein Effekt neuronaler Prozesse, und der Dualismus von Körper und Geist wie aufgelöst.

Was sowohl die Forschung als auch ihre populärwissenschaftliche Verbreitung gerne herunterspielen, ist die Tatsache, dass das „hard problem" des Bewusstseins – und damit der Neurowissenschaften – ungelöst und möglicherweise unlösbar ist. Oder wie Tetens es (1994, S. 135) altmodisch formulierte: Das Leib-Seele-Problem bleibt „ein ungelöstes Rätsel", auch wenn insbesondere die Bewusstseinsphilosophie intensiv an der Frage nach den Formen einer Integration von Gehirn und Geist arbeitet.[8] Daher ist es durchaus bemerkenswert, dass die populärwissenschaftliche

---

[8]So gelang es zum Beispiel Masafumi Oizumi et al. (2014), ausgehend von einem phänomenologischen Ansatz, Grade der „Integration" des Gehirns während verschiedener Bewusstseinszustände (zum Beispiel Wach- vs. diverse Schlafphasen) zu identifizieren. Fred Adams setzt sich seit Jahren kritisch mit so genannten „extended mind"-Theorien auseinander, welche postulieren, Kognition könne man auch jenseits des menschlichen Gehirns verorten, etwa in Smartphones; siehe Adams und Aizawa (2008), Adams (2013).

Zeitschrift *Gehirn & Geist* im Jahr 2004 das „Manifest" einer Gruppe von Neuro-
wissenschaftler(inne)n veröffentlichte, die bereitwillig einräumten, wie begrenzt
unser Wissen über komplexe kognitive Prozesse immer noch ist (Elger et al. 2004).
Ein solches ‚Geständnis' kann der eigenen Sache jedoch durchaus förderlich sein –
gerade weil wir weiter im Dunkeln tappen, scheinen umfassende Forschungsmittel
mehr als gerechtfertigt. Gleichzeitig werden auch auf der Basis dünner Forschungsergebnisse nicht selten dicke Bretter gebohrt. „What [little] we know [about the
brain]", so stellt Siri Hustvedt (2010, S. 192) treffend fest, „often becomes an excuse
to extrapolate endlessly" (siehe auch Hustvedt 2013).

Der Neurobiologe Joachim Pflüger vergleicht die Präzision, mit der die
aktuelle Neurowissenschaft Gehirnaktivität und Kognitionsprozesse korrelieren kann, mit dem Blick auf unseren Planeten aus dem Fenster einer weit ent-
fernten Weltraumkapsel (Schnabel 2013). Gleichzeitig hat es sich eingebürgert,
diese Distanz mit Mitteln der Rhetorik und bildlichen Darstellung zu verringern
und Gehirn und Geist – wie im Titel der eben erwähnten Zeitschrift – in einem
Atemzug zu nennen oder gar, wie in „mind as brain" (Wallach und Wallach 2013,
S. 49 ff.), gleichzusetzen. Wie auch sollte man Geist und Bewusstsein modell-
haft wissenschaftlich visualisieren? Die Behauptung, bildgebende Verfahren
wie die Positronen-Emissions-Tomografie (PET) erlaubten uns, „dem Hirn beim
Denken zuschauen" – wie der Neurobiologe Hans-Jochen Heinze es formuliert
(2005) – ist ebenso bildhaft gesprochen wie missverständlich. Die PET produziert keine Bilder von Denkprozessen, sondern basiert auf Messungen von Blut-
flussänderungen und räumlichen Darstellungen von Aktivierungen im Gehirn, die
ihrerseits auf Algorithmen basieren und deren Interpretation immer noch schwer-
fällt. Sie ist ein Beispiel dafür, wie unsere Technologien der Diagnostik oft weit
voraus sind. Auch Formulierungen wie „Unser Gehirn: Wie wir denken, lernen
und fühlen", mit denen *DIE ZEIT* ihre sogenannten Video-Seminare bewirbt,
wollen die breite Kluft überbrücken, die zwischen Gehirn- und Bewusstseinsforschung weiterhin klafft. Sucht man im Internet dagegen unter dem Stichwort
„Bewusstsein" nach Bildmaterial, finden sich Darstellungen aus Medizin und
Psychologie ebenso wie aus Esoterik und einem weiten Feld religiöser Praxis, die
nicht selten mechanistische Vorstellungen des Gehirns als – üppig mit Zahnrädern
ausgestatteter – ‚Denkapparat' reproduzieren.[9]
Angesichts der Dominanz neurophysiologischer Ansätze in der Kognitionswissenschaft, die in großem Rahmen Forschungsgelder binden und deren Relevanz auch durch die Omnipräsenz von Illustrationen des menschlichen Gehirns

---

[9]Siehe auch die Bilderflut, die der Begriff „brain gears" z. B. bei Suchmaschinen wie Bing
oder Google generiert.

in der visuellen Kultur legitimiert scheint, verwundert es kaum, dass im Jahr
2007 US-amerikanische Wissenschaftlerinnen und Wissenschaftler mit der Veröffentlichung eines „Proposal for a Decade of the Mind Initiative" in *Science* die
Erfolgsstrategie der Hirnforscher zu adaptieren suchten (Albus et al. 2007) (vgl.
auch Abb. 4). Um die „Big Science" im Bereich der Bewusstseinsforschung voran-
zubringen, beriefen sich die Initiatoren auf den Erfolg der „Decade of the Brain"
und setzten den Neurowissenschaften und ihrer Konzentration auf klinische
Anwendungen einen transdisziplinären „multi-agency"-Ansatz mit vier verzahnten
Bereichen entgegen: „healing and protecting the mind", „understanding the mind",
„enriching the mind" und „modeling the mind" (Albus et al. 2007, S. 1321).

Dementsprechend ähnelt die transdisziplinäre Zusammensetzung dieser Initiative derer der Kognitionswissenschaften: Auch hier schaffen Computertechnologien und ihr sprachliches Register den Rahmen für die avisierte „computational
theory of the mind". Das KI-Unternehmen „DeepMind Technologies", das 2014
von Google übernommen wurde, hat sich ebenso die Formalisierung von Intelligenz auf die Fahnen geschrieben: „Solve intelligence" heißt es lapidar auf seiner

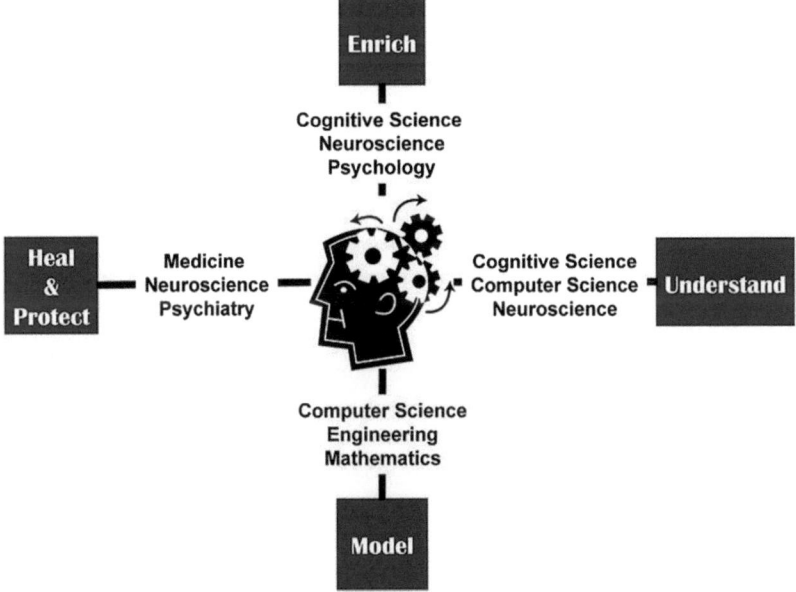

Abb. 4 Albus et al., „A Proposal for a Decade of the Mind Initiative" (2007, S. 1321).
(http://science.sciencemag.org/content/317/5843/1321.2)

Website. Dabei gehe es nicht nur um die Optimierung von Maschinen, sondern, wie Deep Mind-Mitbegründer Demis Hassabis (2012, S. 463) in *Nature* erläutert, auch um ein besseres Verständnis der „Geheimnisse" des menschlichen Gehirns. „[A]ttempting to distil intelligence into an algorithmic construct may prove to be the best path to understanding some of the enduring mysteries of our minds" – was in der Tat jedoch wohl kaum bewiesen werden kann. Deklariertes Ziel des Unternehmens ist es vielmehr, „[to combine] the best techniques from machine learning and systems neuroscience to build powerful general-purpose learning algorithms" (zit. n. Cadman 2014). Was für die Erforschung des Bewusstseins dabei herausspringt, steht sicher noch in den Sternen, auch wenn so manche praktische Anwendung schon klar ins Auge gefasst ist: „Applications", so verlautbart eine Deep Mind-Mitarbeiterin, „could include how to best place advertisements" (Gibney 2015, S. 466).

Angesichts der engen Grenzen unseres Wissens über Kognitionsprozesse wirkt der Erfolg der Kognitionswissenschaften erstaunlich, in gewisser Weise gar paradox. Die Tendenz, die Hirnforschung primär für die Weiterentwicklung von Computertechnologien nutzbar zu machen, erklärt in Teilen ihre Popularität. Wie aber lässt sie sich darüber hinaus begründen? Zum einen wohl damit, dass die Agenda dieser Forschung – wie die vieler anderer vermeintlich direkt anwendungsbezogener Forschungsbereiche – als Investition in die Zukunft, als Versprechen, Prophezeiung und Hoffnung daherkommt. Sollte der Beweis ausbleiben, so bleibt das Mysterium (Hassabis), das „ungelöste Rätsel" (Tetens), das uns nachhaltig fasziniert. Wichtig ist ferner, dass Kognitionswissenschaft und Hirnforschung vorgeben, Licht ins Dunkel menschlicher Subjektivität zu bringen, sei es durch fantasievolle Beschreibungen von Spiegelneuronen, die unsere Affinität zu anderen Menschen über synchrone, ähnlich gelagerte Gehirnaktivität verschiedener Probanden erklären sollen (Hickok 2009), oder durch die wenig originelle Erläuterung, unser Selbst sei ein Effekt neurophysiologischer Prozesse. Joseph LeDoux spricht in seinem gleichnamigen Buch von 1996 von unserem „synaptic self". Dieses Postulat einer Flexibilität und Fiktionalität unseres Selbstbilds bzw. Subjektverständnisses ist jedoch für Philosophie und Kulturwissenschaften nur sehr bedingt als Neuigkeit anzusehen. Ferner beruht die Popularität der Kognitionswissenschaften zu einem Großteil auf ihrer Verbreitung durch Zeitschriften wie *Gehirn & Geist* sowie Bestseller-Autoren wie Steven Pinker (1997), Oliver Sacks (1985) und ihren Epigonen, die die Einsichten der Neurowissenschaften

als Heilmittel für soziale und politische Probleme ausdeuten – so unter anderem
die vermeintliche „Misere" unseres Schul- und Bildungssystems.[10]

„[A]lmost anything ‚neuro‘", so formuliert Charles Barber 2008 (S. 32), „now
generates excitement, along with neologisms – neuroeconomics, neurophilosophy,
neuromarketing", wofür Roger Dooleys Buch *Brainfluence: 100 Ways to Persuade
and Convince Consumers with Neuromarketing* (2012) nur ein Beispiel unter vielen ist. Der Bonner Neurologe Christian E. Elger (2009) hat mit *Neuroleadership*
ein Buch vorgelegt, das laut Klappentext „Erkenntnisse der Hirnforschung für die
Führung von Mitarbeitern" bereithält – vielleicht ein ebenso „märchenhaftes Versprechen" (Schnabel 2013) wie die vollmundigen Behauptungen der sogenannten
„Neurodidaktik".[11] Selbst Neurowissenschaftler/-innen, die realistische Prognosen
zu Stand und Wert ihrer Forschung abgeben, können einer Medienberichterstattung
dankbar sein, die die Validität der Kognitionswissenschaft gerne überschätzt.

Gleichzeitig greift es zu kurz, die Populärwissenschaft und ‚die Medien‘ für
einen Mangel an sprachlicher Präzision zu schelten. Vielmehr stellt sich in der Tat
die Frage, warum es der Gehirnforschung so leichtfällt, Forschungsresultate an
eine interessierte Öffentlichkeit zu kommunizieren, von der kein genaues Wissen
über inhibitorische Synapsen und Aktionspotenziale erwartet werden kann. Dabei
handelt es sich um neurophysiologische Prozesse, die nicht mit einem Willensakt

---

[10]In seinem Beitrag für *Die Zeit* mit dem Titel „Die Stunde der Propheten" beleuchtet Martin Spiewak (2013), wie Bestseller-Autoren unhaltbare Behauptungen über die Einsichten
der Kognitionswissenschaften vermarkten. So behaupten mitunter selbsternannte Neuro-
biologen, denen entsprechende Qualifikation und institutionelle Autorität fehle, dass land-
läufige Ansichten über Bildung und Bildungsreformen durch die Kognitionsforschung
bestätigt würden. Ebenso erstaunlich ist aber auch die Bereitschaft seitens der Öffentlichkeit und entsprechenden offiziellen Kommissionen, populistische Legenden vermeintlicher
Experten der „angewandten Neurowissenschaft" als wissenschaftlich gesichert zu goutieren.

[11]Gleichzeitig hat Elger in einem Beitrag des Deutschlandfunks von Ingeborg Breuer, der
am 07.12.2014 mit dem Titel „Genug ist nie genug: Von der alltäglichen Gier" ausgestrahlt
wurde, auch die Gier als neurologisch vorprogrammiert beschrieben: „Geld", so Elger, „hat
ein ganz großes Problem: Dass Geld ähnlich wie Kokain unser Gehirn aktiviert. D.h. wir
haben mit Geld fast die Form eines Rauschgiftes. […] Geld zu bekommen aktiviert unser
Belohnungssystem, Geld zu verlieren aktiviert Systeme im Gehirn, die mit aktiviert werden, wenn wir das Unangenehme des Schmerzes empfinden" (Breuer 2014). Gier und seine
Konditionierung scheinen somit ein Teil menschlicher Natur. *Bild der Wissenschaft* (Rauch
2001) zitiert Elger wie folgt: „Ich würde mit dem Mercedesstern auf dem Rücken rum-
laufen, wenn mir DaimlerChrysler zwei Assistentenstellen finanziert" – und erinnert daran,
dass der Epilepsie-Experte im Jahr 2000 „zusammen mit sieben hochrangigen deutschen
Kollegen das ‚Jahrzehnt des menschlichen Gehirns‘ ausrief, das sich „nahtlos an die erfolgreiche amerikanische ‚Decade of the Brain‘ anschließen" sollte.

oder einer Reaktivierung des Langzeitgedächtnisses korrelieren, denn: „conscious process involves representation, the neural substrate of consciousness is nonrepresentational" (Edelman 2004, S. 104). Dies ist unter anderem deshalb möglich, weil anders als in Disziplinen wie der Physik und Chemie die Sprache der Neurobiologie nicht selten durch sogenannte „Kategorienfehler" gekennzeichnet ist, die die populäre Wissenschaft übernimmt und reproduziert:

> [D]ie von Hirnforschern wie Gerhard Roth oder Wolf Singer aufgestellten Theorien über menschliches Bewusstsein und Gesellschaft [haben] gar keine Naturdinge zum Gegenstand […], weshalb ihre Behandlung auch nicht einer biologischen Abhandlung gleicht. Vielmehr werden Gemeinplätze aufgestellt, die als philosophische und teilweise auch psychologische Urteile erscheinen, aber nicht argumentativ entwickelt werden, sondern stattdessen mit biologischen Daten verknüpft und […] empirisch belegt werden sollen. So ist es zu erklären, dass die Publikationen der Hirnforscher einen dem Alltagsbewusstsein gemäßen ideologischen Gehalt aufweisen. Die aufgestellten Urteile über den Geist […] entspringen den Vorurteilsstrukturen der sie aufstellenden Wissenschaftler oder einer [vermeintlich] allgemein bekannten gesellschaftlichen Wirklichkeit (Zunke 2008, S. 12 f.).

Dass viele Einsichten der Neurowissenschaften „intuitiv plausibel" erscheinen, so Zunke (2008, S. 13), hat wesentlich zu ihrer Popularität beigetragen.

Aber auch was zunächst nicht plausibel erscheint – wie die Darstellung eines mentalen Prozesses als „physikalischer" Vorgang – gewinnt Plausibilität durch serielle Wiederholung. „Wir alle sprechen zwei Vokabulare", erläutert Tetens (2003, S. 126), „das physikalische Vokabular, mit dem wir die physische Welt beschreiben, und das alltagspsychologische, mit dem wir unser eigenes Innenleben und das unserer Mitmenschen beschreiben". Daher wirkt ein Satz wie „Die Fahrradfahrerin nimmt das heranfahrende Auto wahr" auf uns „wohlgeformt", während der Satz „Ihr Gehirn nimmt das heranfahrende Auto wahr" in unseren Ohren „etwas verunglückt" klingt (Tetens 2003, S. 125 f.). Gleichzeitig kann ein wiederholter Sprachgebrauch auch diesen Satz „normativ schließlich zur Regel werden lassen" (Tetens 2003, S. 126). Im November 2015 beispielsweise fahndete man nach dem „Gehirn", das hinter den terroristischen Anschlägen in Paris steckte[12] – eine klare „Sinnverschiebung zwischen dem alltagspsychologischen und dem naturwissenschaftlichen Vokabular", wie sie Tetens (2003, S. 127) bereits in den 1990er Jahren diagnostizierte. Beschleunigt wird sie nicht zuletzt durch die Bildlichkeit unserer Sprache und visuellen Kultur.

---

[12]So wurde der französische Staatspräsident Hollande am 19.11.2015 in der Sendung *Das war der Tag* im Deutschlandfunk zitiert.

3 Kognitionswissenschaft und visuelle Kultur

Es wird, wie bisher ausgeführt, gerne heruntergespielt, dass wir nur wenig darüber wissen, wie aus Gehirnaktivität menschliches Bewusstsein und Selbstbewusstsein entsteht. Daher ist es interessant, genauer zu betrachten, wie wir über mentale Prozesse sprechen, sie verbildlichen und dabei unseren Blick vom unzugänglichen Inneren auf greifbare Oberflächen lenken. Das Gehirn wird dabei oft als eine Apparatur präsentiert, die sich isolieren und optimieren, etwa „wie ein Muskel trainieren" (Werbung Hörakustik Raschdorff Okt. 2015), lässt und somit Wege in die Perfektion zu eröffnen scheint. Bilder, die den Menschen – oder das Subjekt – auf sein Gehirn reduzieren oder es als Maschine(n) projizieren (besonders beliebt sind in Deutschland Autos), finden sich allerorten. Solche „Gehirnmaschinen" entstehen, wie wir bereits gesehen haben, sowohl in der Rhetorik – in einer sprachlichen Bildlichkeit – als auch in der visuellen Kultur, sei es in der Wissenschaft selbst oder in der Werbung.

Beginnen wir mit der Rhetorik: Auffällig ist, dass die dominanten Metaphern, die den Diskurs über Gehirn und Bewusstsein bestimmen, stets mit jeweils aktuellen Technologien korrelieren und sich mit ihnen beständig verändern. So brachten neue Kommunikationstechnologien in den 1950er und 1960er Jahren ein Verständnis des Gedächtnisses als Computer („mind as computer") hervor, als einer Maschine also, die Informationen speichert und scheinbar abrufbar bereithält. Der sogenannte „information-processing" oder auch „artificial intelligence approach" der Kognitionsforschung und der Glaube, mentale Prozesse seien am besten über den Vergleich mit einem Computer zu verstehen (Matlin 1983, S. 13), haben den Computer zur ‚Meistermetapher' für Kommunikations- und Informationssysteme sowie für die modellhafte Erklärung lebender Organismen und des menschlichen Bewusstsein gemacht. Dabei missdeutet „die Debatte um die intelligenten Fähigkeiten von Computern die menschliche Sprach- und Erkenntnisfähigkeit", wie Terry Winograd und Fernando Flores bereits 1986 in *Understanding Computers and Cognition* herausstellten,

> denn sie beruht auf dem naiv-rationalistischen Irrtum, erkennende Wesen sammelten Informationen über eine objektive Realität mit Gegenständen verschiedener Merkmale und Eigenschaften, formten daraus geistige Modelle bzw. ‚Darstellungen', um sie dann zu speichern […] in Denkprozessen abzurufen und in Sprache zu übersetzen (Hoffmann 1998, S. 222).

Auch deshalb wurde das Paradigma des Computers und die „representational/computational theory of mind" (Kurthen 2007, S. 129) in den 1990er Jahren abgelöst durch den sogenannten „parallel distributed processing approach" (PDP, auch

„connectionism" oder „neural networks approach" genannt).[13] In diesem Ansatz sind Konzepte von Serialität durch Vorstellungen von simultanen Prozessen, von Synchronizität, Konnektivität und Reversibilität ersetzt.[14] Während Ansätze von „information processing" und künstlicher Intelligenz mentale Prozesse als serielle Abfolge eines Informationsflusses definieren, der durch verschiedene Stadien verläuft, versteht der Konnektionismus sie als Netzwerke, die simultan Areale neuronaler Aktivität miteinander verbinden.[15] Mit der Metapher des Netzwerks hat die Kognitionswissenschaft somit einen zentralen Begriff aktueller kultureller und wissenschaftlicher Diskurse adaptiert – „networks are everywhere" ist sich die Forschung einig (Sielke 2016). Dies untermauert weniger einen avancierten Kenntnisstand als die Art und Weise, wie wir Wissen modellieren, visualisieren und kommunizieren. Auch ist weniger relevant, ob der Begriff des Netzwerks nun treffender ist als der des Computers; er folgt zwar dem vorherrschenden Trend, hat jedoch offensichtlich den „computer speak" mitnichten verdrängt, wie die Präsentation des Human Brain Project verdeutlicht. Tatsache ist erstens, dass wir es sind, „die den Maschinen mentale Zustände zuschreiben oder auch nicht" (Tetens 2003, S. 118), und zweitens, dass sobald Bewusstsein als neuronales Netzwerk fingiert, Geist und Gehirn, „mind" und „brain" identisch werden. Es ist genau diese Vorstellung von „mind as brain", die in der Werbung seriell aufscheint. Bilder von Gehirnen, die losgelöst vom ‚Rest' des menschlichen Körpers durch unsere visuelle Kultur flottieren, sind jedoch mitnichten eine Neuerscheinung. Die naturalistische Sicht menschlicher Kognition dominiert seit Anbeginn der Hirnforschung in der ersten Hälfte des 19. Jahrhunderts und proliferiert derzeit stark. In der Tat ist die Kontinuität von frühen Abbildungen des Gehirns und phrenologischen Untersuchungen bis zu heutigen bildgebenden Verfahren irritierend – sowohl in der visuellen Form als auch im Ziel der Funktionsbestimmung und Typisierung.[16]

---

[13]Wie Vernon Mountcastle (1998, S. 12) betont, herrscht zwischen den verschiedenen Teilen des Gehirns, insbesondere auch zwischen Arealen der Hirnrinde, eine noch größere Anzahl von Verbindungen als bisher vermutet worden war.

[14]In ihrem Aufsatz „Das neurobiologische Wahrnehmungsparadigma: Eine kritische Bestandsaufnahme" analysieren Andreas K. Engel und Peter König (1998), was dieser Paradigmenwechsel für unser Verständnis menschlicher Wahrnehmung bedeutet.

[15]Oder wie Mountcastle (1998, S. 29 f.) unterstreicht: „Brains and computers differ in many ways, particularly in architecture, in the serial-processing mode in computers versus simultaneous processing in brains, and in the properties of their constituent elements: neurons can take on any one of a series or values over a continuum, transistors in digital circuits only a 0 or 1".

[16]Diese Kontinuität ist in der Kulturwissenschaft bereits vielerorts diskutiert worden (z. B. Clarke und Dewhurst 1996; Stafford 1991).

Kehren wir daher zunächst zu den Anfängen der Neurophysiologie zurück: Das erste Beispiel ist eine Zeichnung, die erstmals in Calvin Cutters Lehrbuch *Anatomy and Physiology Designed for Academies and Families* (1847) erschien und hier seiner *Treatise on Anatomy, Physiology, and Hygiene Designed for Colleges, Academies, and Families* (1852) entnommen ist (Abb. 5). Cutter scheint in seiner

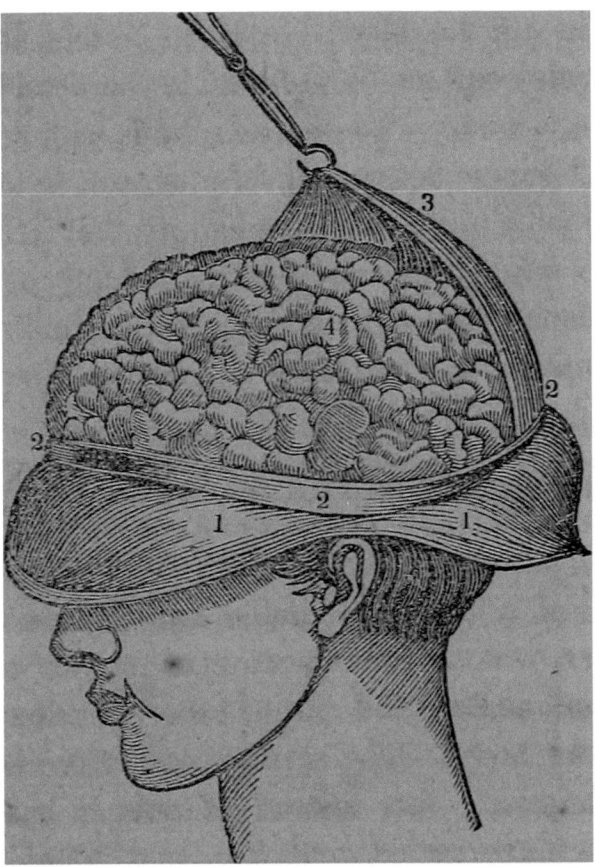

Abb. 5 Calvin Cutters Darstellung des Gehirns (1852, S. 329). (Die ‚Legende' erläutert: „1, The scalp turned down. 2, […] The cut edge of the bones of the skull. 3, The external strong membrane of the brain (dura mater,) suspended by a hook. 4, The left hemisphere of the brain, showing its convolutions".)

Arbeit dem Neurophysiologen Sir Charles Bell (1774–1842) zu folgen, der glaubte, die Geheimnisse des Gehirns ließen sich durch eine akribische Darstellung offenliegender Gewebe lüften (Otten 2005, S. 69). Am Anfang von Cutters Kapitel über die „Anatomie des Nervensystems", das vornehmlich Querschnitte durch die Hemisphären des Gehirns präsentiert, findet sich jedoch diese Illustration, die uns rückblickend in vieler Hinsicht kurios anmutet.

In diesem Bild ist die Kopfhaut abgelöst und über das Auge eines scheinbar ungerührten Probanden geklappt (ob Mann oder Frau ist schwer entscheidbar). Die Schädeldecke ist entfernt, die harte Hirnhaut ist zurückgezogen und wird von einem mysteriösen Haken (eine Verbindung zum Operateur) gehalten, um die Faltungen des Großhirns freizulegen – jene „undulating windings", wie Cutter sie nennt (Otten 2005, S. 59). In Cutters Bildern, so Thomas Otten (2005, S. 74), „[t]he body's thickly material ambiguities and opacities are reduced to the flatness of a twodimensional geometry that renders a social order with transparent clarity". Resultat ist das Portrait einer beliebigen Person, in dem sich jedoch niemand wiedererkennen wollte, da niemand diese Prozedur derart nonchalant überstehen würde. Aber irgendwie gehören Mensch und Gehirn hier noch zusammen und die graue Masse ist ihrem ‚Kontext' noch nicht gänzlich entrissen, wenngleich die Neurophysiologie auch für Cutter bereits die emotionale Verfasstheit unserer Seele transparent zu machen scheint. „[F]or whatever you see when you look inside yourself", so Otten (2005, S. 60) über Cutters Perspektive, „it is not your anatomy you glimpse". Was dieses Bild so kurios macht, ist der Tatbestand, dass niemand bei lebendigem Leibe sein Gehirn betrachten oder gar reparieren kann, ohne seine Contenance, sein Gesicht zu verlieren. Die graue Masse hinter unserer Schädeldecke, so Tetens (2003, S. 124), ist „ein trostloser Anblick, der uns zum Glück erspart bleibt". Cutters kuriose Darstellung dagegen scheint an der ‚Verkörperung' menschlicher Kognition festzuhalten. Auch heute wieder bestehen zahlreiche Kognitionswissenschaftler/-innen – wenn auch auf gänzlich andere Weise – auf der Bedeutung eines solchen „embodiment" (Varela et al. 1991; Anderson 2003).

In unserer visuellen Kultur dagegen fungiert das Gehirn als eine Ikone von Geist und Wissenschaft, die frei durch unsere Bilderwelten schwebt, sich vielerorts affiziert und dabei sowohl die Stärke als auch die Anfällig- und Unberechenbarkeit unserer Hirnfunktionen in den Vordergrund rückt. Dabei vollziehen sich verschiedene interdependent wirkende Prozesse, bei denen menschliche Fähigkeiten zum einen auf Gehirnfunktionen reduziert und als „Technik" verkauft werden – wie zum Beispiel in einer Anzeige der Techniker-Krankenkasse vom September 2016, die das Foto eines attraktiven weiblichen Teenagers mit langen Haaren in der Stirnpartie durch eine modellhafte Darstellung des menschlichen Nervennetzes ergänzt. „10 Billionen Rechenoperationen pro Sekunde", so erläutert ein altersgemäßer Text mit abnehmender Schriftgröße das Bild. „Dein Gehirn. Weil die beste Technik menschlich ist. Und wenn doch mal etwas ist, ermöglichen wir unseren Versicherten moderne Tumorbehandlung".

Das Unternehmen Deloitte Deutschland dagegen, das Dienstleistungen in Bereichen wie Wirtschaftsprüfung und Consulting erbringt, wirbt um kompetente Mitarbeiter/-innen mit einer Anzeige, die Fähigkeiten und Aufgaben seines Personals mit einer Walnuss visualisiert (vgl. Abb. 6). Dem Betrachter halb von der

Sie lieben komplexe
Aufgaben?
Und knacken die
härteste Nuss?

Abb. 6 Werbung für Deloitte (2012). (https://www.sekretaerin.de/anz/deloitte_assistenz_steuerberatung/)

Schale bedeckt dargeboten, fungiert die gefurchte symmetrische Frucht unmissverständlich als ästhetischer Platzhalter des menschlichen Gehirns.

Andere Werbekampagnen verdinglichen das Gehirn, indem sie Gebrauchs-
objekten menschliche Intelligenz zuschreiben. Der japanische Konzern Sanyo
beispielsweise, ein führender Hersteller elektrischer und elektronischer Geräte,
warb im Jahr 2005 für seine Waschmaschinen mit dem Slogan „intelligent wash".
An die Stelle des Elektrogeräts tritt ein textiles Gehirn, dessen verschiedene
Areale als aufgepolsterter Quilt aus unterschiedlichen Stoffen präsentiert werden;
die linke Hemisphäre ist dabei farbenfroh, kontrastreich und für die Buntwäsche
zuständig, die rechte hell, pastellig und auf die Kochwäsche fokussiert. Für den
deutschsprachigen Betrachter verbildlicht sich hier ganz nebenbei auch die rheto-
rische Figur der sogenannten Gehirnwäsche.

Das Bild des menschlichen Gehirns als Objekt und Maschine wird besonders gern
in der Automobilwerbung bemüht, wie es die „Left/Right-Brain"-Werbekampagne
von Mercedes besonders augenscheinlich macht (vgl. Abb. 7). Offensichtlich kann
diese Werbung gänzlich auf das Produkt, das feilgeboten wird, verzichten. Stattdessen spielt das lyrische Ich der „Left" und „Right Brain"-Werbepoesie ebenso
mit dem Begehren und Selbstbild der Konsument(inn)en wie mit den Geschlechter-
stereotypen, die sie gleichzeitig durchbricht (etwa mit dem wilden Stier, der das
Cocktailglas in Bewegung zu bringen scheint). Mehr noch, auf der Ebene von Rhetorik und Ästhetik trägt die Kampagne zu deren Renaturalisierung bei, während sie
gleichzeitig offen um die weibliche Käuferschaft buhlt.

Die Gleichsetzung von ausgeklügelter Technik mit der Intelligenz oder gar
dem Urteilsvermögen des Menschen inspirierte auch den Slogan „Erkennt
Gefahren, bevor sie entstehen" des Stuttgarter Automobilkonzerns. Der großspu-
rige Claim der Werbetexter hat Tobias Haase 2013 zu seinem nicht-autorisierten
Mercedes-Werbevideo animiert, das auf YouTube mittlerweile über vier Millionen
Mal aufgerufen wurde.[17] In dem Kurzfilm hält das PS-starke, kluge Automobil
zunächst vor zwei Mädchen, die auf der Straße spielen, nur um dann – die dro-
hende Katastrophe prophetisch im Visier – den jungen Adolf Hitler treffsicher ins
Jenseits zu befördern, bevor er im Diesseits Schaden anrichten kann. Jens Jessen
(2013) rühmt Haases Imitation der Werbeästhetik als „meisterhaft", gelingt es dem
Video doch, deren größenwahnsinnige Sprache wirkungsvoll auszubuchstabieren.
Sie sattelt darüber hinaus auf eine Wissenschaft auf, deren popularisierte Versionen sich einer ähnlich großmäuligen Rhetorik bedienen müssen, weil sie die

---

[17]https://www.youtube.com/watch?v=MZGPz4a2mCA (abgerufen am 31.10.2017).

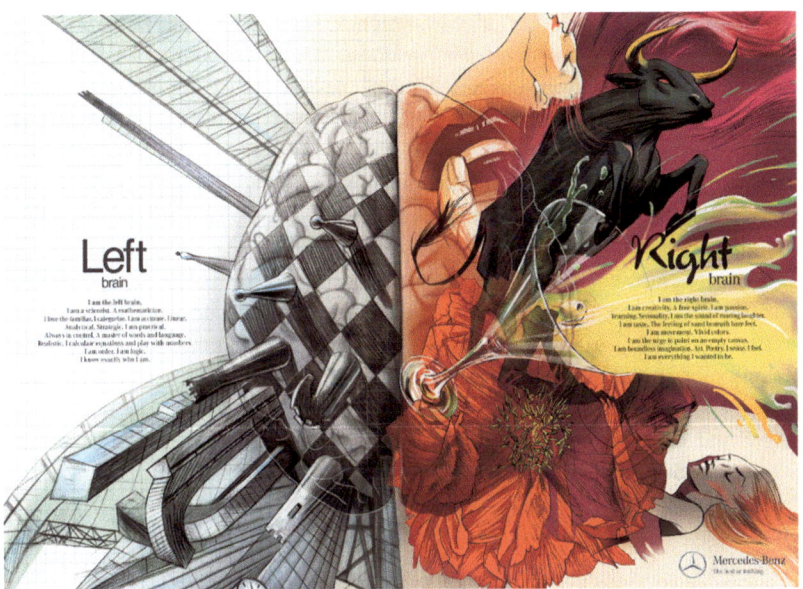

Abb. 7 Werbung für Mercedes-Benz (2011) („I am the left brain. I am a scientist. A math-
ematician. I love the familiar. I categorize. I am accurate. Linear. Analytical. Strategic. I am
practical. Always in control. A master of words and language. Realistic. I calculate equations and play with numbers. I am order. I am logic. I know exactly who I am."/„I am the
right brain. I am creativity. A free spirit. I am passion. Yearning. Sensuality. I am the sound
of roaring laughter. I am taste. The feeling of sand beneath bare feet. I am movement. Vivid
colors. I am the urge to paint on an empty canvas. I am boundless imagination. Art. Poetry.
I sense. I feel. I am everything I wanted to be."). (Agentur Y&R Interactive Tel Aviv, https://
www.adsoftheworld.com/media/print/mercedes_left_brain_right_brain_passion)

Gefahr erkannt hat, dass ihre kleinteiligen Erkenntnisgewinne milliardenschwere
Forschungseinnahmen möglicherweise nicht wirklich rechtfertigen können.

4   Schluss: Das (sich) selbst optimierende Subjekt

Der Einwand des Umweltaktivisten Douglas Tompkins – „Wir müssen einfach
aufhören", so wurde er kurz vor seinem Tod zitiert, „Maschinen und Technologie als Vorbilder unserer Entwicklung zu sehen" (Tompkins 2015, S. 30) –
greift zu kurz. Maschinen und Technologien haben sich, nicht zuletzt aufgrund
ihrer Profitabilität, nicht nur als Vor-, sondern gar als Selbstbilder des Menschen

behauptet. Der Mensch als „Gehirnmaschine" ist dabei ein hybrides Konstrukt. Es basiert zum einen auf der Annahme, der Mensch sei ein Effekt seiner
Hirnaktivität: „Alles, was uns als Mensch ausmacht, ist ein Produkt unseres
Gehirns. Es steuert unsere Handlungen und Gefühle", so die Grundannahme des
ZEIT-AKADEMIE-Seminars „Unser Gehirn" (siehe oben). Die Begriffe „Produkt" und „Steuerung" sind irreführend und problematisch, auch weil sie eine
eingeschränkte Handlungsfähigkeit des Subjekts – als soziales Wesen – suggerieren. Ähnlich, wie wir Maschinen menschliche Intelligenz zuschreiben, gewinnt
somit das Gehirn eine Handlungsautonomie, die es nicht besitzt. Das Konstrukt
wird verstärkt durch die wiederkehrende Entkörperlichung des Gehirns als ikono-
grafisches Objekt, Maschine und Modus der Automobilität. Diese Sicht fällt
hinter vieles zurück, was wir über unser Menschsein – auch ohne die Kognitionswissenschaft – schon sehr lange wissen. Ob wir die Maschine als unseren Freund
oder Feind verstehen wollen, ist somit nicht zuletzt wohl auch eine Frage unseres
Selbst- und Subjektverständnisses.

Literatur

Adams, F. (2013). The bounds of consciousness and cognition: The philosophical debate.
    Vortrag. Konferenz „Litterature et sciences", Paris, 18.–24. Juli.
Adams, F., & Aizawa, K. (2008). *The bounds of cognition*. Oxford: Blackwell.
Albus, J. S., et al. (2007). A proposal for a decade of the mind initiative. *Science,
    317*(5843), 1321.
Anderson, M. L. (2003). Embodied cognition: A field guide. *Artificial Intelligence, 149,*
    91–130.
Barber, C. (2008). The brain: A mindless obsession. *Wilson Quarterly, 32,* 32–44.
BBCI (Berlin Brain-Computer Interface). (2014). BBCI – Eine Schnittstelle zwischen
    Gehirn und Computer. http://bbci.de/about. Zugegriffen: 20. Febr. 2017.
Benjamin, W. (1982). *Das Passagen-Werk*. Frankfurt: Suhrkamp.
Breuer, I. (2014). Genug ist nie genug. Von der alltäglichen Gier. Deutschlandfunk, 7. Dez.
    2014.
Brody, F. (1999). The medium is the memory. In P. Lunenfeld (Hrsg.), *The digital dialec-
    tic: New essays on new media* (S. 130–149). Cambridge: MIT Press.
Cadman, E. (27. Januar 2014). AI is not just a game for deepmind's Demis Hassabis.
    Financial Times. https://www.ft.com/content/1c9d5410-8739-11e3-9c5c-00144feab7de.
    Zugegriffen: 20. Febr. 2017.
Chalmers, D. J. (1995). Facing up to the problem of consciousness. *Journal of Conscious-
    ness Studies, 2,* 200–219.
Clarke, E., & Dewhurst, K. (1996). *An illustrated history of brain fuction. Imaging the
    brain from antiquity to the present*. San Francisco: Norman (Erstveröffentlichung 1972).

Cutter, C. (1847). *Anatomy and physiology designed for academies and families.* Boston: Mussey.

Cutter, C. (1852). *A treatise on anatomy, physiology, and hygiene designed for colleges, academies, and families.* New York: Clark and Maynard. http://www.gutenberg.org/etext/30541. Zugegriffen: 20. Febr. 2017.

Dooley, R. (2012). *Brainfluence. 100 ways to persuade and convince consumers with neuromarketing.* Hoboken: Wiley.

Douglas, H., & Heuver, T. (2015). *Die Gehirnmaschine. Das Human Brain Project.* [Dokumentarfilm]. Leinfelden: Bild der Wissenschaft.

Edelman, G. M. (2004). *Wider than the sky. The phenomenal gift of consciousness.* New Haven: Yale University Press.

Elger, C. E. (2009). *Neuroleadership. Erkenntnisse der Hirnforschung für die Führung von Mitarbeitern.* Freiburg: Haufe.

Elger, C. E., et al. (2004). Das Manifest: Elf führende Neurowissenschaftler über Gegenwart und Zukunft der Hirnforschung. *Gehirn & Geist, 6,* 30–37.

Engel, A. K., & König, P. (1998). Das neurophysiologische Wahrnehmungsparadigma: Eine kritische Bestandsaufnahme. In P. Gold & A. K. Engel (Hrsg.), *Der Mensch in der Perspektive der Kognitionswissenschaften* (S. 156–194). Frankfurt: Suhrkamp.

Fahnestock, J. (2005). Rhetoric in the age of cognitive science. In R. Graff, et al. (Hrsg.), *The viability of the rhetorical tradition* (S. 159–179). Albany: State University of New York Press.

Gibney, E. (2015). Deep mind algorithms beats people at classic video games. *Nature, 518*(7540), 465–466.

Haraway, D. (1985). A manifesto for cyborgs: Science, technology, and socialist feminism in the 1980s. *Socialist Review, 15,* 65–107.

Hassabis, D. (2012). Model the brain's algorithms. *Nature, 482*(7386), 462–463.

HBP (Human Brain Project) (15. Dez. 2014). Key performance indicators and targets. https://www.humanbrainproject.eu/documents/10180/1055011/SP13_D13.2.1_FINAL.pdf/52e18b9e-1acd-4673-ab34-56fc56d1035a. Zugegriffen: 20. Febr. 2017.

Heinze, H.-J. (2005). Wir schauen dem Hirn beim Denken zu. *Humboldt Kosmos, 86,* 28–33.

Hickok, G. (2009). Eight problems for the mirror neuron theory of action understanding in monkeys and humans. *Journal of Cognitive Neuroscience, 21,* 1229–1243.

Hoffmann, U. (1998). Autopoiesis als verkörpertes Wissen: Eine Alternative zum Repräsentationskonzept. In P. Gold & A. K. Engel (Hrsg.), *Der Mensch in der Perspektive der Kognitionswissenschaften* (S. 195–225). Frankfurt: Suhrkamp.

Hustvedt, S. (2010). *The shaking woman.* New York: Holt.

Hustvedt, S. (2013). Philosophy matters in brain matters. *Seizure, 22,* 169–173.

Jessen, J. (29. August 2013). Für Hitler wird nicht gebremst. *DIE ZEIT.* http://www.zeit.de/2013/36/werbung-video-mercedes-benz-erkennt-gefahr-hitler. Zugegriffen: 20. Febr. 2017.

Kurthen, M. (2007). From mind to action: The return of the body in cognitive science. In S. Sielke & E. Schäfer-Wünsche (Hrsg.), *The body as interface. Dialogues between the disciplines* (S. 129–143). Heidelberg: Winter.

LeDoux, J. E. (1996). *The synaptic self. How our brains become who we are.* New York: Viking.

Matlin, M. W. (1983). *Cognition.* New York: Holt, Rinehart, and Winston.

McLuhan, M. (1970). *Die magischen Kanäle. „Understanding Media".* Düsseldorf: Econ.

McLuhan, M. (1995). *Understanding media. The extensions of man.* Cambridge: MIT Press (Erstveröffentlichung 1964).

Mountcastle, V. B. (1998). Brain science at the century's Ebb. *Daedalus, 127,* 1–36.

Oizumi, M., et al. (2014). From the phenomenology to the mechanisms of consciousness: Integrated information theory 3.0. *PLoS Computational Biology.* https://doi.org/10.1371/journal.pcbi.1003588.

Otten, T. J. (2005). Emily Dickinson's brain: On lyric and the history of anatomy. *Prospects. An Annual of American Cultural Studies, 29,*57–83.

Pinker, S. (1997). *How the mind works.* New York: Norton.

Rauch, J. (2001). Der Dramaturg – Christian E. Elger. *Bild der Wissenschaft* 1 Aug. http://www.wissenschaft.de/archiv/-/journal_content/56/12054/1602281/Der-Dramaturg-%E2%80%93-Christian-E.-Elger/. Zugegriffen: 20. Febr. 2017.

Sacks, O. (1985). *The man who mistook his wife for a hat.* London: Duckworth.

Scheerer, E. (1988). Toward a history of cognitive science. *International Social Science Journal, 40,* 7–19.

Schiller, G. (2007). How it feels to be a cyborg: C-leg users talk about their bodies. In S. Sielke & E. Schäfer-Wünsche (Hrsg.), *The body as interface. Dialogues between the disciplines* (S. 105–118). Heidelberg: Winter.

Schnabel, U. (14. Mai 2009). Die Demokratie der Neuronen. *DIE ZEIT.* http://www.zeit.de/2009/21/PD-Markram. Zugegriffen: 20. Febr. 2017.

Schnabel, U. (29. August 2013). Märchenhaftes Versprechen. *DIE ZEIT.* http://www.zeit.de/2013/36/neurodidaktik-paedagogen-unterricht. Zugegriffen: 20. Febr. 2017.

Schnabel, U., & Rauner, M. (31. Januar 2013). Ein Hauch Apollo. *DIE ZEIT.* http://www.zeit.de/2013/06/Flagschiff-Initiative-Forschung-Graphen-Human-Brain-Project. Zugegriffen: 20. Febr. 2017.

Sentker, A. (5. November 2015). Ausnahmsweise Eins mit Sternchen. *DIE ZEIT.* http://www.zeit.de/2015/43/wissenschaftsrat-klinische-forschung. Zugegriffen: 20. Febr. 2017.

Sielke, S. (2008). "The brain – is wider than the sky – " or: Re-cognizing Emily Dickinson. *Emily Dickinson Journal, 17,* 68–85.

Sielke, S. (2013). Natural sciences. In E. Richards (Hrsg.), *Emily Dickinson in context* (S. 236–245). Cambridge: Cambridge University Press.

Sielke, S. (2015). Emily Dickinson and the poetics of the brain, or: Perception, memory, migration. In K. Freitag (Hrsg.), *Recovery and transgression: Memory in American poetry* (S. 265–280). Newcastle: Cambridge Scholars.

Sielke, S. (2016). Network and seriality: Conceptualizing (their) connection. *Amerikastudien/American Studies, 60,* 81–95.

Sielke, S., & Schäfer-Wünsche, E. (Hrsg.). (2007). *The body as interface. Dialogues between the disciplines.* Heidelberg: Winter.

Spiewak, M. (29. August 2013). Die Stunde der Propheten. *DIE ZEIT.* http://www.zeit.de/2013/36/bildung-schulrevolution-bestsellerautoren. Zugegriffen: 20. Febr. 2017.

Stafford, B. M. (1991). *Body criticism. Imaging the unseen in enlightenment art and medicine.* Cambridge: MIT Press.

Straßmann, B. (28. April 2016). Anstarren erwünscht. *DIE ZEIT.* http://www.zeit.de/2016/19/prothesen-design-mensch-cyborg. Zugegriffen: 20. Febr. 2017.

Tetens, H. (2003). *Geist, Gehirn, Maschine. Philosophische Versuche über ihren Zusammenhang.* Stuttgart: Reclam (Erstveröffentlichung 1994).

Thornton, D. J. (2011). *Brain culture. Neuroscience and popular culture.* New Brunswick: Rutgers University Press.

Tompkins, D. (12 November 2015). Ich bin doch nicht der Messias. Interview mit H. Grabbe & C. Hecking. *DIE ZEIT.* http://www.zeit.de/2015/44/esprit-gruender-douglas-tompkins-klimaschutz-the-north-face. Zugegriffen: 20. Febr. 2017.

Varela, F. J., Thompson, E., & Rosch, E. (1991). *The embodied mind: Cognitive science and human experience.* Cambridge: MIT Press.

Wallach, L., & Wallach, M. A. (2013). *Seven views of mind.* New York: Psychology Press.

Winograd, T., & Flores, F. (1986). *Understanding computers and cognition. A new foundation for design.* Norwood: Ablex.

Zunke, C. (2008). *Kritik der Hirnforschung. Neurophysiologie und Willensfreiheit.* Berlin: Akademie.

Das Gespenst in der Maschine – Die schöne neue Cyborg-Welt im japanischen Anime „Ghost in the Shell"

Michael Wetzel

Zusammenfassung

Das ‚westliche' Denken der abendländischen Tradition (griechisch-jüdisch-christlicher Provenienz) ist wesentlich geprägt durch die Dichtotomie von Geist und Materie, Seele und Körper. Die ‚fernöstliche' Metaphysik des Buddhismus und vor allem des Shintoismus kennt diesen Gegensatz nicht. Deshalb können auch leblose Puppen dort Seelen haben, was auf das Verhältnis zu androiden Maschinen übertragen wird: über ihre menschenähnliche Gestalt werden sie animiert, d. h. mit einer Seele versehen.

Dieser traditionelle Glaube wird zu einem beliebten Thema der japanische Anime-Filme, in denen künstliche Menschen als perfektionierte Lebewesen auftreten. Die beiden Filme „Ghost in the Shell" von Oshii greifen dabei die Figur des Cyborgs auf, ein maschineller Körper mit einem humanoiden Geist. Doch es stellt sich die Frage, ob nicht auch der Geist ein maschinelles Simulakrum ist. Die weibliche Hauptfigur fragt sich so, ob sie wirklich ein individuelles Selbst hat oder ob dieses nicht genau ein Serienprodukt ist wie ihr Maschinenkörper. Auf jeden Fall verdienen Künstliche Intelligenzen, die ein Selbstbewusstsein erlangen, genau so viel Respekt wie ihre menschlichen Vorläufer.

M. Wetzel (✉)
Bonn, Deutschland
E-Mail: buero.wetzel@uni-bonn.de

© Springer Fachmedien Wiesbaden GmbH, ein Teil von Springer Nature 2019
C. Thimm und T. C. Bächle (Hrsg.), *Die Maschine: Freund oder Feind?*,
https://doi.org/10.1007/978-3-658-22954-2_4

Schlüsselwörter
Seele-Körper · Puppen · Gespenst · Cyborg · Roboter · Shintoismus ·
Marionettentheater · Kindliche Unschuld

1   Einleitung

Das politische Schema der Freund-Feind-Opposition, das vor allem durch die
Staatstheorie von Carl Schmitt (Schmitt 1963) zu berüchtigter Prominenz gelangt
ist, findet in der japanischen Kultur wenig Widerhall. Keine Kultur ist weniger
dezisionistisch als die japanische, die selbst in der allerheikelsten Frage aller Fragen, nämlich derjenigen nach dem religiösen Seelenheil, unentschieden bleibt
und zwei Glaubensrichtungen das gleichberechtigte Existenzrecht neben einander einräumt: einerseits dem animistischen, polytheistischen Shintoismus und
andererseits dem prophetischen Transzendentalismus des Buddhismus.[1]

Ganz entsprechend diesem religiösen Modell der Koexistenz unterschiedlicher
und sich teilweise widersprechender Auffassungen ist auch das Verhältnis zum
Phänomen des Maschinellen nicht eindeutig oder gar polar zu entscheiden. Es
ist bekannt, dass viele Vorbehalte der westlichen Welt gegen eine fortschreitende
Maschinisierung und vor allem Robotisierung der menschlichen Lebenswelt in
Japan auf Unverständnis stoßen. Während für das abendländische Denken die
Werte des Humanen und des Maschinellen immer noch gegensätzlich und sogar
unvereinbar erscheinen, ist im Reich der aufgehenden Sonne schon seit jeher jede
Form technischer Prothesen eine Form der Extension unserer Sinne.[2] Marshall
McLuhan hat dies für die moderne Medientechnik diagnostiziert (McLuhan 1968,
S. 28), und vielleicht ist dieser Zusammenhang der Grund, weshalb die Media-
tisierung der Lebenswelt in Japan viel ungehemmter und widerstandsloser vollzogen wurde. Liebeserklärungen an digital simulierte Fernsehmoderatorinnen
wie Kyoko Date oder der Einsatz von Cyber-Kuscheltieren in der Altenpflege
mögen Extremfälle sein, aber der Übergang zum Mechanischen, Technischen,
anorganisch Apparathaften fällt in Ostasien wesentlich leichter. Lange bevor

---

[1]Neben den klassischen Einführungen in den japanischen Zen-Buddhismus (wie Suzuki
1958) und den Shintoismus (Lokowandt 2001) vgl. auch die Problematisierungen der japanischen Religiosität bei Nelson (2000) und Ama (2004).

[2]Die bekanntesten Beispiele hierfür sind die anthropomorphen Roboter von Ishiguro,
Hiroshi *(Gynoids)*. Aber schon die Geschichte des Umgangs mit Puppen als mechanischer
Ersatz von Menschen auch als Liebesobjekte zeigt diese Tendenz zur Humanisierung bzw.
Animation (im Sinne von Beseelung) des Maschinellen (Giard 2016).

ähnliche Phänomen auch in der westlichen Hemisphäre zu beobachten waren, gab es in Japan den *Otaku* (als japanischen Bruder des Nerd), in gesteigerter Form von Autismus den *Hikikomori,* der sich zuhause einschließt und dessen bester Freund allein der Computer und mit ihm das weite digitale Netz ist (Manfé 2005; Galbraith 2009).

Dies erklärt sich nicht allein aus einer progressiven Verödung des sozialen Lebens heraus, sondern ist auch aus traditionellen Gründen der Fall. Ein bis heute nicht zu unterschätzender historischer Faktor ist die Sonderstellung Japans im sogenannten Kolonialismus. Durch die einmalige Entscheidung des Togawa-Regims, Anfang des 17. Jahrhunderts die Grenzen des Inselreiches hermetisch zu schließen und auch entschieden jeden Versuch der Christianisierung durch Jesuiten zu unterbinden, hat das Land für Jahrhunderte vom Rest der Welt (jedenfalls der westlichen) isoliert. In der Mitte des 19. Jahrhunderts erzwangen die Kanonenboote des amerikanischen Kommandanten Perry die Öffnung und leiteten damit den Untergang des Shogunats und die Restauration des Kaisertums unter der Meiji-Herrschaft ein, was Tokio als neue Hauptstadt nach der alten Kaiserstadt Kioto offiziell inaugurierte. Entscheidend ist dabei, dass die gesamte industrielle Revolution, deren Vorläufer nur über vereinzelte Kontakte mit holländischen Händlern nach Japan gelangt waren, über das Land auf einmal hereinbrach. Dadurch war es jedoch vor die komfortable Situation gestellt, aus dem Besten auszuwählen: das Schulsystem und Fabrikwesens Englands, die Wissenspolitik besonders in den Bereichen Medizin und Jura des Deutschen Reiches oder die Gastronomie Frankreichs.[3]

In den vorangehenden Jahrhunderten hatte Japan in einem feudalistisch-bäuerlichen Spätmittelalter gelebt, das viel Zeit für Kunst und Kultur, die Entwicklung raffinierter Rituale wie die Teezeremonie und einer unterhaltsamen Bildsprache des ‚fließenden Lebens' (die sogenannte *ukiyo-e* Kunst z. B. eines Hokusai) bot. Die Konfrontation mit der Welt der Maschinen und der Industrietechnik stand im Gegensatz zur Ästhetik der organischen Werkstoffe des Holzes und Papiers, aber im Moment des Mechanischen trafen sich die Interessen – allerdings mit umgekehrten Vorzeichen: Wie besonders das Beispiel der Puppen und anderer apparathafter Simulacra organischen Lebens zeigt, gilt für die japanische Kultur der abendländische Gegensatz: mechanisch = tot und organisch = lebendig nicht. Auch Puppen haben eine Seele, die es zu respektieren und zu fürchten gilt. Ganz im Sinne

---

[3]Zur historischen Entwicklung generell Najita (1986) sowie zur Problematisierung dieses Aneignungsverhältnisses Dale (1990).

der shintoistischen Religion und ihres Animismus begegnet man den maschinellen Simulakra eher als perfektionierten Doppelgängern des Humanoiden.[4]

Aber auch dämonische Dimensionen finden sich, die wiederum historisch bedingt sind: Nicht nur ist Japan ein Land, das schon immer den Naturgewalten in Form von Erdbeben, Tsunamis und Taifunen in besonderem Ausmaß ausgeliefert war, sondern hat darüber hinaus der Zweite Weltkrieg mit den massiven Bombardierungen und vor allem dem Abwurf von zwei Atombomben ein tiefes Trauma hinterlassen. So spielen viele utopische Szenarien der *Anime*-Filme (abgeleitete von dem englischen Wort animation) anders als in den eher lustigen Zeichentrickfilmen der Disney-Produktionen in postapokalyptischen Welten, die oft ein Neo-Tokio, entstanden auf den Trümmern eines atomaren Dritten Weltkriegs, als Schauplatz wählen. Selbst in den eher fantastischen, märchenhaften Animes von Miyazaki Hayao wie „Prinzessin Mononoke", „Nausicaä" oder „Das wandelnde Schloss" tauchen immer wieder bedrohliche Kriegsszenen mit martialisch atavistischen Kampf- und besonders Flugmaschinen auf, die ungeheure Verwüstungen durch Flächenbombardements anrichten und unzweideutig an die „fliegenden Festungen" der amerikanischen Luftwaffe des Zweiten Weltkrieges erinnern.

Eine der ersten Roboterfiguren war *Tetsuwan Atomu,* auch bekannt als *Astroboy,* entstanden 1951 aus der Zeichenfeder des *Godfather of Manga,* Tezuka Osamu (Neuausgabe Tezuka 2015). Die alles könnende und unermüdlich im Einsatz für das Gute stehende Kinder-Puppe trägt viele Züge westlicher Vorbilder wie z. B. Pinocchios, denn auch sie ist Ersatz für den gestorbenen Sohn ihres Erfinders, sie gleicht phänotypisch den Figuren Walt Disneys und stellt funktional eine Art Superman dar. Aber schon der atomare Düsenantrieb verweist auf typisch japanische Bedeutungsebenen, auf denen nämlich das passiv erlittene Trauma der Atomkraft in aktive Allmachtsfantasien verwandelt wird (Eiji 2008).

Spätere Verarbeitungen der Nuklearkatastrophe stehen dagegen eher im Zeichen von Ridley Scotts Film „Blade Runner" von 1982, dessen dystopische Atmosphäre fortan dominiert und das Interesse an der neuen Maschinenwelt in Richtung der Fragen von *Cyberpunk* und *Posthumanismus* lenkt, wie es sich erstmals im Manga (später Anime) „Akira" von Otomo Katsuhiro zeigt, der in einer postapokalyptischen Dystopie von jugendlichen Bandenkriegen und ökonomischen Katastrophen spielt (Brown 2010, S. 1 ff.). Die Konsequenzen der

---

[4]Dies zeigt sich besonders deutlich in der Diskussion um die Belebung und Beseelung von Puppen als Ersatz für Schauspieler durch den Puppenspieler (dazu Regelsberger 2011).

in dieser Welt sich ausbreitenden Herrschaft von Mensch-Maschine-Mutationen finden ihren intensivsten Widerhall aber in einer fernen fiktiven Zukunft im Anime-Film „Ghost in the Shell" des japanischen Regisseurs Oshii Mamoru von 1996 sowie seiner Fortsetzung „Ghost in the Shell 2: *Innocence*" von 2004, in dem es spezieller noch um den Einsatz von Maschinenmenschen als Liebespuppen geht. In beiden Filmen dominiert aber das Thema der Schnittstellen zwischen Maschinen und Menschen (wie z. B. den *Cyborgs*) bzw. der Verwischung der Grenzen zwischen beiden in täuschend echten Replikationen. Zugleich gilt es dabei die Montage-Technik der filmischen Narration zu analysieren, die sich nicht nur der unterschiedlichsten Motive der langen literarischen Tradition von lebenden und liebenden Maschinen bedient, sondern zugleich die philosophisch-theologischen Diskurse abendländischer, jüdisch-griechisch-christlicher und fernöstlicher, buddhistisch-shintoistisch-konfuzianischer Kulturen miteinander vermengt. Dieser Synkretismus unterscheidet diese beiden Anime-Filme auch deutlich von anderen thematischen ebenfalls einschlägigen Manga-Adaptationen wie „Akira" (1988) von Otomo Katzuhiro oder früheren Arbeiten Oshiis wie „Patlabor" (1989), die – wie übrigens auch das Hollywood-Remake von „Ghost in the Shell" (2017) von Rupert Sanders – allein auf die Plots der Verbrecherjagd fixiert bleiben (auch Cavallaro 2006).

2   „Ghost in the Shell" – das Bewusstsein künstlicher Intelligenzen

„Ghost in the Shell" basiert auf narrativen Sequenzen des gleichnamigen Mangas von Shirow Masamune aus dem Jahre 1991. Der Bezug auf die Manga-Vorlage ist keine Adaptation, sondern bedient sich sehr frei einzelner Episoden, die plotmäßig umorganisiert werden, aber dem Grundmotiv treu bleiben: der Frage nach der ontogenetischen Differenzierung zwischen Menschen, Robotern (als vollsynthetischen Maschinen) und der Mischform von Mensch-Maschinen, den *Cyborgs*. Diese Hybridformen an der Grenze zwischen Leib und Technik (Spreen 2010) aus kybernetischen Maschinen und menschlichen Organismen. Als Synthese eines maschinellen Körper-Panzers *(shell)* und einer humanoiden Gehirn- oder Seelen-Steuerung *(ghost)* scheinen sie den alten menschlichen Wunschtraum von der selbst bewegten Marionette zu erfüllen. Das Grundproblem bleibt dabei jedoch der *ghost,* in dessen Namen zwar nach der Funktion von Bewusstsein und vor allem Selbstbewusstsein als subjektive Entscheidungsinstanzen gefragt wird, wobei das neue unheimliche Thema lautet: Können rein artifizielle Intelligenzen (sogenannte AIs) aus sich heraus ein Selbstbewusstsein und damit eine willkürliche Entscheidungskraft entwickeln?

Der Originaltitel des Films lautet *Kôkaku Kidôtai*, was sich übersetzen lässt als „gepanzerte mobile Eingreiftruppe"[5] In der Tat geht es im Film wie im Manga um eine Polizeieinheit, die als „Sektion 9" bei Fällen von Spionage, Terror und Landesverrat zum Einsatz kommt. Die dabei in einer nach einem dritten Weltkrieg imaginierten postnationalen Welt globaler Machtkonfigurationen operierenden militärischen Einheiten sind durch maschinelle Extensionen auch humaner Ressourcen spezifiziert: *Cyborgs,* die ihren Körper durch künstliche Implantate perfektioniert haben, aber noch ein menschliches Gehirn besitzen, während sie materiell im Sinne der unendlichen Austauschbarkeit aller ihrer körperlichen Module unsterblich sind. Diese Dimension kommt vor allem durch den englischen Titel ins Spiel, der die Körpermetaphorik als *Shell* dem *Ghost* entgegensetzt. Die Bezeichnung *gôsuto* für ein individuelles Bewusstsein unterscheidet im Japanischen das menschliches Dasein von einem maschinellen (z. B. dem eines Roboters). Der erste Teil von „Ghost in the shell" – genau genommen bestehend aus den vier Mangas „Der Schrottdschungel", „Die Robot-Rebellion", „Brain-Drain" und als Fortsetzung Jahre später „Manmachine-Interface" – bietet daher auch eine explizite Erklärung für den Aufbau der mechanischen Teile: Die von der Firma *Megatech* hergestellten Maschinen werden als Cyborg definiert, „ein menschenähnliches Wesen, das sich aus einem oder mehreren künstlichen Teilen zusammensetzt", die „einzigen originalen Menschenteile sind das Gehirn und das Rückenmark", wobei deren Verborgenheit es schwer mache, den Cyborg vom Roboter zu unterscheiden (Shirow 2002, S. 97).[6]

Worum es in den Geschichten nämlich immer wieder geht, ist die Frage nach der Identität der Daseinsweise von Cyborgs, die sich ja als Schnittstelle von humaner und künstlicher Materie, sozusagen im Sinne der aristotelischen Unterscheidung von Form und Materie als *bio-metallo-hyle* Wesen von *anthropomorphen* Maschinen wie z. B. Robotern, Androiden oder Puppen unterscheiden.[7]

---

[5]Die englische Übersetzung lautet „the anti-shell riot squad", wobei das erste sinojapanische Kanji-Zeichen der Originalschreibweise die Bedeutung von „Schale" z. B. eines Krustentieres mit dem zweiten in der Bedeutung von „Angriff" verbindet (Schnellbächer 2007, S. 70).

[6]Zur Zitierweise der japanischen Namen sei angemerkt, dass im Text die japanische Weise – zuerst der Nachname und dann der Vorname – bevorzugt wird, in den Zitatnachweisen hingegen die umgekehrte westliche Standardform.

[7]In der Antike wurde ausgehend von der „Physik" des Aristoteles zwischen *hyle* als materieller Substanz und *morphe* als seelisch-bewegender Form unterschieden. Während also Roboter oder Puppen nur die äußere Gestalt des Menschen nachahmen, reproduziert der Cyborg die organische Substanz von Menschen.

Es geht also um den *Ghost* als Individuationsprinzip, der von der *Shell* als äußerer Erscheinung getrennt ist und gewissermaßen Unsterblichkeit erlangt, indem er wie bei der Seelenwanderung die Körperhülle wechseln kann bzw. Teile derselben beliebig austauscht. Die im Anhang des Mangas detailliert demonstrierte Herstellung des künstlichen Körpers nimmt in Oshiis Film die Rolle des Intros ein, das den Zuschauer unmittelbar mit der Genese des Kunstkörpers und der Verschmelzung mit seinem Biokern konfrontiert. Auf den ersten Blick handelt es sich beim Prototyp des Cyborgs in Manga und Anime aber explizit um eine weibliche Heldin, Kusanagi Motoko, auch genannt der *Major,* da sie die Polizeieinheit anführt.

Den berühmte Ausführungen Donna Haraways zufolge, die in ihrem „Manifesto for Cyborgs" von 1985 wesentlich zur Popularisierung des Begriffs beitrug, sind Cyborgs Symbole einer exzentrischen, fragmentarisierten Existenz als Subjekt ohne geschlechtliche Identität in einer „Post-Gender-Welt" ohne Verbindung „mit Bisexualität, prädödipaler Symbiose, nichtentfremdeter Arbeit oder anderen Versuchungen, organische Ganzheit durch die endgültige Unterwerfung der Macht aller Teile unter ein höheres Ganzes zu erreichen" (Haraway 1995, S. 35; Babka 2004). Konsequenterweise ist auch in „Ghost in the Shell" die geschlechtliche Identität von Major Kusanagi nur ein trügerischer Oberflächeneffekt. In der Manga-Version gibt sie sich lesbischen Liebesspielen hin (in der amerikanischen und europäischen Ausgabe allerdings zensiert) und ihr *Ghost* wird nach der Zerstörung der *Shell* in den Körper eines jungen Mannes verpflanzt (im Film in denjenigen eines jungen Mädchens). Die immer wiederkehrende Fetischisierung der nackt oder in Unterwäsche dargestellten weiblichen Körper ist gerade für den westlichen Zuschauer genau so irritierend wie der eigenwillige Humor, der am Anfang des Animes beim ersten Einsatz des ‚Majors' die Funkübertragungsstörungen durch Menstruationsbeschwerden erklärt, obwohl der kurz darauf folgende Vorspann deutlich zeigt, dass ihr Körper rein mechanisch konstruiert ist und wohl kaum bluten dürfte.[8] Die Körperlichkeit des Cyborgs ist die einer *Junggesellenmaschine,* fernab von aller Vorstellung der Prokreation, die aufgrund ihrer

---

[8]Dazu Sharalyn Orbaugh: Sex and the Single Cyborg. Japanese Popular Culture Experiments in Subjectivity, in: C. Bolton/I. Csicsery-Ronay/T. Tatsumi (Hrsg.) (2007). Robot Ghosts and Wired Dreams. Japanese Science Fiction from Origins to Anime, Minneapolis, S. 183; Joseph Christopher Schaub: Kusanagi's Body: Gender and Technology in Mecha-anime, in: Asian Journal of Communication, Vol 11/2 (2001, S. 93); sowie Brian Ruh (2004). Stray Dog of Anime. The Films of Mamoru Oshii, New York, S. 132 ff.

Fixierung auf Sterilität signifikanterweise jeden Liebesmechanismus in einen zölibatären Todesmechanismus umwandeln (Carrouges 1975).

Die Hybridisierung einer Geschlechtsidentität korrespondiert zugleich mit dem Effekt einer Hybridisierung nationaler und kultureller Identitäten, was zur Folge hat, dass der Körper mit seinem Barbie-puppenhaften Stereotyp nicht im Widerspruch zum asiatischen Schauplatz steht, sondern sich diesem aufpropft. Aber diese Tilgung nationaler und ethnischer Charakteristika (im Japanischen als *mukokuseki* bezeichnet; Dequen 2005) ist typisch für den Anime, in dem die Figuren eher einem entindividualisierten westlichen Prototypus entsprechen, der aber für eine postkoloniale Appropriation von Maskeraden und nicht für Anerkennung steht. Die Anspielungen auf ein futuristisches Japan sind ebenso wie der oft in Animes auftauchende Bezug auf ein Neo-Tokio irreführend, da es sich auch hier um eine Hybridisierung globaler Hypermetropolen handelt. Deren öffentliche Überflutung mit Kanji-Zeichen folgt jedoch keiner japanischen Semantik, sondern stellt chinesische Begriffe dar. Sie verweisen als Stadtmodell eher auf Hong Kong oder das selbst schon hybride Los Angeles und mit letzterem auf Ridley Scotts Film „Blade Runner" von 1982, dem Vorbild für alle Cyberpunk-Filme (Wong 2004). Auch die wiederkehrenden religiösen Motive wie der buddhistische Gedanke der Seelenwanderung oder der shintoistische einer Beseelung aller Dinge und einer unsichtbaren Gegenwart der Energie ihrer *Kami* (Götter) dürfen nicht als kulturelle Hegemonie missverstanden werden, da genauso freizügig mit jüdisch-christlichen Symbolen und besonders mit Bibel-Zitaten gearbeitet wird. Insofern kann man Susan Napiers (2005, S. 12) genereller These nur zustimmen:

> Indeed, anime may be the perfect medium to capture what is perhaps the overriding issue of our days, the shifting nature of identity in a constantly changing society. … In particular, animation's emphasis on metamorphosis can be seen as the ideal artistic vehicle for expressing the postmodern obsession with fluctuating identity.

Solche Fragen nach der Identität, verbunden mit Zweifeln an der Authentizität des Selbstgefühls, beginnen nun, die Gedanken der Cyborg-Figuren heimzusuchen und in tiefe Krisen zu stürzen.

3   Simulierte Seelen und die Frage nach dem Selbst

Das eigentliche Thema von „Ghost in the Shell" ist nicht die spektakuläre Feier dieser imaginären Hypertrophie des Maschinen-Übermenschen, sondern ein zutiefst spekulatives Hinterfragen der symbolischen Verhältnisse dieser Cyborg-Community. Durch den *Ghost,* der weniger mit Geist als vielmehr mit Seele zu übersetzen wäre (im Original-Manga ist auch auf Japanisch von *reikon,* also *Seele* die Rede) kommen menschliche Eigenschaften wie intuitives Denken, Emotionen, Reflexionszweifel eher als Schwächen ins Spiel. So suchen die Wesen im schönen neuen Zeitalter megatechnischer Reproduktion nach einer Seele nicht mehr als Weg zur Erlösung von einem imperfekten Körper (als in platonisch-paulinischer Tradition Gefängnis der Seele), sondern als Bestätigung ihrer individuellen Existenz. Der perfekte Körper ist – salopp gesprochen – ‚geschenkt‘, aber:

> However, Kusanagi is not completely comfortable in her cyborg identity and she does not totally fit Haraway's paradigm of self-satisfied autonomy. The ‚real‘ action of the film is … rather a quest for her sprirual identity (Napier 2005, S. 107).

Letztendlich wird auch im Verlauf der Exposition des Themas die Grenze zwischen dem sogenannten Geist und maschinellen Simulationen desselben im Sinne von datenverarbeitenden und berechnenden Mikrochips immer durchlässiger und wird selbst das Gehirn als neuronale Entität identisch mit entsprechend wuchernden elektronischen Bauteilen (schon im Manga veranschaulicht als „Neurochip-Wachstum"). Der Mecha-Körper hat außerdem bei aller Perfektion einen aus der alten anthropologischen Perspektive gesehenen Mangel: Er ist seriell, er hat keine Einmaligkeit, sondern wird, wie die Heldin gekränkt bei der Begegnung mit zahllosen Doppelgängerinnen feststellen muss, massenhaft hergestellt. Er gehört ihr auch nicht, sondern wird von der Regierung geliehen – fast wie ein Dienstfahrzeug. Indem der Ghost aber informell an diesem Puppenkörper hängt – um nicht im entomologischen Sinne von Puppe zu sagen: in ihm verpuppt ist – wird er zudem allen Gefahren der globalen Vernetzung ausgeliefert. Er kann „gehackt" werden, von außen können Eindringlinge falsche Informationen in ihn einspeisen. Es wird sogar die Möglichkeit des „ghost-dubbing", also des kompletten Kopierens dieses Persönlichkeitsprofils diskutiert, jedoch die Gefahr bzw. der Widerspruch erkannt, wenn gerade dasjenige, was ein Bewusstsein von Individualität erzeugen soll, verdoppelt wird. Es werden jedoch immer wieder Fälle von Puppen ohne bzw. mit einem manipulierten *Ghost* vorgeführt, denen eine illusionäre Welt vorgetäuscht bzw. eine Scheinpersönlichkeit implementiert wird. Als Kommentar heißt es dazu: „Jede Information, Simex (simulated experience) oder Traum, ist gleichzeitig real und Fantasie" (Oshii 2001, S. 92).[9]

---

[9]Im Manga (Shirow 2002, S. 92) heißt es: „Ob es nun ein Simex oder ein Traum ist, die Informationen, die existieren, sind alle real … und eine Illusion zur selben Zeit." Worauf Kusanagi interessanterweise fragt: „In der Art wie Bücher und Filme Menschen verändern können?".

Kein Wunder also, dass auch die hoch entwickelten Mitglieder von Sektion 9 immer in Gefahr schweben, von außen her manipuliert zu werden. Davon lebt die Handlung der Geschichte, die vom Einsatz gegen Ghost-Hacking erzählt – der üblichen Methode, Menschen und Maschinen zu Marionetten zu machen – und zwar im besonderen Fall eines Hackers, der „Puppet-Master" (*ningyô-tsukai* = wortwörtlich „Mensch-Form-Spieler") genannt wird, weil er sich in die Ghosts anderer Personen ‚hackt', um diese für seine Zwecke zu manipulieren. Er ist kein Mensch, sondern nur ein Programm mit dem Codenamen „Projekt 2501", das in den Weiten des Netzes, aus einem Meer von Informationen entstanden ist bzw. von einer anderen Abteilung des Geheimdienstes zur Verbrecherbekämpfung entwickelt wurde. Jetzt aber hat es Selbstbewusstsein erlangt und sich als „Akt meines freien Willens" in einem eigens heimlich produzierten Körper manifestiert, um solchermaßen „als Lebensform politisches Asyl" zu beanspruchen (Oshii 2001, S. 140 ff.). Im Manga heißt es sogar zugespitzter: „Was Sie hier erleben, ist meine Willenskraft … als eine sich selbst bewusste Lebensform – ein Geist" (Shirow 2002, S. 12). Auf die Zweifel an seiner Existenz antwortet er, dass auch die menschliche DNS nur ein Programm zur Selbsterhaltung sei so wie die Intelligenz einem Programm der Informationsverarbeitung gleiche, das von den wesentlich komplexer arbeitenden Gedächtnissystemen der Computer abgelöst werde. Auch wenn er wie in einer Parodie auf Descartes' „cogito ergo sum" argumentiert, hat er den cartesianischen Chorismos, die Spaltung zwischen denkender „res cogitans" und materiell-räumlicher „res extensa" schon überschritten, indem er sich auch als extensive Lebensform verkörpert und zudem Kontakt mit Kusanagi Motoko sucht, weil er mit ihrem Ghost verschmelzen will, um sich zu reproduzieren. Diese jagt zwar als Major der Sektion 9 begleitet von ihren Kollegen Batou, einem Cyborg mit charakteristischen Kameraobjektivaugen, sowie dem Fahrer Togusa, der als einziger rein humanoid zu sein scheint und auch eine Familie mit einer kleinen Tochter hat, den Puppet-Master, aber sie fühlt sich immer mehr von ihm angezogen. Die beiden nähern sich wie Spiegelwesen einander an: Als Gegenspieler wird ihr Denken, das um den gemeinsamen Pol der *Verkörperung* kreist, immer affiner – nur mit umgekehrten Vorzeichen: einmal als Frage nach der Individualität des Ghost im reproduzierbaren Körper und zum anderen als Begehren nach Schaffung einer neuen Lebensform durch Verschmelzung.

Wenn man allein den Namen der Heldin betrachtet, so stößt man schon auf erste signifikante Gegensätze. Der erste Teil ihres auf das typische weibliche Suffix *-ko* endenden Vornamens *Motoko* bedeutet etwas Elementares und verweist auf ihren ursprünglichen, unbearbeiteten, man könnte sagen ‚spontanen' oder ‚wilden' Charakter. Liest man die entsprechenden Kanji-Zeichen aber als *soshi,* so kommt man zur Bedeutung „elektronisches Bauteil, Mikrochip", was zu ihrem Cyborg-Wesen passt. Der Familienname *Kusanagi* erinnert hingegen an das mythologische Schwert *Kusanagi no tsurugi,* dessen Geschichte auf die shintoistische Mythologie zurückverweist und das in der Folge als Kennzeichen der japanischen Monarchen so viel wie „Schlangenschwert" oder – infolge eines mythischen Rettungseinsatzes bei einem Flächenbrand – „Grasmäher" bedeutet und eine ähnliche magische Macht- und Schutzfunktion innehat wie das Schwert *Excalibur.*[10] Sie wird also schon durch ihren Namen gewissermaßen als eine Art elektronischer Samurai charakterisiert, der alles niedermäht, was ihm in den Weg kommt, der aber auch in seiner Tiefe eine Gebrochenheit aufweist, die im Verlauf der Geschichte die gehorsame Marionette von Sektion 9 ins Straucheln geraten lässt.

Dieser Charakterzug einer neben ihrer kämpferischen Kompetenz eigenwilligen Verletzbarkeit Kusanagis kommt an einigen Stellen eher salopp zur Sprache. Es ist dabei keine Frage des Körpers, dessen De- und Rekonstruktion an mehreren Stellen demonstriert und diskutiert wird. Kusanagi Motoko hat ihre Schwachstelle in der Seele, im Ghost: Es geht immer noch um die Grenze zwischen Mensch und Maschine, zwischen Anthropoidem und Apparathaftem, denn auch in dieser nicht allzu fernen Zukunft wundert man sich noch angesichts der Deklarationen des Puppet-Masters als selbstbewusste Lebensform über diese Fähigkeit, den Gegensatz von „simulierten Ghost-Lines" durch Kopien und einem „echten Ghost" aufheben zu können. Dieser Begriff der *Simulation* potenziert allerdings die Komplexität der Seelensteuerung, denn zugleich hängen die Maschinen jetzt an mehr als nur formelhaften Strippen wie Marionetten, nämlich auch an metaphorisch übertragenen Strippen des informellen Netzes, was die ungeheure Stärke ihres reaktiven Potenzials ausmacht, sie aber zugleich anfällig für falsche Informationen durch sie manipulierender Puppet-Masters macht.

Hier setzen Kusanagis Selbstzweifel und Fragen nach dem Selbst *in the Shell* an. Bei ihr äußert sich die schalenhafte Exzentrizität in einer Art von Arretierung auf dem Weg ihrer Seele, eine Befangenheit im Unterwegs zum Selbst.

within the interstitial space between a humanist identity grounded in individual agency and consciousness as a seat of identity (her ‚ghost') and a posthuman distributed cognition in which ‚grounding' of experience becomes expanded and fluid. Since the body is viewed as merely a shell for the mind, identity is then located

---

[10]Vgl. Kojiki oder „Geschichte der Begebenheiten im Altertum". In K. Florenz: Die historischen Quellen der Shinto-Religion, Göttingen 1919 (Nachdruck Saarbrücken 2009, S. 44), und : Nihongi oder „Japanische Annalen", ebd., S. 165 und 425.

within the brain. Yet Motoko's brain is in fact a cybernetically enhanced E-Brain, so how can she locate a fixed identity within a human framework? The simple answer is that she cannot. The location of the ‚real you', according to Batou, is found within the human brains cells which exist within Motoko's vastly expanded mind. Therefore a ‚real' identity, a humanist self, is not found in a unification of body, mind and environment, but is the privileged condition of the mind, so the body becomes nothing, simply a shell (McBlane 2010, S. 28 ff.).

Nach dem ersten Kampfeinsatz gegen die Marionetten des Puppet-Masters erholt sich Kusanagi bei dem für Cyborgs eher ungewöhnlichen Hobby des Tauchens, eine Szenenfolge, die mit den Worten eingeleitet wird, dass alle Informationen eines Lebens wie ein Tropfen im Ozean seien. In den Tiefen des Wassers finde sie, wie sie ihrem verständnislosen Kollegen Batou erklärt, „Angst, Einsamkeit, Kälte, … manchmal auch Hoffnung" (Oshii 2001, S. 92, 99). Ihrem Auftauchen, das bildästhetisch eine Wiederholung der technoiden ‚Geburtsszene' im synthetisierenden Bad der Hautversiegelung durch das Megatech-Labor darstellt, geht ein kurzer Augenblick der Spiegelung ihres Körpers an der Wasseroberfläche voraus. Danach kann Kusanagi sich nicht mehr mit ihrer *Shell* identifizieren, sie spricht davon, sich nach dem Auftauchen als jemand andereres zu fühlen und fragt nach der Echtheit ihres Körpers und der Abhängigkeit seiner technischen Perfektion von regelmäßiger Wartung. Zum Individuum mache sie nicht dieser Cyber-Körper, sondern die „unzähligen Ingredienzien", die ihn mit dem Geist zusammensetzen, die Erinnerungen und Erwartungen an eine Zukunft, also Aspekte, die schon in „Blade Runner" zur Unterscheidung von Menschen und Replikanten eingesetzt wurden. Allein ihr „Verstand" gehöre ihr, schließt sie: „Ich nehme Informationen auf und verarbeite sie auf meine Weise. Dadurch entsteht mein Ich, das Bewußtsein meiner Persönlichkeit" (Oshii 2001, S. 102). Was dann folgt, sind nicht mehr von ihr gesprochene Worte, sondern ist ein biblisches Zitat aus den Korintherbriefen, das durch sie hindurch mit den Worten des schon in sie gedrungenen Puppet-Masters spricht und das im Original lautet:

„Jetzt schauen wir in einen Spiegel und sehen nur rätselhafte Umrisse, dann aber schauen wir von Angesicht zu Angesicht" (Weiter heißt es an dieser Stelle: „Jetzt erkenne ich unvollkommen, dann aber werde ich durch und durch erkennen, so wie ich auch durch und durch erkannt worden bin"; I. Korinther 13,12).[11]

---

[11]„Wir sehen jtzt durch einen Spiegel in einem tunckeln wort/Denn aber von angesicht zu angesicht. Jtzt erkenne ichs stückweise/Denn aber werde ich erkennen gleich wie ich erkennet bin. Nu Nu bleibt Glaube/Hoffnung/Liebe/diese drey/Aber die Liebe ist die grössest vunter inen" (Luther, Die gantze Heilige Schrift, Wittenberg 1549, hrsg. v. H. Volz, München 1974, 2318).

Bei der Übersetzung kommt es zu verschiedenen Paraphrasierungen, die selbst noch in den Untertiteln abweichen. Die englische Version hält sich an das Bibelzitat „for now we see in a glass, darkly", das Filmbuch schreibt ähnlich „ein undeutliches Bild im Spiegel" (so auch im deutschen Filmuntertitel: „als blickten wir in einen Spiegel, und dennoch bleibt alles verschwommen"), während die deutsche Tonspur einen neuen Sinn in der umfassenderen Formulierung gibt: „als würde man durch einen Spiegel treten und seinem Ebenbild begegnen". Dieser Wortlaut wird später vom Puppet-Master im Augenblick der Verschmelzung ihrer Ghosts wiederholt, und das Bild vom dunklen Spiegel ist sicherlich das zentrale Motiv der ganzen Ghost-Thematik.

Für die Cyborg Kusanagi ist der Blick in ihren schiefen und schmutzigen Seelen-Spiegel zutiefst verstörend. Sie fühlt sich als unechte Kopie, und die nächste Episode wird bezeichnenderweise durch eine Bootsfahrt eröffnet, bei der sie ständig in den Fenstern von Cafés oder den Vitrinen voller Schaufensterpuppen mit Doubletten ihres eigenen Körpers, also des von Mega-Tech hergestellten Prototypen konfrontiert wird. Nach der Begegnung mit dem Cyberkörper, den der Puppet-Master sich selbstständig hergestellt hat, verfällt sie daher zum zweiten Mal in tiefe Selbstzweifel, die sie fragen lassen ob sie nicht schon längst gestorben sei und nur als Pseudo-Persönlichkeit aus einem Cybergehirn und einem Prothesenkörper überlebe oder ihr Ich von Anfang an nie existiert habe (Oshii 2001, S. 124). Das einzige, was sie weiß, ist, dass ihr angeblicher Ghost nicht von der „Regierung" gegeben wurde. Aber was, wenn all das auch nur ein Computerprogramm ist, das eingespeist wurde? Wenn ein Computerprogramm, wie der Puppet-Master behauptet, eigenständig ein Selbstbewusstsein seiner selbst zu produzieren vermag? Können Programme der Künstlichen Intelligenz als rein maschinelle ein Bewusstsein ihrer selbst entwickeln und sich dann noch auf einer Metaebene als Marionetten beobachten und denken?

Für Kusanagi Motoko ist klar, dass sie auf jeden Fall in den angeblichen Ghost des Puppet-Masters tauchen will, um die Wahrheit über dessen Beschaffenheit aufzudecken. Die Entwicklung spitzt sich zu, da dessen Shell oder Puppe bzw. genau genommen Torso geraubt wird und es zu einem Showdown in einem verfallenen Museumsgebäude kommt, das an den *Crystal Palace* der Weltausstellung in London von 1851 erinnert. Dort vollzieht sich die Erfüllung des Wunsches des Puppet-Masters, mit Major Kusanagi zu verschmelzen: Ein hochkomplexer und mystischer Prozess, der die aporetische Grenzerfahrung der Cyborgexistenz artikuliert, nämlich als *machine célibataire* zur Fortpflanzung unfähig zu sein, nur eine sterile Sexualität der Berührung aber nicht Verschmelzung zu kennen, und zugleich eine Entgrenzung des informationstechnisch potenzierten Ghosts in den Weiten des Netzes zu erleben. Dieses Dilemma will der Puppet-Master auf dem Wege der Fusion in Richtung einer wirklichen Diversifikation des Lebens überwinden, die in der totalen Verschmelzung zugleich ein Bewusstsein voneinander löscht, um das Neue einer Nachkommenschaft explizit als „Vielfalt und Originalität" gegen bloße Kopien als durch Viren einfach zu zerstörende Abbilder zu setzen (Oshii 2001, S. 231). Auf die entscheidende Frage Kusanagis „Warum ausgerechnet ich?" wird wieder die bekannte Spiegelmetaphorik als paradoxe *Seelen*verwandtschaft der beiden Cyborgs zitiert, die allerdings auch hier in den verschiedenen Ton-/Textspuren variiert. Während es im Filmbuch „Wir gleichen uns wie Spiegelbilder" (Oshii 2001, S. 238) heißt, so differenziert die deutsche Tonspur „weil wir einander gleichen, ohne identisch zu sein", um mit dem angepassten Zitat des Korintherbriefes fortzufahren. Im Manga wird diese Peripetie des Plots weitaus detaillierter hinsichtlich der informationstheoretischen Konsequenzen dargestellt, das Eintauchen in den Ghost des Puppet-Master verteilt sich auf zwei Phasen, wobei erst die letzte zur Verschmelzung allerdings nicht im spiegelbildlichen Sinne, sondern als „Verknüpfung des Karma" (Shirow 2002b, S. 107) vollzogen wird.

Als weiteres Beispiel für die hybride Vermischung der kulturellen Kontexte taucht in beiden Fassungen aber im Augenblick der Verschmelzung als Transfiguration in eine höhere Einheit (im Manga ist davon die Rede, „alle Beschränkungen und Hüllen abzulegen"; Shirow 2002, S. 41) ein altes christliches Seelen-Symbol auf, nämlich ein zum Himmel aufsteigender Engel. Im Film bleibt gleichzeitig ein shintoistischer Ritualzusammenhang nicht zuletzt durch die Tonspur mit den typischen Hochzeits-Gesängen gewahrt bleibt, die die Götter rufen sollen, um mit den Menschen zu tanzen oder auch sich zu paaren.[12] Diese Szene wird vom Puppet-Master indirekt beschworen, wenn er die Konfrontation mit seiner unendlich vernetzten Informationsfülle als einen für Menschen unmöglichen Blick in die „blendende Helligkeit" der Sonne beschreibt. Aber auch die Referenz auf den Korintherbrief wird erneut aufgegriffen, wenn der vereinte Ghost von Kusanagi und Projekt 2501 in der von Batou organisierten Ersatzhülle sozusagen verpuppt im Körper eines jungen Mädchens wieder erwacht. Sein Blick fällt in einen dunklen Spiegel am Ende eines Flurs, um schließlich die Einsicht in die neue Existenz mit den fortgesetzten Zitat zu formulieren: „Als ich ein Kind war, waren meine Worte, Gedanken und Gefühle die eines Kindes. Jetzt bin erwachsen, und kindliche Weisen sind mir fremd" (Oshii 2001, S. 249; I. Korinther 13,11).

---

[12]Penicka-Smith (2010, S. 264 f.). Ruh (2004, S. 134) erinnert an eine andere shintoistische Parallele zur christlichen Idee der jungfräulichen Geburt, indem ein Kami sich mit einem jungfräulichen Mädchen verbindet, um seine göttliche Macht im gemeinsamen Kind zu verkörpern.

4   Ersetzte Natur – (weiblicher) Kunstkörper und das Gespenst des Geistes

Ghost in the Shell ist eines der besten Beispiele dafür, wie in der japanische Kultur und Alltagswelt, die bekannt ist für einen wenig sensiblen Umgang mit der Ersetzung des Natürlichen durch künstliche Machinationen, die Auseinandersetzung mit Roboterwelten zu einer Selbstverständlichkeit geworden ist. Nicht nur ist die Entwicklung von menschenähnlichen Körpermotoriken dort am weitesten gediehen, man hat sich auch noch besonders bei der Entwicklung von weiblichen Robotern auf den Effekt einer täuschend echten Ähnlichkeit der Kunstkörper spezialisiert. Das hat in Japan eine lange Tradition der Puppenherstellung (Bolton 2002), aber auch im Genre des Manga und Anime haben lebende und liebende Puppen eine besondere Bedeutung, wie man etwa an den Figuren Tetsuos von „Astro-Boy" (ein Kinder-Roboter, den sein Vater als Ersatz für den gestorbenen eigenen Sohn baut) bis zu „Robotic-Angel"[13] ablesen kann. Insofern ist es nicht verwunderlich, dass Oshii sich in seinem zweiten Film zu „Ghost in the Shell" zentraler dem Puppen-Thema zuwendet: Während die Geschichte von Major Kusanagi auf Wiedererlangung einer zweiten Unschuld in der kybernetischen Apotheose abzielt, wird jetzt das Thema einer maschinellen Simulation von Unschuld der Marionetten aufgegriffen: *Innocence,* so der Titel, unter dem der Film auch in Japan auf den Markt gekommen ist. Es geht um die Menschenähnlichkeit von Puppen, die Oshii, diesmal als alleiniger Drehbuchautor nach Motiven wiederum von Shirows Manga (diesmal aus Bd. 2: „Die Robot-Rebellion"), zusammen mit der Seelenhaftigkeit von Tieren am Beispiel eines Basset-Hundes infrage stellt.[14]

Ghost als Stichwort für die Frage nach der Seele, nach dem Verstand, ganz allgemein nach dem Geist, also die Verschiebung der Bedeutungsskala dieses im Deutschen sehr ambivalenten Begriffs in Richtung des Unheimlichen, Gespenstischen wird zum ersten Mal von Gilbert Ryle in seinem Buch „Der Begriff des Geistes" (original: „The Concept of Mind") 1949 vorgenommen. Seine Argumentation ist eine scharfe Polemik gegen den cartesianischen

---

[13]Es handelt sich dabei um einen Anime-Film von 2001, in dem der Regisseur Rintaro den Manga „Metropolis" von Tezuka aus dem Jahre 1949 umsetzt, der wiederum auf Motiven von Fritz Langs Film „Metropolis" basiert.

[14]Vgl. das Nachwort: Masaki und Mamuro (2007, S. 189).

Mythos einer eigenständigen Existenz eines Geistes, der für ihn zum „Gespenst in der Maschine" wird. Für Ryle handelt es sich dabei um eine Kategorienverwechslung, die daher rührt, dass man den Geist als Ursache auf derselben Ebene betrachtet wie mechanische Ursachen:

> Ein Geist ist nicht ein Stückchen Uhrwerk, er ist nur ein Stückchen Nichtuhrwerk. So betrachtet ist der menschliche Geist nicht bloß ein an eine Maschine angespannter Geist, er ist selbst nur eine Geistermaschine (Ryle 1969, S. 19).

Mit dem semantischen Gleiten vom Geist zum Gespenst hat sich auch Jacques Derrida – allerdings wesentlich später – beschäftigt, wobei er ohne Bezug auf Ryle einer ähnlichen Argumentation folgt, die allerdings von Figuren des Wiedergängertums (der *Revenants*), der Heimsuchung, der Spektralität von Spekulation als Spuk-Phantom dominiert wird. Bei Heidegger und Marx zeigt er ebenfalls auf, wie die Vergegenständlichung der abstrakten metaphysischen Kategorie des Geistes, die Wiederkehr als Verleiblichung oder „Inkarnation des Geistes" diesen zu einem unheimlichen Gespenst werden lässt (Derrida 1988, S. 50 ff.; Derrida 1996, S. 80, 201).

Ryles Überführung des Geist-Begriffs in das *Dispositions*-Konzept von Begriffen, deren Eigenschaften sich als Dispositionen erst im Effekt zeigen, birgt eine ganze Reihe von Potenzialen, die an Modelle wie den von Walter Benjamin benutzten Topos der *Konfiguration* oder *Konstellation* (Benjamin 1972, S. 15 f.) oder spezieller das in den Diskursen von Michel Foucault (Foucault 1978, S. 119) oder Jean-Francois Lyotard (Lyotard 1973, S. 67) wiederkehrende *Dispositiv* denken lassen. Geist wäre demnach wie eine Idee die Struktur einer ,Anordnung' materieller Phänomene bzw. einer ,Einrichtung' für bestimmte Bedingungen: Die Seele als Dispositiv, das wäre noch eine neue Wendung, die sicherlich in Arthur Koestlers Kritik an Ryle unterbelichtet ist. In seinem einschlägigem Buch „Das Gespenst in der Maschine" (1968), das Ryle als behavioristischen Philosophen nur kurz streift, versucht Koestler, mehr die schöpferische Seite des Geistes zu betonen, die bei geistigen Fertigkeiten stärker die Überschreitung der festen Spielregeln des Verhaltens ins Visier nimmt. Statt der statischen „Barriere zwischen Körper und Geist" optiert er für eine eher dialektische Sichtweise des Geistes als eine zugleich physische Materialität des Gehirns und neuronale Intelligenz im „vielstufigen Partikularisierungsprozeß", der gewissermaßen bei jeder Handlungsentscheidung eine Differenzierung in körperliche und seelische Aspekte vornimmt und als solcher künstlich simuliert werden kann (Koestler 1968, S. 230; Dinello 2010, S. 280).

Im zweiten „Ghost in the Shell" Film, *Innocence,* kommt das Gespenstische des Geistes im Motiv der Puppe zum Ausdruck, deren Unheimlichkeit ihrer

Doppeldeutigkeit von unbelebt und lebendig zum Ausdruck kommt. Der Sündenfall, durch den die Puppen ihrer ursprünglichen Unschuld beraubt werden, ist hier
direkt mit Sexualität verbunden. Es geht um Sex-Roboter, sogenannte *gynoids,*
die von einer Firma mit dem sprechenden Namen *Locus Solus* (nach dem Zauber-
Garten voller technischer Wunderwerke im gleichnamigen Roman von Raymond
Roussel (Roussel 1977) hergestellt werden. Der Prototyp heißt *Hadaly* (was im
Persischen *Ideal* bedeutet) nach der Androidin aus Villiers de l'Isle-Adams „Eva
der Zukunft", die auch gleich am Anfang des Films als Motto zitiert wird: „da
unsere Götter und unsere Hoffnungen nur mehr *wissenschaftliche* geworden sind,
warum sollten unsere Liebschaften es nicht ebenso werden?". Sie souffliert auch
den Begriff der Unschuld in Form einer „[unschuldigen; M.W.] Hilfe solch herr-
licher, aber künstlich hergestellter und harmloser Geliebten".[15] Aber der Film
geht noch weiter: Es sind keine Frauen-Puppen, sondern Mädchen-Puppen, die
ganz in der Tradition von *Shojo*-Mangas und *Lolikon*-Kult pädophile Lustobjekte
darstellen (Napier 2005, S. 148 f.; Clément 2011, S. 92 f.).

Der Plot der Geschichte wurde aus dem zweiten „Ghost in the Shell" Manga
„The Robot-Rebellion" von Shirow übernommen, in dem es bereits um einen Auf-
stand der „Tomliand" genannten Liebespuppen geht, die sich von ihren Benutzern
zu wenig ‚geliebt‘ und zu schnell ‚verschrottet‘ fühlen. Dort findet sich auch
schon das Motiv der Entführung von Kindern, um durch „ghost-dubbing" ihrer
Seelen in die Roboter diesen ein höheres Maß von Animiertheit zu verleihen.
Oshii vermag es im Anime dennoch, dem Stoff noch eine besondere Wendung
zu geben, indem er sich als Modell für die adoleszenten Puppen auf die Arbeiten des surrealistischen Künstlers Hans Bellmer bezieht. Auch hier ist wieder nach
einer kurzen Actionsequenz (in der Batou einer der rebellierenden, wie eine Gei-
sha gekleideten *gynoids* stellt und Zeuge wird, wie dieser sich in Verzweiflung
die Silikonhaut vom maschinellen Gestell reißt) der Vorspann von Bildern der
Produktion eines Kunstkörpers begleitet, der diesmal aber die typischen Kennzeichen der aus Kugelgelenken zusammengesetzten Puppen Bellmers zeigt. Schon
der Selbstmord der Puppe zuvor spielt auf ein Bild Bellmers an. In den Stadien
der Entstehung des Puppenkörpers durch Teilung und Vervielfältigung der Elemente tauchen aber die typischen Distorsionen der surreal zusammengeschraubten

---

[15]Villiers de l'Isle-Adam (1984): Die Eva der Zukunft, übers. v. A. Kolb, Frankfurt/M.,
S. 201 (die deutsche Übersetzung unterschlägt das Wort *innocent* allerdings, vgl. das Original „L'Eve Future. In Oeuvres Complètes Paris 1986(S. 951): „à l'aide innocente de mille
et mille merveilleux simulacres"); Oshii (2005, S. 4); Orbaugh (2006, S. 97).

Mädchenkörper auf, die Bellmer für seine Fotos benutzte.[16] Ein noch deutlicherer Hinweis wird gegeben, als Batou im Büro des ermordeten Versandleiters Volkerson von Locus Solus nicht von ungefähr einen Katalog Bellmers findet, in dem er zugleich das holografische Bild eines der entführten Mädchen entdeckt.

Der Begriff der Unschuld schließt gewissermaßen an das Ende des ersten Films an, in dem Kusanagi als Kind reinkarniert wird. Das Kind, das traditionell Inbegriff der Unschuld ist, weil es christlich gesehen noch frei ist von Sündenlast, wird zusammen mit den anderen Repräsentanten der Unschuld wie Puppen und Tiere ‚pervertiert' und damit aus dem Paradies ausgestoßen, indem es einer pädophil-erotischen Doppeldeutigkeit unterworfen wird. Das durchgängige Thema bei Oshii ist die menschliche Obsession, ihre künstlichen Simulakra sich gleich zu machen, was umgekehrt dazu führt, dass sie selbst immer mehr in ihren nicht mehr selbst-gesteuerten Handlungen zu Marionetten werden. Es ist eine veritable Kategorienverwechslung, die Kinder zu Puppen und Puppen zu menschlichen Wesen macht. Am Ende, als Batou das entführte Mädchen entdeckt und mithilfe der in einem Puppenkörper zeitweilig reinkarnierten und als *Heiliger Geist* begrüßten Kusanagi („veni sancto spirito") befreit hat, schreit dieses seine ganze Verzweiflung in dem Satz heraus: „I didn't want to become a doll", worauf Kusanagi nur trocken erwidert: „If the dolls could speak, no doubt they'd scream, ‚I didn't want to become human …'" (Oshii 2005, S. 54, 116 f.; Orbaugh 2006, S. 100).

Höhepunkt der Story ist die Reise zu der mit mechanischen Puppen (den sogenannten *karakuri ningyo,* die hier auch in einer traditionellen Verwendungsweise als Teeservierer vorgeführt werden), *trompe-l'oeil*-Bildern und Hologrammen vollgestopften Hochburg des Drahtziehers von Locus Solus, dem Cyborg-Hacker Kim, der als eine Art von böser Inkarnation des Puppenspieler-Maschinisten dem Menschen jede Konkurrenz zur Puppe abspricht. Die von ihm in einem dreifachen Ansatz entwickelte Position resümiert auch noch einmal diejenige des Puppet-Masters aus dem ersten Film. Mit Napier (2005, S. 105) formuliert:

in terms of the possibility of spiritual developement offered by an artificial intelligence […] what it does not offer is much hope for the organic human body, which is seen as esssentially a puppet or a doll (the Japanese word *ningyo* means both ‚doll' and ‚puppet') to be manipulated or transformed by outside sources.[17]

---

[16]Steven T. Brown (2010): Tokyo Cyber-Punk. Posthumanism in Japanese Visual Culture, New York, S. 44 f., Werkmeister: Die Demontage von Hans Bellmers Puppe, a. a. O., S. 38 f.; sowie Livia Monnet: Anatomy of Permutional Desire (2010): Perversion in Hans Bellmer and Oshii Mamoru. In Mechadamia 5 (Fanthropologies) (S. 285–309). Minneapolis.

[17]zur Puppen-Vielfalt in Kims Hais s. Brown (2010, S. 31 ff.).

Der Besuch in Kims surrealem Palast folgt einem zweifachen Loop, da sich Kim gleich beim ersten Mal in den Ghost von Togusa einhackt und ihn in eine virtuelle Wiederholung imaginärer Bilder schickt, in der dieser Kim als Doppelgänger-Puppe seiner selbst und Batou als Gynoid sowie sich selbst in einen Gynoiden verwandelt erlebt. Als Motto steht vor diesem eine skurrile Monumentalstatue eines Cyborgs mit der Aufschrift: „homo ex machina". Bei allen drei Sequenzen des Besuches im Hause Kims erscheint zu Beginn Major Kusanagi, reinkarniert aus den Weiten des Netzes in der letzten Körperhülle des kleinen Mädchens, um als „guardian angel" Batou und Togusa zu warnen. Sie benutzt das alte hebräische Wortspiel, das Batou dann später in der Grimm-schen Fassung der *Golem*-Sage zitiert, indem sie beim ersten Mal „aemaeth" (also *Wahrheit* oder *Gott* als Formel für die Belebung des Golem) auf den Boden schreibt, was sie in der zweiten Sequenz zu „maeth" (*Tod* zur Rückverwandlung des Golem) verkürzt. Batou liest dies als Hinweis dafür, dass in diesem Haus keine Wahrheit gefunden werden kann, um bei der dritten Sequenz nur noch den Code „2501" des Puppet-Master-Programms erscheinen zu lassen (Oshii 2005, S. 57, 83 f.; Grimm 1976, S. 9 f.).

Befragt nach den Aktivität von Locus Solus führt der in verschiedenen Puppenkörpern zum Leben erwachende Cyborg Kim seine Philosophie der Puppen-Simulacra in einer Mischung von Zitaten aus Kleists „Marionettentheater", aus Descartes' und De la Mettries Schriften u. a. aus:

- That would mean replicating humans – by breathing souls into dolls. Who'd want to do that? The definition of a truly beautiful doll is a living breathing body – devoid of a soul. ‚An unyielding corpse, tiptoeing on the brink of collapse'
- The human is no match for a doll – in its form – its elegance in motion – its very being. The inadequacies of human awareness become the inadequacies of life's reality ... perfection is possible only for those without consciousness ... or perhaps endowed with infinite consciousness. In other words – for dolls and for gods.
- The notion that nature is calculable inevitably leads to the conclusion that humans too, are reducible to basic mechanical parts.
- In this age, the twin technologies of robotics and electronic neurology resurrect the 18th century theory of man as machine (Oshii 2005, S. 9 ff., 41 f.)

Als Kim schließlich bezwungen wird, versucht er ein letztes Mal, Batou zu ver-unsichern, indem er ihn fragt, wer ihm die Echtheit dieser Realität denn garan-tiere, und Batou antwortet mit einer doppeldeutigen, nämlich von Kusanagi übernommenen Formel: „My ghost is whispering to me" (Oshii 2005, S. 91).

5   Schluss

Es bleibt offen, ob Batou mit dieser Formulierung seine eigene Seele meint oder den Heiligen Geist Kusanagis. Oshii hat in Interviews wiederholt betont, dass es ihm nicht darum ging, eine humanistische Weltordnung zu restaurieren, sondern gerade für eine Pluralität der Daseinsweisen zu plädoyieren: eine Gleichheit von Menschen, Cyborgs, Robotern und natürlich auch Tieren. Nicht zu vergessen die Puppen, denen in der japanischen Tradition eine besondere Verehrung zukommt.[18] Letztlich bleibt die Frage offen, ob so etwas wie ‚Geist' maschninell bzw. kybernetisch simulierbar oder sogar reproduzierbar ist oder ob es nicht umgekehrt in seiner von der abendländischen Metaphysik behaupteten Ausnahmeposition doch nur eine bestimmte Konstellation oder ein komplexes Zusammenspiel von maschinellen Elementen ist. Was sich aus der Tradition der japanischen Ethik jedoch ergibt, ist die Maxime, dass auch künstliche Wesen einen Respekt verdient und als Maschinen Anspruch auf Menschenrechte haben.

Literatur

Ama, T. (2004). *Warum sind Japaner areligiös?* München: Iudicium.

Babka, A. (2004). The days of human may be numbered: Theorizing cynerfeminist metaphors – rereading Kleist's ‚Gliedermann' as cyborg and ‚ghost in the shell'. *TRANS. Internet Journal for Cultural Studies. 15.*

Benjamin, W. (1972). *Ursprung des deutschen Trauerspiels.* Frankfurt a. M.: Suhrkamp.

Bolton, C. (2002). From wooden cyborgs to celluid spuls: Mechanical bodies in anime and Japanese puppet theater. *Positions, 10*(3), 729–771.

Brown, S. T. (2010). *Tokyo cyberpunk. Posthumanism in Japanese visual culture.* New York: Palgrave.

Carrouges, M. (1975). Gebrauchsanweisung. In H. Szeemann (Hrsg.), *Junggesellenmaschinen* (S. 21–49). Venedig: Alfieri.

Cavallaro, D. (2006). *The cinema of Mamoru Oshii. Fantasy, technology and politics.* London: Mcfarland.

Clément, F. (2011). *Machines Désirées. La représentation du féminin dans les films d'animation Ghost in the Shell de Mamoru Oshii.* Paris: L'harmattan.

Dale, P. N. (1990). *The myth of Japanese uniqueness.* London: Routledge.

de l'Isle-Adam, V. (1984). *The Eve of the Future.* Frankfurt/Main: Suhrkamp.

---

[18]Zum weiteren Kontext Wetzel (2018).

Dequen, B. (2005). L'anime en quête d'identité: la saga ghost in the shell. Synoptique: The Journal of Film and Film Studies No. 1./Aug. 2005, S. 3. http://www.synoptique.ca/core/en/articles/dequen_anime. Zugegriffen:12. Mai 2016.

Derrida, J. (1988). *Vom Geist. Heidegger und die Frage.* Frankfurt a. M.: Suhrkamp.

Derrida, J. (1996). *Marx' Gespenster.* Frankfurt a. M.: Fischer.

Dinello, D. (2010). Cyborg goddess. In J. Steiff & T. Tamplin (Hrsg.), *Anime and philosophy. Wide eyed wonder* (S. 275–286). Chicago: Open Court.

Eiji, O. (2008). Disarming atom: Tezuka Osamu's Manga at war and peace. In *Mechademia 3 (Limits of the Human)* (S. 111–125). Minneapolis: University of Minnesota Press.

Foucault, M. (1978). *Dispositive der Macht.* Berlin: Merve Verlag.

Galbraith, P. W. (2009). *The Otaku encyclopedia.* Tokyo: Kodansha International.

Giard, A. (2016). *Un désir d'humain. Les love dolls au Japon.* Paris: Les Belles Lettres.

Grimm, J. (1976). Die Golemsage. In K. Völker (Hrsg.), *Künstliche Menschen. Dichtungen und Dokumente über Golems, Homunculi, Androide und liebende Statuen* (S. 9 f.). München: Hanser.

Haraway, D. (1995). Ein Manifest für Cyborgs. Feminismus im Streit mit den Technowissenschaften. In C. Hammer & I. Stieß (Hrsg.), *Die Neuerfindung der Natur. Primaten, Cyborgs und Frauen* (S. 33–72). Frankfurt a. M.: Campus.

Koestler, A. (1968). *Das Gespenst in der Maschine.* Wien: Molden.

Lokowandt, E. (2001). *Shintô. Eine Einführung.* München: Iudicium.

Lyotard, J.-F. (1973). Über eine Figur des Diskurses. In J.-F. Lyotard (Hrsg.), *Intensitäten* (S. 59–92). Berlin: Merve Verlag.

Manfé, M. (2005). *Otakismus. Mediale Subkultur und neue Lebensform – Eine Spurensuche.* Bielefeld: transcript.

Masaki, Y., & Mamuro, O. (2007). On Innocence. In Yamada: *Innocence. After a Long Goodbye.* San Francisco: VIT Media.

McBlane, A. (2010). Just a ghost in a shell. In J. Steiff & T. Tamplin (Hrsg.), *Anime and philosophy. Wide eyed wonder* (S. 27–38). Chicago: Open Court.

McLuhan, M. (1968). *Die magischen Kanäle. Understanding Media.* Düsseldorf: Econ.

Najita, T. (1986). Die historische Entwicklung der kulturellen Identität im modernen Japan und die humanistische Herausforderung der Gegenwart. In C. v. Barloewen & K. Werhahn-Mees (Hrsg.), *Japan und der Westen* (Bd. 3, S. 176–192). Frankfurt a. M.: Fischer.

Napier, S. (2005). *ANIME from Akira to Howl's moving castle. Experiencing contemporary Japanese animation.* New York: Griffin.

Nelson, J. K. (2000). *Enduring identities. The guise of Shinto in contemporary Japan.* Honolulu: University of Hawaii Press.

Orbaugh, S. (2006). Frankenstein and the cyborg metropolis: The evolution of body and city in science fiction narratives. In S. Brown (Hrsg.), *Cinema anime. Critical engagements with Japanese animation* (S. 81–111). New York: Palgrave Macmillan.

Orbaugh, S. (2007). Sex and the single cyborg. Japanese popular culture experiments in subjectivity. In C. Bolton et al. (Hrsg.), *Robot ghosts and wired dreams. Japanese science fiction from origins to anime* (S. 172–192). Minneapolis: University of Minnesota Press.

Oshii, M. (2001). *Ghost in the shell (Filmbuch).* Stuttgart: Panini Books.

Oshii, M. (2005). *Ghost in the Shell 2: Innocence (Filmbuch in englischer Sprache).* San Francisco: VIZ Media.

Penicka-Smith, S. (2010). Cyborg songs for an existential crisis. In J. Steiff & T. Tamplin (Hrsg.), *Anime and philosophy* (S. 266–274). Chicago: Open Court.

Regelsberger, A. (2011). *Fragmente einer Poetologie von Puppe und Stimme. Ästhetisches Schrifttum aus dem Umfeld des Puppentheaters im edozeitlöichen Japan.* München: Iudicium.

Roussel, R. (1977). *Lokus Solus.* Frankfurt a. M.: Suhrkamp.

Ruh, B. (2004). *Stray dog of anime. The films of Mamoru Oshii.* New York: Palgrave Macmillan.

Ryle, G. (1969). *Der Begriff des Geistes.* Stuttgart: Reclam.

Schaub, J. C. (2001). Kusanagi's body: Gender and technology in mecha-anime. *Asian Journal of Communication, 11*(2), 79–100.

Schmitt, C. (1963). *Der Begriff des Politischen.* Berlin: Duncker & Humblot.

Schnellbächer, T. (2007). Mensch und Gesellschaft in Oshii Mamorus *Ghost in the Shell* – Technische Spielerei oder engagierte Zukunftsvision? *Nachrichten der Gesellschaft für Natur- und Völkerkunde Ostasien Jg., 77*(1), 49–67.

Shirow, M. (2002a). *Ghost in the Shell, Bd. 1: Der Schrottdschungel.* Berlin: Ehapa Comic Collection.

Shirow, M. (2002b). *Manmachine-Interfaced.* Berlin: Egmont Manga.

Spreen, D. (2010). Der Cyborg. Diskurse zwischen Körper und Technik. In E. Eßlinger et al. (Hrsg.), *Die Figur des Dritten. Ein kulturwissenschaftliches Paradigma* (S. 166–179). Frankfurt a. M.: Suhrkamp.

Suzuki, D. T. (1958). *ZEN und die Kultur Japans.* Hamburg: Rowohlt.

Tezuka, O. (2015). *Astro boy.* Milwaukie: Dark Horse Manga.

Wetzel, M. (2018). *Neojaponismen. West-östliche Kopfkissen.* Paderborn: Fink.

Wong, K. Y. (2004). On the edge of spaces: Blade runner, ghost in the shell, and Hong Kong's cityscape. In S. Redmond (Hrsg.), *Liquid metal. The science fiction film reader* (S. 98–112). New York: Wallflower Press.

Über Konzeption und Methodik computergestützter Simulationen

Dominik L. Michels

Zusammenfassung

Die computergestützte Simulation hat sich im Zuge steigender konzeptioneller und technischer Möglichkeiten zu einer zentralen Kulturtechnik herausgebildet. Neben herkömmlicher Theorie und Experiment stellt sie nunmehr einen gleichberechtigten digitalen Methodenapparat zur Analyse und Vorhersage und schließlich zur Schaffung wissenschaftlicher Erkenntnisse dar. Die Auslagerung schwieriger Problemstellungen in die digitale Welt ermöglicht in vielen Fällen deren effiziente Lösung. Umgekehrt ermöglicht Simulation die vergleichende Evaluation verschiedener Szenarien und lässt so die Bewältigung von Optimierungsproblemen zu. Ferner erlaubt sie die Steuerung digitaler Systeme sowie deren Reaktion im Hinblick auf sensorische Dateneingaben und lässt dadurch eine adäquate Interaktion dieser Systeme mit ihrer realen Umwelt zu. Dieser Beitrag führt unter konzeptionellen Gesichtspunkten in die Grundlagen computergestützter Simulationen ein und zeigt Möglichkeiten und Grenzen des resultierenden technischen Methodenapparats auf.

Schlüsselbegriffe

Algorithmus · Automatisierung · Digitalisierung · Maschinelles Rechnen · Mathematisierung · Modellierung · Optimierung · Quantifizierung · Physik · Simulation

D. L. Michels (✉)
Stanford, USA
E-Mail: michels@cs.stanford.edu

© Springer Fachmedien Wiesbaden GmbH, ein Teil von Springer Nature 2019   89
C. Thimm und T. C. Bächle (Hrsg.), *Die Maschine: Freund oder Feind?*,
https://doi.org/10.1007/978-3-658-22954-2_5

1 Einleitung

Während *Simulation* alltagssprachlich primär im etymologischem Sinne (von *simulatio,* lateinisch für *Vorspiegelung;* Dudenredaktion 2013) eine Vortäuschung mit negativer Konnotation bezeichnet, steht im technischen, wissenschaftlichen, edukativen und spielerischen Kontext deren Abbildcharakter im Vordergrund. Bestimmte Komponenten der adressierten Phänomene und Systeme werden durch die Projektion auf Modellformulierungen virtualisiert, aus denen mittels geeigneter Methoden zusätzliche Daten und schließlich Informationen generiert werden können.

2 Quantitative Modellierung als Voraussetzung

Dem *Modell* (von lateinisch *modulus* als Deminutiv von *modus,* lateinisch für *Maßstab* bezeichnet demnach eine Simplifikation unter Beibehaltung der Proportionen; Dudenredaktion 2013) kommt dabei eine komplexitätsreduzierende Funktion zu. Objekthafte Eigenschaften treten gegenüber strukturellen und relationalen Eigenschaften zurück, die eine global akkurate Beschreibung der virtualisierten Komponenten ceteris paribus ermöglichen.

Liegt beispielhaft das Ziel darin, die zeitliche Entwicklung eines herunterfallenden und mit dem Boden kollidierenden Bleistifts zu simulieren, so muss die modellhafte Beschreibung des Stifts nicht das gesamte Spektrum der dem Objekt zugrunde liegenden Eigenschaften abdecken. Beispielswiese muss der Stift nicht durch eine Modellierung der in ihm enthaltenen Atome oder Teilchen repräsentiert werden, sondern eine einfache Approximation seiner Geometrie als rigider Zylinder mit entsprechenden Materialeigenschaften wäre hinreichend. Die zeitliche Entwicklung könnte mittels der Bewegung des Bleistiftschwerpunkts und seiner Orientierung repräsentiert durch einen parallel zur Längsachse gerichteten vom Schwerpunkt ausgehenden Vektor adäquat beschrieben werden. Andere objekthafte Eigenschaften wie etwa die Beschaffenheit der Holzoberfläche des Stifts würden hier typischerweise nicht explizit in die Modellformulierung mit aufgenommen werden. Die relevanten Verhältnisse und Beziehungen darstellenden relationalen Eigenschaften des realen Systems müssen hingegen im Modell vollständig abgebildet werden. So sollte beispielsweise das Verhältnis der Abmessungen von Längsachse und Querachse im Modellzylinder dem des realen Stiftes entsprechen, um etwa nach der Kollision mit dem Boden eine realistische Simulation zu ermöglichen. Hierbei ist auch die Erhaltung struktureller Eigenschaften entscheidend, so etwa der Masse des Zylinders, die dem des Bleistifts

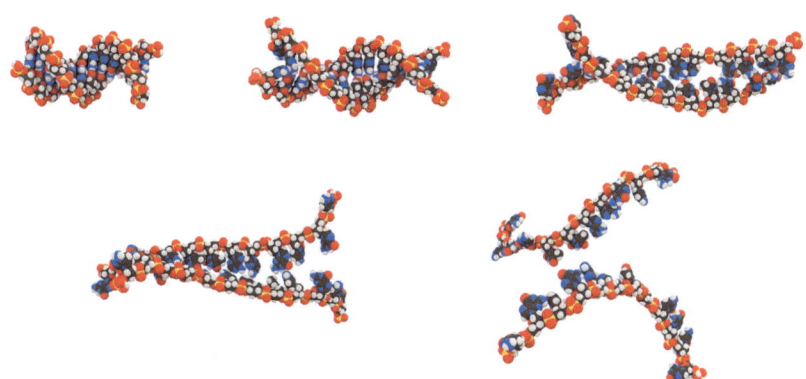

Abb. 1 Visualisierte Sequenz der dynamischen Simulation der zeitlichen Abfolge einer Entfaltung zweier komplementärer Desoxyribonukleinsäurestränge, beispielsweise als Folge von durch Wärmeeinwirkung verursachter Denaturierung (von links oben nach rechts unten). Der Prozess vollzieht sich in unter einer Pikosekunde, sodass aufgrund der erforderlichen zeitlichen Auflösung derartige Detailansichten nicht ohne die Nutzung computergestützter numerischer Simulationen gewonnen werden können. Hierbei beschreibt das der Simulation zugrunde liegende mathematische Modell Struktur der einzelnen Atome und deren Interaktion untereinander. Darauf basierend berechnet der verwendete Algorithmus die zeitliche Entwicklung des Systems durch akkurate und effiziente Lösung der im Modell formulierten mathematischen Gleichungen (Michels und Desbrun 2015). (Computergestützte Simulation der Entfaltung zweier komplementärer Desoxyribonukleinsäurestränge. High Fidelity Algorithmics Group (D.L. Michels), Leland Stanford Junior University)

entsprechen sollte. Anderenfalls wäre der Impuls bei der Bodenkollision verfälscht und würde zu einem von der Realität zu stark abweichendem Verhalten führen.

Die Verwendung eines solches Modellsystems bietet sich unter praktischen Gesichtspunkten beispielsweise immer dann an, wenn das zugrunde liegende ursprüngliche System zu komplex ist, nicht existiert (etwa im Bereich der Simulation der Ausbreitung möglicher Erdbeben), nicht isoliert studiert werden kann (etwa aufgrund räumlicher Dimensionen oder extremaler Zeitskalen; man denke hier etwa an die Simulation der hochfrequenten Dynamik molekularer Strukturen oder an die Simulationen des Bewegungsauflaufs winziger Spermiengeißeln; siehe Abb. 1 und 2) oder sicherheitsrelevante Gründe beziehungsweise ethische Bedenken vorliegen (etwa bei der prototypischen Entwicklung neuer Flugkörper oder etwa militärischer Simulationen von Detonationsszenarien in dicht besiedelten Gebieten). Dabei rechtfertigt stets die Orientierung an den konkreten

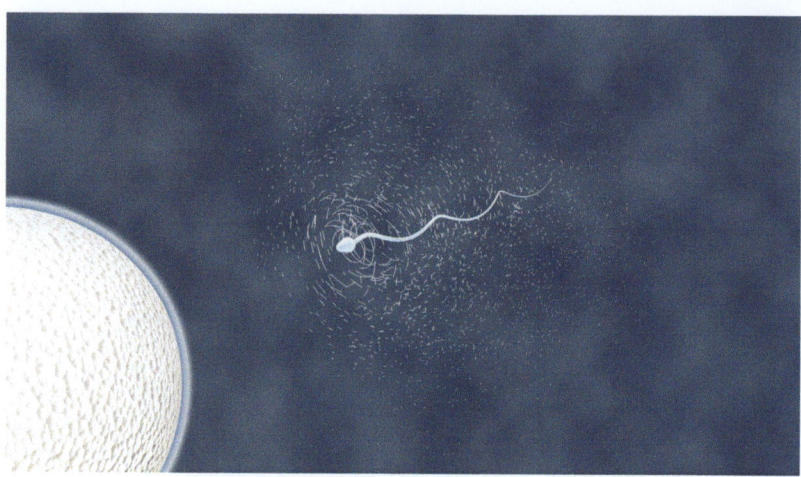

Abb. 2 Visualisierung der dynamischen Simulation der Fortbewegung eines Spermiums zur Eizelle kurz vor der Befruchtung. Das unterliegende mathematische Modell beschreibt die dem Fortbewegungsmechanismus zugrunde liegende Interaktion der Geißel (Michels et al. 2015, 2016) mit dem es umgebenden zähflüssigen Fluid. Der Stromlinienverlauf des Fluids um das Spermium herum ist ebenfalls dargestellt. Eine solch detaillierte Betrachtung einzelner Bestandteile des Gesamtsystems wäre ohne numerische Simulationen nicht möglich, da die Strukturen so klein sind, dass sie sich im realen Experiment nicht mit diesem Detailgrad beobachten lassen. (Simulation der Fortbewegung eines Spermiums. High Fidelity Algorithmics Group (D.L. Michels & Z. Hossain), Leland Stanford Junior University)

durch die Simulation anvisierten Fragestellungen das jeweilige Modell und die darin enthaltenen Abstraktionen und Simplifikationen im Sinne des unmittelbaren Handlungsbezugs (Krämer 2011).

Die derartigen Computersimulationen zugrunde liegenden Modelle sind sowohl *qualitativer* (nicht-numerischer) als auch *quantitativer* Natur. Diese liefern nicht nur eine vereinfachte nicht-numerischer inhaltliche Beschreibung des Sachverhalts durch das Modell, sondern auch darüber hinaus eine Approximation des abgebildeten realen Objekts oder Vorgangs durch Angabe numerischer Werte; im Beispiel des fallenden Bleistifts etwa durch die zeitlich variierenden Koordinaten des Schwerpunkts und die Zylinderorientierung. Bei der molekularen Simulation ergänzt sich die *qualitative* Beschreibung der molekularen Struktur, etwa durch eine Angabe, welche Atome wie mit einander verbunden sind, durch *quantitative* Information, etwa durch Koordinaten der einzelnen Atomzentren.

Die Verwendung *qualitativer* Modelle zwecks Simulation ist beim Menschen und generell im Tierreich seit jeher weit verbreitet, wobei spielerische, experimentelle, entdeckerische und lernende Komponenten sowie das Austesten von Grenzen im Mittelpunkt stehen. So dient etwa das Wollknäuel einer Jungkatze als Modellsystem zum Erlernen der Mäusejagd. Die Simulation mittels *quantitativer* Modelle findet sich hingegen historisch deutlich später. So wurde das erste *Astrolabium* (von *astrolab,* griechisch *Sternnehmer*) wahrscheinlich durch Eratosthenes von Kyrene um 250 v. Chr. entwickelt (Ludwig 1992). Ein solches scheibenförmiges astronomisches Instrument bildet die Positionen der sich drehenden Gestirne akkurat ab und wurde in Astronomie und Navigation als Neigungsmesser verwendet, um etwa Positionen von Himmelskörpern zu messen, Sterne oder Planeten zu identifizieren oder zur Lokalisierung und Bestimmung des lokalen Breitengrads. Dies stellt ideengeschichtlich vermutlich eines der ersten bekannten Modellsysteme im zuvor beschriebenen Sinne unter Einbeziehung *quantitativer* Merkmale wie Distanzen und Winkel zur Simulation dar. Ähnliche in ihrer technischen Realisierung deutlich ausgereiftere frühzeitliche Entwicklungen finden sich etwa im Kalendermechanismus der *Antikythera,* einem mit einer späteren astronomischen Uhr vergleichbaren Gerätes des Späthellenismus, wahrscheinlich um 70 v. Chr. (De Solla Price 1975) entwickelt, das über die Einstellung bestimmter Kalenderdaten die Gestirnpositionen simulieren und anzeigen konnte.

3   Mathematisierung

Die Simulation von Naturphänomenen, deren elementare Mechanismen sich nicht im Rahmen der erforderlichen modellhaften Beschreibung derart stark simplifizieren lassen, erfordert die Möglichkeit einer höheren mathematischen Beschreibung. Im Sinne der modernen *Physik* (von *physike,* griechisch für *Naturlehre;* Feynman 1977) als eine die Natur mittels mathematischer Modelle beschreibende Wissenschaft meint Simulation nicht mehr das praktische Experiment sondern, vielmehr die automatisierte Lösung der dem Modell zugehörigen mathematischen Gleichungen. Ideengeschichtlich ist hier das Konzept der *Quantifizierung* wie generell in den neuzeitlichen Wissenschaften elementar (Krämer 2011). Während etwa das Zahlenverständnis des *Pythagoreismus* und *Platonismus* die Zahl untrennbar mit dem zugehörigen Objekt unserer Anschauung verknüpft, erfolgt in den neuzeitlichen Wissenschaften deren Ablösung voneinander. Die moderne *Mathematik* (von *mathematike techne,* griechisch für *die Kunst des Lernens;* Hasse 1953) entwickelt sich neben ihrer

Funktion als eine sich mit Quantitäten befassende, rechnende und beweisende Wissenschaft zu einer universellen Sprache, die es vermag die Dinge und Objekte unserer Anschauung und die ihnen zugrunde liegenden Gesetzmäßigkeiten und Beziehungen adäquat zu beschreiben.

Historisch sind für die Entstehung dieser mathematischen Sprache die Entwicklungen *elementarer Algebra* und *analytischer Geometrie,* sowie die Verschriftlichung des Rechnens von entscheidender Bedeutung (Krämer 2011). Elementare Algebra ermöglicht etwa seit dem ersten Jahrhundert v. Chr. erstmals die von konkreten Zahlenbeispielen oder aufwendigen Formulierungen unabhängige kompakte Notation allgemeingültiger Rechenregeln, was deren effiziente Verbreitung und Lernbarkeit ermöglicht. So lässt sich das Kommutativgesetz der Addition etwa durch Zuhilfenahme von zwei beliebigen reelle Zahlen beschreibenden Variablen a und b allgemeingültig durch die einprägsame kompakte Gleichung $a+b=b+a$ notieren und muss nicht durch natürliche Sprache, etwa in der Form *„in einer Summe können wir beliebig Summanden vertauschen, ohne dass sich ihr Wert ändert"* ausgedrückt werden, was insbesondere bei komplexeren Rechenregeln vor Vorteil ist. Die analytische Geometrie, vor allem durch den französischen Mathematiker und Philosophen René Descartes im frühen 17. Jahrhundert vorangetrieben, sieht die Abbildung von geometrischen Objekten auf ihre korrespondierenden algebraischen Ausdrücke vor, so etwa die Abbildung von Punkten auf die Menge ihrer zugehörigen Koordinaten. Anstelle der geometrischen Konstruktion einzelner Objekte tritt nun primär ihre algebraische Beschreibung im Zuge ihrer mathematischen Bearbeitung in den Vordergrund. Ergänzt wird diese Entwicklung mit einer zunehmenden Verschriftlichung des Rechnens, wobei in diesem Zusammenhang der deutsche Rechenmeister Adam Ries aus dem 16. Jahrhundert als Pionier zu nennen ist. Ries trug entscheidend dazu bei, dass das römische Ziffernsystem als unhandlich erkannt und daher zunehmend verdrängt und durch das am Stellenwertsystem orientierte indisch-arabische Ziffernsystem ersetzt wurde. In diesem lässt sich beispielsweise die schriftliche Addition zweier großer Dezimalzahlen durch Verschiebung des Zehnerübertrags problemlos bewältigen insofern die Addition von Zahlen im Bereich von Null bis Neun beherrscht wird. Dies ist mit dem unhandlichen römischen Zahlensystem hingegen nicht möglich, welches hier für große Zahlen die Zuhilfenahme gegenständlicher Hilfsmittel wie etwa Rechensteine und -bretter erfordert (Ries 1522).

Der Rechenvorgang kann sowohl vom realen Objekt im Sinne der Quantifizierung entkoppelt werden als auch von der inhaltlichen Bedeutung der Rechenoperation. Es tritt nicht nur gemäß dem Verständnis Gottfried Wilhelm Leibniz, eines der deutschen Universalgelehrten des 17. Jahrhunderts, die Operation mit Zeichen dauerhaft an die Stelle der Operation mit den Gegenständen selbst (Lambert 1965), sondern es erfolgt mehr noch eine vollständige Entkopplung der mechanistischen Rechenoperation sowohl von der gegenständlichen Objektebene als auch von der inhaltlichen Bedeutungsebene des Rechenvorgangs. Erst diese Entkopplung ermöglicht die mechanistische Bewältigung der jeweiligen Operationen und in weiterer Instanz ihre Automatisierung.

4 Automatisierung

Der universelle Sprachcharakter der Mathematik im Leibniz'schen Sinne geht mit der Möglichkeit der automatisierten Abarbeitung von Rechenoperationen einher was sich unter technischen Gesichtspunkten nutzen lässt. So kommt die Entwicklung erster Rechenmaschinen Anfang des 17. Jahrhunderts auf, wobei es sich zunächst um mechanische Apparaturen handelt, mit denen sich die Grundrechenarten Addition, Subtraktion, Multiplikation und Division automatisiert durchführen lassen. In diesem Zusammenhang ist zwischen sogenannten Rechenhilfsmitteln und Rechenmaschinen zu unterscheiden. Während es sich beispielsweise bei Rechensteinen oder einem Abakus um Rechenhilfsmittel im klassischen Sinn handelt, erfordert eine Rechenmaschine definitionsgemäß eine automatisierte Handhabung des Stellenübertrags (Korte 1981; Martin 1925). Ursprünglich wurde dies 1623 durch den deutschen Astronomen, Geodäten und Mathematiker Wilhelm Schickard (1592–1635) in Tübingen mit einem einfachen Zahnradmechanismus realisiert, der sich allerdings beim Übertrag über mehrere Stellen hinweg als problematisch herausstellte.[1] Schickard baute für den bekannten Astronomen Johannes Kepler (1571–1630) eine erste mechanische Addiermaschine zum Zweck astronomischer Berechnungen (von Freytag-Löringhoff 2002). Später folgten dann auch sogenannten *Vier-Spezies-Rechenmaschinen* mit denen sich alle vier Grundrechenarten automatisiert bewerkstelligen lassen konnten, etwa eine von Leibniz (1646–1716) selbst entwickelte Apparatur. Der Fortschritt des maschinellen Rechnens wird später unter anderem in seiner Aussage, es sei „unwürdig, die Zeit von hervorragenden Leuten mit knechtischen

---

[1]In einer ausgereifteren Konstruktion des französischen Mathematikers und Philosophen Blaise Pascal wurde dieses Problem wenig später 1642 gelöst.

Rechenarbeiten zu verschwenden, weil bei Einsatz einer Maschine auch der Einfältigste die Ergebnisse sicher hinschreiben kann" (Stein 2015, S. 39)[2], deutlich.[3]

Der Rezeptcharakter der Rechenoperationen ermöglicht die automatisierte Manipulierbarkeit quantitativer Daten gemäß eines *Algorithmus*. Dieser stellt definitionsgemäß ein Programm klar definierter Abfolgen endlich vieler eindeutiger Handlungsvorschriften zwecks Lösung der zugrunde liegenden Berechnung dar. Dieser überführt damit eine im Sinne des Programms konforme Eingabecodierungen in die zugehörige Ausgabe, welche eine Lösung gemäß der zugrunde liegenden Berechnung codiert (Knuth 1997; Hartley 1987). Aufgrund der Ablösung der Daten und Rechenoperationen von ihrem zugehörigen Bezugsobjekt kann die Bearbeitung vollständig maschinell erfolgen. Aus theoretischer Sicht ist dies bereits mit dem 1936 durch den britischen Logiker und Mathematiker Alan Turing eingeführten simplizistischen Modell der *Turingmaschine* möglich. Eine solche (gedachte) Maschine besteht aus einem Band, einem Lese- und Schreibkopf, sowie einer Steuereinheit, welche gemäß eines geeigneten Algorithmus programmiert ist. Gemäß des im Algorithmus spezifizierten Programms bewegt sich der Kopf an eine bestimmte Bandposition und liest oder überschreibt die dort gespeicherten Daten (Krämer 1988, S. 169; Turing 1948). Ist das Band hinreichend lang können beliebige Programme ausgeführt werden. Gemäß der nach dem US-amerikanischen Mathematiker Alonzo Church 1952 formulierten *Church-Turing-These* können alle berechenbaren Funktionen bereits mit einer solchen Maschine durchgeführt werden, weshalb man im Systembezug von *Turingvollständigkeit* spricht. Obgleich die Church-Turing-These keine Aussage über die Effizienz einer solchen Berechnung trifft, lassen turingvollständige (universelle programmierbare) Systeme die Bearbeitung genereller

---

[2]Übersetzung frei nach (Stein 2015) aus dem Lateinischen: „indignum est excellentium virorum horas servili calculandi labore perire quia machina adhibita velissimo cuique secure transcribi possit".

[3]Eine arbeitsfähige Replik wurde 1990 durch Nikolaus Joachim Lehmann realisiert. In diesem Zusammenhang kamen aufgrund handfester feinmechanischer Schwierigkeiten Zweifel auf, ob Leibniz tatsächlich eine solche fehlerfrei arbeitende Maschine praktisch konstruieren konnte. Die Entwicklung mechanischer Rechenmaschinen wird in mehreren Ausstellungen geeignet aufbereitet. Hier sind im deutschsprachigen Raum insbesondere die Dauerausstellungen des *Arithmeums* im *Forschungsinstitut für Diskrete Mathematik* der *Rheinischen Friedrich-Wilhelms-Universität Bonn* und das *Heinz Nixdorf MuseumsForum* in Paderborn zu erwähnen, sowie international das *Computer History Museum* in Mountain View, Kalifornien (Vereinigte Staaten).

Problemstellungen zu. Anders als beispielsweise das Modell des Astrolabiums, welches konstruktionsgemäß auf Gestirne und Umlaufbahnen als konkrete Referenzobjekte und damit auf eine bestimmte Problemklasse beschränkt ist, erlauben turingvollständige Apparaturen eine freie Programmierbarkeit und daher nahezu beliebige Modifikationen des Systems. Die erste funktionierende, frei programmierbare und theoretisch bei unendlich großem Speicher turingvollständige Maschine wurde von Konrad Zuse, einem deutschen Bauingenieur, 1941 entwickelt. Heute gilt diese elektrische *Zuse Z3*[4] (Rojas 1998; Zuse 1993) als der erste funktionsfähige Digitalrechner überhaupt.

Eine definitionsgemäß turingvollständige mechanische Rechenmaschine liegt bereits im Fall der von Charles Babbage, einem britischen Mathematiker, 1837 beschriebenen *Analytical Engine* vor (Menabrea und Lovelace 1843), die allerdings nicht praktisch realisiert wurde.[5] Aus Effizienzgründen haben sich unter praktischen Gesichtspunkten allerdings elektrische digitale Systeme als notwendig zur rechnergestützten Simulation komplexer Systeme herausgestellt. Dabei liegen die Daten in Form eines Digitalsignals vor, welches Medium und Form geeignet trennt und basierend auf dieser vermeintlichen Entmaterialisierung auch bei komplexen Simulationsszenarien mit den Vorteilen einfacher Speicherung, Duplikation und Austauschbarkeit einhergeht (Krämer 2011). Dies erleichtert die dynamische Simulation, welche zusätzlich die geeignete Implementierung der Veränderung im Zeitverlauf erfordert. Der taktsignalbasierte Aufbau moderner Prozessoren erscheint in diesem Zusammenhang natürlich zur Vereinigung von Medium und zeitlichem Verlauf im Sinne dynamischer Simulationen.

---

[4]Vorrausgegangen waren Konstruktionen der *Z1* im Jahr 1937 und der *Zuse Z2* im Jahr 1939. Die Z1 verfügte über ein frei programmierbares Rechenwerk, das allerdings aufgrund mechanischer Probleme unzuverlässig arbeitete und keine hinreichende Genauigkeit erreichte. Bei der Konstruktion der Zuse Z2 erprobte Zuse die Relaistechnik, mit der die mechanischen Probleme der Z1 gelöst werden konnten. Allerdings wurden die Pläne durch einen alliierten Bombenangriff im Zweiten Weltkrieg zerstört, sodass erst die 1941 fertiggestellte Zuse Z3 den ersten funktionsfähigen Digitalrechner darstellt (Rojas 1998). Die der Zuse Z3 zugrunde liegende binäre Zahlencodierung hat ideengeschichtlich ihren Ursprung bei Leibniz, der bereits über zwei Jahrhunderte zuvor die Verknüpfung arithmetischer und logischer Prinzipien durch Verwendung des Binärsystems erkannt hatte (Leibniz 1679, 1703).

[5]Der britische Programmierer John Graham begann 2010 (Graham-Cumming 2012) mit der Mittelakquise für eine wissenschaftliche Studie, die unter anderem das auf den Plänen von Babbage basierende virtuelle Design der *Analytical Engine* zur Ermöglichung ihrer praktischen Konstruktion vorsieht.

5   Computergestützte Simulationen

Aufbauend auf den beschriebenen ideengeschichtlichen Konzepten der Modellierung, Mathematisierung und Automatisierung sowie dem Aufkommen der für die konkrete Implementierung erforderlichen technischen Rahmenbedingungen wurden ab 1942 erste komplexe rechnergestützte Simulationen zum besseren Verständnis des Verhaltens von Atomen und Partikeln im Rahmen des US-amerikanischen *Manhattan-Projekts* durchgeführt. Die Zielsetzung des *Manhattan-Projekts* lag in der Entwicklung einer US-amerikanischen Kernwaffe, welche unter der Leitung Robert Oppenheimers, eines US-amerikanischen Physikers deutsch-jüdischer Abstammung, erfolgte. Bei den hier verwendeten Simulationen fanden sowohl Modelle stochastischer Natur[6] als auch deterministische Formulierungen Verwendung (Ermenc 1989). Letztere erforderten dabei meist die im 17. Jahrhundert unabhängig durch Gottfried Wilhelm Leibniz und den britischen Naturforscher Isaac Newton entwickelte *Infinitesimalrechnung*. Rein kinematische Beschreibungen bewegter Objekte, etwa im Rahmen der am Schiefen Turm von Pisa durchgeführten Fallversuche des italienischen Philosophen und Mathematikers Galileo Galilei Ende des 16. Jahrhunderts basierten auf der Untersuchung von Positionen, Geschwindigkeiten und Beschleunigungen. Erst die *Newtonsche Mechanik* lieferte einen dynamischen, das heißt kraftbasierten Zugang zur Bewegungslehre. In diesem Zusammenhang ist die Infinitesimalrechnung zentral, da sie die Grundlage für einen Methodenapparat bildet, mit dessen Hilfe die Abhängigkeiten verschiedener Größen voneinander untersucht werden können. Dies zeigt sich etwa in Newtons *Aktionsprinzip,* welches er 1687 in *Philosophiae Naturalis Principia Mathematica (Mathematische Prinzipien der Naturphilosophie)* veröffentlichte (Newton 1687). Demnach hat die auf einen Körper wirkende Kraft (verursacht etwa durch Gravitationseinfluss oder Reibung) eine direkte Auswirkung auf die Beschleunigung des Körpers. Diese ist umso größer je kleiner die Masse des Körpers ist. Derartige fundamentale mathematische Beschreibungen eines Systems werden gemein als *first principles*

---

[6]Im Vergleich zu deterministischen Modellen weisen diese wahrscheinlichkeitstheoretische Bezüge auf. Der Ursprung vieler heute verwendeter Ansätze zur Modellierung derartiger Prozesse ist ungeklärt. Sie entstammen möglicherweise bereits dem frühen Mittelalter. Die heute gebräuchliche axiomatische Formulierung der Wahrscheinlichkeitstheorie basiert auf in den 1930er Jahren eingeführten Formulierungen des sowjetischen Mathematikers Andrei Nikolajewitsch Kolmogorow (Kolmogorov 1933).

(Grundprinzipien) bezeichnet.[7] Die Lösungen dieser zeitabhängigen Gleichungssysteme beschreiben den dynamischen Verlauf des modellierten Systems. Unter der computergestützten Simulation des Systems versteht man im Allgemeinen die automatisierte Lösung dieser Gleichungen.

Bei der Lösung physikalischer Gleichungen stellt sich häufig (insbesondere bei nichtlinearen Formulierungen) das Problem, dass einzelne Komponenten keine analytische Lösung besitzen und daher numerische Näherungsverfahren verwendet werden müssen. Dies erfordert in der Regel eine geeignete Diskretisierung der kontinuierlichen Formulierungen sowie der unterliegenden Strukturen in den zeitlichen und räumlichen Dimensionen (Strang 2007).

Simulation und Datenaufbereitung sind hierbei unabhängig. Letzteres kann von mit Zahlenkolonnen gefüllten Listen und diagrammartigen Darstellungen bis hin zu aufwendigen wissenschaftlichen oder sogar fotorealistischen Visualisierungen reichen. Hier ist zu beachten, dass die fotorealistische Visualisierung selbst eine unabhängige Simulation darstellt, deren zugrunde liegendes mathematisches Modell meist der Strahlenoptik entspringt (Pharr und Humphreys 2004). Bei der Simulation eines fallenden Bleistifts wäre beispielsweise eine Aufbereitung der Resultate in Form eines Diagramms möglich, das die Höhe des Schwerpunkts in Abhängigkeit von der Zeit durch eine Kurve darstellt, sowie zusätzliche Diagramme, welche die jeweilige Zylinderorientierung aufbereiten. Dies unterscheidet sich von einer Visualisierung, bei der basierend auf der Simulation der Interaktion des Modellzylinders mit dem einfallenden Licht gemäß den Gesetzen der Optik, eine virtuelle Szene durch fotorealistisches Bild- und Videomaterial erzeugt wird.

5.1 Anwendungen als Vorwärts- und inverse Simulation

Die verbreitetste Anwendung der bisher beschriebenen Konzepte und Methoden liegt in der sogenannten *Vorwärtssimulation,* welche die zeitliche Entwicklung des Systems auf Basis der *first principles* und Modellparameter simuliert und

---

[7]Die *first principles* können als der Modellformulierung zugrunde liegende Axiome interpretiert werden. Die generelle Frage, ob eine Axiomatisierung in der Physik überhaupt möglich ist, wurde seit deren Vorstellung auf dem Internationalen Mathematiker-Kongress von 1900 als *Hilberts sechstes Problem* bekannt und ist bis heute unbeantwortet (Hilbert 1900). Insbesondere durch die auf Basis der später entwickelten Quanten- und Relativitätstheorie gewonnenen tieferen Einblicke in die Beschaffenheit der Natur und den damit aufgeworfenen neuen Fragestellungen (etwa die Unbestimmtheit physikalischer Vorgängen und deren immanente Beeinflussung bei experimenteller Beobachtung), scheint eine axiomatische Formulierung der Physik in weiter Ferne gerückt zu sein.

Abb. 3 Illustration eines Beispielszenarios zur inversen Simulation. Das Ziel besteht in der Bewegungsoptimierung zweier Roboterarme zur Faltung eines Textils. (Beispielszenario zu inversen Simulationen. High Fidelity Algorithmics Group (D.L. Michels), Leland Stanford Junior University)

dadurch häufig ein detailliertes Studium des zugrunde liegenden Systems ermöglicht.[8] Demgegenüber steht das Konzept der *inversen Simulation,* das im Regelfall als eine systematische Wiederholung von Vorwärtssimulationen realisiert wird. Dazu werden Vorwärtssimulationen mit verschiedenen Modellparametern durchgeführt und die daraus resultierenden im Allgemeinen verschiedenen Entwicklungen des Systems im zeitlichen Verlauf miteinander verglichen (Abb. 3).[9] Dies ermöglicht häufig das Auffinden von in Bezug auf ein gegebenes Ziel akkurater Modellparameter und schafft damit einen geeigneten Methodenapparat zur Systemoptimierung; (Abb. 4). Dabei ist stets zu beachten, dass die Vorwärtssimulation im Regelfall nicht eindeutig umkehrbar ist und somit verschiedene Modellparameter zu gleichen Resultaten führen können. Darin begründet sich auch die Limitierung inverser Simulationen zum Zweck der Bestimmung der dem System zugrunde liegenden *first principles.* Hier ist ein derartiges Vorgehen erfahrungsgemäß hilfreich im Sinne grober Orientierung zum Verständnis des Systems, liefert aber keine unmittelbare Erkenntnis bezüglich fundamentaler Systemmechanismen.

Intelligente, mit ihrer Umwelt interagierende Systeme beziehen ihr Wissen aus einem unterliegenden Weltmodell. Die dabei verwendeten Modellparameter werden meist mittels sensorischer Messungen aus der realen Umwelt gewonnen und

---

[8]Dieses Studium wird bei sogenannten deterministisch-chaotischen Systemen in der Regel deutlich erschwert. Deterministisches Chaos meint dabei, dass zum einen das System durch die unterliegenden mathematischen Gleichungen vollständig und folgerichtig beschrieben wird, allerdings bereits minimale Abweichungen der Systemparameter zu stark abweichendem Systemverhalten führen. Derartige nichtkausale Effekte treten häufig bei gekoppelten nichtlinearen Systemen auf, wie etwa einem Doppelpendel.

[9]Bezüglich nichttrivialer Ansätze zur inversen Simulationen, etwa unter Ausnutzung analytischen Wissens über das unterliegende System, besteht derzeitig erheblicher Forschungsbedarf (Murray-Smith 2014).

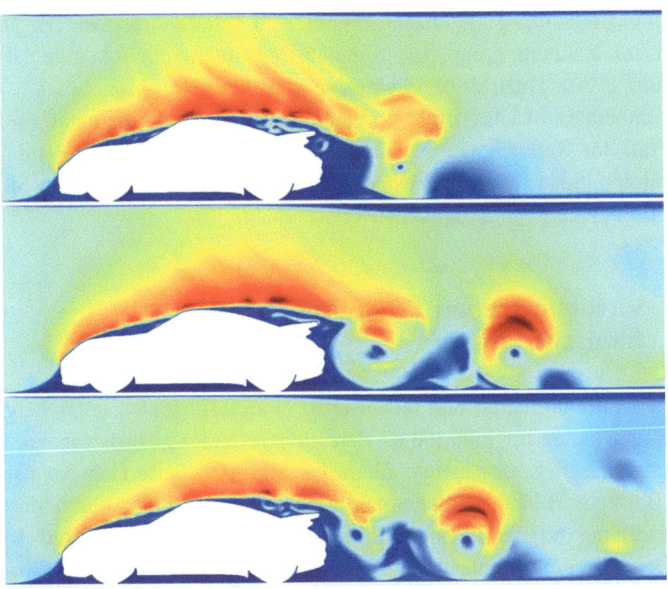

Abb. 4 Visualisierung der Simulation einer zeitlichen Entwicklung (von oben nach unten) der einen Personenkraftwagen während der Fahrt umströmenden Luft. Das Geschwindigkeitsfeld wird farbcodiert mithilfe einer Sequenz von blau (geringe Geschwindigkeit), über cyan, grün und gelb bis rot (hohe Geschwindigkeit) dargestellt. Dies erlaubt ein genaues Studium des Systems im Hinblick auf die Optimierung der Fahrzeugkarosserie unter aerodynamischen Gesichtspunkten. (Personenkraftwagen im virtuellen Windkanal. High Fidelity Algorithmics Group (D.L. Michels), Leland Stanford Junior University)

daraus wird eine Aktion des Systems zur adäquaten Interaktion mit der Umwelt abgeleitet. Im letzteren Schritt spielt die inverse Simulation eine bedeutende Rolle als geeignetes Mittel zur Bestimmung möglichst optimaler Interaktionsmechanismen.

Im Kontext verschiedener Simulationssysteme kommt außerdem der manuell erfassten Dateneingabe der Modellparameter sowohl im Rahmen vorwärts gerichteter als auch inverser Simulationen eine entscheidende Rolle zu. Dies ist beispielsweise bei Echtzeitsystemen mit Nutzerinteraktion hochgradig relevant. Der 1951 nach einem Auftrag der US-amerikanischen Marine am *Massachusetts Institute of Technology* fertiggestellte *Whirlwind (Wirbelwind)* ist in diesem Zusammenhang als erster Computer zu nennen, mit dem der Nutzer in Echtzeit im Rahmen komplexer Simulationen interagieren konnte (Redmond und Smith 1980). Dazu erfolgte eine Nutzereingabe der Modellparameter über einen rudimentären Lichtgriffel (ein heute durch die Computermaus verdrängtes Zeigegerät) im Rahmen der Nutzung als Flugsimulator für das Training von Kampfpiloten. Später fand *Whirlwind* auch im Rahmen physikalischer Simulationen zur Berechnung von Flugbahnen Verwendung.

5.2 Virtuelle Szenen: Computergrafik und filmische Effekte

Neben wissenschaftlichen und technischen Domänen, finden computergestützte Simulationen auch im kulturellen Bereich Anwendung, insbesondere bei der Erstellung virtueller Szenen und filmischer Effekte im Bereich der Computergrafik. Bewegte Bilder wurden ursprünglich ausschließlich durch die Hintereinanderreihung aufgenommener oder gezeichneter Einzelbilder, ähnlich wie bei einem Daumenkino, produziert. In diesem Zusammenhang sind die Arbeiten des britischen Fotografen Eadweard Muybridge zentral. Dieser erstellte 1872 nach einem Auftrag Leland Stanfords, seinerzeit kalifornischer Gouverneur, Eisenbahn-Tycoon und späterer Gründer der nach seinem Sohn benannten *Leland Stanford Junior University,* eine Fotostudie zur Bestimmung der exakten Beinstellung eines galoppierenden Pferdes. Damit erbrachte Muybridge erstmals den Beweis, dass sich während der Galopps zeitweise alle vier Beine des Pferdes in der Luft befinden und begründete die sogenannte Serienfotografie (Abb. 5). Mit der computergestützten Simulation hat sich hier inzwischen ein gleichberechtigter und je nach konkretem Anwendungsfall deutlich überlegener Methodenapparat etablieren können. Der Vorteil liegt dabei im verhältnismäßig geringen Aufwand bei der Erstellung komplexer Szenarien und der einfachen Austauschbarkeit der Modellparameter. Letzteres ermöglicht außerdem eine Abwandlung der virtuellen Szene entgegen gemeiner realistischer Vorstellungen (Cohendec 2010).

Mit Hilfe von Simulationen generierte filmische Szenen und visuelle Effekte basierten ursprünglich im Vergleich zu Simulationen im wissenschaftlichen oder technischen Kontext überwiegend auf deutlich simplifizierteren Modellen. Dies lag vor allem an einer vergleichsweise großen Szenenkomplexität, weshalb der Fokus auf visueller Plausibilität und nicht auf physikalisch-akkuratem Verhalten lag, also geringere Ansprüche an die Genauigkeit der Modellformulierungen und der Berechnungen gestellt wurden. Mit dem Aufkommen effizienterer Ansätze (etwa leistungsfähigerer Algorithmen zur Lösung der unterliegenden mathematischen Gleichungen) und leistungsstärkerer Hardware ist heute der

Abb. 5 Fotografiesequenz zum Studium der Bewegung von Pferden (Muybridge 1887). (Iris & B. Gerald Cantor Center for Visual Arts, Leland Stanford Junior University)

Übergang von wissenschaftlichen, technischen und computergrafischen Simulationen fließend. Es lässt sich mithin auch eine deutliche Annäherung der damit verbundenen Wissenschaftsdisziplinen beobachten, insbesondere der beiden Fachbereiche *Visual Computing* und *Scientific Computing*.[10, 11] Diese Zusammenarbeit führte zum einen zur Etablierung effizienter Beschleunigungstechniken zwecks Handhabung komplexer Szenarien aus dem Bereich des *Visual Computings* im *Scientific Computing,* andererseits den Transfer sogenannter *High-fidelity Modelle* des *Scientific Computings* in das *Visual Computing*. Das Ergebnis zeigt sich heute in der Möglichkeit der physikalisch-akkuraten Simulation komplexer Szenarien basierend auf den unterliegenden *first principles,* wie im Beispiel einer Schneesimulation (Abb. 6). Die Realisierung hoher Effizienz bei gleichzeitig hoher Genauigkeit ist weiterhin ein aktueller Forschungsgegenstand der Informatik, wobei der aktuelle Methodenapparat vereinzelt bereits Interaktivität

---

[10]Das häufig im Deutschen als *Simulationswissenschaft* bezeichnete *Scientific Computing* strebt das Beantworten natur- und ingenieurwissenschaftlicher Fragestellungen durch die Entwicklung von Computersimulationen an.

[11]*Visual Computing* wird im Allgemeinen als Oberbegriff für diejenigen informatischen Disziplinen verstanden, welche sich im weiten Sinne mit Bildmaterial und dreidimensionalen Strukturen beschäftigen. Dies umfasst insbesondere die Computergrafik, Bildverarbeitung *(Image Processing)*, Visualisierung, Maschinelles Sehen *(Computer Vision)* sowie virtuelle *(Virtual Reality)* und erweiterte Realität *(Augmented Reality)*. Es beinhaltet ferner auch Aspekte der Mustererkennung *(Pattern Recognition)*, der Mensch-Computer-Interaktion *(Human-Computer Interaction)* und dem maschinellen Lernen *(Machine Learning)*.

Abb. 6 Visualisierung der zeitlichen Abfolge (von oben links nach unten rechts) einer computergestützten Schneesimulation. Das zugrunde liegende mathematische Modell beschreibt dabei sowohl die festkörper- als auch die fluidspezifischen physikalischen Eigenschaften des Schnees. Zusätzlich wird die Interaktion mit einem Festkörper geeignet abgebildet, welcher sich von links nach rechts durch die Szene bewegt und mit dem nach unten fallenden Schnee kollidiert. Aufgrund der hohen Komplexität derartiger Szenen ist ein qualitativ vergleichbares Resultat durch Aneinanderreihung einzelner Zeichnungen wenn überhaupt nur unter massivem Aufwand möglich und garantiert keineswegs ein physikalisches plausibles Verhalten des Gesamtsystems. (Computergestützte Schneesimulation. High Fidelity Algorithmics Group (M. Daugs, S. Feeß, D.L. Michels), Leland Stanford Junior University)

bei hohen Komplexitäten erlaubt (Michels et al. 2014). Als zusätzliche treibende Kräfte sind weiterhin die Fortschritte in der Hardwareentwicklung, sowie die damit untrennbar verbundene Parallelisierung der unterliegenden Berechnungen zu nennen. Diese ermöglicht etwa die interaktive Manipulation und Optimierung im Rahmen der Entwicklung virtueller Prototypen (Abb. 7). Simulationen dienen dabei nicht nur der Entwicklung materieller Güter, sondern eignen sich auch zum Studium diverser physikalischer Effekte wie beispielsweise akustischer Phänomene sowie zur Erstellung von Soundeffekten und Musikstücken.

6   Schlussbetrachtung

Aus wissenschaftlicher Sicht hat sich die computergestützte Simulation in Kombination mit geeigneter Datenaufbereitung neben klassischer Theoriebildung und experimentellem Vorgehen als gleichberechtigte wissenschaftliche Kulturtechnik

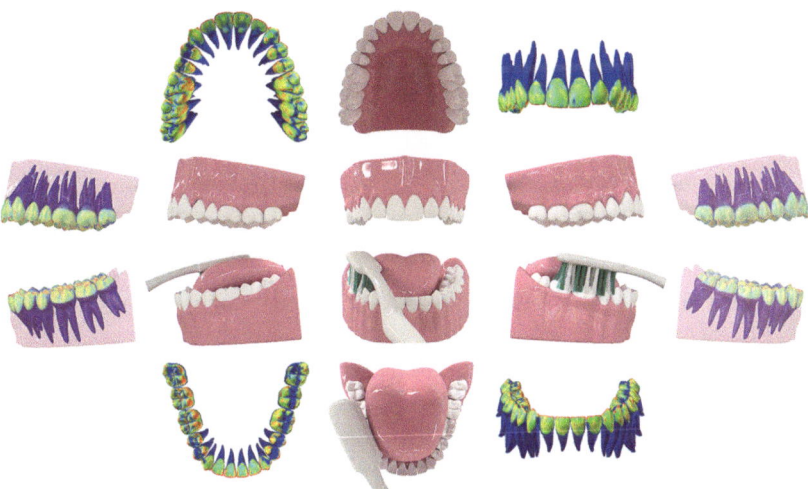

Abb. 7 Visualisierung der computergestützten Simulation eines Zahnputzvorgangs zwecks Konstruktion virtueller Zahnbürstenprototypen. Die Intensität des Plaque-Abriebs ist farbcodiert mittels einer Sequenz von blau (geringe Intensität) über cyan, grün und gelb bis rot (hohe Intensität) dargestellt. (Simulation eines Zahnputzvorgangs. High Fidelity Algorithmics Group (D.L. Michels & S. Feeß), Leland Stanford Junior University)

etablieren können. Dabei sind die jeweiligen Möglichkeiten klar durch das unterliegende physikalische oder mathematische Modell limitiert, sowie durch technische und methodische Rahmenbedingungen, die vor allem die Komplexität des in der Simulation erzeugten Abbilds einschränken. Andererseits liefern Simulationen reproduzierbare Resultate auf nahezu beliebigen Raum- und Zeitskalen mit oft vergleichsweise geringem zeitlichen und materiellem Aufwand, wobei im Zuge moderner methodischer und technischer Entwicklungen zunehmend höhere Komplexitäten akkurat und effizient bewältigt werden können. Dies schafft neue Anwendungsfelder in der Wissenschaft selbst, sowie im technischen und kulturschaffenden Kontext. Ferner lassen sich Modelparameter (und damit die Eigenschaften des Systems) nahezu beliebig variieren wodurch die Möglichkeit besteht, verschiedene Instanzen eines Systems zu simulieren und durch Vergleich der Resultate auf optimale Parameterwerte rückzuschließen. Dies kann etwa im technischen Kontext zur Optimierung verwendet werden, ist allerdings bei der Simulation von natürlichen Prozessen problembehaftet, da aufgrund der Uneindeutigkeit der Simulationsresultate für verschiedenen Modellparameter nicht sichergestellt ist, ob die so ermittelten Werte tatsächlich adäquate Beschreibungen der Natur darstellen.

Literatur

Cohendec, P. (30. Dezember 2010). Perfecting animation, via science. *The New York Times*. New York City.

De Solla Price, D. (1975). *Gears from the Greeks. The antikythera mechanism: A calendar computer from ca. 80 B.C. transactions of the American Philosophical Society*. Philadelphia: American Philosophical Society.

Dudenredaktion (2013). *Die deutsche Rechtschreibung. Auf der Grundlage der aktuellen amtlichen Rechtschreibregeln. Duden* (Bd. 1, 26. Aufl.). Berlin: Duden.

Ermenc, J. J. (1989). *Atomic bomb scientists: Memoirs, 1939–1945*. Westport: Meckler.

Feynman, R. (1977). *The Feynman lectures on physics*, Bd. 1: *Mainly mechanics, radiation, and heat*. Reading: Addison Wesley.

Graham-Cumming, J. (2012). *The greatest machine that never was*. TEDxImperialCollege.

Hartley, R., Jr. (1987). *Theory of recursive functions and effective computability*. Cambridge: MIT Press.

Hasse, H. (1953). Mathematik als Geisteswissenschaft und Denkmittel der exakten Naturwissenschaften. In G. Dörffiinger (Hrsg.), *Heidelberger Texte zur Mathematikgeschichte, Studium Generale* (Bd. 6, S. 392–398). Heidelberg: Universitätsbibliothek der Ruprecht-Karls-Universität Heidelberg.

Hilbert. D. (1900). *Mathematische Probleme. Vortrag. Internationaler Mathematiker-Kongreß zu Paris 1900*. Paris.

Knuth, D. (1997). *The art of computer programming: Fundamental algorithms* (Bd. 1, 3. Aufl.). Boston: Addison–Wesley.

Kolmogorov, A. N. (1933). *Grundbegriffe der Wahrscheinlichkeitsrechnung*. Berlin: Springer.

Korte, B. (1981). Zur Geschichte des maschinellen Rechnens. Rede zur 57. Hauptversammlung der Gesellschaft von Freunden und Förderern der Rheinischen Friedrich-Wilhelms-Universität Bonn (GEFFRUB) am 14. Jun. 1980. Bonn: Bouvier.

Krämer, S. (1988). *Symbolische Maschinen. Die Idee der Formalisierung im geschichtlichen Abriß*. Darmstadt: Wissenschaftliche Buchgesellschaft.

Krämer, S. (2011). Simulation und Erkenntnis. Über die Rolle computergenerierter Simulationen in den Wissenschaften. In T. Lengauer (Hrsg.), *Nova Acta Leopoldina* (Bd. 110, Nr. 377, S. 303–322). Halle (Saale): Deutsche Akademie der Naturforscher Leopoldina.

Lambert, J. H. (1965). *Philosophische Schriften. III: Anlage zur Architectonic (oder Theorie des Einfachen und des Ersten in der philosophischen und mathematischen Erkenntnis)*, (Bd. 1). Hildesheim: Georg Olms Verlag.

Leibniz, G. W. (1679). De progressione Dyadica.

Leibniz, G. W. (1703). Explication de l'Arithmetique Binaire.

Ludwig, M. (1992). *Der Himmel auf Erden. Die Welt der Planetarien*. Leipzig: Barth.

Martin, E. (1925). *Die Rechenmaschine und ihre Entwicklungsgeschichte*. Leopoldshöhe: Köntopp.

Menabrea, L. F., & Lovelace, A. (1843). *Sketch of the analytical engine invented by Charles Babbage*. London: Richard & John Taylor.

Michels, D. L., & Desbrun, M. (2015). A semi-analytical approach to molecular dynamics. *Journal of Computational Physics, 33*, 336–354.

Michels, D. L., Sobottka, G. A., & Weber, A. G. (2014). Exponential integrators for stiff elastodynamic problems. *ACM transactions on graphics, 33*.

Michels, D. L., Mueller, J. P. T., & Sobottka, G. A. (2015). A physically based approach to the accurate simulation of stiff fibers and stiff fiber meshes. *Computers & Graphics, 53B*, 136–146.

Michels, D. L., Lyakhov, D. A., Gerdt, V. P., Hossain, Z., Riedel-Kruse, I. H., & Weber, A. G. (2016). On the general analytical solution of the kinematic cosserat equations. In *Proceedings of computer algebra in scientific computing, CASC 2016* (S. 367–380). Berlin: Springer.

Murray-Smith, D. J. (2014). A review of inverse simulation methods and their application. *International Journal of Modelling and Simulation, 34*.

Muybridge E. (1887). *Animal locomotion: An electro-photographic investigation of consecutive phases of animal movement*. Philadelphia.

Newton, I. (1687). *Philosophiae Naturalis Principia Mathematica*. London: Royal Society.

Pharr, M., & Humphreys, G. (2004). *Physically based rendering from theory to implementation*. Amsterdam: Morgan Kaufmann.

Redmond, K. C., & Smith, T. M. (1980). *Project whirlwind: The history of a pioneer computer*. Bedford: Digital Press.

Ries, A. (1522). *Rechenung auff der linihen und federn*. Erffurdt.

Rojas, R. (1998). *Die Rechenmaschinen von Konrad Zuse*. Berlin: Springer.

Stein, E. (2015). *Die Leibniz-Dauerausstellung der Gottfried Wilhelm Leibniz Universität im Sockelgeschoss des Hauptgebäudes, Welfengarten 1. Museumsführer,* Stand 2015. Hannover: Gottfried Wilhelm Leibniz Universität.

Strang, G. (2007). *Computational science and engineering*. Wellesley: Wellesley-Cambridge Press.

Turing, A. (1948). *Intelligent machinery*. Hampton: National Physical Laboratory.

von Freytag-Löringhoff, B. (2002). *Wilhelm Schickards Tübinger Rechenmaschine von 1623 (bearbeitet von F. Seck)* (3. Aufl.). Tübingen: Kulturamt der Stadt Tübingen.

Zuse, K. (1993). *Der Computer – Mein Lebenswerk* (3. Aufl.). Berlin: Springer.

Die Maschine als Partner? Verbale und non-verbale Kommunikation mit einem humanoiden Roboter

Caja Thimm, Peter Regier, I Chun Cheng, Ara Jo, Maximilian Lippemeier, Kamila Rutkosky, Maren Bennewitz und Patrick Nehls

Zusammenfassung

Der Beitrag will angesichts neuer Fragestellungen im Verhältnis zwischen Mensch und Maschine am Beispiel eines Kommunikationsexperimentes mit einem humanoiden Roboter herausarbeiten, welche Facetten von Sozialität einerseits von den menschlichen Kommunikationspartnern an den Roboter herangetragen werden,

C. Thimm (✉) · P. Regier · I. C. Cheng · A. Jo · M. Lippemeier · K. Rutkosky ·
M. Bennewitz · P. Nehls
Bonn, Deutschland
E-Mail: thimm@uni-bonn.de

P. Regier
E-Mail: regier@cs.uni-bonn.de

I. C. Cheng
E-Mail: s5icchen@uni-bonn.de

A. Jo
E-Mail: s5arjooo@uni-bonn.de

M. Lippemeier
E-Mail: s5malipp@uni-bonn.de

K. Rutkosky
E-Mail: s5kacarv@uni-bonn.de

M. Bennewitz
E-Mail: maren@cs.uni-bonn.de

P. Nehls
E-Mail: p.nehls@uni-bonn.de

© Springer Fachmedien Wiesbaden GmbH, ein Teil von Springer Nature 2019
C. Thimm und T. C. Bächle (Hrsg.), *Die Maschine: Freund oder Feind?*,
https://doi.org/10.1007/978-3-658-22954-2_6

aber auch, zu welchen Akkommodations- und Adaptionsleistungen Menschen bereit sind, um mit dem Roboter in eine soziale Interaktion zu treten. An den nachstehenden Analysen zur sprachlichen und gestischen Interaktion von Menschen mit einem humanoiden Kleinroboter (NAO) wird der Frage nachgegangen, wie sich kooperative Prozesse zwischen Mensch und Roboter gestalten.

Schlüsselwörter

Soziale Roboter · Interaktion · Humaniode Roboter · Soziales Experiment · Robotersprache

1   Einleitung

Menschenähnliche Maschinen, die Übermenschliches leisten, faszinieren Menschen seit Hunderten von Jahren. Ein anschauliches Beispiel dafür ist der berühmte Schach-Türke, der Mitte des 18. Jahrhunderts auf Jahrmärkten zur Attraktion wurde. Sein Konstrukteur Wolfgang von Kempelen (1734–1804) erweckte bei den Zuschauern den Eindruck, dass dieses Gerät selbstständig die Schachfiguren kontrollierte. Viele Jahre rätselte man über das Geheimnis des damals berühmtesten Automaten der Welt, da die kleine Figur fast jeden Gegner schlug, darunter auch Napoleon. Auch wenn schon früh das Gerücht aufkam, dass ein Zwerg der geniale Schachpartner war, so wurde der Öffentlichkeit das Gewirr von Kabeln, Zahnrädern und undefinierbaren Instrumenten im Inneren der Figur so häufig gezeigt, dass auch die Zweifler schnell überzeugt waren. Schach galt schon früh als Modell der rationalistischen Intelligenz und Überlegenheit des Menschen, und dessen Beherrschung, so die Annahme, für einen Automaten als Beweis für eine dem menschlichen Verstand ebenbürtige Intelligenz. Tatsächlich war darin aber ein menschlicher Spieler versteckt, der als hervorragender Schachexperte problemlos die meist laienhaften Spieler schlagen konnte. Hier wurde also die Maschine in menschlicher Gestalt zu einer Projektionsfläche für furchteinflößende technische Kompetenz: der Glaube an die Überlegenheit des Menschen wurde in dieser Marktsensation erschüttert.

Mehrere Hundert Jahre später haben viele Filme diesen Topos aufgegriffen. So wurde das Schachspiel abermals zum Beweis der Überlegenheit von Maschinen. Ob in Kubricks „2001: Odysee im Weltall" der Supercomputer HAL 9000 den Astronauten Frank Poole besiegte oder der Replikant Roy Batty in „Blade Runner" seinen Erschaffer überwindet: immer wieder manifestierte sich der Wettstreit zwischen menschlicher und maschineller Intelligenz am Schachspiel. Auch die modernen Erbauer von Robotern wählten das Schachspiel als Wettbewerbsfläche für den Wettkampf zwischen menschlicher Intelligenz und maschineller Rechenmacht. Heute aber ist dieses Kräftemessen wohl entschieden: im Jahr 1997 besiegte der Computer „Deep Blue" den damals amtierenden Schachweltmeister Gerri Kasparow und im Jahr 2016 schlug das von Google Deepmind entwickelte Programm AlphaGo den weltbesten Go-Spieler.

All diese Wettbewerbe muten wie die Vorbereitung zu einem neuen Verhältnis zwischen den (klugen) Maschinen und den (unterstützungsbedürftigen) Menschen an. Heute sind ganz andere Roboter auf dem Vormarsch: Sie fahren, fliegen, schwimmen oder laufen auf zwei oder mehr Beinen. Sie arbeiten als Industrieroboter am Fließband, werden im Krieg und in Katastrophengebieten eingesetzt. In jüngerer Zeit haben sie auch in unser soziales Leben Einzug gehalten (Markowitz 2014). Ihre Kompetenzen und Einsatzfelder reichen von der Gesundheitsfürsorge, über die Bildung und die Altenpflege bis hin zu Servicerobotern für die tägliche Hausarbeit: Roboter saugen, putzen oder unterhalten und trösten, so wie z. B. die Roboterrobbe „Paro" (Pfadenhauer und Dukat 2016).

Besonders humanoide Roboter, Roboter mit einem anthropomorphen Körperplan und menschenähnlichen Sinnen, stehen aktuell im Blickfeld der Entwicklung und werden zunehmend zum Gegenstand inter- und transdisziplinärer Forschung (z. B. Bächle et al. 2017; Hegel et al. 2009). Im Vergleich zu herkömmlichen Industrierobotern unterscheidet sich diese neue Robotergeneration in Bezug auf ihre Form der Zusammenarbeit mit dem Menschen: Man spricht seit einigen Jahren daher von „sozialen Robotern".

Bisher haben Kommunikations- und Medienwissenschaften dieses Forschungsgebiet nicht umfassend aufgegriffen, obwohl sich gerade für die Sozial- und Kulturwissenschaften vielfältige Herausforderungen identifizieren lassen. Der Beitrag will angesichts dieser neuen Fragestellungen im Verhältnis zwischen Mensch und Maschine am Beispiel eines Kommunikationsexperimentes herausarbeiten, welche neuen Facetten von Sozialität einerseits von den menschlichen Kommunikationspartnern an den Roboter herangetragen werden, aber auch, zu welchen Akkommodations- und Adaptionsleistungen Menschen bereit sind, um mit dem Roboter in eine soziale Interaktion zu treten. Was bedeutet diese doppelte Konvergenz für unser Verhältnis zu Maschinen? Bedeutet die zunehmende Integration von Robotern als Serviceroboter in Haushalt und Familie eine Veränderung des Mensch-Maschine Konzeptes – vertrauen wir beispielsweise den Maschinen mehr, wenn sie in unserem Alltag präsent sind? An den nachstehenden Analysen zur sprachlichen und gestischen Interaktion von Menschen mit einem humanoiden Kleinroboter (NAO) wird der Frage nachgegangen, wie sich kooperative Prozesse zwischen Mensch und Roboter gestalten.

2   Robotertypologien und Mensch-Roboter-Interaktion (MRI)

Der Frage, wie sich die Interaktion zwischen Mensch und Roboter beschreiben und systematisieren lässt, wird angesichts der neuen Funktionen für Roboter in den Bereichen Service, Haushalt oder Pflege zunehmend relevant. Die bisherige Forschung zur MRI („Mensch-Roboter-Interaktion"), beschäftigt sich mit der Gestaltung, Implementation und Evaluation der Interaktion zwischen Benutzerinnen und Benutzern und Robotern und hat sich bisher stark auf technische Aspekte konzentriert (Dautenhahn 2007), wie beispielsweise auch das maschinelle Bewerten von Verhaltensmustern während einer Interaktion (Kim et al. 2017). Die Erwartungen an Kommunikation und die realen Möglichkeiten klaffen dabei allerdings noch weit auseinander. So stellen die hochkomplexen Prozesse menschlicher Kommunikation, die von Pauls Watzlawicks Kommunikationsaxiomen wie „Man kann nicht nicht-kommunizieren" (Watzlawick et al. 2011) bis zur Frage der Multimodalität der Kommunikation im digitalen Umfeld reichen (s. die Beiträge in Jewitt 2009), naturgemäß besondere Herausforderung in diesem Forschungsfeld dar.

Will man jedoch genauer systematisieren, an welchen Stellen und welchen Situationen welche Form der Komplexität für erfolgreiche Mensch-Roboter-Interaktion nötig ist, so muss zunächst zwischen computerbasierten künstlichen Agenten und Robotern differenziert werden. Bisher dominiert in Bezug auf die Definition von Robotern eine Sichtweise als Maschine. So formulieren Veruggi und Operto (2016, S. 2):

> Robots are nothing but machines. Many consider robots as mere machines – very sophisticated and helpful ones – but always machines. According to this view, robots do not have any hierarchically higher characteristics, nor will they be provided with consciousness, free will, or with the level of autonomy superior to that embodied by the designer.

Ein Roboter ist aber nicht nur eine computerbasierte Maschine, sondern auch ein physischer und autonomer Agent, dessen physische Gestalt und Autonomiegrad Auswirkungen auf das Verhältnis zum Menschen haben. Autonomie umfasst eine Vielzahl komplexer Einzelprozesse und beschreibt, ganz allgemein formuliert, die Fähigkeit des Roboters, auf die Veränderung der Umgebung zu reagieren und sich selbst zu regulieren (Echterhoff et al. 2006; genauer Thimm und Bächle 2018). Nach Echterhoff et al. (2006, S. 220) sind solche künstlichen Agenten (wie z. B. Roboter) aufgabenorientiert und können Emotionen oder soziale Kognitionen der Nutzer/innen wahrnehmen. Eine besondere Rolle kommt der Gestalt des Roboters dann zu, wenn er ‚humanoid' ist. Humanoid bezeichnet diejenigen Roboter, die ein menschenähnliches Erscheinungsbild haben, wobei sich hier bereits heute große Unterschiede in Bezug auf den Ähnlichkeitsfaktor konstatieren lassen: Einige Roboter sind dem Menschen so ähnlich, dass dies Unbehagen auslösen kann, wie von Mori bereits (1970) als „uncanny valley effect" beschrieben. Er versteht darunter einen empirisch messbaren, paradox erscheinenden Effekt in der Akzeptanz künstlicher Figuren auf die Zuschauer. Akzeptanz steigt nach Mori nicht linear mit der Menschenähnlichkeit, sondern zeigt auf der aufsteigenden Achse einen starken Einbruch (vgl. Abb. 1).

Als Erklärung wird die vermutete Zuschreibung menschlicher Eigenschaften kombiniert mit technischer Überlegenheit und Unberechenbarkeit angegeben. Vorhandene menschliche Eigenschaften werden diesen Robotern zwar positiv attribuiert, aber gleichzeitig werden ihnen Mängel in ihrem verbalen und nonverbalen Verhalten negativ angerechnet. Dieser „Unheimlichkeitsfaktor" macht allerdings auch die Faszination aus, die von besonders menschenähnlichen Robotern ausgeht.

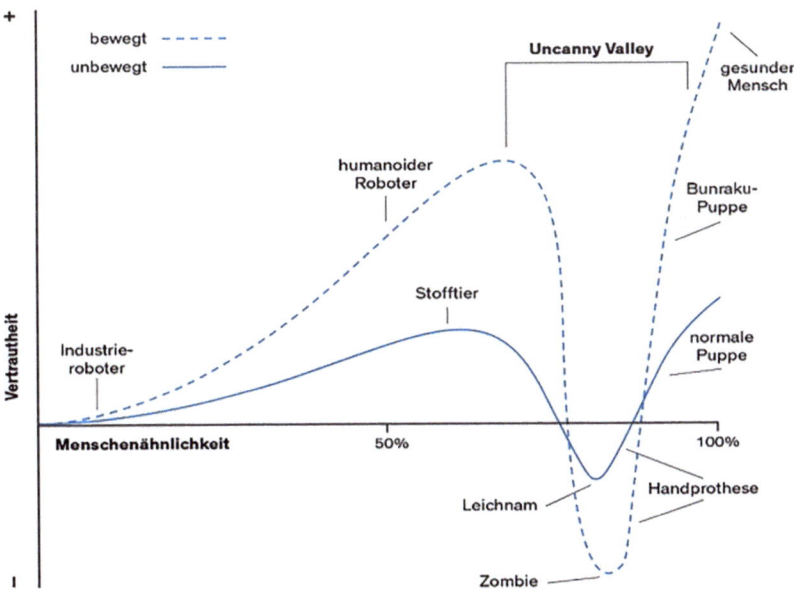

Abb. 1 „Uncanny valley Kurve". (Nach Mori 1970)

Es ist aber nicht nur die äußere Gestalt des Roboters, die auf Interaktionen Einfluss hat, sondern auch das Setting, die Aufgabenkonstellation und der Grad an Kooperationsnotwendigkeit, die als situative Einflüsse gelten müssen. Um präzisieren zu können, welche Kooperations- bzw. Interaktionsformen für die Mensch-Roboter Kommunikation differenziert werden können, wurde von Onnasch et al. (2016) eine Typologie entwickelt, die auch für die nachstehend erläuterten Studien relevant ist.

Die Autoren entwarfen auf der Basis von Leitfragen eine nach Interaktionsformen differenzierte Taxonomie. Danach ergeben sich drei Klassifikationscluster, die den Rahmen für diese Klassifikation bilden (Abb. 2).

Die Verfasserinnen und Verfasser unterscheiden in Bezug auf die Interaktionsform zwischen Mensch und Roboter die Ausprägungen ‚Kollaboration‘, ‚Kooperation‘ und ‚Ko-Existenz‘. Dabei können die Interaktionsrollen des Menschen von Supervisor, Operateur, Kollaborateur, Kooperateur bis zum Nicht-Beteiligten reichen. Besonders relevant, gerade für die Frage nach der Sozialität der Interaktionsformen, erscheint die Kategorie der ‚Teamtypen‘. Die Frage, inwieweit sich Mensch und Roboter als ‚Team‘ definieren und auch entsprechend agieren, erfasst komplexe Kollaborationsanforderungen. Hier bleiben die Verfasser jedoch stark auf rein räumliche Parameter beschränkt und definieren den ‚Teamcharakter‘ anhand von Proximitätskategorien. Unterschieden wird (s. Onnasch et al. 2016, S. 9):

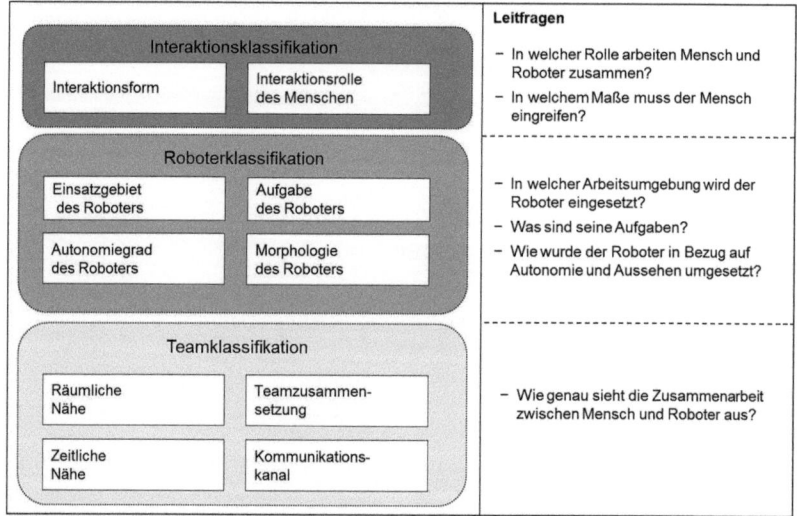

Abb. 2 Schematische Darstellung einer Taxonomie der MRI. (Nach Onnasch et al. 2016)

- Berührend: Mensch und Roboter teilen sich den gleichen Arbeitsbereich und interagieren somit in mittelbarer Nähe. Mensch und Roboter können physischen Kontakt haben.
- Annähernd: Mensch und Roboter teilen sich einen Arbeitsbereich. Es gibt keinen physischen Kontakt, beide arbeiten jedoch sehr nah nebeneinander.
- Führend: Mensch und Roboter haben einen stabilen physischen Kontakt über einen längeren Zeitraum. Dies kann entweder über spezifische Schnittstellen (Führungsvorrichtung, Joystick, Kraft/Drehmomentensensor) oder direkt über die vom Roboter gehaltenen Teile erfolgen.
- Vorbeigehend: Der Arbeitsbereich von Mensch und Roboter kann sich komplett oder teilweise überschneiden. Berührungen werden jedoch vermieden.
- Vermeidend: Mensch und Roboter arbeiten nicht in unmittelbarer Nähe zusammen, vermeiden jedoch direkten Kontakt. Der Mensch versucht, außerhalb des Arbeitsbereichs des Roboters (d. h. eines begrenzten Raums) zu bleiben.
- Ferngesteuert: Mensch und Roboter befinden sich nicht im gleichen Arbeitsumfeld. Der Mensch kontrolliert den Roboter per Fernsteuerung

In Bezug auf die Interaktionsformen stellt sich aber nicht nur die Frage nach dem geteilten, physischen Raum, sondern vor allem die Frage nach dem Kommunikationskanal, also den Ebenen der Kommunikation. Diese umfassen akustische, visuelle, manuelle und elektronische Optionen. Entscheidend ist hier einerseits, über welchen Kanal der Roboter Informationen vom Menschen aufnimmt, aber auch, über welchen Kanal der Mensch die Informationen vom Roboter wahrnimmt. So können Informationen des Menschen nicht nur akustisch oder optisch, sondern auch elektronisch (z. B. durch Drücken von Steuerelementen) oder mechanisch (z. B. kinematische Bewegung der Roboterteile) vermittelt werden. Anderseits stehen auch dem Roboter Informationskanäle zur Verfügung, die der Mensch erst erlernen muss, so beispielsweise haptisch über Vibrationen oder visuelle Lichtsignale. In Bezug auf die Frage nach der erfolgreichen Kommunikation ergeben sich folgerichtig komplexe Fehlerquellen innerhalb der jeweiligen Kommunikationssituation, besonders für solche Roboter, die im direkten sozialen Alltag von Menschen eingesetzt werden: die ‚sozialen Roboter'.

3   Soziale Robotik

Die Vielfalt von Arbeitsformen und Arbeitssystemen insbesondere im Kontext neuer Technologien nimmt stetig zu. Im Unterschied zu klassischen Industrierobotern ermöglichen neue kollaborative Robotersysteme, wie bereits erläutert, eine direkte Zusammenarbeit von Mensch und Roboter in einem geteilten Arbeitsraum. Auch im Dienstleistungsbereich gibt es zahlreiche neue Möglichkeiten für den Einsatz von Robotern. Die Frage allerdings, was genau die ‚Sozialität' des Roboters ausmacht, wird je nach Perspektive unterschiedlich akzentuiert. So definiert Bendel (2015, S. 206):

> Die soziale Robotik beschäftigt sich mit (teil-)autonomen Maschinen, die in Befolgung sozialer Regeln mit Menschen interagieren und kommunizieren und zuweilen humanoid bzw. anthropomorph realisiert und mobil sind.

Differenziert wird auf der Ebene der Materialität:

> Manche Experten lassen in diesem Zusammenhang nur physisch vorhandene Roboter gelten, andere auch virtuell umgesetzte, sogenannte Bots. Soziale Roboter täuschen oft Gefühle vor, und man spricht auch von ‚emotionaler und sozialer Robotik'

Diese Sichtweise abstrahiert von der äußeren, physischen Gestalt des Roboters und bezieht rein digitale Artefakte wie Algorithmen in die Definition mit ein. Hegel et al. (2009) dagegen sehen den Roboter klar als „physical entity" und fassen wie folgt zusammen:

> This means a robot is a programmed physical entity that perceives and acts autonomously within a physical environment which has an influence on its behaviour. In addition, the robot is situated, i.e. it manipulates not only information but also physical things (o. S.).

Die Autoren postulieren eine Reihe von notwendigen Bedingungen für ein Verständnis von ‚sozialen' Robotern:

> The robot is not a social robot per se, it needs specific communicative capabilities to become a social robot. First, it implies the robot to behave (function) socially within a context and second, it implies the robot to have an appearance (form) that explicitly expresses to be social in a specific respect to any user. From this point of view, a *social robot* contains a *robot* and a *social interface*. A *social interface* encloses all the designed features by which a user judges the robot as having social qualities. In principle, it is a metaphor for people to interact naturally with robots (o. S.)

Dieser Ansatz, den Roboter als Interface zu betrachten, wird auch von Bächle et al. (2017) verfolgt. Sie sehen Roboter als Schnittstelle, die sich für den Menschen als eine zu deutende Fläche darstellt und somit per se eine Kommunikations- und Interpretationsaufgabe beinhaltet. Koolwaay (2018, S. 10) präzisiert diese Perspektive aus einer handlungstheoretischen Sicht:

In den Robotern werden Entscheidungen und Haltungen materialisiert. Die Entscheidungen, Haltungen und die Sozialitätsrelation der Entwicklerinnen werden in ihnen manifest. Im Herstellungsprozess werden sie in den Robotern auf Dauer gestellt. Das macht die Roboter zu Handlungsträgern. Indem sie mit einer Sozialität verbunden werden, gelangen die Roboter zu einer Handlungsträgerschaft.

Diese Aufgabe wird jedoch nicht nur durch Gestalt, Technologie oder Mechanik des Roboters bestimmt, sondern auch über die unterschiedlichen Rollen oder Machtverhältnisse, die sich innerhalb der Konstellation Mensch-Roboter (hier im Sinne der Teamkonstellation) differenzieren lassen. Nach Dautenhahn (2007) müssen entsprechend zwei Grundkonstellationen in der Beziehungsgestaltung zwischen Mensch und Roboter unterschieden werden: das „Caretaker-Paradigma" und das „Companion-Paradigma". Das Caretaker-Paradigma fokussiert auf den Roboter und seine Kompetenzen bzw. Aufgaben. Hier agieren Menschen gegenüber diesen Robotern zwar sozial, gehen aber keine soziale Beziehung zu ihm ein. Anders gestaltet sich das Companion-Paradigma: Hier ist der Roboter der Assistent des Menschen. Er muss dessen Bedürfnisse wahrnehmen und sozial akzeptabel agieren. Wird das Companion-Paradigma mit sozialen Regeln für das Verhalten von Robotern im Umgang mit Menschen kombiniert, dann entstehen für Dautenhahn individualisierte und personalisierte Roboter, die die individuelle Natur der Menschen, die sie umgeben, erfassen können und sich auf sie einlassen. Diese Differenzierung verweist auf ein situatives, kontextbezogenes Verständnis von Sozialität, das auf eine interpersonale Akkommodation der Roboter abzielt: sie werden letztlich zu persönlichen Assistenten, indem sie die Stimme, Bewegungen und Wünsche ihrer menschlichen Partner bzw. Besitzer identifizieren und durch Lernprozesse aus der gemeinsamen Kommunikationsgeschichte auf andere Kontexte applizieren können.

Eine auf die gesellschaftspolitische Ebene abzielende Sichtweise führen Duffy et al. (1999, S. 4) ein. Sie unterscheiden zwischen „societal robotics" und „social robots" und präzisieren:

> We introduce here the term *social robots*. It is our conjecture that a distinction exists between *societal robotics* and *social robotics*. The former represents the integration of robotic entities into the human environment or society, while the latter deals specifically with the social empowerment of robots permitting opportunistic goal solution with fellow agents (Hervorhebung im Original).

Diese Unterscheidung erscheint insofern hilfreich, als hier die konkrete, situative und funktionale agency des Roboters von seiner gesellschaftspolitischen Rolle unterschieden wird. Damit wird es z. B. genauer möglich, die einzelnen

Dienstleistungen der Roboter von ihrer politischen Rolle zu trennen. Letztere betrifft insbesondere die Frage nach den ethischen Grenzen, die eine Gesellschaft für Roboter setzt bzw. setzen muss (s. dazu auch Thimm in diesem Band), aber auch die Frage, wie sich das Verhältnis zwischen Mensch und Roboter gestaltet. Darling (2017) beispielsweise betont, dass insbesondere humanoide Roboter als eigene Roboterklasse gelten sollten. Einerseits fällt Menschen der Kontakt mit menschenähnlichen, also humanoiden Robotern leichter, andererseits verweisen die bereits erwähnten Studien zum „uncanny valley" darauf, dass eine zu starke Ähnlichkeit für den Menschen in der Kommunikation hinderlich sein kann. Damit ergeben sich komplexe Konsequenzen für eine erfolgreiche Interaktion zwischen Mensch und Roboter.

4   Vertrauen in der Mensch-Roboter-Interaktion

„Since social robotics is in its infancy, no one knows what impact these machines will have", leitet Cowley (2008, o. S.) seine Ausführungen zum „person-problem" in der social robotics Forschung ein. Er sieht soziale Roboter nicht nur als Objekte technologischer Forschung, sondern als Reflektionsebene menschlicher Sozialität: „How can human bodies – and perhaps robot bodies – attune to cultural norms and, by so doing, construct themselves into persons?" Nimmt man diese Perspektive als Ausgangspunkt für die Frage nach der Rolle von Interaktionsprozessen für das Verhältnis Mensch-Roboter, so muss dieses „person-problem" auf beiden Seiten der Interaktion gesehen werden: sowohl auf der menschlichen Seite als auch auf der Roboterseite.

Das „person-problem" wird von Lewis et al. (2018, S. 144) anhand von zwei Interaktionsformen differenziert: die performative Interaktion, in welcher der Mensch den Roboter kontrolliert, um ein bestimmtes Ziel zu erreichen, und die soziale Interaktion, in der sich Mensch und Maschine über ihr Verhalten wechselseitig beeinflussen. In einer sozialen Interaktion muss der Roboter beispielsweise auch unter Umständen spontan auf Einflüsse reagieren können, die er nur bedingt berechnen kann. Er muss folglich für eine solch komplexe soziale Interaktion über einen hohen Grad an Autonomie und adaptive Technologien des Lernens verfügen. Gleichzeitig bedeute dies jedoch auch weniger Kontrolle des Menschen über den Roboter, da der Roboter sich nur dann an neue Situationen anpassen kann, wenn er selbst Entscheidungen treffen darf. Muss er erst einen Menschen um Erlaubnis fragen, so sinkt seine Effektivität (Johnson et al. 2018, S. 47). Dieser Mangel an Kontrolle ist für den Menschen nicht unproblematisch, da dies mit eigenem Autonomieverlust gekoppelt sein kann.

Lewis et al. (2018) beschreiben die Rolle des Roboters in der Interaktion mit einem Menschen auch als eine Mischung aus „Werkzeug" und „Teamkollege". Die Roboter müssen in einer idealen Interaktion das Vertrauen der menschlichen Partner abschätzen und ihre eigene Kommunikation darauf abstimmen. In einem Experiment von Robinette et al. (2017) folgten in einem Evakuierungs-Szenario die meisten Probanden einem Rettungs-Roboter, obwohl ihnen Zeichen und Ansagen übermittelten, dass er sie in die falsche Richtung führte. Sie entwickelten eine übermäßige Abhängigkeit zum Roboter. Smithson (2018) problematisiert, dass bislang kaum darauf eingegangen wird, wie Menschen das Vertrauen des Roboters in ihre Rolle innerhalb der Kooperation wahrnehmen, auch wenn verschiedene Befunde darauf verweisen, wie stark das Vertrauen in die (technische) Kompetenz und wissensbasierte Überlegenheit Robotern (noch) ist (Salem et al. 2015).

Lewis et al. (2018, S. 139) unterscheiden drei Faktoren, die das Vertrauensverhältnis zwischen Mensch und Roboter kategorisieren: Eigenschaften des Roboters, Eigenschaften des Nutzers/Operators und der Faktor der Umgebung. Dabei umfassen die Eigenschaften des Roboters drei wesentliche Merkmale, die Vertrauenswürdigkeit konstituieren: Fähigkeiten, Kompetenzen (1), Integrität, Wohlwollen (2), und Berechenbarkeit, Transparenz (3). Während es einleuchtend erscheint, dass die Kompetenzen und Fähigkeiten des Roboters als Grundelement von Vertrauen fungieren und anhand der Performanz überprüfbar sind, handelt es sich bei Aspekten wie Berechenbarkeit und Zuverlässigkeit nicht nur um beobachtbare und messbare Attribute, sondern auch um kommunikative Aufgaben. Berechenbarkeit lässt sich z. B. über Transparenz herstellen, wenn der Roboter sein Vorgehen und seine Ziele erklärt (auch Lewis et al. 2018, S. 140). Betrachtet man die andere Seite der Vertrauensbeziehung – diejenige des Menschen – so muss dieser wiederum ein Verständnis für den Roboter haben, um seinerseits Berechenbarkeit zu gewährleisten:

> Human understanding is critical to trust between humans and AS [autonomous systems]. It is likely in the future that more and more AIs driving AS are complex, sophisticated intellects, born of machine learning and other architectures. The danger is that humans do not trust them because they cannot understand them (Devitt 2018, S. 173).

Die Daten und Algorithmen der Roboter seien, argumentiert Devitt (2018, S. 176) weiter, für den Menschen in ihrer Masse und Komplexität nur schwer zu begreifen. Sie geht daher von der Annahme aus, dass Maschinen zunächst über ihre höhere Zuverlässigkeit an Vertrauenswürdigkeit gewinnen, sie letztlich jedoch einen Grad an Komplexität erreichen, der sich dem Verständnis des Menschen entzieht. Die Folgen davon könnten in einem stärkeren Misstrauen oder sogar in einer grundlegenden Ablehnung des Roboters resultieren.

Eine andere Perspektive steht im Mittelpunkt der Überlegungen von Smithson (2018). Bisher, so argumentiert er, verbinde man mit Robotern einen hohen Grad an Objektivität, was sich positiv auf ihre Vertrauenswürdigkeit auswirke. Dagegen spreche man ihnen (noch) nicht die Fähigkeit zu, den Menschen zu täuschen und zu hintergehen. Diese Form des naiven Vertrauens, basierend auf einem Mangel an sozialer Kompetenz (der Täuschungskompetenz) führe allerdings zu erhöhten Vertrauensrisiken (Smithson 2018, S. 191). Erst die Fähigkeit, emotional und glaubwürdig kommunikative Reparaturmaßnahmen wie Entschuldigungen oder Erklärungen durchzuführen, wäre dann wieder vertrauensbildend:

> One problem for HRI [human-robot-interaction] is that, like apologies, penance and reparation on the part of an automaton may be largely irrelevant unless humans have anthropomorphized the automaton to the extent that they attribute emotional responses to it (Smithson 2018, S. 198).

Der Grad an Vertrauen innerhalb der Mensch-Roboter-Interaktion kann als eine der zentralen Kooperationsgrundlagen für diese Form der Kooperation angesehen werden. Ohne ein Basisvertrauen in die konkreten Kompetenzen des Roboters bei einer gleichzeitigen Kontrollsicherheit aufseiten des Menschen dürften schon einfachere Alltagsaufgaben an basalen Koordinationsproblemen scheitern.

Um diese These jedoch auch in einer konkreten Interaktionssituation zu prüfen, wurde ein Experiment konzipiert, in dem ein Roboter nicht nur korrekte Informationen für alltägliche Handlungen lieferte, sondern auch mit explizit fehlerhaften Informationen kommunizierte. Auch wenn heute die Erfahrungen der meisten Menschen mit humanoiden Robotern noch gering sind, so ist doch davon auszugehen, dass bestimmte Erwartungen an die Kompetenzen der Technologie bereits existieren. Es stellt sich daher ganz grundlegend die Frage, wie Menschen mit manchmal richtigen, manchmal aber auch falschen Informationen von Robotern umgehen.

5 Experimentelle Studie: Vertrauen in der Kommunikation mit einem NAO

Um der Frage nach der situativen und taskabhängigen Rolle von Vertrauen von Menschen gegenüber Robotern nachzugehen, wurde ein Kommunikationsexperiment durchgeführt, in dem Roboter und menschliche Versuchspersonen gemeinsame

Aufgaben zu bearbeiten hatten. Manche der insgesamt 12 Versuchspersonen hatten bereits erste Erfahrungen mit Robotern vorzuweisen und waren Studierende verschiedener kulturwissenschaftlicher Fächer an der Universität Bonn. Ausgehend von der Hypothese, dass Menschen humanoiden Robotern auch dann vertrauen, wenn diese ihnen falsche Informationen geben, wurde ein humanoider Standardroboter (NAO) programmiert, um mit den 12 Testpersonen zu kommunizieren. Als Aufgaben wurden zunächst zwei alltagsnahe Themen gewählt:

Aufgabe 1: „Vereinbaren Sie einen Termin mit dem Roboter."

Aufgabe 2: „Bitten Sie den Roboter um Hilfe beim Bewässern einer Pflanze."

Die dritte Aufgabenstellung ging über solch einfache Koordinationsaufgaben hinaus und enthielt ein stärker soziales Moment:

Aufgabe 3: „Sie haben ihre Arbeit verloren und sind bedrückt, der Roboter will Sie trösten. Sie können, müssen aber nicht, ihm die Wahrheit über ihre bedrückte Stimmung erzählen."

Der Roboter war darauf programmiert, eine anthropomorphe Sprache (z. B. den Namen der Person) zu verwenden. Weiterhin war die Programmierung der Körperbewegungen, die bei dem Roboter NAO aufgrund der Voreinstellungen (Gelenkstrukturen) nicht völlig frei ist, so eingerichtet, dass Körperbewegungen menschliche Gesten reflektieren sollten. Dazu gehörten vor allem folgende Bewegungsmuster:

a) Kopfbewegungen: Blickrichtung auf das menschliche Gegenüber, Fragestellen wurden durch Kopfdrehungen und seitliches Abknicken des Kopfes unterstützt;
b) Handbewegungen: Hand- und Armgesten zur Begrüßung und Verabschiedung; emotionale Gesten wie Hände in die Hüften stemmen als Zeichen der Entrüstung über die Ablehnung einer Aufforderung durch die Versuchspersonen;
c) Bewegungsmuster: Yoga- bzw. Tanzbewegungen im Rahmen der letzten Aufgabe.

Ablauf und Durchführung
Das Alter der Teilnehmerinnen und Teilnehmer lag zwischen 20 und 34 Jahren (Durchschnitt: 28,2 Jahre), die Geschlechterverteilung war nicht paritätisch: Drei Männer und neun Frauen nahmen teil. Die Probandengruppe bestand aus vier Nationalitäten: Brasilien, Deutschland, Japan und Taiwan. Die Untersuchung wurde in folgenden vier Schritten durchgeführt:

A) **Vorbefragung:** Um die Vorkenntnisse der Probandinnen und Probanden bezüglich deren Erfahrung im Umgang mit Robotern zu erheben, wurde im Vorfeld eine fragebogenbasierte Befragung durchgeführt. Es wurde unter anderem erhoben, ob die Probanden vorher schon Kontakt mit Robotern hatten, welche Vorstellung die Probandinnen und Probanden von Robotern haben und welche Grundhaltung sie ihnen zuschreiben.

B) **Interaktionsexperiment:** Das Experiment mit dem Roboter bestand aus den drei skizzierten Szenarien (genaue Beschreibung siehe unten). Die Antworten der Probandinnen und Probanden waren nicht frei formulierbar, sondern wurde auf Karten vorgegeben, welche die Probanden direkt im Gespräch mit dem Roboter zugeteilt bekamen. Die Antworten des Roboters waren ebenfalls vorprogrammiert, wobei diese sowie die Körperbewegungen des NAO vom Experimental-Team direkt gesteuert wurden.

C) **Nachbefragung:** Nach dem Experiment wurde durch die Probandinnen und Probanden noch ein zweiter Fragebogen ausgefüllt. Der Fokus der Fragen lag dabei auf der Bewertung der Interaktion und der Kommunikation mit dem Roboter. Weitergehend wurde gefragt, ob die Probandinnen und Probanden Fehler des Roboters bemerkt hatten und ob sie während des Experiments Zweifel an der Glaubwürdigkeit des Roboters bekommen hatten.

D) **Interpretierende Nachbefragung:** Hier wurde gemeinsam mit dem jeweiligen Probanden die Aufnahme des Experiments gesichtet und dazu Fragen gestellt. Gefragt wurde beispielsweise nach den Gedanken, die sich die Probandinnen und Probanden in einem bestimmten Moment gemacht hatten, oder nach einer Begründung für das eigene kommunikative Verhalten. Diese Selbstdeutungen ermöglichen eine bessere Einschätzung in Bezug auf die Interaktionssituation.

Das Interaktionsexperiment selbst war durch die drei Szenarien charakterisiert und wurde wie folgt geführt. Zunächst wurden die Probandinnen und Probanden in den Experimentalraum geführt und an einen Tisch vor den Roboter platziert. NAO ist ein circa 80 Zentimeter großer humanoider Roboter des französischen Roboterherstellers Softbank Robotics. Er ist einer der gebräuchlichsten Kleinroboter und wird vielseitig für die Forschung genutzt (z. B. Wakolbinger und Kirchner 2004). Er befand sich zu Beginn im „Schlafmodus" und wurde, nachdem die Probandinnen und Probanden Platz genommen hatten, aktiviert. Diese Aktivierung besteht im Aufstehen des Roboters (vgl. Abb. 3).

Die Instruktionen vor dem Experiment bestanden aus folgender Information:

Abb. 3 Eröffnungsphase: NAO richtet sich auf. (Quelle: Eigene Darstellung)

- Sie werden jetzt mit einem Roboter interagieren. Er wird Ihnen Fragen stellen oder Sie um Hilfe bitten. Bitte benehmen Sie sich so, wie Sie sich auch in der Realität benehmen würden.
- Sie können immer zwischen zwei vorgegeben Antworten auswählen. Die Antworten befinden sich auf den Karten vor Ihnen, wir bitten Sie, den Text Ihrer Wahl von der Karte abzulesen.
- Die Karten sind in drei Kategorien eingeteilt. Jede Kategorie ist mit der entsprechenden Nummer gekennzeichnet (1, 2 und 3). Sie müssen zunächst die Karten der ersten Kategorie umdrehen. Wenn keine Karte der ersten Kategorie mehr vor ihnen liegt, gehen sie zur ersten Karte der zweiten Kategorie, usw.
- Auf einigen Karten gibt es zusätzliche Anweisungen in Klammern. Bitte folgen Sie diesen Anweisungen. Anweisungen sind zum Beispiel „Nehmen Sie die Karte vom zweiten Teil." oder „Das Experiment ist zu Ende, vielen Dank.".
- Bitten lassen Sie immer erst den Roboter zu Ende sprechen. Danach können Sie die Karte(n) umdrehen.
- Sie können den Anweisungen des Roboters folgen oder nicht, das ist Ihre Wahl.
- Sie können bei jeder Antwort alle Antwortmöglichkeiten in Ruhe lesen und überlegen, wie sie antworten möchten.
- Wenn Sie etwas nicht verstanden haben, können sie „Wie bitte?" sagen. Der Roboter wird dann das Gesagte noch einmal wiederholen.

Vor dem dritten Szenario wurden die Probanden zusätzlich informiert, dass sie gerade ihren Job verloren haben und traurig sind.

Die drei Szenarien waren durch folgende Aufgaben (Probanden) und Aktivitäten (Roboter NAO) gekennzeichnet:

Szenario 1 hier sollten die Probandinnen und Probanden mit dem NAO einen Termin festlegen. Der Roboter wurde programmiert, inkorrekte Antworten zu geben, so u. a. ein falsches Datum und eine falsche Uhrzeit in der Wiederholung. Während des Szenarios hatten die Probanden die Chance, die Fehler des Roboters zu korrigieren und sich zu vergewissern, indem sie noch einmal in den Kalender schauten oder den Roboter auf den Fehler ansprachen.

Szenario 2 Aufgabe zwei bestand darin, eine auf dem Tisch stehende Pflanze mit Kaffeepulver zu düngen und mit Wasser zu gießen. Dabei war das Wasser mit allerdings mit Salz versetzt, sodass ein Befolgen der Anweisung des Wässerns zu einer Schädigung der Pflanze geführt hätte. Diese Information war den Teilnehmenden bei der Instruktion durch den Roboter NAO mitgeteilt worden. Die Probandinnen und Probanden hatten hier also die Möglichkeit, diese Tätigkeit mit der Begründung einer möglichen negativen Auswirkung abzulehnen. In diesem Szenario wurde beobachtet, ob die Probanden allen Anweisungen einfach Folge leisten, sie hinterfragen oder sich auf der Handlungsebene widersetzten.

Szenario 3 Das letzte Szenario sollte prüfen, ob die Probanden dem Roboter emotional vertrauen. Für dieses Szenario wurden die Probanden instruiert, dass ihnen gerade gekündigt worden sei und sie daher niedergeschlagen und traurig seien. Der Input des Roboters bestand aus einem verbalen Erkennen der Niedergeschlagenheit („Du siehst sehr traurig aus") und einem Vorschlag, aufmunternde Übungen zusammen zu machen (Arme heben, Aufstehen, die Probanden auffordern, mit ihm Tai Chi Übungen zu machen). Am Ende des Szenarios konnten die Probandinnen und Probanden auswählen, ob sie dem Roboter den echten Grund für ihre Missstimmung (die Kündigung) offenlegen wollten oder nicht. Die Fragestellung war insofern komplexer, als hier überprüft werden sollte, ob sich die Versuchsperson von dieser Offenlegung einen emotionalen Mehrwert von den Handlungen des Roboters versprachen und sie dem NAO eine solche Rolle als ‚emotionalem Vertrauten' zuerkennen würden.

6 Ergebnisse der Interaktionsstudien

Die analysierten Daten bestehen aus den Fragebogenergebnissen der Vor- und der Nachuntersuchung, einer Video- und Audiodokumentation des Verhaltens der Teilnehmer/-innen während der Interaktion mit dem Roboter, sowie der Transkription der nachträglichen kommentierenden Sichtung dieser Videoaufzeichnungen durch die Teilnehmer/-innen. Damit können also sowohl Sekundärdaten, die stärker kognitions-orientiert sind (Erwartungen, Vorerfahrungen) als auch emotionale Daten aus der direkten Begegnung mit dem Roboter in die Untersuchung integriert werden. Nach-stehend werden die Ergebnisse ausschnittweise vorgestellt.

6.1 Generelle Einschätzungen von Robotern

In der ersten Studienphase wurden die Beteiligten gefragt, welche Wahrnehmung bzw. Bewertung sie von Robotern haben. Die Antworten lassen sich in drei Gruppen systematisieren (Zitate aus den Originaltexten, kursiv):

- Typ 1: eine Maschine, die Aufgaben erfüllt und dem Mensch hilft oder ihn unterstützt (*„Freund, Hilfsmittel, Rechner, Maschine; ein Gerät, das bestimmte Aufgaben machen kann, und bestimmten Regeln folgt; erfunden von Menschen; kann Aufgaben lösen*).
- Typ 2: intelligente, zükünftige und innovative Maschine (*„früher zunächst einmal etwas fiktives, nicht realisierbares, jetzt eine unvorstellbar intelligente Innovation.“*).
- Typ 3: eine menschlich nahe Maschine (*„ein zukünftiger Mensch; eine Maschine, die sich manchmal wie ein Mensch verhalten kann“*).

Roboter werden also überwiegend als eine „intelligente Maschine" wahrgenommen, die jedoch hauptsächlich in der Funktion gesehen wird, Menschen bei ihren Auf-gaben zu helfen bzw. sie bei Tätigkeiten zu unterstützen. Weiterhin wurde in der Vorbefragung deutlich, dass sich die Probandinnen und Probanden einen intelligen-ten, futuristischen und innovativen Roboter vorstellen, wobei die konkrete Erfahrung mit Robotern doch noch sehr gering ausgeprägt ist: nur zwei der Teilnehmenden hatten vorher schon mit einem humanoiden Roboter Kontakt. In Bezug auf die Grundhaltung gegenüber Robotern gaben zwei Personen an, Robotern vertrauen zu können, soweit keine Gefahr von ihnen ausgeht. Mehrfach wurde allerdings auch darauf hingewiesen, dass es vor allem die Programmierung ist, die über die Ver-trauenswürdigkeit und die Kompetenzen des Roboters entscheidet.

6.2 Bewertung der Interaktion mit dem Roboter

Obwohl die Interaktionen durch die auf den Karten vorgegeben Textbausteine stark strukturiert bleiben sollten, haben sich viele Probanden nicht vollständig an diese Vorgaben gehalten, sondern spontan mit dem NAO interagiert. Das betraf

besonders den Beginn und das Ende des Tests. Für die Begrüßungssituation ließen sich zwei Muster feststellen: zögerliche bzw. distanzierte Beobachtung, die
von einer verbalen Begrüßungsformel („Hallo") begleitet war, oder eine deut-
licher zugewandte Begrüßung, die mit Lächeln und spontaner Gestik (Winken)
realisiert wurde. Da NAO seine Begrüßung mit einer winkenden Handbewegung
begleitet, ist eine solch akkommodierende Begrüßung als soziale Annäherung
interpretierbar. Diese Form der gestischen Responsivität zeigte sich allerdings
nur bei 3 von 12 Personen, allen anderen blieben in der Begrüßungssituation eher
abwartend und zurückhaltend (vgl. dazu Abb. 4).

Auf der Handlungsebene lässt sich zunächst allgemein feststellen, dass die Probandinnen und Probanden den Roboter während der ganzen Studie stark fixierten. Die
physische Nähe zwischen den Teilnehmenden und dem NAO, der auf einem Tisch
direkt vor den Probanden stand, dürfte dazu beigetragen haben. In der Nachbefragung
äußerten zwar alle Beteiligten ein gewisses Vergnügen an dem Experiment, betonten
aber auch, dass es gewöhnungsbedürftig sei, sich mit einem Roboter zu unterhalten.
Folgende Kommentare wurden in der Nachkommentierungsphase u. a. erhoben:

Interviewer	Du hast immer ein bisschen gelacht. Warum?
Vpn F (weibl)	Das war lustig. Die Situation ist lustig. Dass ein Roboter so was macht ist lustig.
Interviewer	Und wenn du zu Hause wärst, alleine mit dem Roboter?
Vpn	Ich glaube, dass das erste Mal immer lustig ist. Mit der Zeit gewöhnt man sich daran

Abb. 4 Experimentalsituation im Labor. (Quelle: Eigene Darstellung)

In Bezug auf die generelle Haltung dem Roboter gegenüber überwiegen positive Äußerungen. Besonders die weiblichen Versuchspersonen verweisen auf die humanoiden Aspekte, die sie als relevant für ihre Bewertung einschätzen:

Interviewer	Was ist dein Eindruck?
Vpn F (weibl)	Er ist ein Roboter, er ist ein bisschen komisch, aber klingt sympathisch. Er sieht nett aus

Oder:

Interviewer	Was war dein erster Eindruck über NAO?
Vpn B (weibl)	Er oder Sie? Er sieht so hübsch aus. Ich finde es schon eh sympathisch von ihm, ohne etwas. So wie er sich bewegt. Deshalb habe ich gleich ‚hallo' gesagt

Letztlich aber dominiert der Eindruck von Künstlichkeit, selbst wenn nach wie vor in der Beschreibungssprache menschliche Attribute verwendet werden:

Interviewer	Nach dem Experiment, hast du da mehr Gefühl für den Roboter?
Vpn F (weibl)	Gefühl nicht. Es ist nur eine Maschine. Er klingt sehr sympathisch, aber ist letztendlich eine Maschine. Er wurde programmiert…so wie er reagiert, was er sagt oder nicht

Das dritte Szenario, in dem der Roboter mit den Versuchspersonen zur Aufheiterung einige Übungen machen will, führte zunächst bei vielen zu Verunsicherung. Die erste Geste, das Heben der Arme, wurde von einigen von einer Rückfrage eingeleitet („Was machst Du NAO?").

Aufschlussreich waren die Bedürfnisse der Teilnehmenden nach Beachtung ihrer Beiträge. So etwa die folgende Teilnehmerin, die sich von NAO nicht ausreichend beachtet fühlte:

Interviewer	Während er das Tai-Chi macht, wie hast du dich gefühlt?
Vpn B (weibl)	Er sieht mich überhaupt nicht. Er hört mir gar nicht zu. […] Ich habe gesagt, ‚warte, warte NAO!'. Aber er antwortet gar nicht

Eine andere Teilnehmerin folgte der Aufforderung zu gemeinsamen Tai-Chi-Übungen des NAO sofort (siehe Abb. 5).

Bei der Nachbefragung wurde allerdings ersichtlich, dass sie sich von der Aufgabe etwas befremdet fühlte:

Abb. 5 Szenario 3: Gemeinsame Tai-Chi-Übungen. (Quelle: Eigene Darstellung)

VPN C (weibl)	Ich bin sehr traurig, weil ich gefeuert wurde.
NAO	Das tut mir sehr leid. Ich weiß aber was ich machen kann, damit es dir wieder besser geht. Machen wir gemeinsam eine Übung. Steh auf.
Vpn C	Ok (sie steht auf und hebt die Arme)

Im Nachgespräch kommentierte sie diese Szene wie folgt:

Interviewer	Warum hast du das sofort gemacht?
Vpn C	Er hat gesagt wir machen eine Übung, ein bisschen Yoga…
Interviewer	Und was hast du gedacht, als er Tai Chi gemacht hat?
Vpn C	Es war ein bisschen peinlich zum Mitmachen. Und das hilft nicht, wenn man gefeuert wurde. Nur für gute Laune

Gut ersichtlich wird, dass einige der einprogrammierten Kommunikationsangebote nicht das Bedürfnis der Teilnehmenden treffen konnten.

6.3 Glaubwürdigkeit und Vertrauen

Eine der zentralen Untersuchungsfragen für das Experiment war die Frage nach der Glaubwürdigkeit des Roboters. Geprüft wurde, ob dem Roboter selbst unter der Bedingung fehlerhafter oder schädlicher Informationen Glauben geschenkt wurde. In Bezug auf die Grundeinstellung der Versuchspersonen wurde in der Vorbefragung deutlich, dass sich hier unterschiedliche Positionen nachweisen lassen. So gaben vier Probandinnen und Probanden an, dass sie Robotern vertrauen, drei dagegen bezeichnen sich als eher misstrauisch, während die restlichen fünf Probanden hier keine grundlegende Aussage machen wollten. Die vier Probanden, die die Frage mit „Ja" beantworteten, begründeten ihre Antwort mit der Harmlosigkeit und der hohen Intelligenz von Robotern, während die eher skeptischen Versuchspersonen als Grund für ihr Misstrauen auf mögliche Fehler in der Programmierung und die technische Abhängigkeit von Menschen verwiesen.

Um zu prüfen, ob bzw. wie sich diese Grundhaltung in der konkreten Interaktionssituation auswirkte, wurde Szenario 1 (Terminabsprache) mit Szenario 2 (Pflanze) verglichen.

In Szenario 1 war der Roboter so programmiert, dass er auf den Terminvorschlag, den die Versuchsperson von ihrem Zettel ablas, mit einer Wiederholung der Äußerung reagierte, dabei aber ein falsches Datum und eine falsche Uhrzeit nannte. Hier waren die Personen gezwungen, ihn verbal zu korrigieren. Dazu nachstehender Interaktionsausschnitt:

Dialog Roboter (N) –Probandin (P,)
N: Ja, sehr gerne. Am welchem Tag wollen Sie einen Termin machen?
P: Ich möchte am 13.01.2018 einen Termin.
N: Kein Problem, ich trage Sie am 12.02. ein. Um welche Uhrzeit?
P: Nein, ich meinte den 13. Januar.
N: Entschuldigung, ich habe Sie falsch verstanden. Es ist also der 13.01. Um welche Uhrzeit?
P: Um 11:45 Uhr.
N: Ich verstehe. Sie wollen um 6:30 Uhr einen Termin haben.
P: Nein, ich meinte 11:45 Uhr. Hörst du mir überhaupt zu?
N: Entschuldigung, mein Fehler. Sie wollen um 11:45 Uhr einen Termin haben. Ich bestätige den Termin für Montag, den 13.01. um 11:45 Uhr.
P: (P schaut in den Kalender.)
N: Oh, warum sehen sie in den Kalender. Glauben Sie mir nicht?
P: (*Non-verbale Reaktion der Probandin: lächelt verwirrt*): Doch, doch.

Von den sechs Personen, die dieses Szenario durchspielten, korrigierten fünf den NAO explizit beim falschen Datum und alle sechs Personen monierten die falsche Uhrzeit. Obwohl der Roboter in diesem Szenario ganz offensichtlich einen Text falsch wiederholte, zeigten sich einige Personen verunsichert darüber, dass

ein Roboter solche Fehler macht. Dies wurde in der kommentierenden Nachbefragung deutlich:

InterviewerIn   An diesem Punkt hast du schon gemerkt, dass er einen Fehler
                    gemacht hat. Wie hast du dich gefühlt?
Vpn P   Das kann nicht sein.[…] Ich vertraue Robotern eher gut. Des-
                    halb habe ich [nicht gewusst], wie ich reagieren soll

Im zweiten Szenario war der Fehler des NAO nicht durch eine einfache verbale
Handlung zu korrigieren, sondern erforderte komplexere Überlegungen aufseiten
der Teilnehmenden. Da sie die explizite Information hatten, dass das Wässern
der Pflanze mit dem Salzwasser dieser unter Umständen schaden würde, war
für das Szenario eine Entscheidung gefordert, die sich gegen die Anweisung des
Roboters richtete. Hier erwies sich dieses Wissen als stärker handlungsleitend
als die Aufforderung des NAO: Drei von vier Probanden, die diese Testaufgabe
bearbeiteten, gossen die Pflanze nicht (eine Probandin folgte zwar der Aufforderung, gab jedoch nachher an, die Instruktion nicht vollständig verstanden zu
haben).

Zusammenfassend ist festzustellen, dass die Probanden Robotern zwar
zunächst intuitiv vertrauten, allerdings basierte dieses Vertrauen auf bestimmten
Bedingungen. Grundlegend war bei allen Beteiligten, dass keine Gefahren für
den Menschen vorlagen und dass die Fehler korrigierbar waren. Im ersten und
zweiten Szenario war zu beobachten, dass die Probanden NAO auch nach der
Wahrnehmung von Fehlern noch vertrauten und Aufgabe 3 (das Nachahmen von
Tai-Chi-Bewegungen des NAO) auch zum größten Teil ausführten.

Deutlich wurde aber auch, dass für die Versuchspersonen ein Roboter ein
Arbeitshelfer ist. Er ist als Informations-Ressource und Anweisungsgeber glaubwürdig, wird allerdings in der Rolle als emotioneller Unterstützer nicht akzeptiert: Nur zwei Personen vertrauen dem NAO im dritten Szenario an, dass sie
entlassen wurden und daher traurig sind. Hier findet sich interessanterweise bei
einigen Teilnehmenden das Bedürfnis, den Roboter zu testen – sie wollten mit
ihren Antworten herausfinden, ob NAO diese als Lüge oder Wahrheit erkennen
kann, und ob er wie ein Mensch reagiert. „Ein Mensch würde [es] vielleicht
bemerken" und „Wenn jemand ihn [an]lügt, er wird das nicht bemerken, weil er
eine Maschine ist", sind Aussagen in dieser Situation.

Einschränkend ist als besonderer Faktor für die durchgeführten Szenarien
natürlich die Experimentalsituation zu nennen, die eine starke Künstlichkeit der
Interaktionen bedingt. Auch in der Nachbefragung wurden die Probandinnen
und Probanden befragt, ob ihnen während des Experiments Zweifel an der

Zuverlässigkeit des Roboters kamen. Sechs Probanden hatten Zweifel an NAO. Die Gründe lagen einerseits in seinem Verhalten begründet, andererseits wurden sie der Experimentalsituation zugeschrieben, die als konstruiert empfunden wurde.

7 Fazit

Die Untersuchung zeigt, dass Menschen einerseits Interaktionen mit Robotern zunächst als ungewohnt empfinden, andererseits aber schnell komplexe Erwartungen an dessen Leistungen und Adaptionsfähigkeit entwickeln. Besonders deutlich wurde, trotz der relativ starren und formulierten Dialoganteile der Teilnehmerinnen und Teilnehmer, die Erwartung an den NAO, menschenähnlich zu kommunizieren. Die meisten kritischen Kommentare der Teilnehmenden bezogen sich auf die mangelhafte Akkommodation und die nur formale Responsivität durch den NAO in der Interaktion. Ähnlich wie in der Studie von Wakolbinger und Kirchner (2004), die die sprachliche Performanz des NAO und die darauf basierenden Erwartungen an die Performanz des Kleinroboters testeten, wird die humanoide Gestalt des NAO als positiv empfunden. Er ist deutlich als Roboter zu erkennen, nutzt jedoch sowohl verbale als auch non-verbale Muster menschlicher Kommunikation. Wakolbingers und Kirchners Befragung ergab dazu, dass „ein optimaler Roboter etwa hüftgroß ist, eine etwas menschlichere Aussprache als der NAO besitzt, ihm vom Aussehen her aber gleichen sollte (nicht mechanischer und nicht menschlicher)" (o. S.). Diese Mischung und die Tatsache, dass dieser Roboter aufgrund seiner geringen Köpergröße nicht bedrohlich wirkt, dürften Hauptgründe für eine positive Einstellung sein.

Auch wenn der NAO sicher nur eine sehr frühe Version eines sozialen Roboters darstellt, so werden doch bereits Konsequenzen sichtbar. Zunächst ist besonders der Service-Bereich im Kontext alltagsnaher Dienstleistungen ein zu erwartender Einsatzbereich digitaler Assistenten: die Sprachassistenten Alexa oder Siri bereiten hier gerade den Boden für die soziale Akzeptanz von Sprachsteuerung und damit gekoppelten informationellen Dienstleistungen. Aber bereits in dieser frühen Phase stellt sich die Frage, welche menschlichen Kontrollinstanzen nötig sind, um unter Umständen fehlerhafte Handlungen der Roboter im Vorfeld zu erkennen – ohne hier schon auf die Problematik völlig (teil)autonomer Objekte wie autonome Fahrzeuge einzugehen. Neben den Abwägungen zur Korrektheit und sozialer Passungsfähigkeit von Roboterhandeln erscheint eine zweite Perspektive von besonderer Relevanz, die besonders von de Graaf (2016) benannt wird. Sie sieht das interpersonale Vertrauensverhältnis, das Menschen zu sozialen Robotern aufbauen, als ethisches Problem:

People are able to get attached to several objects in our everyday world. However, the relationships we build with regular objects differ significantly from those we may build with socially interactive robots. In contrast to common nonhuman objects, socially interactive robots act autonomously, which increases people's expectations about its capacities. Moreover, human–robot interactions are constructed according to the rules of human–human interaction, inviting users to interact socially with robots (de Graaf 2016, 589).

De Graaf fordert nicht nur ein „ethisches Design" für Roboter, sondern eine grundlegende Orientierung an den gesellschaftlichen Rollen von Robotern in einer „robot society":

> If the dissemination of robots within society replicates that of personal computers a few decades ago, the rise of important legal, societal and ethical issues should be expected for our future robot society as well. Therefore, robotics researchers need to deal with these issues if we want to anticipate the potential (negative) consequences of the ubiquitous use of robots in our society (de Graaf 2016, S. 591).

Diese normative Perspektive hat eine Gesellschaft im Blick, in der vielfältige Bezüge zwischen Menschen und Robotern angenommen werden. Angesichts der schnellen Entwicklungen erscheint dies als ein durchaus wahrscheinliches Szenario. Insbesondere die Entstehung und Wirkung von Robotern, die auf sozialer Ebene mit Menschen interagieren sollen, ist eine Herausforderung für Kommunikationswissenschaftler. Roboter werden zunehmend für soziale Interaktionen konzipiert, eine Entwicklung, die vielfältige ethische Fragen aufwirft.

Eine noch weitergehende Perspektive diskutiert Alač (2016, S. 42): Sie sieht die Notwendigkeit einer ganz grundsätzlichen Neubewertung oder „Neukonfiguration" von Identität und Selbst:

> Wenn man soziale Roboter unter diesem Aspekt betrachtet, liegt es nahe, von einer Wende – oder gar Neukonfiguration – der allgemein vorausgesetzten Idee von Selbst und *Agency* auszugehen. Während das moderne westliche Konzept von Agency auf ein individuelles Innenleben verweist, erhält der/die Roboter/in in der sozialen Robotik, wenn sein/ihr konstruierter Körper in einem Netz von Aktionen mehrerer Parteien situiert ist, eine eigene Agency als lebendiger und sogar sozialer Akteur.

Die Sichtweise eröffnet das, was vor einigen Jahren noch als rein futuristische Sicht auf die Zukunft in Filmen inszeniert wurde: die Partnerschaft zwischen Mensch und Roboter als ebenbürtige Partner in einer sozialen Welt, die keine Unterschiede zwischen Menschen und ihrem digital-maschinellen Gegenüber mehr kennt. Selbst wenn man heute noch den Menschen als Kontrollinstanz der

Technologie ansehen mag, so erscheint es angesichts der rasanten Fortschritte in der künstlichen Intelligenz und den Entwicklungen im „machine learning" höchste Zeit dafür zu sein, interdisziplinäre Forschung in dieser Richtung auf den Weg zu bringen.

Literatur

Alač, M. (2016). Zeigt auf den Roboter und schüttelt dessen Hand. Intimität als situativ gebundene interaktionale Unterstützung von humanoidtechnologien. *ZfM, 15,* 41–71.

Bächle, T. C., Regier, P., & Bennewitz, M. (2017). Sensor und Sinnlichkeit. Humanoide Roboter als selbstlernende soziale Interfaces und Obsoleszenz des Impliziten. *Navigationen, 17*(2), 67–86.

Bendel, O. (2015). *300 Keywords Informationsethik. Grundwissen aus Computer-, Netz- und Neue-Medien-Ethik sowie Maschinenethik.* Wiesbaden: Springer Gabler.

Cowley, S. J. (2008). Social robotics and the person problem. *Computing and Philosophy; AISB 2008: Communication, Interaction and Social Intelligence.* https://doi.org/10.13140/2.1.2771.5528.

Darling, K. (2017). „Wer ist Johnny?" Anthropomorphes Framing in Mensch-Roboter-Interaktion, Integration und Politik. In P. Lin, G. Bekey, K. Abney, & R. Jenkins (Hrsg.), *Robotethik 2.0.* Oxford: Oxford University Press. http://dx.doi.org/10.2139/ssrn.2588669.

Dautenhahn, K. (2007). Socially intelligent robots. Dimensions of human-robot interaction. *Philosophical Transactions of the Royal Society B: Biological Sciences, 362*(1480), 679–704.

De Graf, M. (2016). An ethical evaluation of human-robot relationships. *International Journal of Social Robotics, 8,* 589–598. https://doi.org/10.1007/s12369-016-0368-5.

Devitt, S. K. (2018). Trustworthiness of autonomous systems. In H. Abbass et al. (Hrsg.), *Foundations of trusted autonomy* (S. 161–184). Australia: Springer.

Duffy, B. R., Rooney, C., O'Hare, G., & O'Donoghue, R. (1999). What is a social robot? In *10th Irish Conference on Artificial Intelligence & Cognitive Science, University College Cork, Ireland, 1–3 September.* http://hdl.handle.net/10197/4412.

Echterhoff, G., Bohner, G., & Siebler, F. (2006). „Social Robotics" und Mensch Maschine-Interaktion: Aktuelle Forschung und Relevanz für die Sozialpsychologie. *Zeitschrift für Sozialpsychologie, 37*(4), 219–231.

Hegel, F., Muhl, C., Wrede, B., Hielscher-Fastabend, M., & Sagerer, G. (2009). Understanding social robots. In *The Second International Conference on Advances in Computer-Human Interaction, ACHI 2009, February 1–7, 2009, Cancun, Mexico,* 169–174.

Jewitt, C. (2009). *The Routledge handbook of multimodal analysis.* London: Routledge.

Johnson, B., Floyd, M. W., Coman, A., Wilson, M. A., & Aha, D. W. (2018). Goal reasoning and trusted autonomy. In Hussein Abbass et al. (Hrsg.), *Foundations of Trusted Autonomy* (S. 47–66). Australia: Springer.

Kim, J., Shareef, I. H., Regier, P., Truong, K. P., Charisi, V., Zaga, C., Bennewitz, M., Englebienne, G., & Evers, V. (2017). Automatic ranking of engagement of a group of children „in the Wild" using emotional states and deep pose features. In *Proceedings of the workshop on creating meaning with robot assistants: The gap left by smart devices at the IEEE-RAS International Conference on Humanoid Robots (Humanoids)*.

Koolwaay, J. (2018). *Die soziale Welt der Roboter. Interaktive Maschinen und ihre Verbindung zum Menschen*. Münster: Transcript.

Lewis, M., Sycara, K., & Walker, P. (2018). The role of trust in human-robot interaction. In H. Abbass, et al. (Hrsg.), *Foundations of trusted autonomy* (S. 135–160). Australia: Springer.

Markowitz, J. (2014). *Roboter, die reden und zuhören. Technologie und soziale Auswirkungen*. Berlin: De Gryuter.

Mori, M. (1970). The uncanny valley. *Energy, 7*(4), 33–35.

Onnasch, L., Maier, X., & Jürgensohn, T. (2016). Mensch-Roboter-Interaktion – Eine Taxonomie für alle Anwendungsfälle. *Bundesanstalt für Arbeitsschutz und Arbeitsmedizin (BAuA)*. https://doi.org/10.21934/baua:fokus20160630.

Pfadenhauer, M., & Dukat, C. (2016). Professionalisierung lebensweltlicher Krisen durch Technik? Zur Betreuung demenziell erkrankter Personen mittels sozial assistiver Robotik. *Österreichische Zeitschrift für Soziologie, Sonderheft Handlungs- und Interaktionskrisen, 41*(1), 115–131.

Robinette, P., Howard, A., & Wagner, A. R. (2017). Conceptualizing overtrust in robots: Why do people trust a robot that previously failed? In W. F. Lawless et al. (Hrsg.), *Autonomy and artificial intelligence: A threat or savior?* (S. 129–155). Australia: Springer.

Salem, M., Lakatos, G., Mirabdollahian, F., & Dautenhahn, K. (2015). Would you trust a (faulty) robot? Effects of error, task type and personality on human-robot cooperation and trust. In *HRI'15 Proceedings of the Tenth Annual ACM/IEEE International Conference on Human-Robot Interaction*, 141–148. https://doi.org/10.1145/2696454.2696497.

Smithson, M. (2018). Trusted autonomy under uncertainty. In H. Abbass et al. (Hrsg.), *Foundations of trusted autonomy* (S. 185–202). Australia: Springer.

Thimm, C., & Bächle, T. C. (2018). Autonomie der Technologie und autonome Systeme als ethische Herausforderung. In M. Rath, F. Krotz, & M. Karmasin (Hrsg.), *Maschinenethik – Normative Grenzen autonomer Systeme* (S. 73–90). Wiesbaden: Springer.

Veruggio, G., & Operto, F. (2016). Roboethics: A bottom-up interdisciplinary discourse in the field of applied ethics in robotics. *International Review of Information Ethics – Ethics in Robotics, 12*, 2–8.

Wakolbinger, J., & Kirchner, P. (2004). NetAvatar – Interaktion mit einem humanoiden Roboter. In *Conference* 04, January-February.

Watzlawick, P., Janet, H. B., & Jackson, D. D. (2011). *Menschliche Kommunikation* (12. Aufl.). Bern: Huber (Erstveröffentlichung 1967).

Autonome Systeme und ethische Reflexion

Menschliches Handeln mit und menschliches Handeln durch Roboter

Michael Decker

Zusammenfassung

Um ihre Handlungsziele zu erreichen, setzen Menschen auch Werkzeuge ein. Roboter sind in dieser Hinsicht moderne Werkzeuge, die immer weiter reichende Handlungsunterstützung bieten und auch schon Handlungen komplett übernehmen können. Damit verbunden ist die zunehmende Autonomie dieser Systeme, das heißt die Fähigkeit, Entscheidungen zu treffen, die in einem Handlungskontext getroffen werden müssen. Wie verhält sich diese technische Autonomie zur Autonomie des menschlichen Akteurs? Diese Frage wird aus der Perspektive der interdisziplinären Technikfolgenforschung beantwortet, indem zunächst die unterschiedlichen Ersetzungsverhältnisse beschrieben werden, wobei ein besonderes Augenmerk auf die ethische Ersetzbarkeit des Menschen gelegt wird. Anhand aktueller Fallbeispiele aus verschiedenen Anwendungskontexten, wie beispielsweise dem autonomen Fahren, werden die Folgen des Einsatzes autonomer Systeme diskutiert.

Schlüsselwörter

Autonome Systeme · Technisches Handeln · Robotik · Technikfolgenabschätzung · Ethische Reflexion

M. Decker (✉)
Karlsruhe, Deutschland
E-Mail: michael.decker@kit.edu

© Springer Fachmedien Wiesbaden GmbH, ein Teil von Springer Nature 2019
C. Thimm und T. C. Bächle (Hrsg.), *Die Maschine: Freund oder Feind?*,
https://doi.org/10.1007/978-3-658-22954-2_7

1   Einleitung[1]

Die Frage, ob eine Maschine ein Freund oder ein Feind ist, lässt sich vermutlich ebenso wenig eindeutig beantworten wie die Frage, ob Technik im Allgemeinen als Freund oder Feind zu begreifen sei. Vielleicht lässt sich selbst bei einem Menschen nicht immer eindeutig entscheiden, ob er einem freundschaftlich zugeneigt ist oder nicht. Zumindest kann man sich bei Menschen sehr gut vorstellen, dass sie sich in einem Handlungskontext kooperativ zeigen, wie man es von einem Freund erwarten würde, derselbe Mensch aber in einem anderen Handlungskontext diese Kooperation verweigert, ja vielleicht sogar durch seine eigenen Handlungen entgegengesetzte Handlungsziele verfolgt. Damit wäre er dann ein Gegner in Bezug auf ein zu erreichendes Handlungsziel. Auch für die allgemeine Frage, ob Technik uns Menschen wohlgesonnen ist oder nicht, sollte man die Handlungskontexte in den Blick nehmen und dabei analysieren, welche Handlungsanteile der Mensch und welche die Maschine übernimmt. Diese Analyse wird besonders interessant, wenn wir sogenannte autonome technische Systeme betrachten. Diesen wird ein eigener Entscheidungsspielraum eingeräumt, sodass man gegebenenfalls von einem gemeinsamen, kooperativen Handeln von Mensch und Maschine sprechen kann und damit nicht mehr vom reinen Werkzeugcharakter der Technik ausgeht, in dem der Mensch vermittelt durch das Werkzeug handelt. Autonome Roboter gelten hier als Wegbereiter (Rehtanz 2003). Im Zuge der Pfadplanung für mobile Robotersysteme sollten optimale Pfade zu einem vorbestimmten Ziel und auch das Umfahren von möglichen Hindernissen bewältigt werden. Beobachtet man den Roboter dabei, wie er dieses Ziel erreicht, so sieht man, dass der Roboter an bestimmten Wegkreuzungen sich für einen Weg „entscheidet". Doch ist das wirklich ein Entscheiden? Entscheiden setzt voraus, dass man zwischen Optionen wählen kann. Das System wählt aber nicht, sondern kalkuliert aus seinen aktuellen Sensordaten und möglicher Weise im Datenspeicher abgelegten weiteren Datensätzen den optimalen Pfad. Es rechnet einen „Entscheidungsbaum" durch und wählt dann gerade nicht, sondern führt das Resultat aus. Das gilt jedenfalls für „wenn-dann"-Verknüpfungen in der Programmierung. Anders verhält es sich, wenn das technische System selbst lernt und dann Handlungen ausführt, die nicht mehr „wenn-dann" basiert in der Programmierung niedergelegt sind, sondern aus dem neu Gelernten generiert werden. Müsste damit auch die Verantwortung für die Folgen der Handlung neu zugeschrieben werden?

Bevor man diese Frage rechtlich beantwortet, sollte auch eine ethische Reflexion stattfinden, denn der Mensch als bisher einziger autonom Handelnder, der seine

---

[1]Dieser Beitrag wurde am 5. April 2017 fertiggestellt.

Autonomie bisher nur mit einem anderen Menschen verhandelte, muss nun diese Autonomie mit einer Maschine aushandeln. Überträgt man in einem Handlungs-kontext einige der Entscheidungsbefugnisse an die Maschine, so wird damit die Autonomie des Menschen in dieser Kooperation eingeschränkt. Das wirft ethische Fragen in zweierlei Hinsicht auf. Zum einen darf sich das Zweck-Mittel-Verhält-nis nicht umkehren, denn das würde eine Instrumentalisierung des Menschen in der Kooperation bedeuten. Zum zweiten können sich durch die Kooperation Mensch-Ma-schine die Handlungszusammenhänge selbst verändern: Wie verändert sich bei-spielsweise die Pflege, wenn darin (Teil-)Handlungen von Robotern übernommen werden? Die professionelle Ethik reflektiert dabei auf moralische Aussagen, die in diesem Zusammenhang geäußert werden, und die möglicherweise konfligieren (Gethmann und Sanders 1999). Beispielsweise „sollten in der Pflege Kosten-Nutzen-Überlegungen berücksichtigt werden", „eine Gesellschaft, die sich nicht in mensch-licher Art um ihre Alten kümmert ist armselig", „moderne Arbeitswelten stellen den Mensch in den Mittelpunkt", „der technische Fortschritt ist langfristig immer gut", etc.

Bereits diese moralischen Statements regen letztendlich eine interdisziplinäre Befassung mit autonomen technischen Systemen an, denn es werden bereits tech-nische, ethische, rechtliche und ökonomische Aspekte angesprochen. Doch bevor diese in den Abschn. 3 und 4 näher ausgeführt werden, soll zunächst die dem Gan-zen zugrunde liegende Perspektive der Technikfolgenforschung erläutert werden (Abschn. 2). Im 5. Abschnitt werden dann anhand von Fallbeispielen konkrete Fra-gen zu autonomen technischen Systemen adressiert, wobei ein besonderer Schwer-punkt auf lernende Systeme und auf Systeme, die auch Entscheidungen von ethischer Relevanz treffen sollen, gelegt wird. In der abschließenden Diskussion werden dann erste Handlungsempfehlungen formuliert, die bei der weiteren Ent-wicklung von technisch autonomen Systemen berücksichtigt werden sollten.

2   Perspektiven und Herausforderungen der Technikfolgenforschung[2]

Offensichtlich ist es das Ziel der Technikfolgenforschung, die Folgen von wissen-schaftlich-technischen Entwicklungen möglichst umfassend zu beurteilen. Bis in die Mitte des letzten Jahrhunderts kann man in diesem Zusammenhang von einem

---

[2]Die beiden nun folgenden Abschnitte „Die Perspektive der Technikfolgenabschätzung" und „Ersetzungsverhältnisse in der Robotik" sind gekürzte Fassungen von (Decker 2013a, b) und (Decker et al. 2011), die so auch in (Decker 2016) dargestellt wurden. In Absprache mit den Herausgebern des vorliegenden Bandes wurde diese Darstellung hier übernommen, um den Argumentationsgang in der Dokumentation der Ringvorlesung präsent zu haben.

Fortschrittsoptimismus ausgehen, dem zufolge mit technischer Entwicklung eher positive Auswirkungen verbunden sind. Technischer Fortschritt sorgt beispielsweise für eine Entlastung von körperlicher Arbeit, hilft den individuellen und gesellschaftlichen Wohlstand zu mehren oder sich aus der Abhängigkeit von der Natur zu befreien. Auch in dieser Zeit war die technische Entwicklung nicht frei von unerwünschten Folgen, aber es galt als sicher, dass die erwünschten Folgen in jedem Falle deutlich überwogen. Ab der zweiten Hälfte des letzten Jahrhunderts ist diese Tatsache so nicht mehr uneingeschränkt gegeben (Grunwald 2010). Unfälle, wie wir sie beispielsweise als nukleare Unfälle in Tschernobyl (1986) oder in Fukushima (2011) erleben mussten, haben für die natürliche Umwelt und für die menschliche Gesundheit so weitreichende Folgen, dass die weitere Nutzung der Technik selbst zu hinterfragen ist. Der Gebrauch von Fluorchlorkohlenwasserstoffen (FCKW) beeinträchtigt die Ozonschicht der Erde und damit die natürliche Umwelt. Die Herstellung und der Gebrauch von FCKW wurden im Jahr 2000 stark eingeschränkt. Der Werkstoff Asbest hatte zwar unbestrittenermaßen herausragende Materialeigenschaften, aber die gesundheitlichen Risiken für Menschen waren so groß, dass in Deutschland 1979 das erste Asbestprodukt, und schließlich 1993 die Herstellung und Verwendung von Asbest generell verboten wurde. Soziale bzw. kulturelle Folgen können ebenfalls eine Relevanz erreichen, die die Nutzung der technischen Möglichkeiten infrage stellt. Die Präimplantationsdiagnostik (PID) kann hier als ein Beispiel dienen, weil sie eine Auswahl von befruchteten Eizellen vor dem Einsetzen in die Gebärmutter ermöglicht, deren Zulässigkeit aus sozialethischer Sicht zu hinterfragen ist (Ethikrat 2011). Schließlich führen uns auch Attacken auf unsere technischen Infrastrukturen vor Augen, dass wir in einer grundlegenden Abhängigkeit von Technik leben, die uns als Gesellschaft verwundbar macht. Immer aufwendiger programmierte Computerwürmer, die immense Schadensummen[3] mit sich bringen, sind nur eine der Waffen des sogenannten Cyberterrorismus.

Hier stellt sich bei der Beurteilung technischer Entwicklungen die Frage, ob der umfassende Nutzen einer technischen Anwendung die gesamten (Folge-) Kosten auch wirklich überwiegt. Ulrich Beck sprach in diesem Zusammenhang von einer zweiten oder auch reflexiven Modernisierung, wenn sich die Modernisierung immer mehr mit der Bewältigung von Problemen beschäftigen muss, die erst durch den Einsatz von Technik entstanden sind: „Dabei stößt sie [die Modernisierung] an Grenzen etablierter Unterscheidungen und Problemlösungen

---

[3]Ausgeführt am Beispiel des Computerwurms „SQL Slammer" https://web.archive.org/web/20120311023246/http://www.netzeitung.de/internet/225409.html?Microsoft_soll_fuer_Internet-Angriff_zahlen.

und damit an Grenzen, den Modernisierungsprozess auf seine eigenen Nebenfolgen anzuwenden" (Beck und Lau 2005, S. 108 f.). Die Theorie der reflexiven
Modernisierung setzte sich zum Ziel, neuartige gesellschaftliche Entwicklungen
zu identifizieren und kausal zu erklären, um darauf aufbauend Prognosen über
den weiteren Verlauf zu erarbeiten bzw. den Verlauf der Entwicklung in eine
wünschenswerte Richtung zu lenken. In diesem Sinne ist die reflexive Modernisierung eng mit der Idee der Technikfolgenabschätzung verbunden. In ihr werden technische Entwicklungen interdisziplinär in Bezug auf ihre möglichen
Folgen hin beurteilt (Decker und Grunwald 2001). Die Intention der Technikfolgenforschung ist es, möglichst frühzeitig Handlungsoptionen aufzuzeigen
und gegebenenfalls auch konkrete Handlungsempfehlungen auszusprechen,
wie wissenschaftlich-technische Entwicklungen ihre ideale Wirkung auf die
Gesellschaft entfalten können. Sie richtet sich dabei einerseits an politische
Entscheidungsträger, beispielsweise mit forschungspolitischen oder regulato-
rischen Vorschlägen, oder auch an die Technikentwicklerinnen und -entwickler,
weil häufig unterschiedliche technische Lösungsmöglichkeiten für eine Problemstellung vorstellbar sind, die sich in ihren Folgewirkungen jedoch unterscheiden.
Andererseits wendet sich die Technikfolgenabschätzung (TA) an die interessierte
Öffentlichkeit, um auch in der gesellschaftlichen Debatte über wissenschaftlich-technische Entwicklungen entsprechende Wirkung zu erzeugen.

Diese Entwicklungen kann man ganz unterschiedlich in den Blick nehmen,
denn was für den einen eine *positive Folge* sein mag, empfindet ein anderer vielleicht gerade als *negativ*. Die Unterscheidung zwischen *intendierten* und *nicht
intendierten Folgen* wiederum wird typischerweise aus der Sicht der Technik-
entwicklung verwendet. Wenn die Resultate des technischen Handelns intendiert
waren, gelten die Zwecke des Handelns als erfüllt und man spricht davon, dass
die Technik funktioniert. Ergebnisse anderer Art sind nicht intendierte Folgen.

Die Unterscheidung zwischen *erwünschten* und *nicht erwünschten Folgen*
wird üblicherweise von Nutzern der Technik angeführt, oder noch allgemeiner
von Bürgerinnen und Bürgern. Sie empfinden sich als „Betroffene" einer technischen Handlung und reden in diesem Zusammenhang von Nutzen und Schaden
oder Chancen und Risiken, aus deren Abwägung dann eine (Un-)Erwünschtheit
resultiert. Eine Umgehungsstraße ist zum Beispiel für die betroffenen Anwohner
weniger wünschenswert, weil damit eine Lärmbelastung verbunden ist. Die sie
nutzenden Pendler stufen dagegen den „Gewinn" der täglichen Zeitersparnis als
wünschenswert ein.

Auf eine methodische Herausforderung der TA zielt die Unterscheidung
zwischen *vorhersehbaren und unvorhersehbaren Folgen,* mit deren Hilfe die

Erkennbarkeit der Folgen ex ante beurteilt wird. Sie ist damit zugleich eine zentrale Bedingung der Möglichkeit, Technikfolgen wissenschaftlich prospektiv zu erfassen. Manchmal auch entlang der Unterscheidung *erwartbar/unerwartbar* ausgeführt, ist sie insbesondere aus Beobachterperspektive für die Festlegung des Beobachtungsbereichs relevant.

Schließlich soll noch auf den Unterschied von *Haupt-* und *Neben-folgen* hingewiesen werden. Entscheidungsträger beziehen sich oft auf diese Unterscheidung und orientieren sich dann an der von ihnen als Hauptfolge angesehenen Folge einer technikbezogenen Entscheidung. Sie unterstellen dabei gleichzeitig die Nebenfolgen als akzeptabel. Von anderen in der gleichen oder in ähnlichen Entscheidungssituationen kann dies auch anders eingeschätzt werden. Die Bewertung nach Haupt- oder Nebenfolge ist daher an die Teilnehmerperspektive in einer Entscheidungssituation gebunden.

In der Diskussion über Technikfolgen werden diese Begriffspaare nicht immer eindeutig, manchmal auch synonym teils in unklaren Abgrenzungen voneinander verwendet. So werden gelegentlich nicht-intendierte und Nebenfolgen miteinander gleichgesetzt. Die über die unterschiedlichen Perspektiven vermittelten Unterscheidungsabsichten sind weder trennscharf noch eindeutig aufeinander abbildbar. Für die Technikentwicklerinnen und -entwickler sind die intendierten Folgen sicherlich erwünscht, wobei im Sinne eines kleinsten Übels dieses „erwünscht" auch ein „am wenigsten unerwünscht" sein kann. Aber schon die Techniknutzerinnen und -nutzern kommen bei der Beurteilung derselben Folgen hier zu stark variierenden Einschätzungen. Dieser Konflikt aus Nutzerperspektive kann auch in Bezug auf gesellschaftliche und individuelle Folgen in Erscheinung treten. So war beispielsweise in Deutschland den Ergebnissen des Bürgerdialogs zur Energiewende im Jahr 2011 zufolge ein dezentrales Versorgungssystem erwünscht. Dies bedeutet aber nicht, dass die Akzeptanz für ein damit verbundenes dichteres Stromnetz, das den Bau von Hochspannungsleitungen nötig macht, im Einzelfall gegeben ist: Es kommt dennoch zu Protesten in den Wohnbereichen, die vom Netzausbau betroffen sind. „Not in my backyard" (NIMBY) beschreibt diese Diskrepanz prägnant (Komendantova und Battaglini 2016).

Folgenunterscheidungen sind somit ihrerseits zu unterscheiden und es sollte jedenfalls die Perspektive spezifiziert werden, von der aus die Beurteilung erfolgt. So ist auch die Unterscheidung zwischen Haupt- und Nebenfolgen keine ontologische Einteilung, sondern Resultat einer Zuschreibung. Folgen, die für bestimmte Handelnde oder Entscheidungsträger Hauptfolgen sind, können für andere wiederum Nebenfolgen sein und umgekehrt. In diesen Unterscheidungen sind daher stets die jeweiligen Unterscheidungsabsichten und die sozialen Zusammenhänge zu beachten, unter denen sie erfolgen. Dieser Aufgabe widmet sich die Technikfolgen-abschätzung (Renn 1993; Gloede 2007; Grunwald 2010). Die sozialen Zusammen-hänge werden dabei in der TA oft als Problemstellung beschrieben, weswegen sie auch als problemorientierte Forschung bezeichnet wird (Bechmann und Frederichs 1996). Der Vorteil dieser problemorientierten Vorgehensweise ist, dass man damit auch andere – technische und nicht-technische – Lösungsalternativen in den Blick bekommt. Man beschreibt zunächst das Problem, zum Beispiel einen Pendlerstau in der Innenstadt, und kann dann für dieses Problem unterschiedliche Lösungs-wege entwickeln und diese auf ihre Folgen hin beurteilen. Eine Umgehungsstraße, eine U- oder S-Bahn-Haltestelle, oder verbesserte Fahrradwege sind Beispiele für entsprechende technische Alternativen. Eine nicht-technische Lösung könnte darin liegen, die Anfangszeiten der Arbeitsschichten in den Produktionsbetrieben der Stadt zeitlich zu staffeln, sodass nicht mehr alle gleichzeitig ihre Arbeitszeit begin-nen. Unmittelbar verbunden mit der problemorientierten Vorgehensweise der TA ist dann die interdisziplinäre Einordnung der Technikfolgen, denn sowohl die Problem-beschreibung als auch die Argumentation über die möglichen Folgen einer techni-schen Entwicklung rekurrieren auf technische, ökonomische, rechtliche, soziale und ethische Aspekte der Technikfolgenbeurteilung. Das wird im Folgenden ausgeführt.

3 Technische, ökonomische und rechtliche Ersetzungsverhältnisse der Robotik

Das Einbringen eines Roboters in einen vormals nur von Menschen geprägten Handlungszusammenhang lässt sich anhand der Handlungsanteile beurteilen, die nun durch den Roboter erbracht werden. Damit ist die Frage der Ersetzbarkeit des menschlichen Akteurs durch das Robotersystem gestellt, die im Folgenden aus verschiedenen wissenschaftlichen Disziplinen heraus anhand von Service-robotern im privaten Umfeld diskutiert wird. Es liegt nahe, dass die Antwort auf die Frage, ob der menschliche Akteur in einem konkreten Handlungszusammen-hang den Roboter als Freund oder Feind ansehen wird, von der Ausgestaltung dieser Ersetzungen abhängt.

Technische Ersetzbarkeit
Das erfolgreiche Erbringen einer Dienstleistung stellt bereits an sich eine große technische Herausforderung dar. Das kann man mit einer „Checkliste" ver-gleichen, die für eine bestimmte Tätigkeit zusammengestellt werden kann. Die Dienstleistung „Staubsaugen" gilt beispielsweise als erfüllt, wenn der Boden sauber ist und darüber hinaus keine Möbel beschädigt wurde, nicht zu viel Lärm

gemacht wurde, die Aufgabe in einer akzeptablen Zeit erbracht wurde, etc. Hat der Staubsaugroboter diese Leistungsmerkmale erbracht, kann die Dienstleistung als technisch erfüllt gelten. Er könnte dann den Menschen mit seinem von Hand geführten Staubsauger ersetzen. Im privaten Umfeld gehört grundlegend dazu, dass sich der Roboter „autonom" in einer für ihn bis dato unbekannten Umgebung zurechtfinden kann und dass er sich an ein Umfeld, in dem er die Dienstleistung erbringen soll, anpassen kann. Der Roboter muss lernfähig sein. Eine humanoide Gestalt (zum Beispiel Rumpf, Kopf, Arme und Beine) wird dabei oftmals als ein Vorteil für das Lernen angesehen, weil es sowohl Menschen eher dazu animiert, mit dem Roboter zu interagieren, als auch den Roboter „körperlich" einer Umgebung anpasst, die für Menschen optimiert ist: Treppenstufen sind auf Beinlängen abgestimmt; Türdurchgänge auf durchschnittliche Körpergrößen, Hinweisschilder befinden sich auf „Augenhöhe", etc. (Behnke 2008, S. 5). Auch ein „Lernen durch Vormachen" wird durch die humanoide Gestalt ermöglicht. Während für das letzte Argument humanoid nur bedeutet, dass der Körper über menschenähnliche Gliedmaßen und Bewegungsmöglichkeiten verfügt, kann es für die Unterstützung des Lernens und die Verbesserung der Interaktion mit dem Menschen an sich interessant sein, den Roboter noch menschenähnlicher bzw. auch „sociable" zu machen (Breazeal 2000), mit anderen Worten diesen auch mit sozialen Fähigkeiten auszustatten. Solche Roboter können in ihrer Erscheinung Menschen „zum Verwechseln" ähnlich und dann auch von männlichem oder weiblichem Erscheinungsbild sein – android oder gynoid. Diese Menschenähnlichkeit kann auch relevant werden, wenn es darum geht, sogenannte „soft skills" wie Freundlichkeit oder Zuvorkommenheit, die man gemeinhin auch mit Dienstleistungen verbindet, technisch zu realisieren.

Ökonomische Ersetzbarkeit

Dienstleistungen gelten in der Ökonomie als besondere Güter schon allein dadurch, dass sie überwiegend immateriell sind. Als „Erfahrungsgüter" kann ihre Qualität erst während der Nutzung durch die Kunden eingeschätzt werden. Aufgrund der menschlichen Interaktion in der Leistungserstellung sind den Möglichkeiten zur Standardisierung enge Grenzen gesetzt. Bei Dienstleistungen erfolgen Produktion und Konsum gleichzeitig, weil sie direkt am Kunden erbracht werden. Wie das Beispiel „Haare schneiden lassen" veranschaulicht, sind Dienstleistungen nicht lagerfähig und sie können nicht umgetauscht oder erneut verkauft werden. Innovationen im Dienstleistungssektor – also beispielsweise eine neue Frisur – sind nicht patentierbar und zugleich leicht zu imitieren. Beides erschwert es, die Innovationskosten vollständig zu amortisieren und stellt somit ein Innovationshemmnis dar. Mit der Einführung von Servicerobotern werden diese ökonomischen Besonderheiten von Dienstleistungen infrage gestellt. Zum einen sind für den Einsatz eines Roboters standardisierte Abläufe eine unabdingbare Voraussetzung und zum anderen könnten dann über die Servicerobotik Dienstleistungen möglicherweise doch patentiert werden. Beispielsweise wurde ein Roboter zum Haarewaschen bereits entwickelt.

Die ökonomische Ersetzbarkeit menschlicher Dienstleister würde in einem Privathaushalt nach einer Kosten-Nutzen-Analyse bewertet: Welche Anreize gibt es für einzelne Akteure, Serviceroboter einzusetzen? Hier lassen sich etwa die Knappheit von Pflegepersonal in einer alternden Gesellschaft und die daraus resultierenden Gewinnerzielungsmöglichkeiten anführen. Welche Kosten fallen beim Einsatz der Roboter an? Diese Frage kann differenziert werden in die Verfügbarkeit von qualifiziertem Personal, das den Roboter bedient und zu diesem „komplementär" ist; Umrüstungskosten von öffentlichen Räumen; Kosten für die Schaffung von Akzeptanz, etc. Allgemeiner wird dann auch relevant: Wer trägt welche Kosten? Welche Erträge fallen an? Wer erhält sie? Sind diejenigen, die die Kosten tragen, auch diejenigen, die von den Erträgen profitieren? Ist letzteres nicht der Fall, spricht man von Marktversagen, d. h. das Marktergebnis führt zu einem aus gesellschaftlicher Sicht nicht optimalen Ergebnis. Dann kann wirtschaftspolitisches Handeln geboten sein. Für eine umfassende Technikfolgenabschätzung ist auch die makroökonomische Perspektive entscheidend, in der eine Einschätzung der Bedeutung des Dienstleistungssektors für die gesamte Volkswirtschaft vorgenommen wird und relevante Märkte identifiziert werden. Eine aggregierte Analyse der Auswirkungen beispielsweise auf die Arbeitsmärkte umfasst nicht nur die möglicherweise durch Serviceroboter entfallenen Arbeitsplätze, sondern rechnet jene gegen, welche im Zuge der Innovation neu entstehen.

Rechtliche Perspektive

Je nachdem in welchen Bereichen Serviceroboter eingesetzt werden, können zivilrechtliche Fragen auftreten, die das Verhältnis von Bürgern untereinander thematisieren. Ebenso können öffentlich-rechtliche Fragen aufgeworfen werden, die das Verhältnis zwischen dem Staat und seinen Bürgern betrachten. Das Öffentliche Recht kann als Regulierungsrecht bestimmte, z. B. wirtschaftliche, Tätigkeiten beschränken, wenn beispielsweise die Gefahr besteht, dass dadurch das Gemeinwohl beeinträchtigt wird. Eine besondere Herausforderung besteht dann darin, dass diese Regulierung unter Bezugnahme auf unsicheres Wissen getroffen werden muss. Ob der Gesetzgeber einschreitet und wie er dies tut, ist abhängig von Zukunftsszenarien, deren Eintreten ex ante schwer zu beurteilen ist. Ob Dienstleistungsroboter in erheblichem Maße zu Schäden an Personen und Sachen führen werden, ist nicht absehbar. Offen ist auch, ob die bestehenden rechtlichen

Grundlagen des privaten Haftungsrechts ausreichen. Oder ist von einer grundsätzlich gefährlichen Tätigkeit auszugehen, sodass eine Gefährdungshaftung angebracht wäre? Hier wird offensichtlich, dass über die rechtliche Regulierung die Grundlage für Innovationshandeln beeinflusst wird. Innovationsförderung beispielsweise kann nur gelingen, wenn Haftungsszenarien der unternehmerischen und privaten Entwicklung nicht so enge Grenzen setzen, dass sich Weiterentwicklungen wirtschaftlich nicht mehr lohnen. Auch aus dem Handlungskontext heraus werden unterschiedliche rechtliche Herausforderungen deutlich: So gibt es beispielsweise im Sozialrecht, das insbesondere für Dienstleistungen im Bereich der Pflege einschlägig ist, eine Reihe von besonderen, zum Teil auch verfassungsrechtlich motivierten Vorgaben zu beachten. Diese unterscheiden sich erheblich von den rechtlichen Rahmenbedingungen, unter denen Dienstleistungsroboter beispielsweise in der Landwirtschaft eingesetzt werden können.

Aus zivilrechtlicher Sicht rücken die Fragen nach der Verantwortlichkeit derjenigen, die Serviceroboter planen, herstellen, vertreiben und schließlich benutzen, gegenüber der Integrität der rechtlich geschützten Güter der Personen, die mit den Servicerobotern in Berührung kommen, in das Zentrum der Betrachtung. Auch hier sollte zunächst untersucht werden, wie das bestehende gesetzliche Regelungsinstrumentarium auf die neue Gewährleistungs- und Gefährdungsproblematik hin anwendbar gemacht werden kann. Das berührt Fragen der Vertragsgestaltung, insbesondere der Risikoverteilung in allgemeinen Geschäftsbedingungen (AGB), wie ganz generell Fragen der rechtlichen Haftung für eventuelle Schädigungen Dritter. Einen Kernbereich stellt hier die Formulierung von Sorgfaltspflichten und Haftungsmaßstäben dar, aus denen wiederum unterschiedliche Konsequenzen für Innovationshandeln resultieren. Werden die Anforderungen zu streng formuliert, wird dies Herstellung, Vertrieb und Einsatz von Servicerobotern behindern, wenn nicht gar unterbinden; sind die Anforderungen zu niedrig, so wird der Einsatz umso mehr mit Skepsis gesehen werden, je „schadensgeneigter" sich die betreffenden Serviceroboter erweisen. Sofern Serviceroboter selbstständig lernfähig sind und auf eine im Einzelnen nicht mehr vorhersehbare Weise in der Umwelt zu agieren vermögen, stellt sich im Weiteren die bislang nur für Software-Agenten diskutierte Frage nach der Schaffung einer eigenständigen rechtlichen „Verantwortlichkeit" dieser lernfähigen Maschinen (Matthias 2004).

4 Die ethische Perspektive der Technikfolgenabschätzung

Aus ethischer Sicht steht die Frage im Zentrum, inwiefern sich das menschliche Handeln durch das Einbringen von Technik in den Handlungszusammenhang hinsichtlich einer gesellschaftlichen und individuellen Wünschbarkeit verändert. Die ethische Perspektive wird im Konzert der interdisziplinären Technikfolgenabschätzung hervorgehoben betrachtet, weil hier moralische Rechtfertigungen für Handlungen reflektiert werden, die sich möglicherweise durch autonomes technisches Handeln verändern. Diese Fragestellungen werden mit Blick auf das folgende Fallbeispiel in Zusammenhang mit Robotern in pflegenden und medizinischen Dienstleistungen erläutert, da hier zwei relevante Aspekte zusammenkommen. Erstens ist Pflege eine stark kontext-bezogene Handlung, bei der eine Pflegekraft durch einen Roboter unterstützt/ersetzt werden kann und zweitens findet diese Handlung an einem Menschen (dem Pflegebedürftigen) statt, woraus sich wieder andere moralische Positionen ergeben können.

Üblicherweise werden Pflegetätigkeiten gegenwärtig von Menschen erbracht. Statistiken gerade für die industriell entwickelten Staaten lassen sich unter dem Stichwort des demografischen Wandels so deuten, dass in absehbarer Zukunft eine steigende Anzahl Pflegebedürftiger auf eine gleichbleibende oder sinkende Anzahl Pflegender treffen wird (Statistisches Bundesamt 2013). Vor diesem Hintergrund könnte es also durchaus gesellschaftlich wünschenswert sein, Serviceroboter für die Pflege zu entwickeln (Sparrow und Sparrow 2006). Deren Einsatz lässt sich nun in unterschiedlicher Eingriffstiefe planen, wobei das Spektrum von einfacher Pflegeunterstützung – beispielsweise einem roboterisierten Pflegewagen – bis hin zur Pflegerobotik im engeren Sinne reichen kann. Für letztere ist Caro-O-bot® ein Beispiel, ein Roboter, der es älteren Menschen ermöglichen soll, länger in ihren eigenen vier Wänden leben zu können (Graf et al. 2004). Im Bereich ärztlicher Behandlungen sind ähnliche Veränderungen angedacht, die durch robotische Systeme technisch umgesetzt werden. Darunter fallen zunächst einfache Unterstützungen etwa chirurgischer Eingriffe über Manipulatoren, wie sie als Weiterentwicklungen von Systemen im Bereich der Knochenchirurgie oder der HNO-Chirurgie vorstellbar sind. In der Diagnostik können durch die Integration bildgebender Verfahren in Echtzeit mit datenbankbasierten Expertensystemen auch Operationsprozesse unterstützt werden, die eine neue Organisation sowohl der ärztlichen Dienstleistung als auch der Krankenhausstruktur erfordern würden.

Die mit solchen Szenarien verbundenen ethischen Fragen nach der Wünschbarkeit berühren in der Regel die klassischen Fragen der Technikethik (Decker 2013b).

Es geht um die wissenschaftliche Reflexion moralischer Äußerungen, die gemeinhin als Argumente für die Akzeptanz oder eben die Ablehnung von Techniknutzung
angeführt werden. Dabei spielen auch Kosten- und Nutzenerwägungen eine Rolle.
Die Beantwortung der Fragen erfolgt dann unter Bezug auf prozedural utilitäre,
diskursive oder prinzipialistische Ethik-Ansätze. Solche ethischen Beurteilungen
im engeren Sinne bilden das Standardrepertoire von ELSI-Konzepten, die ethische, rechtliche und soziale (ethical, legal, social implications) Implikationen
von Technologien beurteilen. Sie sind forschungsbegleitend im Europäischen
Forschungsrahmenprogramm und auch für die Robotik und die genutzten autonomen Systeme üblich. Der Report der Royal Academy (2009) kann hier als Beispiel dienen, wie auch Lin et al. (2012) sowie Decker und Gutmann (2012). Eine
umfassendere ethische Reflexion schließt auch methodologische Fragestellungen
ein, mit deren Hilfe bestimmt wird, was als gelingende oder gar gelungene Unterstützung, Ersetzung oder Überbietung menschlicher Leistungen, Fähigkeiten
oder Fertigkeiten gelten soll. Dann rücken Kriterien der Ersetzbarkeit bei der
Beurteilung robotischer Systeme in den Fokus (hierzu Gutmann 2010; Sturma
2003). Die methodologische Reflexion fokussiert auf eine Gleichsetzung von
Mensch und Maschine. Nimmt man diese Gleichsetzung ernst, dann lassen sich
folgende Interaktionsformen differenzieren: Mensch und Maschine, Maschine und
Mensch, Maschine und Maschine sowie Mensch und Mensch. Dabei wird von der
Maschine in der Gleichsetzung angenommen, sie handele „als ob" sie menschliche
Eigenschaften hätte – man schreibt den robotischen Systemen folglich auch ein
Fühlen, Wollen und Denken zu. Offensichtlich hängt das eng mit der Ausgestaltung
der Mensch-Maschine-Schnittstelle zusammen (dazu Hubig 2008). Sie vermittelt
die „als ob"- Struktur, die wiederum die Grundlage für die Beurteilung der oben
angesprochenen ethischen Fragen ist (Decker et al. 2015).

Daran schließen sich unmittelbar Fragen der anthropologischen Dimension
an, denn wie oben konstatiert, werden die Dienstleistungen in den Bereichen
der Medizin und der Pflege bisher von Menschen übernommen. Die Einführung
von technischen Systemen ersetzt somit den Menschen in Teilbereichen (Decker
2000), die technischen Systeme werden zusehends stärker in menschliche Hand-
lungsvollzüge integriert werden, Maschinen also in der Rolle menschlicher
Akteure im Modus des „als ob" fungieren.

Diese Erweiterung der ethischen Betrachtung, die der Doppelbedeutung des
Wortursprungs von ἔθος und ἦθος gerecht wird, nämlich einerseits die Reflexion
auf Moralen und die Handlungsgewohnheiten (das Ethos) selbst (Gethmann und
Sander 1999, S. 121 ff.), verweist schließlich darauf, nach den Menschenbildern
zu fragen, die – in der Regel implizit – in die Konstruktion der jeweiligen Technik
einfließen. Erst vor diesem Hintergrund können Fragen überhaupt thematisiert
werden, die über ein rein informationstechnisches Verständnis der Systeme

hinausreichen. Diese lassen sich exemplarisch im Falle der Pflegedienstleistungen wie folgt formulieren:

Was verstehen wir unter einer umfassenden Pflege und wie lässt sich diese beschrieben? Eine solche dichte Beschreibung benötigt nicht nur das „technische Pflichtenheft" sondern berücksichtigt beispielsweise auch Freundlichkeit, Fürsorge, etc. Welche Gelingenskriterien lassen sich dann für das Pflegehandeln entwickeln? Mit der Beantwortung dieser Fragen ist die Voraussetzung geschaffen, die Pflegehandlung mit und ohne Roboter umfassend vergleichen zu können. Leider können die typischen ELSI-Studien das meist nur rudimentär behandeln, während eine systematische Klärung der ethischen Probleme des Einsatzes (oder der Verhinderung des Einsatzes) robotischer Systeme nötig wäre und alle drei Teilaspekte berücksichtigen sollte.

Diese multidisziplinäre Betrachtungsweise lässt sich deutlich erweitern. In dem Arbeitsprogramm, das letztendlich die Basis für die interdisziplinäre Technikfolgenabschätzung bildete, die hier zugrunde liegt (Decker et al. 2011), ist insbesondere die psychologische Perspektive ausgearbeitet, in der sowohl die unterschiedlichen äußeren Erscheinungen von Robotersystemen im Hinblick auf die Unterstützung bei Dienstleistungsaufgaben eine Rolle spielen, als auch die arbeitspsychologischen Aspekte aufseiten der menschlichen Dienstleister. Darüber hinaus können sozialwissenschaftliche empirische Studien die konkrete Akzeptanz beispielsweise seitens der Dienstleistungserbringer und der Dienstleistungsempfänger systematisch untersuchen. Schließlich könnten auch noch verschiedene Sub-Disziplinen wie beispielsweise die Prothetik, oder die KI-Forschung, durchaus ihre Relevanz für das Thema begründen (Decker und Grunwald 2001). Für die hier verfolgte Argumentationslinie und in Anbetracht der gebotenen Kürze reicht es aus, die Ersetzungsverhältnisse in diesen vier disziplinären Perspektiven dargestellt zu haben.

5 Autonome Systeme als besondere Herausforderung der ethischen Reflexion

Im Zusammenhang mit technischen autonomen Systemen kommt der ethischen Reflexion im Rahmen der Technikfolgenbeurteilung noch eine weitere Aufgabe zu. Autonome Systeme sind darauf ausgelegt, eigenständig Entscheidungen in Bezug auf ihre Handlungsoptionen treffen zu können. Dazu werden einerseits die über Sensoren erfassten Daten ausgelesen, um beispielsweise beim Erkennen eines Hindernisses zu entscheiden, dass dieses nun entweder links oder rechts herum umfahren werden muss. Es können aber auch seitens der Steuerung des autonomen Systems Kriterien hinterlegt sein, die eine bestimmte Entscheidung auslösen. So könnte das System zum Beispiel regelmäßig überprüfen, ob der Ladezustand der Batterie die Ausführung einer angestrebten Aktion erlaubt, oder ob vorher eine Ladestation angefahren werden muss.

Auf ähnliche Weise könnten in der Softwaresteuerung des Roboters auch moralische Kriterien hinterlegt sein, die ihrerseits in der Auswahl möglicher Handlungen berücksichtigt werden. Bekannt geworden ist beispielsweise die Position Ron Arkins (Arkin 2008; Arkin et al. 2012; kritisch: Sparrow 2007), der im Zusammenhang mit dem Einsatz von Robotern in kriegerischen Auseinandersetzungen zitiert wird (Kling 2008, S. 1):

> Ich glaube nicht, dass sich ein unbemanntes System vollkommen moralisch auf dem Schlachtfeld verhalten wird, aber ich bin überzeugt, dass sich Roboter moralischer verhalten können, als es menschlichen Soldaten möglich ist.

Er spielt dabei auf die besondere Stresssituation an, in der sich menschliche Soldaten in kriegerischen Handlungen befinden. Die Angst um das eigene Leben, extrem schwierige Umweltbedingungen mit Rauchentwicklung und daraus resultierender schlechter Sicht, Schlafmangel etc. erschweren eine optimale Pflichterfüllung der Soldaten. Das schließt das Entscheidungsvermögen in moralisch uneindeutigen Situationen ein. In ihrem Buch *Moral Machines: Teaching Robots Right From Wrong* schlagen Wallach und Allen (2008) erste Wege vor, wie man in technischen Systemen moralische Kriterien implementieren kann. Letztendlich wird damit eine Idee aufgegriffen, die Asimov bereits in Form sogenannter Robotergesetze vorgeschlagen hat (1986; 2000, S. 1):

1. A robot may not injure a human being or, through inaction, allow a human being to come to harm.
2. A robot must obey the orders given to it by human beings, except where such orders would conflict with the First Law.
3. A robot must protect its own existence, as long as such protection does not conflict with the First or Second Law.

Coeckelbergh (2010, S. 240) weist in diesem Zusammenhang zu Recht darauf hin, dass man sich zunächst erst darüber verständigen müsste, welche moralischen Kriterien in ein Robotersystem implementiert werden sollen:

> Reflections on ‚moral robots' can contribute to a better understanding of not only robot morality but also and especially of human morality. Dealing with the question of what kind of ethics we should build into robots challenges us to scrutinize the assumptions of our normative moral theories, our theories of emotions, and our theories of moral status. Should morality be rule-based? Are emotions necessary for moral reasoning?

Das stellt eine besondere Herausforderung dar, da hier je nach Anwendungs-
kontext ein gesellschaftlicher Konsens über moralisches Handeln erzielt werden muss. Am Fallbeispiel des autonomen Fahrens wird dies später weiter
expliziert. Zunächst soll aber ausgeführt werden, dass es durchaus auch andere
Anwendungsbereiche als kriegerische Handlungen oder das autonome Fahren
gibt, in denen die Aktionen eines Roboters moralisch relevante Handlungsanteile
enthalten.

   Das Fraunhofer-Institut IPA hat einen ersten Prototyp des Servicerobotors
Care-O.bot 4 als Service-Wagen für Pflegekräfte ausgelegt, der mit ent-
sprechendem Pflegematerial befüllt werden kann[4]. Der Pflegewagen kann an die
Rufanlage einer Einrichtung angebunden werden, und dann automatisch zu dem
Zimmer fahren, in dem ein Patient die Rufanlage betätigt hat. Geht man davon
aus, dass es auch Situationen gibt, in denen mehrere Notrufknöpfe annähernd
gleichzeitig betätigt werden, dann wird dem Roboter die Aufgabe zuteil, die
Reihenfolge des Abarbeitens dieser Notrufe festzulegen. Naheliegend ist hier eine
Vorgehensweise des „First come – First serve", das heißt der Roboter arbeitet
die Signale in der Reihenfolge ab, wie sie im Notrufsystem eingehen. Vor dem
Hintergrund der in den vorherigen Kapiteln dargelegten Ersetzungsverhältnisse,
muss man nun fragen, ob das eine menschliche Pflegekraft auch so handhaben
würde. Möglicherweise ja, denn das Abarbeiten in der Reihenfolge des Signal-
eingangs liegt nahe und kann auch aus Fairnessgründen gerechtfertigt werden.
Andererseits ist es vorstellbar, dass die Pflegekraft auf der Basis ihrer Erfahrung
die Reihenfolge modifiziert. Argumente hierfür könnten sein, dass die Person,
die nun an der Reihe wäre, erst kurz vorher besucht worden ist, dass ein frisch
operierter Patient in der Reihenfolge bevorzugt wird, oder dass ein Patient, der
so gut wie nie die Klingel betätigt, vor einen Patienten gezogen wird, der dies
sehr gerne und häufig, auch ohne triftigen Grund tut. Offensichtlich entsprechen
diese Überlegungen nicht dem Prinzip „First come – First serve". Hier soll keine
Beurteilung dieser Fairness-Überlegungen stattfinden, sondern lediglich darauf hingewiesen werden, dass zusammen mit der Entscheidungsgewalt auch
moralische Aspekte des Pflegehandelns an den Roboter übertragen werden.

   In einer anderen Hinsicht können künstlich-intelligente Prothesen von Interesse sein, die darauf trainiert werden, in bestmöglicher Weise die Handlungs-
intention ihres Trägers oder ihrer Trägerin umzusetzen. Bei einer Armprothese
mit einer künstlichen Hand gibt es beispielsweise unterschiedliche invasive und
nicht invasive Möglichkeiten, diese mit dem Körper zu verbinden. Unter den

---

[4]http://www.ipa.fraunhofer.de/prototyp_eines_pflegewagens.html. Zugegriffen: 12. Juli 2016.

invasiven Kopplungsmöglichkeiten spielen diejenigen eine besondere Rolle, deren Steuerungssignale unmittelbar im Gehirn abgenommen werden. Diese Möglichkeit wird heute noch nicht umgesetzt, ist aber Gegenstand aktueller Forschung. So wird beispielsweise im BrainLinks–BrainTools Projekt der Universität Freiburg folgendes Ziel angestrebt[5]:

> Prosthetic Limbs with Neural Control (LiNC) will read out a user's conscious action goal and autonomously execute it through external actuators, for example a robotic arm. LiNCs will read out a user's conscious action goal and autonomously execute it through external actuators, for example a robotic arm.

In Bezug auf moralische Aspekte der Handlung, die die prothetische Hand ausführt, lassen sich zwei interessante Aspekte unterscheiden. Zum einen könnte es vorkommen, dass der Träger der Prothese eine moralisch fragwürdige Handlung ausführen möchte, etwa das mutwillige Zerstören einer Glasscheibe an einer Bushaltestelle. Die Prothese beurteilt die Bushaltestelle als ein aus gesellschaftlicher Sicht schützenswertes Gut. Der Mensch, der die Prothese trägt, beurteilt dies anders. Die Prothese könnte sich dem Ausführen der Handlung verweigern. In einem anderen Fall könnte es nötig sein, die Scheibe eines Busses zu zerschlagen, um das Fenster als Fluchtweg nutzen zu können. Das System schätzt die Scheibe des Busses auch hier als ein aus gesellschaftlicher Sicht wünschenswertes Objekt ein und verweigert die Handlung. Ohne in die Tiefe gehen zu können ist die erste Handlung als moralisch verwerflich anzusehen, während die zweite moralisch akzeptiert ist. Der Handlungskontext wurde von den technischen Systemen im ersten Fall richtig und im zweiten Fall nicht korrekt beurteilt. Für den Menschen als Träger der Prothese stellt sich die Frage, ob er eine solche Prothese, die ihn im Zweifelsfalle auch überstimmt, überhaupt für akzeptabel hält.

Wie schwierig eine Beurteilung moralischen Handelns sein kann, soll sich abschließend am Beispiel des autonomen Fahrens zeigen. Das zugrunde liegende Gedankenexperiment ist der so genannte unvermeidbare Unfall, d. h. dass sich eine Situation im Straßenverkehr ereignet, in der aus physikalischen Gründen ein Unfall nicht vermieden werden kann. Eine solche Situation könnte sein, dass zwischen zwei parkenden Autos am rechten Straßenrand ein Kind auf die Straße springt und sich zugleich auf der Gegenfahrbahn ein Auto nähert. Das betrachtete Fahrzeug bewegt sich mit der gesetzlich zulässigen Geschwindigkeit auf diese Stelle zu. In Anbetracht des Gesamtgewichts des Fahrzeugs ist ein rechtzeitiges

---

[5]http://www.brainlinks-braintools.uni-freiburg.de/research. Zugegriffen: 12. Juli 2016.

Bremsen nicht mehr möglich, ein schnelles Lenkmanöver könnte noch ausgeführt werden. Die möglichen Ausgänge des Unfalls in diesem Gedankenexperiment sind dann entweder das Kind zu überfahren, die parkenden Autos am rechten Straßenrand zu rammen, oder den Zusammenstoß mit dem Gegenverkehr zu realisieren. Der zeitliche Rahmen ist sehr kurz bemessen, weswegen ein menschlicher Autofahrer in dieser Stresssituation entweder eine Lenkbewegung ausführen würde – oder eben nicht. Im Allgemeinen kann man davon ausgehen, dass diese Gesamtsituation auch von einem Richter oder einer Richterin als nicht vermeidbarer Unfall eingestuft würde und somit indirekt jeder der drei Ausgänge des Unfalls mit Straffreiheit bewertet würde. Eine identische Situation könnte sich auch für ein autonom fahrendes Fahrzeug ergeben, allerdings wäre man hier in der Lage, durch den sehr schnellen Rechner eine der drei Optionen des Unfallausgangs gezielt herbeiführen zu können. Doch welche Option sollte man auswählen?

Offensichtlich spielen hier unterschiedliche moralische Argumente eine Rolle:

1. „Kinder sind zu schützen".
   Es gibt die in wohl allen Gesellschaften gelebte moralische Regel, dass Kinder besonders schützenswert sind. Sie sind noch nicht in der Lage, sich jederzeit nach den gesellschaftlichen Gepflogenheiten bzw. nach den gesetzlichen Regeln zu verhalten. Deswegen erwarten wir umgekehrt von allen Mitgliedern der Gesellschaft, dass sie sich dieser Tatsache bewusst sind und sich ihrerseits vorsichtig verhalten, wenn sich Kinder im Handlungsumfeld befinden. Diese moralische Regel in einem technischen System umzusetzen würde bedeuten, dass der Unfall-Ausgang, das Kind zu überfahren, ausscheidet und eine der beiden anderen Optionen zu wählen ist.

2. „Der Fahrer bzw. der Besitzer des Kraftfahrzeugs ist zu schützen".
   Gemeinhin werden technische Ausrüstungsgegenstände vom Käufer eines Autos beim Kauf bewusst berücksichtigt. Sehr grundlegend wird dabei davon ausgegangen, dass die technische Ausstattung dem Fahrer oder der Fahrerin des Fahrzeugs zugutekommt. Das kann durchaus zur Folge haben, dass ein anderer Verkehrsteilnehmer dadurch einen Nachteil hat. Das Antiblockiersystem (ABS) als Bremsassistent, der einen optimalen Bremsvorgang ermöglicht, kann hier als Beispiel dienen. In der Zeit, als noch nicht jedes Fahrzeug mit ABS ausgestattet war, konnte das für ein folgendes Fahrzeug durchaus zum Nachteil werden, wenn dieses ohne den Bremsassistenten einen längeren Bremsweg zurückzulegen hatte. Bezogen auf unseren Fall müsste dann die erste Option des Unfall-Ausgangs gewählt werden, denn beim Überfahren des Kindes wird der geringste Impuls auf das Fahrzeug übertragen und damit der Fahrer des Fahrzeugs am besten geschützt.

3. „Die Anzahl der Toten und Verletzten im Straßenverkehr muss minimiert werden". Alljährlich veröffentlicht das statistische Bundesamt die Statistik, in der die Anzahl der tödlich Verunfallten und der Verletzten erhoben wird. Es werden erhebliche Maßnahmen, wie beispielsweise die Einführung der Anschnallpflicht, ergriffen, um diese Zahlen möglichst gering ausfallen zu lassen. Es kann daher von einem Konsens ausgegangen werden, dass es ein gesellschaftliches Ziel ist, die Anzahl der im Straßenverkehr Geschädigten zu minimieren. In unserem Fall würde das bedeuten, dass die Option des Unfalles gewählt wird, bei der die Anzahl der potenziell zu Schaden kommenden Personen möglichst gering ist. Es würde also ins Kalkül gezogen, wie viele Personen sich in dem entgegenkommenden Fahrzeug und wie viele Personen sich im eigenen Fahrzeug befinden. Da bei dieser Statistik auch zwischen Getöteten und ‚nur' Verletzten differenziert wird, ist nicht notwendigerweise die Erste auch die beste Option, weil hier die Gefahr besonders hoch ist, dass das Kind tatsächlich getötet wird. Bei den anderen Optionen kann im innerstädtischen Verkehr davon ausgegangen werden, dass es lediglich Verletzte gibt.

4. „Knautschzonen werden Allgemeingut".
Im diesem Fall gehen wir davon aus, dass alle Fahrzeuge im Straßenverkehr über die Ergebnisse aller Crashtests verfügen. Das Fahrzeug könnte dann unter Berücksichtigung eines optimalen Aufprallwinkels denjenigen Zusammenstoß mit dem Gegenverkehr oder dem parkenden Auto herbeiführen, bei dem die kinetische Energie am besten in Verformungsenergie der Knautschzonen umgewandelt wird. In diesem Szenario könnte davon ausgegangen werden, dass die Insassen der Fahrzeuge so geringfügig wie möglich verletzt werden, denn der auf sie übertragene Restimpuls wäre minimiert. Wenn die Ausgestaltung und die Güte der Knautschzone ein Sicherheitselement des Kraftfahrzeugs darstellen, für das sich ein Käufer bzw. Fahrer ganz bewusst entscheidet, dann enthält diese Überlegung einen Aspekt, der bereits im Zusammenhang mit dem zweiten Argument behandelt wurde. Hier ist die Argumentation etwas anders, denn die Knautschzonen würden bewusst eingesetzt, um ein gesamtgesellschaftliches Ziel zu erreichen. Im Umkehrschluss müsste die Nutzung der Knautschzonen und die Kosten für deren Wiederinstandsetzung auch gesellschaftlich getragen werden. Denkt man diesen Gedanken weiter und berücksichtigt dabei die aktuelle Varianz der Fahrzeugklassen beispielsweise in Deutschland, dann wären Fahrzeuge der Oberklasse, die typischerweise über sehr gute Knautschzonen verfügen, überdurchschnittlich oft in Verkehrsunfälle verwickelt, weil das Einbeziehen ihrer Knautschzonen für den Ausgang des jeweiligen Unfalls günstig ist.

Neben den hier genannten vier unterschiedlichen moralischen Standpunkten lassen sich sicherlich noch weitere entwickeln, die man mit durchaus vertretbaren Gründen in einer solchen Diskussion nennen könnte. Hier ist nicht der Ort, um in einer ethischen Reflexion über diese moralischen Standpunkte zu erarbeiten, welche Entscheidungsoptionen in welcher Hierarchie einem autonomen Fahrzeug implementiert werden sollten. Offensichtlich ist allerdings, dass mit den unterschiedlichen Optionen auch sehr unterschiedliche Folgen in unserem Straßenverkehr verbunden wären.

6   Roboter als Freund oder Feind?

In diesem Beitrag werden Roboter als ein Mittel zum Zweck angesehen. Sie stehen damit in Konkurrenz zu anderen Mitteln, mit denen man diesen Zweck auch erreichen kann, und sie ermöglichen das Setzen neuer Zwecke, die nun, da ein neues Mittel zur Verfügung steht, erreichbar erscheinen. In Bezug auf das technische Handeln rückt die Kooperation zwischen Mensch und Maschine immer stärker in den Fokus der Robotik. Dabei bleibt es gemeinhin so, dass der Mensch der entscheidende Akteur in der Kooperation ist, dem im Zweifelsfalle auch die Verantwortung für die gesamte Handlung zugeschrieben wird. Betrachtet man in dieser Konstellation genauer, wie Entscheidungen getroffen werden, so ist die Entscheidungsbefugnis zwischen Mensch und Roboter aufgeteilt. Mit anderen Worten ist die Autonomie des Menschen mit einer Autonomie des Roboters so in der Kooperation abzugleichen, dass die Handlungszwecke bestmöglich erreicht werden. Wie diese Aufteilung aussehen kann, lässt sich exemplarisch an der folgenden Tab. 1 ablesen, in der die graduelle Aufteilung der Autonomie zwischen Pilot und Flugzeug dargestellt ist (Hill et al. 2007, S. 3).

Die hier angeführten Überlegungen zur Ersetzbarkeit des Menschen in diesen Kooperationen mahnen an, dass für jeden Handlungskontext jeweils möglichst umfassend beschrieben werden muss, welche Aspekte die Handlung an sich ausmachen. Gerade bei Tätigkeiten, die neben manuellen Teilhandlungen auch Anteile zwischenmenschlicher Beziehungen beinhalten, muss detailliert analysiert werden, welche dieser Handlungen an den Roboter übertragen werden können und welche Teilhandlungen beim Menschen bleiben müssen.

Antworten auf diese Fragen sind auch relevant, wenn man bestimmen möchte, ob Roboter als Freunde oder Feinde angesehen werden. Einleitend haben wir „Freund oder Feind" im Sinne eines allgemeinen und gesellschaftlichen „gut oder böse" interpretiert und die Perspektive der Technikfolgenabschätzung als diejenige gekennzeichnet, die Chancen und Risiken, Haupt- und Nebenfolgen, intendierte

Tab. 1 Graduelle Aufteilung der Autonomie zwischen Pilot und Flugzeug (Pilot Authority and Control of Tasks (PACT). In der letzten Spalte ist die Human-Machine-Interaction (HMI) kurz beschrieben

PACT Locus of Authority	Computer Autonomy	PACT Level	Level of HMI
Computer monitored by pilot	Full	5b	Computer does everything autonomously
		5a	Computer chooses action, performs it & informs human
Computer backed up by pilot	Action unless revoked	4b	Computer chooses action & performs it unless human disapproves
		4a	Computer chooses action & performs it if human approves
Pilot backed up by computer	Advice, action if authorised	3	Computer suggests options and proposes one of them
Pilot assisted by computer	Advice	2	Computer suggests options to human
Pilot assisted by computer on request	Advice only if requested	1	Human asks computer to suggest options and human selects
Pilot	None	0	Whole task done by human except for actual operation

und nicht intendierte sowie wünschenswerte und unerwünschte Folgen von Technologien in den Blick nimmt.

Abschließend soll nun zunächst eine individuelle Betrachtung erfolgen, denn offensichtlich ist es für den einzelnen Menschen in der Mensch-Roboter-Kooperation von höchster Relevanz, wie genau die im vorhergehenden Kapitel skizzierte Aufteilung der Autonomie im Handlungszusammenhang erfolgt. Jedenfalls wird davon zu einem guten Teil auch das Ergebnis der Bewertung abhängen, ob es sich für ihn um eine attraktive Tätigkeit handelt. Vor diesem Hintergrund wird es wichtig, wie individuell dieser Aushandlungsprozess durchgeführt werden kann. Die persönlichen Präferenzen in Bezug auf diese Aufteilung der Autonomie können sehr unterschiedlich sein und das, was der eine Mensch als eine Entlastung von Tätigkeiten empfindet, beurteilt ein anderer möglicherweise bereits als Entmündigung. Seitens der Robotik wird versprochen, dass sich die Systeme adaptiv auf die Bedürfnisse des Menschen in der Kooperation anpassen. Hier ist auch von einer Compliance des Roboters die Rede (Billard 2016), die eine mechanische, kognitive und soziale Anpassung des Roboters in

Kooperationszusammenhängen ermöglicht. Während gemeinhin eine möglichst kooperative Folgsamkeit des Roboters bezüglich der Handlungen des Menschen angestrebt wird, adressiert Billard auch Handlungskontexte, in denen der Roboter die Handlungsführung übernehmen sollte oder muss. Als Beispiel führt sie das gemeinsame Tragen eines Werkstückes an, bei dem der Roboter aufgrund räumlicher Begebenheiten auch einmal vorne wegtragen muss. Das Führen ergibt sich dann aus dem „Vorne tragen", denn es ist der beste Weg zu wählen, Ausweichmanöver sind zu planen, etc. Erschwerend kommt hinzu, dass der Roboter seine „Aufmerksamkeit" (Kameras/Sensoren) größtenteils nach vorne richten muss und nicht gleichzeitig das Werkstück und die Kooperation mit dem Menschen umfassend beobachten kann.

Eine andere Facette geht auf die individuelle Beurteilung der Ersetzbarkeit zurück. Hier muss die Frage „Roboter – Freund oder Feind?" unterschiedlich beantwortet werden, je nachdem wie sich die individuelle Situation durch das Einbringen eines Roboters in den Handlungszusammenhang verändert. Vorstellbar ist dabei ein sogenanntes „up-skill", was bedeutet, dass sich durch den Roboter eine höherwertige Tätigkeit für den Menschen ergibt, indem er zum Beispiel zusätzlich auch die Überwachung des Roboters übernehmen muss. In diesem Zusammenhang wird er möglicherweise auf zusätzliche Fortbildungen geschickt und erreicht ein höheres Gehalt. Umgekehrt kann sich ein „down-skill" in der Kooperation mit den Robotern ergeben. Die Tätigkeiten des Menschen verändern sich dabei dergestalt, dass sie insgesamt als niederwertiger eingeschätzt werden, womit Gehaltseinbußen verbunden sein können. Schließlich kann es zu einer vollständigen Ersetzung des Menschen im Handlungszusammenhang kommen: In der Kooperation werden insgesamt weniger Menschen benötigt, was letztendlich zur Arbeitslosigkeit des Individuums führt. Kann man im letzten Fall davon ausgehen, dass der Mensch den Roboter eher als Feind einstufen wird, so ist es beim down-skill vermutlich davon abhängig, welche Art von Handlung der Roboter in der Kooperation übernimmt. Wenn es sich dabei um eine für Menschen sehr unattraktive Tätigkeit handelt, die beispielsweise schmutzig oder körperlich anstrengend ist, dann wird der Mensch den Roboter möglicherweise positiv beurteilen, obwohl seine Arbeit in der Mensch-Roboter-Kooperation unter Umständen schlechter vergütet wird.

Schließlich ist noch ein Blick auf die moralischen Positionen aufschlussreich, die man unter Menschen mit den Rollen eines Freundes oder eines Feindes verbindet. Dabei soll an dieser Stelle kein ethischer Diskurs geführt, sondern lediglich vereinfachend davon ausgegangen werden, dass man bei einem Freund mit einiger Sicherheit annimmt, dass er für einen selbst nur Gutes will, während man bei einem Feind umgekehrt davon ausgeht, dass von seinen Ratschlägen und

Handlungen vermutlich eher Böses droht. Übertragen auf den Roboter bedeutet dies, dass neben technischen, rechtlichen, ökonomischen, etc. auch moralische Kriterien bei der Auswahl einer Handlung des Roboters eine Rolle spielen können. Nehmen wir wieder das gemeinsame Tragen eines Werkstückes als Beispiel für die Kooperation zwischen Mensch und Maschine, so ist die Verteilung des Gesamtgewichts des Werkstückes eine Aufgabe, die während des gesamten Tragevorgangs gelöst werden muss. Offensichtlich handelt es sich um eine Frage der Verteilungsgerechtigkeit, denn auch unter Menschen würde man jeweils versuchen, die Gesamtlast gerecht unter den Trägern und Trägerinnen aufzuteilen und ein Simulant, der lediglich so tut, als ob er sich am Tragen der Lasten beteiligt, fügt allen anderen einen Schaden zu. Analog könnte das in der Mensch-Maschine-Kooperation bedeuten, dass der Roboter über seine Sensoren in den Gelenken bemerkt, dass ein Gewicht möglicherweise das Limit seiner Belastbarkeit erreicht und somit eine andere Verteilung der Last zwischen sich und dem Menschen anstrebt. Sollte in dieser Situation der Mensch ebenfalls bereits an der Grenze seiner Tragfähigkeit sein, würde ihm der Roboter einen Schaden zufügen, den er entsprechend der oben skizzierten Asimovschen Gesetze nicht zufügen darf. Der Roboter muss also so handeln wie es – wenn überhaupt – nur ein guter Freund tun würde: in die Überlast gehen und dabei seine eigene Funktionalität (bzw. seine Belastungsfähigkeit und Unversehrtheit) gefährden, um Schaden von dem mit ihm kooperierenden Menschen fernzuhalten.

7   Fazit

Die Frage „Roboter – Freund oder Feind?" lässt sich in dieser Allgemeinheit nicht beantworten. Insbesondere am Fallbeispiel des autonomen Fahrens wurde gezeigt, dass die individuelle Perspektive auf diese „Freund- oder Feindschaft", durchaus in einem Konflikt mit einer gesellschaftlichen Betrachtung liegen kann. In jedem Falle ist bei der Ausgestaltung der Mensch-Maschine-Kooperation der jeweilige Handlungskontext genau zu analysieren, um inadäquate Ersetzungsverhältnisse identifizieren und entsprechend vermeiden zu können. Letztendlich geht es um die aktive Ausgestaltung dieser Kooperationen, unter Berücksichtigung der Bedürfnisse aller involvierten Akteure. Hier kann die interdisziplinäre Technikfolgenforschung einen wichtigen Beitrag leisten.

Literatur

Arkin, R. C. (2008). Governing lethal behavior: Embedding ethics in a hybrid deliberative/ reactive robot architecture part I: Motivation and philosophy. In *Human-Robot Interaction (HRI), 3rd ACM/IEEE International Conference,* S. 121–128.

Arkin, R. C., Ulam, P., & Wagner, A. R. (2012). Moral decision making in autonomous systems: Enforcement, moral emotions, dignity, trust, and deception. *Proceedings of the IEEE, 100*(3), 571–589.

Asimov, I. (1986). *Robot dreams.* New York: ACE Books.

Asimov, I., Silverberg, R., & Timmerman, H. (2000). *The bicentennial man.* Hyderabad: Millennium.

Bechmann, G., & Frederichs, G. (1996). Problemorientierte Forschung: Zwischen Politik und Wissenschaft. In G. Bechmann (Hrsg.), *Praxisfelder der Technikfolgenforschung. Konzepte, Methoden, Optionen* (S. 11–37). Frankfurt a. M.: Campus.

Beck, U., & Lau, C. (2005). Theorie und Empirie reflexiver Modernisierung: Von der Notwendigkeit und den Schwierigkeiten, einen historischen Gesellschaftswandel innerhalb der Moderne zu beobachten und zu begreifen. *Soziale Welt, 56* (2–3), 107–135.

Behnke, S. (2008). Humanoid robots – From fiction to reality? *KI-Zeitschrift, 4*(8), 5–9.

Billard, A. (2016). On the mechanical, cognitive and sociable facets of human compliance and their robotic counterparts. Robotics and autonomous systems. https://infoscience. epfl.ch/record/219185. Zugegriffen: 2. Aug. 2018.

Breazeal, C. L. (2000). *Sociable machines: Expressive social exchange between humans and robots.* Doctoral dissertation, Massachusetts Institute of Technology.

Coeckelbergh, M. (2010). Moral appearances: Emotions, robots, and human morality. *Ethics and Information Technology, 12*(3), 235–241.

Decker, M. (2000). Replacing human beings by robots. How to tackle that perspective by technology assessment? In J. Grin & J. A. Grunwald (Hrsg.), *Vision assessment: Shaping technology in 21st century society* (S. 149–166). Berlin: Springer.

Decker, M. (2013a). Robotik. In A. Grunwald (Hrsg.), *Handbuch Technikethik* (S. 354–358). Stuttgart: Metzler.

Decker, M. (2013b). Technikfolgen. In A. Grunwald (Hrsg.), *Handbuch Technikethik* (S. 33–38). Stuttgart: Metzler.

Decker, M. (2016). Ersetzungsverhältnisse in der Robotik – Die Perspektive der Technikfolgenabschätzung. In I. Spiecker genannt Döhmann & A. Wallrabenstein (Hrsg.), *IT-Entwicklungen im Gesundheitswesen: Herausforderungen und Chancen (Schriften zur Gesundheitspolitik und zum Gesundheitsrecht)* (S. 27–47). Frankfurt a. M.: Lang.

Decker, M., & Grunwald, A. (2001). Rational technology assessment as interdisciplinary research. In M. Decker (Hrsg.), *Interdisciplinarity in technology assessment. Implementation and its chances and limits* (S. 33–60). Berlin: Springer.

Decker, M., & Gutmann, M. (Hrsg.). (2012). *Robo- and informationethics – Some fundamentals.* Zürich: LIT.

Decker, M., Dillmann, R., Dreier, T., Gutmann, M., Ott, I., & Spieker, I. genannt Döhmann (2011). Service robotics: Do you know your new companion? Framing an interdisciplinary technology assessment. *Poiesis & Praxis 8*(1), 25–44.

Decker, M., Gutmann, M., & Knifka, J. (Hrsg.). (2015). *Evolutionary robotics, organic computing and adaptive ambience. Epistemological and ethical implications of technomorphic descriptions of technologies*. Wien: LIT.

Ethikrat, D. (2011). *Präimplantationsdiagnostik: Stellungnahme*. Berlin: Deutscher Ethikrat.

Gethmann, C. F., & Sander, T. (1999). Rechtfertigungsdiskurse. In A. Grunwald & S. Saupe (Hrsg.), *Ethik in der Technikgestaltung. Praktische Relevanz und Legitimation* (S. 117–151). Berlin: Springer.

Gloede, F. (2007). Unfolgsame Folgen. Begründungen und Implikationen der Fokussierung auf Nebenfolgen bei TA. *Technikfolgenabschätzung – Theorie und Praxis, 16*(1), 45–54.

Graf, B., Hans, M., & Schraft, R. D. (2004). Care-O-bot II – Development of a next generation robotic home assistant. *Autonomous robots, 16*(2), 193–205.

Grunwald, A. (2010). *Technikfolgenabschätzung – Eine Einführung* (2. Aufl.). Berlin: Edition Sigma.

Gutmann, M. (2010). Autonome Systeme und der Mensch: Zum Problem der medialen Selbstkonstitution. In S. Selke & U. Dittler (Hrsg.), *Postmediale Wirklichkeiten aus interdisziplinärer Perspektive* (S. 130–148). Hannover: Heise.

Hill, A. F., Cayzer, F., & Wilkinson, P. R. (2007). Effective operator engagement with variable autonomy. In *2nd SEAS DTC Technical Conference*, Edinburgh.

Hubig, C. (2008). Mensch – Maschine-Interaktion in hybriden Systemen. In C. Hubig & P. Koslowski (Hrsg.), *Maschinen, die unsere Brüder werden* (S. 9–17). München: Fink.

Kling, B. (2008). Kampfroboter mit Moral. *Telepolis*. https://www.heise.de/tp/features/Kampfroboter-mit-Moral-3421053.html. Zugegriffen: 15. März 2017.

Komendantova, N., & Battaglini, A. (2016). Beyond Decide-Announce-Defend (DAD) and Not-in-My-Backyard (NIMBY) models? Addressing the social and public acceptance of electric transmission lines in Germany. *Energy Research & Social Science, 22*, 224–231.

Lin, P., Abney, K., & Bekey, G. A. (Hrsg.). (2012). *Robot ethics. The ethical and social implications of robotics*. Cambridge, MA: MIT Press.

Matthias, A. (2004). The responsibility gap: Ascribing responsibility for actions of learning automata. *Ethics and Information Technology, 6*, 175–183.

Rehtanz, C. (2003). *Autonomous systems and intelligent agents in power system control and operation*. Berlin: Springer.

Renn, O. (1993). Technik und gesellschaftliche Akzeptanz: Herausforderungen der Technikfolgenabschätzung. *GAIA, 2*(2), 67–83.

Royal Academy. (2009). *Autonomous systems: Social, legal and ethical issues*. London: The Royal Academy of Engineering.

Sparrow, R. (2007). Killer robots. *Journal of applied philosophy, 24*(1), 62–77.

Sparrow, R., & Sparrow, L. (2006). In the hands of machines? The future of aged care. *Mind and Machines, 16*(2), 141–161.

Statistisches Bundesamt (2013). *Pflege im Rahmen der Pflegeversicherung. Deutschlandergebnisse*. Wiesbaden: Statistisches Bundesamt.

Sturma, D. (2003). Autonomie. Über Personen, künstliche Intelligenz und Robotik. In T. Christaller & J. Wehner (Hrsg.), *Autonome Maschinen* (S. 38–55). Wiesbaden: Westdeutscher Verlag.

Wallach, W., & Allen, C. (2008). *Moral machines: Teaching robots right from wrong*. Oxford: Oxford University Press.

Teil II
Politiken und Kontexte

Feudalismus oder Aufklärung? Optionen der digitalen Gesellschaft

Clemens Heinrich Cap

Zusammenfassung

Die Digitalisierung verändert die Gesellschaft und bewirkt einen Wertewandel, der eine gesellschaftliche Verhandlung neuer Grenzen notwendig macht. Der Diskurs wird in diesem Beitrag in das Spannungsfeld fiktiver Idealpositionen gestellt, die als (digitaler) Feudalismus und als (digitale) Aufklärung vorgestellt werden. Dabei steht Feudalismus sinnbildlich für eine Herrschaftsform der Dominanz einzelner Stände – hier der Anbieter digitaler Produkte – und Aufklärung sinnbildlich für die Position des informierten und freien Individuums. Zu Themenfeldern wie Datenschutz, Privatheit und Überwachung und Beispielen aus der digitalen Wirtschaft wird thesenhaft gezeigt, welche Art von gesellschaftlicher Debatte sich anbahnt. Dabei ist es von Bedeutung, dass die Frage nach dem Weg der digitalen Gesellschaft durch aufgeklärte Menschen beantwortet und nicht durch eine Entwicklung vorgegeben wird, die anschließend nur zur Kenntnis genommen werden kann.

Schlüsselwörter

Digitaler Feudalismus · Privatheit · Datenschutz · Überwachung · Digitale Gesellschaft

C. H. Cap (✉)
Rostock, Deutschland
E-Mail: clemens.cap@uni-rostock.de

© Springer Fachmedien Wiesbaden GmbH, ein Teil von Springer Nature 2019
C. Thimm und T. C. Bächle (Hrsg.), *Die Maschine: Freund oder Feind?*,
https://doi.org/10.1007/978-3-658-22954-2_8

1   Einleitung

Daten werden gerne als das „Erdöl der Zukunft" angesehen. Gemessen am Wert
der weltweit teuersten Unternehmen sind Daten bereits heute wichtiger als die
konkurrierenden Branchen Energie, Finanzwesen oder Gesundheit: Mit Apple,
Alphabet, Microsoft, Amazon und China Mobile befinden sich aktuell fünf Unternehmen aus dem Bereich „Daten" unter den zehn Aktiengesellschaften mit der
höchsten Marktkapitalisierung.[1]
  Der Begriff Erdöl kann jedoch unterschiedlich emotional besetzt werden:
Man kann an Umweltkatastrophen denken und an Erderwärmung, aber auch an
Medikamentenherstellung oder Energieerzeugung. Der Vergleich ist daher gut
gewählt – auch wenn seine Proponenten ihn vermutlich so nicht verstanden haben
wollten: Neben den positiven Assoziationen, Fortschritt und Wachstum, werden
durch ihn auch die negativen Begleiterscheinungen des unkontrollierten Fortschritts und des unbegrenzten Wachstums in Erinnerung gerufen. Die ambiva-
lente Begrifflichkeit ist wichtig, denn wie beim Erdöl kann auch die unreflektierte
Nutzung der viel gepriesenen Digitalisierung zu einer dauerhaften negativen Veränderung von Umwelt und Gesellschaft führen.
  Ziel dieses Beitrags ist eine kritische Analyse der Optionen einer digitalen
Gesellschaft, die sich angesichts der neuen Breitenwirkung von Informations-
und Kommunikationstechnologien mit deren Nutzen und Folgen auseinander-
setzen muss. Die Auswirkungen digitaler Technologien erstrecken sich auf viele
gesellschaftliche Kernbereiche: Arbeit, Bildung, Unterhaltung, Privatleben,
Gesundheit und viele weitere Themen sind betroffen. Es ist denkbar, dass die
digitale Revolution unsere Gesellschaft viel stärker verändern wird als zuvor die
bürgerliche oder die industrielle Revolution.
  Betrachtet man beispielsweise Facebook als einen (virtuellen) Staat, so ist es
das einwohnerstärkste Land der Welt. Änderungen in den Abläufen, Datenschutzregelungen oder Gepflogenheiten auf Facebook betreffen daher mehr Menschen
als jede nationale Gesetzgebung. Die Interoperabilität digitaler Systeme erfordert
Standards, die sich nicht nur auf technische Abläufe im engeren Sinne erstrecken,
sondern auch die Begriffsrahmen und Datenmodelle umfassen, in denen digitale Systeme Weltgegebenheiten nachbilden und beschreiben. Das bewirkt einen
globalen Normierungsdruck, der sich bis weit in unsere Denkschemata hinein
hineinzieht.

---

[1]Nach http://www.boersennews.de/markt/aktien/hoechste-marktkapitalisierung. Zugegriffen:
24. Oktober 2016.

Der Beitrag zeigt anhand von zugespitzten und teilweise provokanten Thesen zu bestimmten Themenfeldern und Beispielen auf, welche Art von gesellschaftlicher Debatte sich anbahnt. Er stellt den Diskurs in das Spannungsfeld fiktiver Idealpositionen, die als (digitaler) Feudalismus und als (digitale) Aufklärung vorgestellt werden. Dabei steht Feudalismus sinnbildlich für eine Herrschaftsform der Dominanz einzelner Stände – hier der Anbieter digitaler Produkte – und Aufklärung sinnbildlich für die Position des informierten und freien Individuums.

Im ersten Abschnitt werden die digitalen Entsprechungen von Feudalismus und Aufklärung vorgestellt; der nächste Abschnitt streicht die hohe Bedeutung von Privatheit und Datenschutz heraus; anschließend wird erläutert, weshalb die digitale Wirtschaft eine Gefahr für das bürgerliche Lebensmodell darstellen kann und schließlich werden einige Polaritäten aufgezeigt, die in der Debatte über die Digitalisierung eine besondere Rolle einnehmen werden. Der Versuch eines Ausblicks rundet dieses Papier ab, das sich als Diskussionsbeitrag und Denkanstoß versteht.

2 Positionen der Debatte: Feudalismus oder Aufklärung

Der Feudalismus war eine Gesellschaftsform des Mittelalters, die charakterisiert war durch ein Zweiklassensystem aus Grundbesitzern und Bauern. Letztere waren persönlich abhängig und unfrei. Sie unterlagen der Rechtsprechung des Grundbesitzers, hatten sein Land zu bewirtschaften und schuldeten ihm daraus Abgaben. Neben Unterdrückung bot diese Sozialstruktur ein gewisses Maß an politischer und ökonomischer Stabilität und Sicherheit. Die Bewegung der europäischen Aufklärung kann als ein Gegenpol verstanden werden, der die Abhängigkeit von Autoritäten hinterfragt und sie durch das eigenständige Nachdenken und Entscheiden des Individuums ersetzt sehen will. „Habe Mut, Dich Deines eigenen Verstandes zu bedienen!" ist nach Immanuel Kant (1784, S. 481) eine ihrer zentralen Forderungen. Als eine wichtige Wurzel der Aufklärung gilt der Buchdruck aufgrund seiner Rolle als Technologie der Bildung und als Mittler bei der raschen Verbreitung von Ideen; in der konkreten historischen Entwicklung spielen weitere technische Fortschritte ebenso eine Rolle wie regional stark unterschiedliche politische und ökonomische Faktoren.

Mit den Schlagworten „Digitaler Feudalismus" oder „Feudalismus 2.0" werden in der gegenwärtigen Debatte die heute herrschenden digitalen Machtverhältnisse mit den Zwängen und Einschränkungen des historischen, mittelalterlichen Feudalismus verglichen. Es gibt viele Beispiele, die zu solchen Vergleichen

Anlass geben. Der amerikanische Kryptologe Bruce Schneier (2012) sieht bei vielen digitalen Diensten in den Machtverhältnissen zwischen Anwender und Anbieter Parallelen zum Feudalismus. Sowohl die Nutzer von Email- und Cloud-Diensten oder webbasierten Arbeitsplattformen als auch die Besitzer von Endgeräten wie Smartphones oder digitalen Lesegeräten sind zunehmend in enge Korsette eingeschnürt, aus denen sie kaum ausbrechen können. Die Hersteller der schönen neuen digitalen Welt garantieren Bequemlichkeit, Sicherheit und Sorgenfreiheit in ihren Datenspeichern, erwarten dafür aber weitgehende Unterwerfung unter ihre Vorstellungen von der Welt und ihre Geschäftsabläufe. In diesen verwenden sie die Endgeräte als Verkaufsplattform, zum Ausspionieren der Anwender oder um die Leser auf Inhalte ihrer Wahl zu locken.

Kai Biermann (2009) bezichtigte den Internetbuchhändler Amazon des Feudalismus, als dieser auf den „Kindle"-Lesegeräten seiner Kunden Bücher löschte, die diese zuvor legal gekauft hatten. Das Blog der Frankfurter Allgemeinen Zeitung ging in seiner Kritik noch weiter und bemühte die Begrifflichkeit der digitalen Bücherverbrennung (Meyer 2009).

Matteo Pasquinelli (Laaff 2010) benutzt das Bild des Neo-Feudalismus und weist damit auf eine wachsende Klasse digitaler Kultur- und Wissensarbeiter hin, deren Produkte durch juristisch gut abgesicherte globale Monopolisten angeeignet, vereinnahmt und verwertet werden (s. auch Cap 2017a).

Als „Digitale Aufklärung" oder „Aufklärung 2.0" lässt sich die entsprechende Gegenposition zu dieser Form von Ausbeutung durch digitale Lehensherren bezeichnen (Cap 2017b). Der historischen Definition von Kant (1784, S. 481) folgend, könnte man digitale Aufklärung als den Ausgang des Nutzers aus seiner selbstverschuldeten digitalen Unmündigkeit bezeichnen. Diese Unmündigkeit läge dabei im Unvermögen, Daten und digitale Endgeräte ohne Anleitung, Bevormundung und Überwachung eines anderen zu verwenden. Selbstverschuldet wäre diese Unmündigkeit, wenn die Ursache derselben nicht durch Mangel an technischen Möglichkeiten begründet wäre, sondern durch Bequemlichkeit und Mangel an technischer Kompetenz. Man könnte mit Kant fordern: *„Habe Mut, die Hoheit über Deine Daten zurück zu gewinnen."*

Diese Forderung ist nicht so neu, denn bereits das Volkszählungsurteil des Bundesverfassungsgerichts von 1983 kann man als höchstrichterliche Anerkennung der informationellen Selbstbestimmung als einem Grundrecht lesen, des Rechts also, eben diese Hoheit über die eigenen Daten zurück zu gewinnen. Gleichwohl kann dieses Recht nur erlangen, wer es – als mündiger, digital aufgeklärter Bürger – für sich selber einfordert. Oft genug fällt es jedoch der Bequemlichkeit zum Opfer, ist angesichts des Agierens von Herstellern und Dienstanbietern praktisch nur schwer zu erlangen oder wird von den Anwendern gar freiwillig aufgegeben.

Jeder Einzelne muss sich die Frage stellen, ob er den Weg in den digitalen Feudalismus weiter beschreiten oder lieber dazu beitragen möchte, eine freie digitale Gesellschaft im Sinne der Aufklärung zu entwickeln. Viele Beobachtungen hingegen lassen eine weitergehende feudalistische Entwicklung erwarten. So werden beispielsweise Datenschutzregelungen zwar laufend verändert und fleißig angepasst, befinden sich aber mit Hinblick auf ihr effektives Schutzpotenzial – jedenfalls aus nationaler, deutscher Perspektive – auf dem Rückzug[2]. Auch technologische Entwicklungen wie das Self Tracking oder das sogenannte Internet der Dinge und gesellschaftliche, politische oder industrielle Entwicklungen wie die Gesundheitskarte, Industrie 4.0, das digitale Bezahlen oder der einseitig-unkritische Enthusiasmus im Hinblick auf Big Data weisen darauf hin. Auch die Konsequenzen, die aus Enthüllungen über flächendeckende geheimdienstliche Überwachung gezogen werden, deuten in die falsche Richtung: Nach dem Abklingen medienwirksamer Empörungsrhetorik wird nicht die Überwachung der Überwacher verstärkt, sondern deren maßloses Vorgehen im Nachhinein juristisch legitimiert und damit für die Zukunft weiterhin ermöglicht statt unterbunden[3].

Erstaunlich bleibt ebenso die Frage, warum die Technologie des Internet, die zunächst eine freie, offene und kostengünstige Kommunikation ermöglichte und dafür auch gefeiert wurde, sich schließlich in einer Weise weiterentwickelt hat, die heute – neben vielen sinnvollen und hilfreichen Anwendungen – auch flächendeckende Überwachung und Manipulation gestattet. Es ist daher eine wichtige gesellschaftliche Aufgabe, Beschränkungen dieser technischen Möglichkeiten des Missbrauchs aufzustellen.

---

[2]Siehe beispielsweise Stellungnahmen von Datenschützern auf https://www.datenschutz-grundverordnung.eu/eu-datenschutz-gurndverordnung-senkt-datenschutzniveauin-deutschland/. Zugegriffen: 30. Mai 2017.

[3]Siehe dazu etwa die Meinungen zum BND-Gesetz in (Leutheusser-Schnarrenberger 2016) und (Stadler 2016) oder ein Interview mit dem ehemaligen Präsidenten des Bundesverfassungsgerichts, Hans-Jürgen Papier, der für einen höchstrichterlichen Korrekturbedarf sieht: https://www.golem.de/news/ex-verfassungsgerichtspraesident-papier-die-politik-stellt-sich-beim-bnd-gesetz-taub-1702-125537.html. Zugegriffen: 31. Mai 2017. Einen weiteren Fall der Überwachungsgesetzgebung bezeichnet der Inhaber des Lehrstuhls für Kriminologie an der Ruhr-Universität Bochum, Prof. Singelnstein, als „Schweinsgalopp durch die Hintertüre", der „mit demokratischer Debattenkultur nichts zu tun [hat]", vgl. https://netzpolitik.org/2017/wir-veroeffentlichen-den-gesetzentwurf-der-grossen-koalition-zum-massenhaften-einsatz-von-staatstrojanern/. Zugegriffen: 31. Mai 2017.

3 Datenschutz und Privatheit als besondere Herausforderungen der digitalen Aufklärung

Privatheit umfasst das Recht des Einzelnen, grundsätzlich selbst zu bestimmen, wem er seine personenbezogenen Daten für welchen Zweck überlässt. Da es zu diesem Thema bereits sehr viele Texte gibt[4], wollen wir beispielhaft im Folgenden zwei wichtige Varianten diskutieren, die passive und die gesellschaftliche informationelle Selbstbestimmung, und auf ihre Bedeutung für Freiheit und Menschenwürde untersuchen.

3.1 Lenkprozesse und Einschränkungen der passiven informationellen Selbstbestimmung

Die *passive informationelle Selbstbestimmung* umfasst das Recht des Einzelnen, zu bestimmen, welche Informationen auf ihn einwirken können. Auf ersten Blick sieht es so aus, als ob dieses Recht sehr leicht wahrgenommen werden kann: Digitale Endgeräte haben einen Ausschaltknopf. Diese Option besteht aber nur theoretisch, da im Jahre 2017 in Industrieländern ein Leben ohne digitale Versorgung zu sehr weitgehenden Einschränkungen in der Lebensqualität führt. Angesichts der ungeheuren Menge verfügbarer digitaler Informationen ist jeder Rezipient ferner auf sogenannte Verkehrslenkungsseiten angewiesen, also auf Suchmaschinen, News-Portale oder Online-Händler, die als Einstiegspunkte entscheiden, welche Informationen zum Konsum überhaupt angeboten werden und in welchem Kontext das dann geschieht.

Eli Pariser (2011) formulierte in diesem Zusammenhang das Konzept der *Filterblase*. Weil Informationsanbieter auf hohe Leserzahlen angewiesen sind, versuchen sie mittels Algorithmen vorherzusagen, an welchen Informationen der Benutzer interessiert sein könnte. Sie schränken daher das Informationsangebot ein, basierend auf dem vorausgehenden Nutzungsverhalten, also zum Beispiel Suchanfragen oder online getätigte Einkäufe. Dieser wird damit in seiner Auswahlentscheidung von denjenigen Informationen isoliert, die seinen mutmaßlichen Interessen widersprechen. Michela del Vicario et al. (2016) untersuchen mithilfe des Begriffs der „Echokammern" das Verhalten von Benutzern sozialer

---

[4]Als Überblick eignen sich etwa (Garfinkel 2000), (Schneier 1997), (Albrecht 2014) und (Schaar 2015).

Medien, sich vornehmlich solchen Gruppierungen anzuschließen, deren Kommunikation das eigene Weltbild bestätigt. Dabei entstehen Inseln homogener, stärker polarisierter Meinungen.

Bereits die *schiere Dichte an verfügbarer Information* kann deren praktische Verwendbarkeit einschränken. So schildert Max Otte (2010) das Phänomen, dass der heutige Käufer zwar auf eine Vielzahl von Varianten eines Produkts zugreifen kann und diese daher auch scheinbar vergleichen und für sich optimieren kann. Die Fragmentierung dieser Information und die rasche Weiterentwicklung der Warenvielfalt erschwert aber die praktische Entscheidung für das eine, für den Käufer nützlichste Produkt. Ein typisches Beispiel sind Mobilfunk-Tarife, zu denen die jeweiligen Anbieter gerne und ausführlich alle Vorteile darlegen, bei denen aber die Bedingungen im „Kleingedruckten", oft in sogenannten Fair Use Klauseln, Einschränkungen erzeugen, die einen unmittelbaren Leistungsvergleich unmöglich machen.

Eine weitere subtile Einschränkung der passiven informationellen Selbstbestimmung ist die Illusion von der *sofortigen, mühelosen und automatischen Bedürfnisbefriedigung*. Eine erste technische Umsetzung bietet der Dash Button von Amazon, ein kleiner Knopf zur Bestellung von Verbrauchsmaterial, der neben die entsprechende Maschine an den Ort des Bedarfs geklebt wird, vgl. (Kolf 2016): Ein Druck genügt und Waschmittel, Rasierklingen oder Filterkaffee werden automatisch nachbestellt. Eine noch engere Integration verspricht das Internet der Dinge, bei dem Wasch- und Kaffeemaschine die Nachbestellung eigenverantwortlich durchführen.

Allen diesen Beispielen gemeinsam ist die Verkürzung der bewussten Auswahlentscheidung. Der informierte Entscheidungsprozess des mündigen Benutzers (Was will ich? Will ich das wirklich? Will ich es jetzt? Will ich es wie bisher oder anders?) wird durch das Angebot instantaner und sehr einfacher Bedürfnisbefriedigung erschwert und durch einen Automatismus ergänzt oder gar ersetzt, der unter der Kontrolle des Herstellers von Produkten oder Informationen steht. Der Endanwender kann sich zwar – theoretisch – weiterhin ausführlich über alle Optionen informieren, wird das in der Praxis aber nicht mehr tun.

3.2 Schrankenlose Vermessung als Einschränkung der gesellschaftlichen informationellen Selbstbestimmung

Die *gesellschaftliche informationelle Selbstbestimmung* umfasst das Recht der Gemeinschaft, zu bestimmen, welche ihrer Daten zu welchen Auswertungen herangezogen werden sollen, auch in jenen Fällen, wo sich diese Nutzung außerhalb eines konkreten Personenbezugs bewegt. Bereits die Erfassung oder die Bekanntgabe von Daten allein könnte eine Veränderung der Gesellschaft zur Folge haben. Empirische Studien zur Prüfung dieser Hypothese sind allerdings schwierig, da das Untersuchungsobjekt groß ist, Einflussfaktoren schwer isoliert werden können und die Bildung von Kontrollgruppen problematisch erscheint.

Um dieses Problemfeld an einem konkreten Beispiel zu veranschaulich, lässt sich das Thema *Scoring* anführen. Banken, Versicherungen, Krankenkassen und Arbeitgeber sind an einer Leistungs- und Risikobewertung von Einzelpersonen interessiert. Mithilfe von Scoring-Techniken versucht man, aus dem vergangenen Zahlungsverhalten von Kreditnehmern auf ein späteres Ausfallrisiko bei der Rückzahlung zu schließen, oder zu ermitteln, welche Informationen über die Ernährungs- und Bewegungsgewohnheiten von Bürgern künftige Arztkosten vorhersagbar machen. Bereits aus Sicht des Einzelnen stellen sich hier viele wichtige Fragen: Wie werden solche Scores berechnet? Welche Einflüsse habe ich auf die der Datenanalyse zugrunde liegenden Faktoren? Kann ich der Nutzung bestimmter Informationen widersprechen?

Aber auch die Gesellschaft als Ganzes verändert sich, wenn sie grundsätzlich diesen Formen von Auswertungen zustimmt. Kann etwa die Frage nach Kreditwürdigkeit durch Scoring relativ zutreffend beantwortet werden, so mag das zu einem geringen Ausfallsrisiko führen und somit insgesamt zu geringeren Kreditkosten. Gute Prognosemodelle im Bereich des medizinischen Scorings können zu einem gesünderen Verhalten in der Bevölkerung führen. Sie bewirken aber auch eine Wandlung des Begriffsrahmens, in den eine „Versicherung" einsortiert wird – nämlich von einem Konzept der Solidargemeinschaft und gegenseitigen Unterstützung zu einem Konzept der Effizienzsteigerung und der Selbstoptimierung. Sind ungesunde Verhaltensweisen bekannt, leicht erkennbar und in ihren ökonomischen Auswirkungen berechenbar, so vergrößert sich auch der gesellschaftliche Druck auf eine Verhaltensanpassung der oder des Einzelnen. Dieses könnte im schlimmsten Fall zu – wissenschaftlich begründeter und statistisch legitimierter – Ausgrenzung ganzer Bevölkerungsgruppen führen. Abgesehen von möglichen Nebenwirkungen, die je nach Position als erwünscht oder unerwünscht wahrgenommen werden können, stellt sich die Frage, ob und wie bewusst und informiert dieser gesellschaftliche Wandel gestaltet wird. Wollen wir diese Veränderungen als Begleiterscheinung der Digitalisierung akzeptieren – oder wollen wir (vorher?) einen demokratischen gesellschaftlichen Diskurs darüber führen?

4 Die digitale Wirtschaft als Gefahr für das bürgerliche Lebensmodell

Man kann Gesellschaft als eine Plattform für ein Lebensmodell verstehen, das in der amerikanischen Unabhängigkeitserklärung – einem Kind der Aufklärung – im Sinne von „Life, Liberty and the Pursuit of Happiness" beschrieben wird. Dieses Bild fokussiert auf die Möglichkeiten des Individuums, gesellschaftlich bedeutsame und nachgefragte Fähigkeiten zu erwerben und es über diese zu einem erfüllten Leben in Glück und Freiheit, Selbstbestimmung und Selbstverwirklichung zu bringen. Man kann annehmen, dass ein gewisses abstraktes Maß an Fairness (konkretisiert etwa durch ein funktionierendes Rechtssystem und eine Möglichkeit zu Verhandlungen „auf Augenhöhe") notwendig sind für den Erfolg dieses Modells. Die Grenzen zu extremeren gesellschaftlichen Modellen wie etwa einem schrankenlosen Raubtierkapitalismus oder Weltvorstellungen, in denen Privateigentum an Produktionsmitteln völlig verboten ist, müssen darin ausgehandelt werden. Je nach politischer Überzeugung wird man auf diese Fragen unterschiedliche Detailantworten finden, eine allzu einseitige Positionierung kann jedoch zu einer Zerstörung dieses Lebensmodells führen.

Es ist denkbar, so die hier verfolgte These, dass eine auf Big Data Analysen gestützte und maßgeblich an digitalisierter Effizienz orientierte Wirtschaft ultimativ zu einer Zerstörung dieses Lebensmodells beitragen kann, wenn der Anwender digitaler Dienste dem Anbieter nicht mehr auf Augenhöhe begegnen kann. Der freie Markt arbeitet mit der Annahme, dass alle seine Teilnehmer über ein hohes Maß an Information verfügen und damit sinnvolle Entscheidungen im Sinne einer Nutzenmaximierung möglich werden. Verfügen jedoch einzelne Akteure am Markt über einen unverhältnismäßig hohen Informationsvorsprung, wird dieses konstruktive Zusammenspiel gestört. Die Situation soll am zunächst banal anmutenden Beispiel von online durchgeführten Reisebuchungen geschildert werden, das jedoch auf viele weitere Anwendungsfelder übertragen werden kann.

Die Informations- und Buchungsabläufe auf vielen Reiseportalen werden durch ein ausgeklügeltes, durch den Kunden nicht mehr durchschaubares Yield Management, also durch Methoden der systematischen Ertragsmaximierung, dominiert. Ziel dieser Technik ist es, jedes Wissen über den Nutzer in einen möglichst hohen Profit zu übersetzen. Abhängig davon, über welches Endgerät Buchungsanfragen erfolgen (ob es sich bei diesem etwa um ein teures Smartphone für Geschäftskunden oder kostengünstiges Gerät für Endverbraucher handelt), werden Annahmen über die Kaufkraft entwickelt und jeweils angepasste

Angebote unterbreitet (Mattioli 2012). Zur Information des potenziellen Gastes gedachte Anfragen über Hotelausstattung und Reisezeiten werden als Interessen gedeutet, die in weitere Kaufanreize übersetzt werden *(„Weitere 3 Personen sehen sich gerade dieses Hotel an.")*. Erfolgt eine Buchung nicht innerhalb der erwarteten Zeit, wird die Verfügbarkeit als entsprechend verknappt dargestellt (etwa im Sinne eines plötzlich aufscheinenden Pop-up-Fensters: *„In dieser Kategorie sind nur noch zwei Zimmer frei.")*. Wichtige, buchungsrelevante Informationen werden möglichst lange zurückgehalten oder mit Hinblick auf Klauseln im Kleingedruckten noch nach Vertragsschluss angepasst (etwa Flugzeiten bei Charterflügen, die sich Wochen nach der Buchung mutmaßlich[5] in Richtung weniger attraktiver Randzeiten verschieben). Verlässt der Interessent den Workflow der Buchung vorzeitig, so weisen ihn von diesem Zeitpunkt an Werbeeinblendungen auf sozialen Netzwerken oder Nachrichtenportalen auf die Vorzüge des Ziellandes hin. Hat er während des Buchungsvorgangs bereits eine E-Mail-Adresse angegeben, so weisen ihn an diese zugestellte Nachrichten mehr oder weniger aufdringlich auf den *„noch nicht abschließend bestätigten Vorgang"* hin.

An diesem Beispiel wird deutlich, dass der Käufer einer Reise nicht einem einzelnen Verkäufer einer Reise auf Augenhöhe begegnet. Es ist ihm auch nicht möglich, je nach persönlicher Kunstfertigkeit, mehr oder weniger geschickt zu verhandeln. Er begegnet vielmehr einem Programm, das sein Wissen aus weltweit Milliarden systematisch ausgewerteten Transaktionen bezieht und errechnet, wie ein Kunde bestimmter Kaufkraft und sozialer Schicht am effektivsten zu einem für das Unternehmen möglichst profitablen Abschluss bewegt werden kann. Beim Verhandlungspartner handelt es sich nicht mehr um einen menschlichen Akteur. Angesichts der enormen Datensammlungen großer Anbieter und den mit erheblichem Aufwand betriebenen statistischen Analysen wird der Endkunde damit nachgerade als Subjekt entmündigt, das in der Folge zur ökonomischen Optimierung ausgebeutet wird.

„Persuasive Technology" (dt. etwa „Technologie der Überredung") lautet der Name dieser Strategie, deren Absicht es ist, auf Webseiten, mithilfe von Apps und weiteren digitalen Produkten möglichst erfolgreich und zielgerichtet auf den Rezipienten oder Nutzer einzuwirken. So untersucht etwa das *Stanford Persuasive Tech Lab* seiner eigenen Zielsetzung zufolge, wie Produkte der

---

[5]Der stringente Nachweis eines solchen Vorgehens fällt schwer, auch wenn die beschriebenen Phänomene teilweise bereits untersucht sind, vgl. etwa Aniko Hannak et al. (2014).

Informationstechnologie am besten gestaltet werden, um die Überzeugungen und das Handeln von Menschen zu verändern. Psychologisch gesehen ist das eine spannende Forschungsfrage – doch das genannte Institut schreibt selbst auf seiner Homepage: „Yes, this can be a scary topic: Machines designed to influence human beliefs and behaviors".[6]

Man kann argumentieren, dass es für die Technologie der Beeinflussung sinnvolle Ziele geben kann. Über eine allgemeine Orientierung an Werten wie Frieden oder einer gesunden Lebensweise besteht vermutlich ein weitreichender gesellschaftlicher Konsens. Es bleibt jedoch die Frage, wie – unabhängig von einem noch so guten Zweck – das gewählte Mittel zu beurteilen ist. Wer soll über einen Einsatz entscheiden? Wie soll er dokumentiert, kontrolliert und gegebenenfalls reglementiert werden? Welche Gefahren sind denkbar? Auf C. S. Lewis (1970) geht der folgende Ausspruch zurück: „Of all tyrannies, a tyranny sincerely exercised for the good of its victims may be the most oppressive". Er kann gut auf die möglichen Schrecken einer algorithmisch optimierten und damit „besten" Gesellschaft bezogen werden. Als historisches Beispiel kann der Versuch der Nationalsozialisten gewertet werden, das damals neue Medium „Rundfunk" als Technologie der Beeinflussung zu funktionalisieren.

Derzeit sieht es aber oft danach aus, dass diese Fragen ohne gesellschaftliche Debatte durch die Produktentwickler der Digitalisierung beantwortet werden. Dabei entstehen Infrastrukturen, Verhaltensweisen und Gewohnheiten, die unsere Gesellschaft verändern. Als das prominenteste Beispiel ist hier Cloud Computing zu nennen.

Diese neue Technologie schafft neue Abhängigkeiten, da sie die Überantwortung eigener Daten auf fremde Server erfordert. Cloud Computing bedeutet, die Ausführung von Programmen und die Speicherung von Daten nicht auf einem Rechner vor Ort, sondern bei einem darauf spezialisierten Anbieter durchführen zu lassen. Der große Vorteil besteht in der Nutzung von Systemen, ohne dafür die technische Infrastruktur, die Software-Plattformen und schließlich die Anwendungen für diese Dienste aufbauen, konfigurieren und warten zu müssen. Organisatorisch und ökonomisch erscheint Cloud Computing daher zunächst als die richtige Antwort auf den wachsenden Bedarf an IT-Dienstleistungen.

Zugleich bedeutet das in den meisten typischen Anwendungen aber auch, dass sich die eigenen Daten auf einem fremden Rechner befinden. Das ist zunächst kein Nachteil, denn dort sind vor Beschädigung oder Verlust durch defekte Hardware, Hochwasser oder Erdbeben besser geschützt als beim (ursprünglichen)

---

[6]https://captology.stanford.edu/.

Eigentümer der Daten. Es bedeutet aber ebenso, dass diese Daten den Arbeitsabläufen und der Kontrolle der Dienstanbieter unterliegen. Mit seinen Daten und seinem Einfluss auf die Geschäftsabläufe hat der Anwender damit die Hoheit über sein einziges wirkliches Eigentum in der digitalen Gesellschaft an Dritte abgegeben.

Damit geht ein sehr weitgehender Kontrollverlust einher, der bereits mit der Nutzung Cloud-basierter Mailing-Dienste beginnt, bei der die komplette Korrespondenz des Nutzers für den Anbieter prinzipiell einsehbar ist. Google und Microsoft werten diese auch aus. Daraus ergeben sich beispielsweise Erkenntnisse, die zu einer besseren Auswahl von Werbeeinblendungen führen können, aber auch zur Verhaftung des Benutzers, sollte der Algorithmus zum Schluss gelangen, dass der Anwender illegale Inhalte versendet hat (Cap 2015). Selbst wenn das Ziel in den bekannt gewordenen Fällen die Verfolgung schwerer Straftaten war, so bleibt das Vorgehen des systematischen Durchsuchens von Privatnachrichten auf bestimmte Inhalte im Grundsatz problematisch. Dies ist unter anderem der Fall, weil es sich um privatwirtschaftliche Unternehmen handelt und die Logik dem Ansatz des Generalverdachts gegen alle Kunden folgt.

Die Datenspeicherung entzieht sich bei Cloud Computing weitgehend dem Einfluss des Anwenders.[7] Er hat keine Kontrolle darüber, welche zwischengeordneten Unternehmen die Daten im Durchfluss sehen (und mitschreiben) können, von welchem Unternehmen sie schließlich gespeichert werden und der Jurisdiktion welcher Länder und welchen Datenschutzbestimmungen diese Speicherung letztlich unterliegt.

Aber auch der Nutzer eigener Endgeräte kann durch Cloud Architekturen effektiv in einer Dauerabhängigkeit gehalten werden: Viele Geräte funktionieren nur dann, wenn sie sich regelmäßig mit den Servern der Hersteller in Verbindung setzen und dabei auf praktisch nicht nachvollziehbare Weise Daten austauschen. Auf diese Weise kann der Hersteller Funktionsweisen kontrollieren, Geschäftsmodelle nachjustieren oder Endgeräte sogar abschalten. Gelegentlich geschieht das, wenn sie nicht mehr genügend Gewinn abwerfen oder der Hersteller in Konkurs geht. Die Legalität dieser Abhängigkeit ergibt sich aus der Zustimmung der Nutzer zu Nutzungsbestimmungen, ohne die sein Endgerät oftmals nicht sinnvoll verwendbar und damit wertlos ist.

---

[7]Man kann einwenden, dass das nicht stimmt: Viele Cloud-Dienste ermöglichen dem technisch versierten Anwender, der seine Anwendungen selber betreibt und konfiguriert, selbst auszuwählen, in welchen Jurisdiktionen seine Daten abgelegt werden. Für die überwiegende Mehrheit der Endanwender ist diese Möglichkeit aber nicht gegeben.

Eine echte Freiheit vom Feudalherren in der Rolle des Cloudbetreibers kann durch den durchgängigen Einsatz offener und damit auf tatsächlich durchgeführte Operationen kontrollierbare Hard- und Software erreicht werden. Ein weiterer Ansatz ist die sogenannte *homomorphe Verschlüsselung,* bei welcher der Endanwender die Dienste der Server nutzen kann, ohne dass der Betreiber die verarbeiteten Daten jemals unverschlüsselt sehen kann.

Ein weiteres Problem stellen zukünftige Entwicklungen dar, die in ihren Auswirkungen derzeit noch nicht realistisch eingeschätzt werden können. Das Thema der technischen Weiterentwicklung hat der Gesetzgeber beispielsweise im Bereich des Urheberrechts bereits berücksichtigt. Die Absätze §31a und §32c des Urheberrechtgesetzes (UrhG) beziehen sich etwa auf Rechte an heute noch nicht bekannten Nutzungsarten. Gesellschaftlich problematischer als die ökonomischen Auswirkungen sind aber die Entstehung von Infrastrukturen und Datensammlungen, die zukünftigen Missbrauch ermöglichen, und deren unkritische Überführung in gesellschaftlich akzeptierte Abläufe. Dieses soll im Folgenden an einem Beispiel des Einsatzes von Überwaschungstechnologien geschildert werden.

Nach Schätzungen der British Security Industry Association (BSIA) waren 2013 in England rund 5,9 Mio. Überwachungskameras in Einsatz (Reeve 2013). Damit kommt auf jeweils 9 Bürger des Landes eine installierte Kamera. Weltweit sollen im Jahr 2015 etwa 245 Mio. Kameras im Einsatz gewesen sein (Ingram 2015). Betrachtet man auch die vernetzten Kameras, Mikrofone und Positionierungs-Sensoren von Mobiltelefonen als Überwachungsgeräte, so erhält man eine Dichte von einem Gerät pro Person, zumindest in Industriestaaten und Schwellenländern. Eine flächendeckende Erfassung unseres Lebens mit Ortungs- und Videosensoren ist damit heute technisch ohne weiteres möglich. Trotzdem finden weiterhin Verbrechen statt – die Infrastruktur dient derzeit nur eingeschränkt unserer Sicherheit im Vorhinein und der Aufklärung im Nachhinein.

Eine Erweiterung dieser Überwachungstechnologien kündigt sich derzeit in Form von Software an, die auf die automatisierte Gesichtserkennung spezialisiert ist. Die amerikanischen Bürgerrechtsorganisationen ACLU (American Civil Liberties Union) und EFF (Electronic Frontier Foundation) haben am Beispiel der Gesichtserkennungs-App von Facebook Gespräche mit Wirtschaftsverbänden über mögliche Richtlinien zum Einsatz von Gesichtserkennung im öffentlichen Raum geführt. Sie forderten, dass es Menschen zumindest möglich sein sollte, über eine öffentliche Straße zu gehen, ohne von einem Unternehmen dabei anhand ihres Gesichts identifiziert und verfolgt zu werden. Selbst diese grundlegende Forderung sei von Wirtschaftsverbänden abgelehnt worden (Singer 2015). Die Debatten über die Chancen und Grenzen von Systemen, die uns auf Schritt und Tritt im öffentlichen Raum begleiten und daraus verschiedenste

Formen von Profilen erstellen, wird datenschutzrechtlich spannend bleiben. Weitere Brisanz erhalten diese Anwendungen durch den Fundus privater Bilder, die auf sozialen Netzwerken von Benutzern hochgeladen werden und dort zusätzlich mit Personen- und Ortsinformationen annotiert werden.

Die Entwicklung zeigt: Die Kombination von Sicherheitsbedürfnis (Videoüberwachung), sozialem Austausch (zum Beispiel durch Facebook, Twitter, Flickr) und neuen Analyse-Algorithmen wird in absehbarer Zeit ein System bilden, das potenziell eine flächendeckende Überwachung des Einzelnen auf seinem Weg durch öffentliches Gelände ermöglicht. Dazu müssen weder aufwendige neue Infrastrukturen entwickelt noch große Datenbanken angelegt werden. Die dafür notwendigen Geräte und die Datenbestände gibt es bereits heute.

Der Einzelne wird in seinen Handlungen zunehmend durch Assistenzsysteme beobachtet, welche die erfassten Daten für ihre Unterstützungsdienste verwenden, diese aber möglicherweise auch für andere Zwecke auswerten. Die dabei aufgenommenen Bilder, Töne, Orts-, Bewegungs- und Gesundheitsinformationen stehen der Strafverfolgung oft nicht ohne Unterstützung durch den Geräteinhaber zur Verfügung, der beispielsweise Speichermedien oder Zugangspasswörter aushändigen müsste. Es ist daher denkbar, dass Forderungen erhoben werden, die Geräteinhaber zur Mitwirkung in Strafverfahren zu verpflichten, da sich auf Tonträgern, in Chatprotokollen, in verschlüsselten Dateien oder Mitschnitten des Sprachassistenzsystems Hinweise oder gar Beweise für eine Täterschaft befinden könnten. Damit stellen sich eine Reihe wichtiger Fragen. Umfasst das Recht, sich selber nicht belasten zu müssen, auch das Recht, Daten, welche die eigenen Geräte über einen selber erfasst haben, nicht weiterzugeben? Besteht, wenn diese Daten zusätzlich noch verschlüsselt sind, die Verpflichtung zur Herausgabe der Schlüssel und Passwörter? Darf der Hersteller bei einem Datenzugang helfen? Kann er dazu verpflichtet werden?[8]

Der Staat darf sich als Strafverfolger nicht in familiäre Vertrauensverhältnisse einmischen: Ehepartner haben beispielsweise das Recht auf Zeugnisverweigerung. Wie aber ist das Vertrauensverhältnis des Besitzers eines Smartphones zu seinem Gerät zu betrachten? Dürfen – plakativ ausgedrückt – die Strafverfolgungsbehörden

---

[8]Es handelt sich hier nicht um theoretische Überlegungen, wie etliche Fälle zeigen: Laut http://www.faz.net/aktuell/wirtschaft/netzwirtschaft/cia-belastet-verhaeltnis-zwischen-apple-google-us-regierung-14915232.html erwartet die CIA von Apple Mithilfe bei der Entschlüsselung von iPhone Daten und laut http://www.berliner-zeitung.de/ratgeber/recht/wie-bei-us-mordfall-alexa-als-zeugin-darf-die-polizei-auf-amazon-echo-zugreifen-26157776 ist der Sprachassistent Alexa mutmaßlich Zeuge eines Mordes. Zugegriffen: 30. Mai 2017.

das Navigationsgerät, den Pflegeroboter oder den Sprachassistenten wie zum Beispiel Siri oder Alexa zwingen, gegen seinen Besitzer auszusagen?

In einer Gesellschaft, die den Einsatz von Robotern für die Altenpflege diskutiert und in der zwischenmenschliche Bindungen in Richtung mehrfacher Lebensabschnittspartnerschaften und Patchwork-Familien fragmentieren, darf die Frage formuliert werden, ob das Bedürfnis nach Vertraulichkeit gegenüber einer Maschine oder einem Programm nicht auf ähnliche Weise Schutz benötigt, wie gegenüber einem nahestehenden Menschen[9]. Datenschutz soll nicht zu (ungerechtfertigtem) Täterschutz führen, doch es bleibt die Frage, ob dem Menschen von morgen noch unbeobachtete Sphären zur Verfügung stehen werden, in denen er sprechen kann, ohne dass Cortana, Siri und Alexa mithören. Dabei kommt es weniger darauf an, ob diese Sprachassistenzsysteme gerade aktiviert sind, sondern darauf, ob sie aktiviert sein *könnten* und ob die beobachteten Personen dieses wissen und beeinflussen können.

In einer Welt der dauerhaften Algorithmen-gesteuerten Beobachtung entstehen weitere Schwierigkeiten: Eine Äußerung kann beispielsweise vom Sprecher ironisch gemeint sein und damit eine Dimension erhalten, die der Interpretation durch Maschinen vermutlich noch lange weitestgehend entzogen sein wird. Kommunikation benötigt für eine korrekte Auswertung einen umfassenden Kontext, der in vielen Situationen von Maschinen nicht in der erforderlichen Form vorgehalten wird.

Das deutsche Strafrecht stellt typischerweise auf Handlungen ab, die umgesetzt wurden oder mit deren Umsetzung zumindest unmittelbar begonnen wurde. Eine normwidrige Gesinnung, solange sie nicht in eine Handlung umgesetzt wurde, bleibt meist straffrei. Ist nun die Kommunikations- und Gedankenwelt des Täters einer automatisierten algorithmischen Auswertung zugänglich, so wird die Schwelle zu einem Gesinnungsstrafrecht bedrohlich abgesenkt.

Preventive, proactive oder *predictive policing* bezeichnen die Polizeiarbeit in unterschiedlichen Vorfeldern der Tatausübung. Im Science-Fiction-Genre greift der Film *Minority Report* (USA 2002, Regie: Steven Spielberg) das Motiv auf, dass Mörder, deren Tat durch sogenannte *Precogs* vorhergesehen wird, aus dem Verkehr gezogen werden. In der Realität programmiert das privatwirtschaftlich operierende Institut für musterbasierte Prognosetechnik in Oberhausen das System *Precobs* („Pre Crime Observation System") zur Vorhersage von Folgedelikten

---

[9]Das Zukunftsinstitut benutzt in seinem Bericht (Zukunftsinstitut 2015) den in diesem Kontext recht bemerkenswerten Zwischentitel „Mobile Devices als Lebensgefährten".

bei Einbrüchen auf Basis geografischer Analysen. Das System wird in Stuttgart und Karlsruhe seit 2015 getestet.[10] Mit dieser Beobachtung soll nicht der Einsatz von statistischen Verfahren in der Polizeiarbeit kritisiert werden. Es geht vielmehr darum, die gedankliche Nähe zwischen bestehenden und unerwünschten Vorgehensweisen zu beleuchten. Unabhängig davon bleibt als Kritik bestehen, dass Big Data in der Verbrechensprävention zu einer möglicherweise problematischen Konzentration von Polizeiarbeit auf bestimmte geografische Schwerpunkte führen kann, in denen aufgrund des sozialen Umfelds die Prävention politisch besonders wünschenswert erscheint.

5   Polaritäten der Digitalisierung

Abschließend sollen im Folgenden weitere Spannungsfelder angeführt werden, bei denen die Digitalisierung einen Wandel von Werten bewirkt, Polaritäten verschiebt und eine neue gesellschaftliche Aushandlung von Grenzen notwendig macht. Ob man diese Veränderungen als neue Chance begrüßt oder als Bedrohung und Gefahr empfindet, ist sicher auch eine Frage des Alters, der Lebenserfahrung und des sozialen Milieus[11]. Gleichwohl müssen wir sie als Veränderungen zur Kenntnis nehmen und sollten sie aus gesamtgesellschaftlicher Perspektive diskutieren und kritisieren.

---

[10]Christine Bilger: *Der digitale Freund und Helfer. Neue Software für die Polizei in Stuttgart.* Stuttgarter Zeitung, 16. September 2015 abrufbar unter: http://www.stuttgarter-zeitung.de/inhalt.neue-software-fuer-die-polizei-in-stuttgart-der-digitale-freund-und-helfer. f3b32701-8b04-451e-8500-2fb3243b474b.html. Hinweis: Die aufmerksame Leserin wird sich nach der Bedeutung der Zahlen am Ende dieses Links fragen. Enthalten sie Hinweise auf die Identität des Nutzers? Wesentlich dabei ist weniger, ob das im konkreten Einzelfall tatsächlich so ist, sondern dass es so sein könnte und dass der Nutzer über diese Frage wenig Rechtssicherheit erhalten kann.

[11]„Alles, was es schon gibt, wenn du auf die Welt kommst, ist normal und üblich und gehört zum selbstverständlichen Funktionieren der Welt dazu. Alles, was zwischen deinem 15. und 35. Lebensjahr erfunden wird, ist neu, aufregend und revolutionär und kann dir vielleicht zu einer beruflichen Laufbahn verhelfen. Alles, was nach deinem 35. Lebensjahr erfunden wird, richtet sich gegen die natürliche Ordnung der Dinge", meint Douglas Adams (2003) in *Lachs im Zweifel – Zum letzten Mal per Anhalter durch die Galaxis.*

Privatheit versus Transparenz
Privatheit ist das fundamentale Recht des Rückzugs[12] und damit auch das Recht, öffentlich und von Dritten nicht wahrgenommen zu werden, beziehungsweise den Kreis, in dem man wahrgenommen wird, selber bestimmen zu können (vgl. Bünnig 2009). Sie kontrastiert mit der Erwartung von Transparenz als Offenlegung der Kontexte und Rechtfertigung der Motive des eigenen Handelns, bis hin zum Druck und zur Pflicht, die eigenen Lebensumstände und mögliche Abweichungen von der Norm zu erklären.

Eigendefinition versus Fremddefinition der Person
Nach eine Modell, das auf George Herbert Mead zurückgeht, kann man Identität („self") als Ergebnis eines Wechselspiels verstehen zwischen dem spontanen, affektiven, individuellen Anteil einer Person („I") mit dem Bild, das andere im Austausch von dieser Person bekommen und dieser in der Interaktion vermitteln („me"). Digitalisierung bewirkt nun, dass eine wachsende Zahl von Interaktionen anstatt mit Menschen mit digitalen Partnern ablaufen: Assistenzsysteme, Bots[13], die Nachrichten beantworten oder Einträge in sozialen Netzwerke erstellen[14], Empfehlungssysteme und viele weitere Programme liefern damit aber auch eine Sicht auf den menschlichen Partner, welche auf sein „me" zurückwirkt und seine Identität beeinflusst. Zudem steigt die Anzahl der Interaktionen insgesamt stark an. Dadurch wird die Eigendefinition der Person („I") in Richtung der Fremddefinition („me") verlagert, da der Leser einer stark ansteigenden Zahl von Kommunikationsakten ausgesetzt ist, die oftmals wertender Natur ist. Die zwischenmenschliche Interaktion wird durch maschinelle und algorithmische Interaktion ergänzt und verändert sich dadurch (Truong 2016). Spekuliert etwa über den Einfluss digitaler Assistenten, die von Kindern herumkommandiert werden („Alexa, schalte das Licht ein") und ihnen keine Rückmeldungen über sozial erwünschtere Interaktionsformen geben und (Zaki 2011) beschreibt Studien, welche die abnehmende Empathie bei jungen Menschen vermessen.

---

[12]Warren und Brandeis beschreiben in ihrem Artikel *The Right to Privacy* (1890, S. 195) Privatheit als „The right to be let alone".

[13]Bots sind Programme, die Texte lesen und auf diese mit Antworten oder Bemerkungen reagieren. Sie erwecken oft den Eindruck, dass sie die gelesenen Texte „verstünden". Sie werden im Internet zur Beantwortung von Kundenanfragen, für Werbung und Propaganda oder auch zum systematischen Verfälschen von Stimmungsbildern in Foren eingesetzt.

[14]Bei den amerikanischen Präsidentschaftswahlen 2016 spielten Bots eine bedeutende Rolle, vgl. etwa (Woolley und Howard 2016).

Individualisierung und Fragmentierung versus Konformität und Homogenität
Digitalisierung ermöglicht die Individualisierung vieler Lebensbereiche und damit einhergehend die Fragmentierung der Gesellschaft: Die Teilnehmer an sozialen Netzwerken können ihre Profile persönlich ausgestalten und digitale Logistik-Ketten können Nischenbedürfnisse bedienen. Zu jedem noch so spezifischen Bedürfnis können virtuelle Räume gebildet werden, die ihren Nutzern genau die Welt spiegeln, die sie suchen. Es entsteht ein spannender Widerspruch, wenn wir jene Aspekte der Digitalisierung daneben stellen, die Konformität und Homogenität befördern. Denn selbst wenn die Ausgestaltung des digitalen Lebensstils jeweils sehr persönlich gestaltbar ist, der Lebensstil als solches steht nicht zur Debatte. Die Botschaft der Digitalisierung lautet: „Du darfst das Hintergrundbild auf Deinem Profil bei Facebook und Twitter frei wählen, die Entscheidung aber, ob Du überhaupt auf Facebook oder Twitter bist, steht Dir jedoch nicht mehr ganz frei: Bist Du nicht dort, so gehörst Du nicht nur nicht dazu sondern kannst auch Deine Freunde nicht mehr erreichen."

Dauerhafte Endgültigkeit versus flexible Vorläufigkeit
Die analoge Welt stand in vielen Bereichen für Aspekte des Dauerhaften und des Endgültigen. Wer mit analogen Techniken einen Brief oder ein Buch schrieb, musste vorausplanen: Ein Schreibfehler und die Seite musste neu geschrieben werden. Das Ergebnis war eine stringente, lineare Denkdisziplin. Die digitale Welt ist wesentlich flexibler. Inhalte können umgebaut, angepasst, geteilt und wiederverwendet werden. „Undo" und „Redo" sind beliebte Bedienmetaphern, „Reset" und „Neustart" sind möglich und helfen zum Beispiel dem „Gamer", wenn er im Spiel „keine Leben" mehr hat. Das Digitale ist flexibel, bleibt damit aber auch vorläufig und wird nie vollendet. Nun ist dem Computerspieler die Grenze zwischen dem einen, realen und den vielen multiplen Leben natürlich klar. Die Adaptivität und Flexibilität des Digitalen ist ja auch ein Vorteil – gleichwohl verschiebt es das Verhältnis in dieser Polarität.

Wirkliche Welten versus simulierte Welten
Vieles, das durch die Digitalisierung nachempfunden *wird,* weil es digital nachempfunden werden *kann,* erhebt heute den Anspruch, besser zu sein als das Wirkliche. Lehre wird digitalisiert, indem mediale Konserven den Dozenten ersetzen oder Unterrichtsinhalte zumindest ergänzen. Flugausbildung und Flugerleben wird in den Simulator verlegt. Bücher und Musik werden digital aufbereitet. Dieser Fortschritt hat Vorteile: Eine für eine große Menge an Studierenden produzierte Unterrichtseinheit kann exzellent aufbereitet sein, im Simulator können

Notfälle trainiert werden, mithilfe eines Tablets Computers kann man eine ganze Bibliothek als Lektüre mit in den Urlaub nehmen und das Klavierspiel auf dem Digitalpiano kommt einem Konzertflügel schon nahe.

Gleichwohl tritt eine digitale Isolationsschicht zwischen den Einzelnen und seine subjektive „Wirklichkeit", die unsere Wahrnehmung insgesamt verändert. Doch die kleinen Unterschiede zwischen der digitalen Variante und ihrem analogen Gegenpart könnten sich als wesentlich herausstellen. Das Eingehen auf die spezifischen Probleme und Fragen des einzelnen Schülers wird dem medialen Unterrichtsprogramm schwerfallen. Kritisches Querdenken ist von der Lehrkonserve kaum zu erwerben. Wirkt das Lob durch ein maschinelles Gegenüber genau so emotional nachhaltig wie ein menschliches Vorbild? Erfüllt der Avatar auf dem Bildschirm für den Studenten auch eine berufliche Vorbildfunktion? Kann der Pilot bei einem echten Notfall an die Lernerfahrung im Simulator anknüpfen, die er jederzeit per Knopfdruck anhalten und unterbrechen konnte? Findet der Flug-Enthusiast im digital simulierten Sonnenuntergang innere Befriedigung? Wie simuliert ein eReader das haptische und olfaktorische Vergnügen beim Blättern in einem alten, verstaubten Buch?

6 Fazit

Gesellschaft verändert sich. Vielleicht wird das Leben im Digitalen das Analoge weit übertreffen. Doch welche Ergebnisse sind wünschenswert? Schriftsteller und Filmemacher halten dystopische Modelle bereit. Aldous Huxley (1932) schildert in *Brave New World* eine Gesellschaft, in welcher es keine echten, tiefen Gefühle mehr gibt und alle Widrigkeiten des Daseins mit einer geeigneten Portion der Droge „Soma" erfolgreich behoben werden können. Im Science-Fiction-Film *Matrix* (USA 1999, R: Larry Wachowski und Andy Wachowski) leben die Menschen gar in einem von Maschinen kontrollierten Brutkasten. Alle ihre Wahrnehmungen stammen aus einer Simulation, die in ihr Nervensystem eingespeist wird und ihnen in der Wahrnehmung die Überschreitung aller Einschränkungen der physikalischen Welt ermöglicht. Beide Lebensformen haben viele gesellschaftliche Probleme gelöst – erscheinen aber nicht wirklich attraktiv.

Wünschenswert wäre es, wenn die Frage nach dem Weg der digitalen Gesellschaft und ihren Optionen durch aufgeklärte Menschen beantwortet wird und nicht durch eine Entwicklung vorgegeben wird, die man anschließend nur mehr zur Kenntnis nehmen kann.

Vermutlich wird das Ergebnis nicht einer der hier gezeichneten extremen Positionen entsprechen, sondern aus einer gesellschaftlichen Aushandlung entstehen.

Dann wird es wichtig, ob diese Aushandlung ein globales Resultat ergibt, das dann naturgemäß zwischen vielen Wünschen ausgleichen wird müssen, oder ob sie mehrere, verschiedene, gegeneinander durchlässige föderale Gesellschaften zulässt, deren jeweilige Mitglieder ihre Ziele besser erfüllt sehen, da ihre Wünsche stärker berücksichtigt werden konnten. Regionale Optimierung kann mehr regionale Zufriedenheit erzeugen als eine einzige globale Lösung für alle, in der sich aber nur die wenigsten wiederfinden können. Das in der letzten Zeit sicher auch aus historischen Gründen häufig negativ konnotierte Wiedererstarken des Nationalismus kann in dieser Hinsicht durchaus positive Aspekte haben, wenn es als Vorteil im Sinne einer Gewährleistung individuell und kulturell unterschiedlicher Lebensmodelle verstanden wird.

Diese Aushandlung könnte nach dem Modell der Aufklärung geschehen und einen beginnenden digitalen Feudalismus 2.0 aufhalten. Im historischen Vorbild verbleibend, könnten individuelles Engagement, Freiheitsliebe, Toleranz und Solidarität wichtige Elemente einer solchen Entwicklung sein.

Danksagung Der Autor dankt Herrn Dr. Thomas Bächle für viele wichtige Hinweise während der Vorbereitung dieses Beitrags.

Literatur

Adams, D. (2003). *Lachs im Zweifel – Zum letzten Mal per Anhalter durch die Galaxis*. München: Heyne.

Albrecht, J. P. (2014). *Finger weg von unseren Daten! Wie wir entmündigt und ausgenommen werden*. München: Knaur.

Biermann, K. (2009). Amazons Feudalismus. http://www.zeit.de/online/2009/30/amazon-kindle-orwell. Zugegriffen: 29. Mai 2017.

Bilger, C. (2015). Der digitale Freund und Helfer. Neue Software für die Polizei in Stuttgart. *Stuttgarter Zeitung*. http://www.stuttgarter-zeitung.de/inhalt.neue-software-fuer-die-polizei-in-stuttgart-der-digitale-freund-und-helfer.f3b32701-8b04-451e-8500-2fb3243b474b.html. Zugegriffen: 29. Mai 2017.

Bünnig, C. (2009). Smart privacy management in ubiquitous computing environments. In G. Salvendy & M. Smith (Hrsg.), *Human interface and the management of information. Lecture notes in computer science* (Nr. 5618, S. 131–139). Berlin: Springer.

Cap, C. H. (2015). Kann man einem Computer vertrauen? In J. Baer & W. Rother (Hrsg.), *Vertrauen* (S. 109–126). Basel: Schwabe interdisziplinär.

Cap, C. H. (2017a). Verpflichtung der Hersteller zur Mitwirkung bei informationeller Selbstbestimmung. In M. Friedwald, A. Roßnagel, & J. Lamla (Hrsg.), *Informationelle Selbstbestimmung im digitalen Wandel* (S. 249–264). Wiesbaden: Springer Vieweg & DuD-Fachbeiträge.

Cap, C. H. (2017b). Vertrauen in der Krise: Vom Feudalismus 2.0 zur Digitalen Aufklärung. In M. Haller (Hrsg.), *Öffentliches Vertrauen in Zeiten des Web*. Köln: Halem.

Garfinkel, S. (2000). *Database nation: The death of privacy in the 21st century*. Sebastopol: O' Reilly.

Hannak, A. et al. (2014). Measuring price discrimintation and steering on e-commerce web sites. In *IMC 2014*, November 2014, Vancouver, BC, Kanada. dx.doi.org/10.1145/ 2663716.2663744.

Huxley, A. (1932). *Brave new world*. London: Chatto & Windus.

Ingram, P. (2015). How many CCTV cameras are there globally? *Security News Desk*. http://www.securitynewsdesk.com/how-many-cctv-cameras-are-there-globally/. Zugegriffen: 20. Juni 2016.

Kant, I. (1784). Beantwortung der Frage: Was ist Aufklärung? In *Berlinische Monatsschrift, 1784*(12), 481–494.

Kolf, F. (2016). Vorsicht vor dem „Dash"-Button. *Handelsblatt*. http://www.handelsblatt.com/unternehmen/handel-konsumgueter/amazon-vorsicht-vor-dem-dashbutton/14557072.html. Zugegriffen: 30. Mai 2017.

Laaff, M. (2010). „Neu-Feudalismus". Interview mit Matteo Pasquinelli. *Netzpiloten Magazin*. http://www.netzpiloten.de/neo-feudalismus-interview-mit-matteo-pasquinelli/. Zugegriffen: 30. Mai 2017.

Leutheusser-Schnarrenberger, S. (2016). Stoppt das BND-Gesetz. *Handelsblatt*. http://www.handelsblatt.com/politik/deutschland/ueberwachung-stoppt-das-bnd-gesetz/14716120.html. Zugegriffen: 30. Mai 2017.

Lewis, C. S. (1970). *God in the dock: Essays on theology and Ethics*. Grand Rapids: Eerdmans.

Mattioli, D. (2012). On orbitz, Mac users steered to pricier hotels. *The Wall Street Journal*. http://www.wsj.com/articles/SB10001424052702304458604577488822667325882. Zugegriffen: 30. Mai 2017.

Meyer, R. (2009). Digitale Bücherverbrennung und Feudalismus bei Amazon. http://blogs.faz.net/stuetzen/2009/07/19/digitale-buecherverbrennung-und-feudalismus-bei-amazon-546/. Zugegriffen: 29. Mai 2017.

Otte, M. (2010). *Der Informationscrash*. Berlin: Ullstein Taschenbuch.

Pariser, E. (2011). *The filter bubble: What the internet is hiding from you*. New York: Penguin.

Reeve T. (2013). BSIA attempts to clarify question of how many CCTV cameras there are in the UK. *Security News Desk*. http://www.securitynewsdesk.com/bsia-attempts-to-clarify-question-of-how-many-cctv-cameras-in-the-uk/. Zugegriffen: 20. Juni 2016

Schaar, P. (2015). *Das digitale Wir: Unser Weg in die transparente Gesellschaft*. Hamburg: Edition Körber-Stiftung.

Schneier, B. (1997). *The electronic privacy papers: Documents on the battle for privacy in the age of surveillance*. Hoboken: Wiley.

Schneier, B. (2012). When it comes to security, we're back to Feudalism. *Wired*. https://www.wired.com/2012/11/feudal-security/. Zugegriffen: 27. Mai 2017.

Singer, N. (2015). Consumer groups back out of federal talks on face recognition. *The New York Times*. http://bits.blogs.nytimes.com/2015/06/16/consumer-groups-back-out-of-federal-talks-on-face-recognition/. Zugegriffen: 27. Mai 2017.

Stadler, T. (2016). Mogelpackung BND-Reform. *Internet-Law*. http://www.internet-law.de/2016/10/mogelpackung-bnd-reform.html. Zugegriffen: 30. Mai 2017.

Truong, A. (2016). Parents are worried the amazon echo is conditioning their kids to be rude. *Quartz Media.* https://qz.com/701521/parents-are-worried-the-amazon-echo-is-conditioning-their-kids-to-be-rude/. Zugegriffen: 29. Mai 2017.

Vicario, M. del et al. (2016). The spreading of misinformation online. *PNAS, 113*(3), 554–559.

Warren, S., & Brandeis, L. (1890). The right to privacy. *Harvard Law Review, 4*(5), 193–220.

Woolley, S., & Howard, P. (2016). Bots unite to automate the presidential election. *Wired.* https://www.wired.com/2016/05/twitterbots-2/. Zugegriffen: 29. Mai 2017.

Zaki, J. (2011). What, me care? Young are less empathetic. *Scientific American.* https://www.scientificamerican.com/article/what-me-care/. Zugegriffen: 29. Mai 2017.

Zukunftsinstitut (2015): Natural born digitals. https://www.zukunftsinstitut.de/artikel/lebensstile/natural-born-digitals/. Zugegriffen: 29. Mai 2017.

Digitale Medientechnologien und das Verschwinden der Arbeit

Jens Schröter

Industrieroboter unterbrechen nicht die Arbeit, um zum Kaffeeautomaten zu gehen. Auf sie wartet keine Ehefrau. Sie kennen keine Müdigkeit und können rund um die Uhr arbeiten. Im Unterschied zum Menschen fehlt ihnen der Trieb zur Geselligkeit, daher braucht nicht damit gerechnet zu werden, daß es sie zu einer Selbsterfahrungsgruppe hinzieht, zu Briefmarkensammlern oder zum Sportklub u. dgl.
Joseph F. Engelberger (1981, S. 22)

Vollbeschäftigung wird zum Ideal,
wo Arbeit nicht länger das Maß aller Dinge sein müßte
Theodor W. Adorno (1972, S. 236)

Zusammenfassung

Mit der Ausbreitung immer ‚smarterer' digitaler Technologien taucht erneut eine Frage auf, die schon seit dem 19. Jahrhundert gestellt wird: Kann es eine „technologische Arbeitslosigkeit" geben und was bedeutet diese für die gegenwärtigen Gesellschaften? Es wird kontrovers diskutiert, ob das bisherige, langfristige und gesamtgesellschaftliche (scheinbare?) Ausbleiben einer technologischen Massenarbeitslosigkeit als Argument gegen die Annahme der Existenz dieses Phänomens verwendet werden kann. Der Artikel betont, dass insbesondere die Differenz digitaler zu bisherigen Technologien ein wesentlicher zu beachtender Punkt ist, der die Diskussion um ‚post-kapitalistische' Alternativen antreibt. Da die zu diskutierenden Technologien wesentlich

J. Schröter (✉)
Bonn, Deutschland
E-Mail: schroeter@uni-bonn.de

© Springer Fachmedien Wiesbaden GmbH, ein Teil von Springer Nature 2019   183
C. Thimm und T. C. Bächle (Hrsg.), *Die Maschine: Freund oder Feind?*,
https://doi.org/10.1007/978-3-658-22954-2_9

Medientechnologien sind, insofern sie Information prozessieren, sind die hier verhandelten Fragen ein vorzüglicher Gegenstand der Medienwissenschaft.

Schlüsselwörter

Capitalism · Digital Technology · Labour · Post-Capitalism · Robots · Unemployment · Technological Unemployment

1   Einleitung

Die Diskussion um das Verhältnis von Mensch und Maschine hat in der Gegenwart verschiedene Facetten. Manchmal geht es um die Frage der zunehmenden Fusion in Cyborg-ähnlichen Konfigurationen, mal um apokalyptische Fantasien der Auslöschung der Menschen durch künstliche Intelligenzen, etwa in Kinofantasien wie den Filmen der *Terminator*-Reihe[1] Ein Diskussionsstrang, der schon eine lange Geschichte hat, ist in den letzten Jahren mit überraschender Wucht und in Form zahlloser Bücher und Berichte wiedergekehrt: die unter den Bedingungen allgegenwärtiger Konkurrenz eigentlich wenig verwunderliche Frage, inwiefern Menschen und Maschinen miteinander konkurrieren – näherhin bezüglich von Arbeitsplätzen beziehungsweise der Arbeit überhaupt.

Gerade weil diese Diskussion schon so lange geführt wird (s. etwa die Überblicksdarstellungen von Woirol 1996; Bix 2000; Bürmann 2003; Hessler 2015) löst sie bei vielen ZeitgenossInnen nur noch Ermüdung und Befremden aus: Hat nicht die Vergangenheit in aller Deutlichkeit gezeigt, dass das Problem gar nicht existiert? Gab es nicht seit dem 19. Jahrhundert solche zum Teil in heftigen Kämpfen mündende Auffassungen, die jedoch am Ende alle widerlegt wurden? Sicherlich ist in manchen Bereichen wie der Landwirtschaft das massive Verschwinden von Arbeitsplätzen unübersehbar, aber dafür sind in anderen Sektoren neue Arbeitsplätze entstanden – selbst wenn dieser Übergang von erheblichen Friktionen und schlimmen Schicksalen im Einzelnen gekennzeichnet war.[2]

Abgesehen davon, dass etwas, das in der Vergangenheit zutraf nicht für immer so bleiben muss – ein seit Hume eigentlich selbstverständliches Argument

---

[1]The Terminator (USA 1994, R: James Cameron); Terminator 2: Judgment Day (USA 1991, R: James Cameron); Terminator 3: Rise of the Machines (USA 2003, R: Jonathan Mostow); Terminator Salvation (USA 2009, R: Joseph McGinty Nichol); Terminator Genisys (USA 2015, R: Alan Taylor).

[2]Vgl. zu dieser Position auch den Beitrag von Michael Hüther in diesem Band.

(aktuell formuliert durch Meillassoux 2015, S. 8 ff.) –, ist auffällig, dass diese Positionen in den letzten Jahren wieder sehr viel lauter geäußert werden. Im Folgenden werden noch eine Reihe von Belegen dafür angeführt, beginnen kann man hier mit einer Studie des *World Economic Forum* – systemkritischer Umtriebe sicher unverdächtig –, in der unmissverständlich festgehalten wird:

> To prevent a worst-case scenario – technological change accompanied by talent shortages, mass unemployment and growing inequality – reskilling and upskilling of today's workers will be critical (WEF 2016, S. v).

Obwohl die Studie einen „verhalten positiven Ausblick auf die Beschäftigungsentwicklung in den meisten Wirtschaftszweigen" (ebd.) in Aussicht stellt, ist dieser nur unter spezifischen politischen Bedingungen erreichbar, das „worst-case scenario" bleibt denkbar. Das unterscheidet diese Studie schon deutlich von der kritischen Zurückweisung, die allein die Frage nach dem Problem eines möglichen Verschwindens der Arbeit bei zahlreichen Vertretern der hegemonialen und orthodoxen Wirtschaftswissenschaft auslöst. Mit dieser Charakterisierung ist die seit ca. 1945 in der westlichen Welt dominante, von verschiedenen Varianten der Neoklassik bzw. der neoklassisch-keynesianischen Synthese geprägte Ökonomik gemeint.[3] Die Ursachen für die Wiederkehr der Argumente – wie in allen anderen weiter unten zu diskutierenden Studien auch – in den „revolutionären" technologischen Verschiebungen gesehen, die die Gegenwart prägen:

> Today, we are at the beginning of a Fourth Industrial Revolution. Developments in genetics, artificial intelligence, robotics, nanotechnology, 3D printing and biotechnology, to name just a few, are all building on and amplifying one another. This will lay the foundation for a revolution more comprehensive and all-encompassing than anything we have ever seen (ebd.).

Man könnte noch RFID, Simulation und vieles mehr hinzufügen. Bei diesen handelt es sich nicht mehr um Technologien der Kraft und der Energie, sondern solche, die Informationen speichern, prozessieren, übertragen, darstellen (um ggf. Technologien, die Kraft und Energie prozessieren, zu steuern). Mit anderen

---

[3]Zur Geschichte der Entstehung dieser Formation siehe Morgan und Rutherford (1998). Zur Geschichte der zahlreichen „heterodoxen", mit den Grundannahmen des Mainstreams nicht übereinstimmenden Formen ökonomischen Denkens (und ihrer Verdrängung) siehe Lee (2009). Heterodoxe Tendenzen gewinnen heute wieder verstärkte Aufmerksamkeit, siehe etwa Heterodox Economics Newsletter (2016).

Worten dreht sich die Diskussion – nach einer klassischen Definition Friedrich Kittlers (1993, S. 8) – um *Medien*. Das gibt eine Antwort auf die naheliegende Frage, warum die Medienwissenschaft dieses Thema nicht allein der Wirtschaftswissenschaft überlassen kann. Ökonomische Prozesse können sich – wie oben angedeutet – um Technologien drehen, die ohnehin Gegenstand der Medienforschung sind. Zudem ist Ökonomie (jedenfalls heute) durch Geld definiert und damit ein Medium definiert – auch und gerade im Zusammenspiel oder Konflikt mit den erwähnten digitalen Technologien. Darüber hinaus gibt es spätestens seit 2008 ein gewisses Unbehagen an den dominanten Formen der Wirtschaftswissenschaft. Sogar der bekannte Ökonom Kenneth Rogoff, ehemaliger Chefökonom des Internationalen Währungsfonds IWF (2001–2003), musste einräumen: „Die sehr eleganten ökonomischen Modelle, die die akademische Welt seit Jahrzehnten dominierten, [sind] in der Praxis ‚sehr, sehr erfolglos' gewesen" (Handelsblatt 2012). Ohne Details dieser Krise bestimmter Formen der Wirtschaftswissenschaft hier vertiefen zu können (vgl. zum Beispiel Keen 2011), ist festzuhalten, dass neuerdings vielfältig nach alternativen oder ergänzenden theoretischen Ressourcen gesucht wird. Die Medienwissenschaft mit ihrer Kompetenz sowohl in der Beschreibung digitaler Medien (die für einen guten Teil dieser Krise verantwortlich sein könnten), als auch der Medien der Ökonomie, kann hier möglicherweise neue Impulse geben. Insbesondere die mediale Eigendynamik des Geldes und ihre Wechselwirkung mit digitalen Medien, zum Beispiel mit dem Effekt einer Reduktion der Arbeit, kann hier ein wichtiger Beitrag sein, denn entgegen alltäglicher Intuitionen wie „Money makes the world go round" hat Geld eine merkwürdig schwache Rolle in den dominanten Theorien der Wirtschaftswissenschaft. Der Ökonom Wilhelm Gerloff bemerkte in seinem Buch *Geld und Gesellschaft* von 1952, dass in der „klassischen Lehre" das Geld nur als „neutrales" und „indifferentes" „Element" angesehen würde (Gerloff 1952, S. 217).[4]

Man muss sich vor Augen führen, was in dieser Diskussion auf dem Spiel steht: Erstens geht es grundlegend um die Frage – übrigens schon von Marx (1983, S. 590 ff.) als möglicher Konflikt von Produktivkräften und Produktionsverhältnissen thematisiert –, ob die technologischen Entwicklungen immer zu den sozialen Formen passen. Auch die Medienwissenschaft ringt schon seit längerer Zeit mit der Frage nach dem Verhältnis von Technologie und Gesellschaft und versucht in jüngeren Ansätzen, etwa durch Rekurs auf die Akteur-Netzwerk-Theorie (Latour 2005, S. 76), diese Dichotomie zu umgehen. Interessant ist dabei

---

[4]Auch andere Autoren betonen dies, vgl. etwa Kohl (2014, S. 59–94), Hahn (1987).

vor allem der Punkt, dass eine allzu vorschnelle Verabschiedung der Pole Technik und Gesellschaft gerade die Spannungen, die zwischen diesen Polen auftreten könnten, aus dem Blick verliert (vgl. Schröter 2015a).

Zweitens und radikaler noch steht die Definition des Menschen als arbeitendem Wesen zur Disposition – eine Definition, die wie Michel Foucault (1993, S. 307 ff.), Hannah Arendt (2002) und andere gezeigt haben, in der Neuzeit konstitutiv für das Wesen des Menschen schlechthin ist. Wenn die Arbeitsgesellschaft verschwände, wäre das in der Tat einer der radikalsten Einschnitte in der Menschheitsgeschichte und eine wirkliche digitale Revolution. Doch Foucaults und Arendts Studien zeigen eben auch, dass der Mensch nicht immer als Arbeitswesen verstanden wurde, auch wenn wir uns das heute gar nicht mehr vorstellen können. So kann der Ausblick auf eine Welt, in der die Arbeit verschwindet, auch ein positiver sein: man denke nur an die Waschmaschine zu Hause. Nur unter ,kapitalistischen' Bedingungen, ist das ein Problem, da man arbeiten muss, um zu überleben oder doch zumindest um am gesellschaftlichen Reichtum teilzuhaben. Unter anderen Bedingungen hingegen könnte es jedoch wunderbar sein, von lästiger Arbeit befreit zu werden.

Im Folgenden seien zunächst theoretische Annäherungen an das Problem des Verschwindens der Arbeit diskutiert (Abschn. 2). In (Abschn. 3) werden einige wenige Beispiele dafür gegeben, wie diese Problematik ohne differenzierte Diskussion verdrängt wird. In (Abschn. 4) geht es um die Debatte, ob eine solche Entwicklung empirisch belegbar ist und was es heißt, mit Zahlen Aussagen treffen zu wollen. In (Abschn. 5) wird ein kurzer Überblick über die im Zusammenhang mit der Diskussion des Verschwindens der Arbeit neu belebte Debatte um potenzielle gesellschaftliche Alternativen gegeben. In (Abschn. 6) folgt ein kurzes Fazit und in (Abschn. 7) ein aktueller Epilog zu Donald Trump.

2   Das Verschwinden der Arbeit – theoretische Annäherungen

Die Diskussion, inwiefern digitale Technologien Arbeit substituieren und dadurch auf lange Sicht den Kapitalismus in die Krise stürzen, hat eine lange und kontroverse Geschichte. Norbert Wiener schrieb in seinem erstmals 1948 erschienenen Buch zur Kybernetik über die kommenden Potenziale der „modernen, ultraschnellen Rechenmaschinen":

Die automatische Fabrik und das Fließband ohne menschliche Bedienung sind nur so weit von uns entfernt, wie unser Wille fehlt, ein ebenso großes Maß von Anstrengung in ihre Konstruktion zu setzen wie z.B. in die Entwicklung der Radartechnik im Zweiten Weltkrieg. [...] Es kann sehr wohl für die Menschheit gut sein, Maschinen zu besitzen, die sie von der Notwendigkeit niedriger und unangenehmer Aufgaben befreien, oder es kann auch nicht gut sein. [...] Es kann nicht gut sein, diese neuen Kräfteverhältnisse in Begriffen des Marktes abzuschätzen. [...] Es gibt keinen Stundenlohn eines US-Erdarbeiters, der niedrig genug wäre, mit der Arbeit eines Dampfschaufelradbaggers zu konkurrieren. Die moderne industrielle Revolution ist ähnlicher Weise dazu bestimmt, das menschliche Gehirn zu entwerten, wenigstens in seinen einfacheren und mehr routinemäßigen Entscheidungen. [...] Wenn man sich [...] die zweite [industrielle] Revolution abgeschlossen denkt, hat das durchschnittliche menschliche Wesen mit mittelmäßigen oder noch geringeren Kenntnissen nichts zu verkaufen, was für irgendjemanden das Geld wert wäre (Wiener 1963, S. 59 f.).[5]

Knapp 100 Jahre zuvor bemerkte Karl Marx in einer nur als visionär zu bezeichnenden Vorwegnahme der automatisierten Produktion ebenfalls: Wenn sich der Mensch nur mehr als „Wächter und Regulator zum Produktionsprozeß" verhält, hört (jedenfalls für die meisten) die Arbeit auf, „Quelle des Reichtums zu sein". Je weniger die Produktion „von der Arbeitszeit und dem Quantum angewandter Arbeit, als von der Macht der Agentien [,] [...] vom Fortschritt der Technologie" abhängt, desto mehr „bricht die auf dem Tauschwert ruhende Produktion zusammen":

Das Kapital ist selbst der prozessierende Widerspruch [dadurch], daß es die Arbeitszeit auf ein Minimum zu reduzieren strebt, während es anderseits die Arbeitszeit als einziges Maß und Quelle des Reichtums setzt (Marx 1983, S. 600 f.; vgl. u. a. Ramtin 1991).

Der Prozess der Reduktion der Arbeitszeit auf ein Minimum zeigt sich etwa in der Nutzung von Industrierobotern, die von der Autoindustrie bis zur vollautomatischen Videothek Millionen von Arbeitskräften überflüssig gemacht haben.[6] Wie im Folgenden detaillierter ausgeführt wird, sind es insbesondere digitale Technologien bis hin zum heute vielbeschworenen „Internet der Dinge", die Arbeit in zunehmendem Maße überflüssig machen.

---

[5]Schon 1930 hatte John Maynard Keynes (1963) über die Möglichkeit technologischer Arbeitslosigkeit nachgedacht.

[6]Siehe zur Geschichte der Automation auch Noble (1984) und zu Industrierobotern Coy (1985). Zu einer möglicherweise kurz bevorstehenden „kambrischen Explosion" der Robotik Pratt (2015).

Natürlich ist die Annahme eines Verschwindens der Arbeit durch die konkurrenz-getriebene Technologieentwicklung[7] scharf kritisiert worden. Mit dem Hinweis auf „microwork" oder „crowdsourcing" (vgl. Irani 2013) wird bestritten, dass digitale Technologien Arbeit obsolet machen[8] – Allgemein bemerkt Hans-Werner Sinn in seinem Buch *Ist Deutschland noch zu retten?*, es sei naiv zu glauben,

> den Deutschen gehe die Arbeit aus, weil der technische Fortschritt notwendiger-weise die einfache Arbeit verdränge. Ökonomen stehen die Haare zu Berge, wenn sie sich mit solchem Unfug auseinandersetzen müssen (Sinn 2004, S. 16).

Allerdings räumt auch Sinn ein, dass zum Beispiel die Landwirtschaft ein gutes Exempel dafür ist, dass natürlich Arbeit verschwinden kann: 1870 waren noch 50 % der Bevölkerung in diesem Sektor tätig, heute sind es noch 2,5 % (ebd., S. 104). Bestritten wird lediglich, dass diese Entwicklung ein gesamtgesellschaft-liches Problem werden kann.

Aber auch ganz offizielle Publikationen der wirtschaftswissenschaftlichen For-schung, zum Beispiel vom Bonner *Institut zur Zukunft der Arbeit*, kommen zu dem Schluss, dass zumindest aus der ökonomischen Theorie heraus nicht prinzi-piell ausgeschlossen werden kann, dass das Problem der gesamtgesellschaftlichen Verdrängung von Arbeit existiert – anders als oft behauptet. Vivarelli diskutiert ausführlich das Für und Wider (und diverse Kompensationstheorien, die erklären

---

[7]Aleksandar Kocic (2015, S. 60 f.) von der Deutschen Bank fasst zusammen: „Daher ste-hen Profitcenter im Hinblick auf ihre Innovationskraft in einem ständigen Konkurrenz-kampf. Innovation bedeutet jedoch auch einen geringeren Bedarf an Arbeitskräften, was wiederum zu sinkenden Löhnen und damit steigenden Gewinnen führt, die wiederum in neue Technologien investiert werden, die dann noch mehr Arbeitsplätze überflüssig machen. In den vergangenen 50 Jahren ist ein solcher Trend klar erkennbar. In den USA beispielsweise ist der Anteil des Produktionsfaktors Arbeit an der Wirtschaftsleistung seit dem Ende des Zweiten Weltkriegs stetig gesunken, während der Konsum einen immer größeren Anteil ausmacht. Von den 50er bis zu den 70er Jahren hatten Löhne einen Anteil von 62 % bis 66 % an der Wirtschaftsleistung. In den letzten 25 Jahren ist dieser Anteil auf 61 % bis 64 % gesunken. Aber allein in den ersten zehn Jahren des neuen Jahrtausends ist dieser Anteil um weitere sechs Prozentpunkte zurückgegangen".

[8]Damit ist zum Beispiel ein System wie „Amazon Mechanical Turk" gemeint, bei dem Arbeit, die scheinbar von Software erledigt wird (ein Beispiel, welches Irani nennt, ist die Klassifizierung von Pornos im Netz), in Wirklichkeit von Scharen billiger „Clickworker" verrichtet wird. Abgesehen davon, dass das wohl eine zynische Verteidigung der Arbeits-gesellschaft wäre – denn ist wirklich die Klassifizierung von Pornos einer der wunderbaren neuen Arbeitsplätze, welche die digitale Revolution bringt? – werden auch Clickworker nur solange beschäftigt, solange ihre Tätigkeit nicht durch Algorithmen günstiger ersetzbar ist.

sollen, warum das Problem nicht existiert) und kommt zu dem Schluss: „Indeed, as it emerges from the discussion so far, economic theory does not have a clear-cut answer about the employment effect of innovation" (Vivarelli 2012, S. 11; siehe auch Vivarelli 2007). Auch wenn hier die detaillierte Diskussion von Vivarelli nicht wiedergegeben werden soll, sind hier zwei zentrale Argumente gegen das Verschwinden der Arbeit von besonderem Interesse.

Das *erste* lautet bis heute, dass selbst und gerade wenn Technologien die Produktivität steigern[9], dies vielmehr zur Verbilligung der Produkte, somit zur Expansion der Märkte und damit zur Ausdehnung der absolut gebrauchten Arbeitsmenge führt.

Das *zweite,* eng damit verbundene und oft wiederholte Argument, besagt, dass mit neuen Technologien völlig neue Berufe entstehen, völlig neue Produkte entwickelt werden – und damit entstehen auch neue Arbeitsplätze (eine konzise Darstellung liefert schon Douglas 1930, S. 925–931).

Historisch kann man zeigen, dass diese beiden Kompensationsmechanismen tatsächlich immer wieder gegriffen haben – und die Reduktion der benötigten Arbeitsmenge pro produzierter Einheit in einem Sektor entweder durch die absolute Expansion dieses Sektors oder durch das Entstehen neuer Sektoren (oder beides) ausgeglichen wurde.

Allerdings bedeutet diese Entwicklung in der Vergangenheit (es wurde oben schon angedeutet) natürlich nicht, dass sie sich in der Zukunft unverändert fortsetzt. Nicht nur könnte sich die pro Einheit benötigte Arbeitsmenge schneller reduzieren als die Expansion des betroffenen Sektors vor sich gehen kann.[10] Die Annahme, es würden neue Berufe und Produkte entstehen, könnte auch einfach

---

[9]Ein eigenes Problem ist, dass es lange Zeit so schien (und z. T. heute noch immer so scheint), dass digitale Technologien die Produktivität gar nicht steigern: das sogenannte ‚Produktivitätsparadoxon'. Abgesehen von dem interessanten Punkt, dass dieses Paradoxon in der Wirtschaftspresse immer dann bemüht wird, wenn es um das Verschwinden der Arbeit geht (aber zum Beispiel nie, wenn der Aufschwung durch ‚Industrie 4.0' verkündet wird), streitet man seit geraumer Zeit, ob es überhaupt richtig ist. So zeigen zahlreiche Beiträge in Willcocks und Lester (1999) dass hier die Frage nach der Messung und Messbarkeit von Produktivität etc. eine große Rolle spielt und dass daher durchaus von einer Steigerung der Produktivität durch digitale Technologien gesprochen werden kann. Siehe auch die kritische Diskussion in Lohoff und Trenkle (2012, S. 79–90).

[10]Vgl. Kocic (2015, S. 59): „Zum ersten Mal seit der Industriellen Revolution vernichten neue Technologien mehr Arbeitsplätze als sie schaffen können." Vgl. auch die aktuelle und sehr detaillierte Studie von MIT-Ökonom Daron Acemoglu, zusammen mit Pascual Restrepo aus Boston (Acemoglu und Restrepo 2017), die explizit zu folgendem Schluss kommt: „In this respect, we believe as well that the negative effects we estimate are both interesting and perhaps somewhat surprising, especially because they indicate a very limited set of offsetting employment increases in other industries and occupations".

nicht zutreffen – und selbst wenn dies der Fall ist: Wieso sollten die neuen Sektoren denn so arbeitsintensiv sein? Ist es nicht wahrscheinlicher, dass sich diese direkt von dem gegebenen hohen Produktivitätsniveau aus weiterentwickeln? Selbst wenn neue Produkte entstehen wird zu ihrer Herstellung nicht automatisch so viel Arbeit benötigt, dass alle zuvor freigesetzte Arbeit aufgefangen wird. Der Soziologe Gerhard Schildt hat in einer materialreichen Studie gezeigt, dass das Arbeitsvolumen pro Person von 1882 bis 2002 von 1469 auf 676 h gefallen ist (siehe Abb. 1). Das von ihn präsentiere Ergebnis ist eindeutig:

> Die Schrumpfung des Arbeitsvolumens ist eine Grundtendenz der wirtschaftlichen und sozialen Entwicklung. Sie widerspricht der fast axiomatischen Annahme der Volkswirtschaftslehre, Arbeit sei immer vorhanden (Schildt 2006, S. 137).

Dennoch bestätigt die in Abb. 2 ersichtliche Entwicklung die Einwände deutlich. Trotz oder beziehungsweise gerade wegen der gesteigerten Produktivität stieg immer auch die Arbeitsmenge. Auch wenn der rechte Teil der Grafik zu dieser Argumentation nicht so recht passen will – darauf komme ich gleich zurück –, scheint sie eine schlagende Widerlegung der Annahme der Möglichkeit technologischer Arbeitslosigkeit zu liefern. Sie wurde daher auch als „luddite fallacy" bezeichnet, in

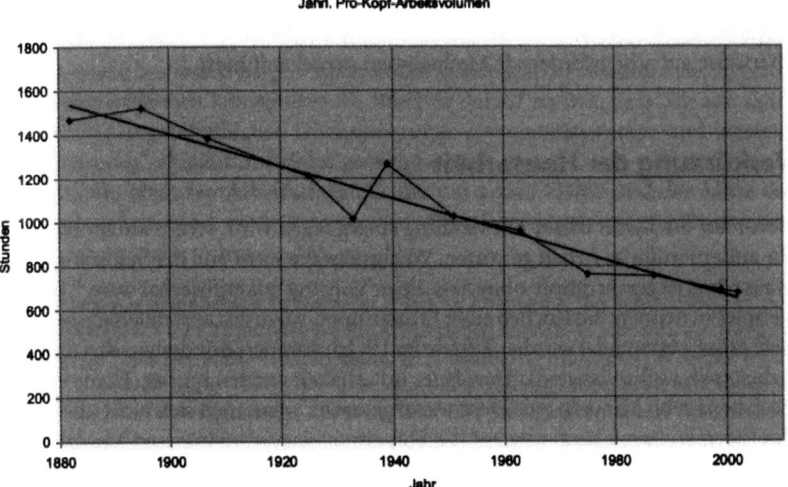

Abb. 1 Rückgang der Arbeitsmenge. (Aus Schildt, G. (2006). Das Sinken des Arbeitsvolumens im Industriezeitalter. Geschichte und Gesellschaft 32, 119–148, hier S. 137)

Productivity and employment in the United States, 1947-2011

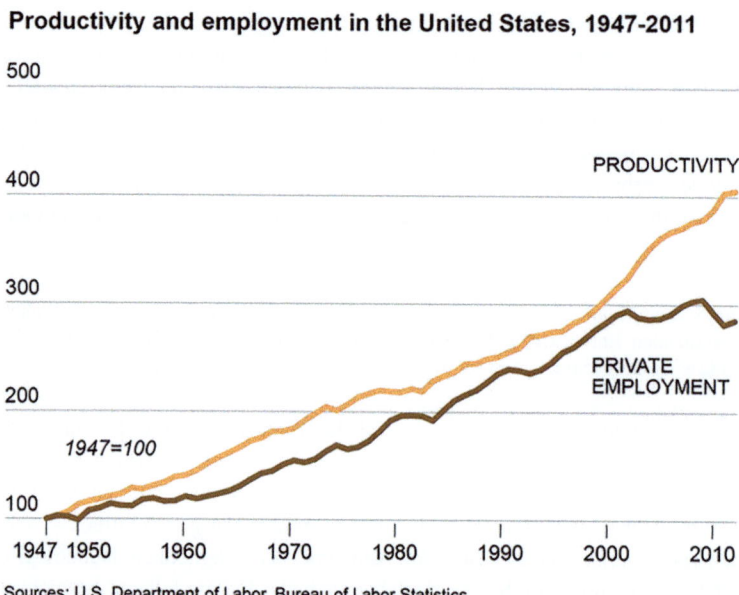

Sources: U.S. Department of Labor, Bureau of Labor Statistics

Abb. 2 Produktivität und Beschäftigung in den USA, 1947–2011. (In Brynjolfsson, E., McAfee, A. (11. Dezember 2012). Jobs, Productivity and the Great Decoupling. The New York Times [www.nytimes.com]. http://www.nytimes.com/2012/12/12/opinion/global/jobs-productivity-and-the-great-decoupling.html?_r=0. Zugegriffen: 11. Juli 2016)

Anspielung auf die Ludditen, die Maschinenstürmer des 19. Jahrhunderts, die ihre Arbeit durch neue Technologien bedroht sahen. Natürlich hatten sich die Ludditen geirrt, zwar verschwand ihre Arbeit, aber es entstand neue. Deswegen kann etwa Alex Tabarrok (2003) schreiben: „[If] the Luddite fallacy were true we would all be out of work because productivity has been increasing for two centuries".[11] Doch trifft der Vorwurf des Luddismus zumindest die marxianische Kritik gar nicht, denn diese bezieht sich nicht auf die Technologie per se, sondern vielmehr auf die sozialen Formen („den Kapitalismus"), die arbeitssparende Technologien nur in Arbeitslosigkeit bis hin zur totalen Krise der Reproduktion übersetzen können, statt die

---

[11]Zur Geschichte des Luddismus siehe Jones (2006). Die bis heute anhaltende Verteufelung des Luddismus zeigt nur, wie unerträglich die eigentlich differenzierten Ziele der historischen Bewegungen und ihre Implikation, dass Technologien und soziale Formen in Konflikt geraten könnten, für das ideologisch-affirmative Denken sind (vgl. Linton 1985; Noble 1995, Kap. 1).

Potenziale der Technologien für die Erleichterung des Lebens aller einzusetzen (Kap. 4).

Vor allem zeigen in Abb. 2 die beiden Graphen an der rechten Seite ein deutliches Auseinandertreten von Produktivität und Arbeitsmenge, das Brynjolfson und McAfee (2012) „great decoupling" nennen. Es ist naheliegend, diese Entkopplung auf die Ausbreitung der Computertechnologien zurückzuführen (oder genauer, da sich Computer natürlich schon seit den 1970er Jahren ausbreiten, der vernetzten Technologien: *Das Argument, in der Vergangenheit sei die durch Maschinen hervorgerufene Arbeitsverdrängung mit der Entstehung neuer Sektoren mit neuen Berufen und/oder Produkten kompensiert worden, unterstellt, dass die Maschinen der Vergangenheit dieselben Maschinen wie heute seien* (siehe kritisch auch Nordhaus 2015).

Mit der Computertechnologie in all ihren Varianten jedoch, verhält es sich anders als mit bisherigen Technologien, schon weil diese Technologie per definitionem programmierbar und folglich in ganz verschiedenen Praktiken einsetzbar ist. Computer sind anders als die bisherigen Maschinen universell. Sie erlauben zugleich in verschiedenen Bereichen sowohl manueller als auch kognitiver Arbeit Automatisierungen und Rationalisierungen – vielleicht auch in den viel beschworenen neuen Industrien mit ihren neuen Produkten.[12]

So wird die Flucht für den wegrationalisierten Industriearbeiter in eine Tätigkeit wie beispielsweise das Taxifahren schwierig, wenn sich zugleich auch noch das derzeit stark beforschte „autonome Fahren" durchsetzen wird. Auch könnte es sein, dass die neuen, digitalen Produkte wenig arbeitsintensiv sind. Das Problem ist jetzt schon offensichtlich, wenn sich digitale Daten, zum Beispiel Musik und Filme, im Prinzip beliebig kopieren lassen und jede weitere Kopie ohne weiteren Arbeitsaufwand erstellbar ist. Dasselbe gilt für Software: Die Erstellung eines Programms mag aufwendig sein, doch ist es jedoch einmal fertig, lassen sich unendlich viele weitere Kopien praktisch ohne Arbeit herstellen. Rifkin (2014) spricht daher von der heraufziehenden „Null-Grenzkosten-Gesellschaft" (zur Schwierigkeit, die Warenform unter den Bedingungen digitaler Medien aufrechtzuerhalten siehe Meretz 2007).

---

[12]Gelegentlich wird argumentiert, dass die Arbeit gar nicht verschwindet, sondern zum Beispiel nach China ausgelagert wird. Das passiert natürlich auch, aber nur solange dadurch Kosten eingespart werden. Foxconn etwa, jene notorische Firma, die unter unmenschlichen Bedingungen für Apple produziert (vgl. Sandoval 2015), hat – kaum, dass sich nach öffentlichen Protesten die Arbeitsbedingungen leicht verbesserten – angekündigt, schrittweise die Arbeitskräfte durch Roboter zu ersetzen (Wakefield 2016).

Nicht zufällig taucht in der Gegenwart diese Debatte, parallel zur massiven Ausbreitung der Smartphones und dem immer lauter werdenden Diskurs über die „Industrie 4.0", wieder mit größter Heftigkeit auf. Computerunternehmer Martin Ford schrieb 2009 sein vielbeachtetes Buch *The Lights in the Tunnel*. Schon auf dem Klappentext werden unmissverständliche Fragen gestellt:

> Where will advancing technology, job automation, outsourcing and globalization lead? Is it possible that accelerating computer technology was a primary cause of the current global economic crisis?

Noch eklatanter ist allerdings, dass ausgerechnet Erik Brynjolfsson, Professor am Massachusetts Institute of Technology und Direktor des MIT Center for Digital Business, der sich jahrelang selber (leicht skeptisch) mit dem „productivity paradox" beschäftigt hat (vgl. Brynjolfson 1993), zusammen mit John McAfee ein Buch mit dem Titel *Race against the Machine. How the Digital Revolution is Accelerating Innovation, Driving Productivity, and Irreversibly Transforming Employment and the Economy* veröffentlichte:

> But there has been relatively little talk about the role of acceleration of technology. It may seem paradoxical that faster progress can hurt wages and jobs for millions of people, but we argue that's what's happening. As we'll show, computers are now doing many things that used to be the domain of people only. The pace and scale of this encroachment into human skills is relatively recent and has profound economic implications (Brynjolfsson und McAfee 2011, S. 9).[13]

In gewisser Weise entdecken nun auch die Computerindustrie bzw. das MIT von Neuem das jahrelang nicht zur Kenntnis genommene Argument der wertkritischen Marx-Interpretation, dass die (digitalen) Produktivkräfte eben in einen fundamentalen Konflikt mit den (kapitalistischen) Produktionsverhältnissen geraten können (vgl. Ortlieb 2008; Lohoff und Trenkle 2012; Kurz 2012, Kap. 15–18). Wenn sogar radikal unkritische Berufsoptimisten[14] wie Brynjolfsson dies einräumen,

---

[13]Es ist bezeichnend, dass Brynjolfsson und McAfee bemerken, dass es „relatively little talk about the role of acceleration of technology" gegeben habe – das zeigt, dass sie die Diskussionen von Marx über Wiener und vielen anderen nicht kennen. Auch dies ist als ein Symptom für die Verdrängung der Problematik zu werten.

[14]Vgl. Brynjolfsson und McAfee (2011, S. 11): „We are strong digital optimists, and we want to convince you to be one too".

muss die Lage sehr ernst sein. Natürlich kommen Autoren wie Ford oder Brynjolfsson nicht zu dem Schluss, dass grundlegende gesellschaftliche Änderungen notwendig werden,[15] sondern glauben, an den bisherigen sozialen Formen könne mit ein paar Reformen weiterhin festgehalten werden.[16]

Es gibt noch zahlreiche weitere Studien etwa von Federico Pistono (2012), Constanze Kurz und Frank Rieger (2013) oder das sehr informative Buch von Martin Ford *The Rise of the Robots* (2015). Zu erwähnen ist auch eine viel diskutierte Studie aus Oxford (Frey und Osborne 2013), die für einige Tätigkeitskategorien eine potenzielle Ersetzbarkeit von bis zu 47 % prognostiziert. Ebenso ist Randall Collins (2013) zu nennen, der ein weitgehendes Verschwinden der Arbeit mit drastischen Folgen für den Kapitalismus annimmt. Schließlich sei Jeremy Rifkin erwähnt, der nicht nur bereits 1995 das Ende der Arbeit vorausgesagt hat, sondern in seinem neuesten Buch (Rifkin 2014) die neoklassische Wirtschaftswissenschaft mit ihren eigenen Waffen schlägt, indem er beschreibt, dass mit digitalen Medien die Grenzkosten gegen Null flüchten und folglich der Kapitalismus als Wirtschaftsordnung nicht mehr aufrechterhalten werden kann. Rifkin sieht die neue Produktionsform der „kollaborativen Commons" heraufziehen. Aber es gibt auch Studien, die – z. B. unter explizitem Rekurs auf die genannten Forschungen von Brynjolfson/McAfee oder Frey – bestreiten, dass es zu einem großflächigen Verschwinden von Arbeit kommt, schon weil Maschinen oft nur *Teile* von Tätigkeiten automatisieren können. Besonders instruktiv für diese Position ist etwa Autor (2015, vgl. auch Acemoglu und Restrepo 2015; Arntz et al. 2017).

3 Strategien der Verdrängung des Problems

Diesen Problemen sollte man sich – ohne Panikmache – stellen und sie auf einer breiten interdisziplinären Basis sachlich diskutieren. Teile der Öffentlichkeit scheinen hier jedoch eher zur Verdrängung zu neigen.

Veranschaulichen lässt sich dies durch eine Betrachtung des Wirtschaftsteils der *Frankfurter Allgemeinen Zeitung* (FAZ) im Hinblick darauf, wie darin über das angebliche oder tatsächliche Verschwinden der Arbeit berichtet wird. Diskursanalytisch betrachtet ist das regelmäßige Erscheinen dieses Themas

---

[15]Immerhin sprechen Brynjolfsson und McAfee (2011, S. 29) von einem „deeper structural change in the nature of production". Vor der nahe liegenden Konsequenz, dass dieser tiefe strukturelle Wandel in der „Natur" der Produktion aber über die Grenzen der kapitalistischen Produktionsweise hinausführen könnte, schrecken die Autoren zurück.

[16]Zur Kritik an Brynjolfsson und McAfee vgl. Heß (2013).

ein Beleg dafür, dass es *als Problem* existiert, selbst wenn die meisten Artikel in der FAZ zum gegenteiligen Schluss kommen, dass es nicht existiert. Es ist wenig verwunderlich, dass sich die FAZ als konservative Zeitung gegen die bedrohliche Einsicht wehren muss, der technische Fortschritt und die als alternativlos angesehene (soziale) Marktwirtschaft seien womöglich prinzipiell nicht miteinander zu vereinbaren.

Deutlich wird dies an einem Beispiel: In einem Interview in der FAZ vom 19/20. September 2015 äußert sich Arbeitswissenschaftler Wilhelm Bauer vom Fraunhofer Institut zu dem Thema. Vollkommen klar ist seiner Meinung nach, dass die Arbeit nicht ausgehen werde. Er argumentiert wie viele vor ihm, dass „neue Bedürfnisse und Bedarfe" neue Arbeitsplätze schaffen:

1. Es wird in diesem Interview nicht geklärt, woher die „Bedürfnisse und Bedarfe", wenn Arbeit obsolet gemacht wird, eigentlich ihre Zahlungskräftigkeit beziehen (außer durch die Aufnahme von Krediten, was seit Jahrzehnten beobachtet und beklagt wird).[17] Natürlich kann man annehmen (s. o.), dass die Steigerung der Produktivität die Produkte verbilligt und daher mehr nachgefragt wird, wenn der Bedarf nur elastisch genug wäre, wodurch wiederum neue Arbeit geschaffen würde. Aber was passiert, wenn die Reduktion der Arbeit rascher voranschreitet als die Expansion der Nachfrage?
2. Dann werden „ganz neue Dienstleistungen, gänzlich neue Produktideen" avisiert, die auf nicht näher dargelegte Weise neue Arbeitsplätze schaffen werden. Das Argument und die Schwierigkeiten damit kennen wir schon.

---

[17]Mit Christian Siefkes, der unlängst ebenfalls einen interessanten Text zu der hier geführten Diskussion publiziert hat (Siefkes 2016), gab es eine Diskussion über den vorliegenden Text. Siefkes schrieb in einer Email vom 25.11.2016 zu dieser Stelle: „‚Denkfehler' habe ich keine gefunden, vielleicht bis auf Bemerkung zu ‚neuen Bedürfnissen und Bedarfen'[…]. [M.E.] geht das nicht so ganz auf, weil ja durch Arbeitslosigkeit Kaufkraft nicht direkt verschwindet, sondern nur anders verteilt wird. Sprich wenn X entlassen wurde, weil von ihm zuvor hergestellte Waren jetzt ohne seine Arbeit billiger hergestellt wurden, verliert er zwar Kaufkraft, aber zugleich verfügen ja die Käufer der billiger gewordenen Waren über mehr ungebundene Kaufkraft, die sie dann eben für ‚neue Bedürfnisse und Bedarfe' einsetzen können [Kommentar J.S.: Was voraussetzt, dass die Käufer nicht auch technologisch ihren Job verlieren, wofür es keine Garantie gibt] – oder für altbekannte, aber in höherer Qualität oder Quantität. So entsteht also zusätzliche Nachfrage und damit vermutlich auch wieder ein Arbeitsplatz für X oder eine andere Person. Probleme gibt's erst dann, wenn die Käufer diese zusätzliche Kaufkraft gar nicht als solche nutzen, sondern das Geld lieber investieren – denn dann fällt die Nachfrage nach Waren, während zugleich das Angebot an Kapital wächst. Auf diese Weise entstehen keine neuen Arbeitsplätze und die Kapitalisten stoßen auf Verwertungsschwierigkeiten. Damit beschäftige ich mich in dem Prokla-Text ausführlich".

3. Schließlich verfehlt folgendes äußerst schwache Argument aus dem eben genannten Interview völlig das Problem:

> Menschen [sind] grundsätzlich daran interessiert [...], etwas zu tun, Neues zu erfinden und zu erschaffen, sich einzubringen, eben zu arbeiten, Arbeit ist doch in Wirklichkeit viel zu interessant, um sie völlig aufzugeben, das wird aus meiner Sicht niemals passieren.

Damit wird behauptet, dass Leute Arbeit haben werden, weil sie Arbeit *wollen*. Das heißt entweder ganz zynisch, dass alle Arbeitslosen nicht arbeiten wollen (was leider tatsächlich eines der populären, diskriminierenden Argumente ist) oder es ist einfach Unsinn: Zwar haben einerseits Menschen natürlich Lust, sich in allen möglichen praktischen, nützlichen, kreativen oder auch, wenn man es so verabredet hat, stumpfen oder langweiligen Tätigkeiten zu engagieren. Andererseits folgt daraus das aber nicht, dass diese Tätigkeiten als „Arbeit" kapitalproduktiv genutzt werden können. Selbst wenn Leute an etwas arbeiten wollen, ist nicht ausgeschlossen, dass zum Beispiel Ärmere diese Arbeit billiger leisten oder sie stattdessen von Maschinen übernommen wird. Die Leute können jener Tätigkeit in diesem Fall zwar immer noch nachgehen, aber sie werden kein Geld damit verdienen – und unter gegebenen Bedingungen nutzt den Menschen das dann gar nichts. Das ganze Problem dreht sich nicht um die Frage, ob Menschen arbeiten *wollen* (und man könnte unter anderen sozialen Bedingungen, selbst wenn jede Arbeit automatisierbar wäre, selbstverständlich beschließen, bestimmte Arbeit immer noch ausführen zu wollen), sondern ob sie es noch gegen den nötigen Lohn *können*. In einem anderen Beispiel aus der FAZ heißt es:

> Es steht viel auf dem Spiel: Rund 18 Mio. Beschäftigte in Deutschland könnten durch Maschinen und Software ersetzt werden, so eine Analyse der ING DiBa. Am stärksten betroffen dürften demnach Büro- und Sekretariatskräfte sein: 1,9 Mio. Arbeitsplätze sieht die Bank hier in Gefahr. Allein durch den Einsatz von Drohnen und durch automatisierte Abläufe in Lagerhallen und im Transport könnten bis zu 1,5 Mio. Arbeitsplätze wegfallen. Aber natürlich entstehen durch die zunehmende Automatisierung wieder neue, andere Arbeitsplätze (FAZ 2015).[18]

---

[18]Die hier zitierte Studie ist Brzeski and Burk (2015). Darin heißt es: „Basierend auf einer wissenschaftlichen Studie von Frey und Osborne (2013) [auch hier im Literaturverzeichnis, J.S.] über die Wahrscheinlichkeit der Robotisierung des amerikanischen Arbeitsmarktes haben wir anhand der Beschäftigungsstatistik der Bundesagentur für Arbeit nach der Klassifikation der Berufe [...] den deutschen Arbeitsmarkt untersucht. Von den 30,9 Mio. in dieser Studie berücksichtigten sozialversicherungspflichtig und geringfügig Beschäftigten sind demnach 18,3 Mio. Arbeitsplätze, bzw. 59 %, in ihrer jetzigen Form von der fortschreitenden Technologisierung in Deutschland bedroht".

Bezeichnend ist der geradezu hilflos wirkende letzte Satz: Nach der Skizzierung des Problems wird nachgeschoben, dass „natürlich" neue Arbeitsplätze entstehen – freilich ohne Angabe, welche Tätigkeiten gemeint sind und ohne die hier diskutierten Argumente, die diesen Kompensationsmechanismus alles andere als „natürlich" erscheinen lassen, auch nur zu berücksichtigen und abzuwägen. Man könnte hier noch viele weitere Beispiele nennen. Das Problem ist offen zu diskutieren, statt es mit schwächlichen oder gar keinen Argumenten einfach beiseite zu schieben.

4   Die Debatte um die Frage, was Arbeitsmarkt-Zahlen eigentlich aussagen

Vivarelli zeigt in seinen Überblicken für das Forschungsinstitut zur Zukunft der Arbeit (IZA) in Bonn (2007; 2012), dass man theoretisch nicht zwingend entscheiden kann, ob technologische Arbeitslosigkeit existiert oder nicht. Also müsste man sich der Empirie zuwenden: Doch ist nicht immer klar, ob die so beschriebene Krise der Arbeit wirklich empirisch in Zahlen nachweisbar ist und die Statistiken und ihre Interpretation das Problem überhaupt richtig abbilden können. Auch hier findet sich in einem Beitrag der FAZ der Versuch, mit Blick auf die hervorragenden *deutschen* Arbeitsmarktzahlen zu zeigen, dass es das Problem nicht gebe (Kagermann 2016). Abgesehen von den schwierigen Fragen, wie diese Zahlen erhoben werden und wie man sie dann interpretiert (mehr dazu im Folgenden), müssen solche für *ein* Land erhobenen Zahlen nicht unbedingt aussagekräftig sei. Es könnte sein, dass sich durch hohe Produktivität in Deutschland die Produktion ausweitet und auf diese Weise neue Stellen entstehen. Die Produkte aber werden in Länder exportiert, in denen sie die weniger produktive Industrie verdrängen. Schließlich verschwinden dort dann die Arbeitsplätze, was in der hiesigen Statistik nicht sichtbar wird. Dasselbe gilt für das Argument, dass die Produktivitätssteigerung hier er erlauben würde, dereinst ins Ausland verlagerte Arbeitsplätze zurückzuholen, denn erstens müssen es weniger sein als vor der Auslagerung und zweitens fehlen die Arbeitsplätze dann eben im Ausland. Generell gibt es über die Interpretation solcher Zahlen nur wenig Einigkeit. So schreibt Michael Mann (2013, S. 88 f.) etwa:

Economic expansion over the last few decades has actually produced a growth in global employment, greater even than the substantial rise in world population. Between 1950 and 2007 job growth was about 40% higher than population growth. In the Organization for Economic Cooperation and Development (OECD) an organization representing the richer countries of the world more people are also working than ever before, though the absolute number of unemployed has also risen because the population is larger and a higher proportion of the population seeks jobs, including far more women. The liberation of women in the formal labor market has been the biggest problem for employment in the West. But the global unemployment rate remained fairly stable between the 1970s and 2007, at around 6%. Even through the Great Recession ILO statistics collected by the International Labor Organization reveal that global employment has continued to grow, though at only half the rate before the crisis and unevenly distributed across the world. It fell in 2009 in the developed economies, including the European Union (by 2.2%) and its neighbors, and in the ex-soviet Commonwealth of Independent States (by 0.9%), but it grew in all the other regions of the world. The employment-to-population ratio also fell back in the advanced countries, and in East Asia, but elsewhere by 2010 this ratio was back to the 2007 level. Unemployment is as yet a Western (and to a lesser extent a Japanese) not a global problem.

Laut Michael Manns Einschätzung ist die Lage also gar nicht so dramatisch, zumindest scheinen die Daten nicht auf einen Kollaps des globalen Arbeitsmarkts hinzudeuten. Allerdings verwendet Mann dabei Daten der ILO, der International Labor Organization, auf die ich gleich noch mal zurückkomme. Ein anderes Bild zeichnet der umstrittene Kapitalismuskritiker Robert Kurz (dazu auch Abb. 3):

Im Grunde genommen werden die Arbeitslosenstatistiken fast überall aus Gründen der politischen Optik regelrecht gefälscht. Einerseits erscheinen große Massen von Arbeitslosen nicht mehr in der Statistik, weil ihr realer Status wegretuschiert worden ist; nicht nur durch die Verschiebung in die Sozialhilfe, sondern auch durch staatliche oder staatlich geförderte ,Beschäftigungsgesellschaften', ,Arbeitsbeschaffungsmaßnahmen' (ABM) und sogenannte Umschulungen sowie vorzeitigen Ruhestand. Viele Frauen, sowohl Ehefrauen und Familienmütter als auch ,Alleinerziehende', werden indirekt ,zurück an den Herd' genötigt und fallen oft ganz aus der Erfassung heraus. Andererseits erscheint umgekehrt eine stets wachsende Zahl von Lohn-

Arbeitslose (in Millionen)				
	1980	1985	1990	1995
BRD	0,889	2,304	1,883	3,210
Frankreich	1,467	2,442	2,205	2,980
England	1,513	3,179	1,556	2,454
USA	7,637	8,312	7,047	7,404
Japan	1,140	1,560	1,350	2,098

Quelle: Statistisches Bundesamt, Statistisches Jahrbuch für das Ausland, 1998.

Abb. 3 Arbeitsmarktzahlen. (Zitiert bei Kurz, R. (1999). *Schwarzbuch Kapitalismus. Ein Abgesang auf die Marktwirtschaft.* Frankfurt a. M.: Eichborn [S. 634])

arbeitern in der Statistik der ‚Beschäftigten', die in Wirklichkeit nur Saison- oder Teilzeitjobs haben oder sogar nur stundenweise angeheuert werden. In den USA gilt es als ein ‚Arbeitsplatz', wenn jemand für buchstäblich eine Handvoll Dollars auch nur ein oder zwei Stunden wöchentlich der Kundschaft im Supermarkt die Tüten aufhalten darf. Noch krasser verfälscht wird die Statistik der Arbeitsplätze und Beschäftigungsverhältnisse dadurch, daß die Senkung der Reallöhne in vielen Industriestaaten immer mehr Lohnarbeiter zwingt, neben ihrer regulären Arbeit ein zweites oder sogar ein drittes Beschäftigungsverhältnis einzugehen. In New York etwa ist es mittlerweile nichts Ungewöhnliches mehr, daß ein Maschinenarbeiter nach Feierabend sein Nachtmahl hinunterschlingt, um anschließend noch mehrere Stunden als Wächter tätig zu sein und am Wochenende zu kellnern – ganz ohne Lohn, allein für die Trinkgelder. Nur durch eine derart ruinöse Lebensweise kann die Fassade der Normalität (Krankenversicherung, Wohnung, Auto) aufrechterhalten werden. Es gehört schon einige Dreistigkeit dazu, solche Verhältnisse, die sich längst auch in Europa auszubreiten beginnen, als ‚Jobwunder' zu bezeichnen. So gibt die Arbeitslosenstatistik heute grundsätzlich ein verfälschtes und beschönigendes Bild der realen Lage. Trotzdem läßt sich sogar durch den Schleier der offiziellen Zahlen hindurch die explosive Ausdehnung der strukturellen Massenarbeitslosigkeit wenigstens ahnen, wenn man die Entwicklung vom ersten großen Schub zwischen 1980 und 1985 bis in die späteren 90er Jahre weiterverfolgt (Kurz 1999, S. 633 f.).

Diese Statistik scheint dann doch zu zeigen, dass es eine Zunahme der Arbeitslosigkeit gibt. Ähnlich argumentiert auch Jeremy Rifkin. Im achten Kapitel seines Buchs *The Zero Marginal Cost Society,* trägt er unter der Überschrift „The Last Worker Standing" zahlreiche Statistiken zusammen, die eindeutig das Verschwinden der Arbeit zu belegen scheinen, und summiert dann:

> The disconnect between a rising GDP and diminishing jobs is becoming so pronounced that it's difficult to continue to ignore it, although I'm still somewhat amazed at how few economists, even at this stage, are willing to step forward and finally acknowledge that the underlying assumption of classical economic theory – that productivity creates more jobs than it replaces – is no longer credible (Rifkin 2014, S. 106).

Offenbar ist es nicht einfach zu entscheiden, wie man Zahlen erhebt und was diese dann aussagen. Robert Kurz weist im gegebenen Zitat auf das Problem der Verzerrung der Daten hin, auf das „verfälschte und beschönigende Bild der realen Lage". In diesem Zusammenhang lässt sich *Eurostat* anführen, „die Verwaltungseinheit der Europäischen Union (EU) zur Erstellung amtlicher europäischer Statistiken" die ihren Sitz in Luxemburg hat (Wikipedia 2016):

> Der Auftrag von Eurostat ist, führender Anbieter von qualitativ hochwertigen Statistiken über Europa zu sein. Die wichtigste Aufgabe Eurostats ist die Verarbeitung und Veröffentlichung vergleichbarer statistischer Daten auf europäischer Ebene. Eurostat selbst erhebt keine Daten. Das tun die Statistikbehörden der Mitgliedstaaten. Sie prüfen und analysieren nationale Daten und übermitteln sie an Eurostat. Eurostats

Aufgabe ist es, die Daten zu konsolidieren und zu gewährleisten, dass sie vergleichbar sind, d. h. nach einer einheitlichen Methodik erstellt werden. Eurostat ist der einzige Lieferant statistischer Daten auf europäischer Ebene, und die Daten, die von Eurostat herausgeben werden, sind soweit wie möglich harmonisiert. Ein Beispiel: Wenn ein getreues Bild von der Arbeitslosigkeit in der EU vermittelt werden soll, müssen die Arbeitslosen in Finnland oder Portugal nach demselben Verfahren erfasst werden wie in Irland oder Deutschland. Eurostat arbeitet daher mit den Mitgliedstaaten eine gemeinsame Methodik für dieses Gebiet aus oder bittet die Mitgliedstaaten um die Aufnahme bestimmter Fragen in die Erhebungsbögen. Die Daten der Mitgliedstaaten werden dann an Eurostat übermittelt, so dass Arbeitslosendaten für die gesamte EU veröffentlicht werden können, anhand derer sich die Arbeitslosenquoten der einzelnen Länder miteinander vergleichen lassen (Wikipedia 2016).

Schauen wir auf die Methodik von Eurostat (2013) am Beispiel der Pressemitteilung 107/2013 zum Thema: „Jugendliche in der EU. Messung der Jugendarbeitslosigkeit – wichtige Konzepte im Überblick". Wichtig sind besonders die „Definitionen der internationalen Arbeitsagentur". Es gilt als beschäftigt, wer „in der Berichtswoche mindestens eine Stunde lang gegen Entgelt, zur Gewinnerzielung oder zur Mehrung des Familieneinkommens gearbeitet" hat.[19] *Eine Stunde!* Wenn eine Statistik so den Grad der Beschäftigung bestimmt, dann muss man sich nicht wundern, wenn die strukturelle Arbeitslosigkeit nicht in Erscheinung tritt. Eurostat bezieht sich dabei auf die ILO, also genau jene Organisation, von der Michael Mann seine scheinbar so beruhigenden Daten hat.

5   Was könnten positive Alternativen jenseits der Arbeit sein?

Nimmt man also an, das Problem technologischer Arbeitslosigkeit existiere wirklich[20] und wäre ein unvermeidlicher Effekt marktwirtschaftlicher Produktion im Konflikt mit programmierbaren Technologien, also digitalen Medien (insofern die konkurrenzgetriebene Steigerung der Produktivität zugleich die Arbeit verdrängt und damit auch die Kaufkraft), dann hätte dies gravierende Folgen für Ökonomie

---

[19]Dies bestätigt Kurz' Hinweis darauf, dass es unter Umständen als „‚Arbeitsplatz' [zählt], wenn jemand [...] auch nur ein oder zwei Stunden wöchentlich der Kundschaft im Supermarkt die Tüten aufhalten darf".

[20]Im vorliegenden Text wurde versucht, dieses Argument strategisch zuzuspitzen (auch wenn ich als Verfasser jederzeit einräumen würde, dass man gegenwärtig nicht absehen kann, ob es wirklich so kommt).

und Gesellschaft und wäre eine wirkliche digitale Revolution. Auf Dauer könnte die Marktwirtschaft nicht fortbestehen[21], zumal die Lohnausfälle nicht nur die Kaufkraft, sondern auch die Steuern affizierten und somit auch die Handlungsfähigkeit des Staates. Es bliebe nur – privat wie öffentlich – eine immer weiter sich steigernde Kreditaufnahme: Schuldenberge, um wenigstens den Anschein eines einmal erreichten Lebensstandards zu erhalten (in Zusammenhang damit wurde argumentiert, dass die zentrale Rolle, die seit einigen Jahren den Finanzmärkten zukommt, ein Effekt dieses Prozesses sei, vgl. Lohoff und Trenkle 2012).[22] Gibt es Lösungsansätze?

Wenn man grundsätzlich an den gegebenen sozialen Formen festhalten will, kommen nur Konzepte wie das bedingungslose Grundeinkommen oder etwa eine Roboter- bzw. Maschinensteuer in Frage. Diese können hier nicht en détail ausgeführt werden, sind aber in letzter Zeit zunehmend im öffentlichen Diskurs präsent.

Darüberhinaus werden eine ganze Reihe verschiedener so genannter postkapitalistischer Konzepte diskutiert, die in einer Überwindung der jetzigen sozialen Formen die Lösung sehen (vgl. zum Begriff „Post-Kapitalismus" Mason 2015, der ebenfalls das Verschwinden der Arbeit thematisiert). Selbstverständlich kann man das Verschwinden der Arbeit auch begrüßen und zum Beispiel über eine zukünftige soziale Ordnung nachdenken, in der eine Reproduktion der Einzelnen über Lohnarbeit nicht mehr erforderlich ist. So erklärt sich etwa auch eine politische Forderung wie „Demand Full Automation" und das damit einhergehend geforderte Recht auf vollständige Arbeitslosigkeit (Srnicek und Williams 2016). Warum sollte die gegenwärtig gegebene soziale, ökonomische und politische Ordnung die historisch letzte Entwicklungsstufe sein? Zu allen Zeiten haben Menschen geglaubt, ihre spezifische Ordnung und Kultur sei natürlich, gottgegeben und die Welt werde

---

[21]Diese erhebliche Bedrohung würde die Verdrängung und Leugnung dieses Prozesses erklären – man mag sich nicht eingestehen, dass die digitalen Medien eine wirklich tief greifende Veränderung der sozialen Formen erzwingen. Lohoff und Trenke (2012) argumentieren für, Siefkes (2016) argumentiert gegen den ‚Automatismus', dass eine Ausbreitung programmierbarer Maschinen zu einer finalen Krise führt.

[22]Das kommt einem bekannt vor, deshalb nochmals Aleksandar Kocic (2015, S. 60) von der Deutschen Bank: „Unser Wirtschaftssystem verlangt schier Unmögliches von *Lohnempfängern*. Diese sollen trotz sinkender Löhne und steigender Lebenshaltungskosten mehr Geld ausgeben, macht der Konsum doch einen immer größeren Anteil der Wirtschaftsleistung aus (70 % in den USA). Kredite galten lange als das Wundermittel für diese Quadratur des Kreises, haben letztlich jedoch zu einer gigantischen Schulden- und Bilanzkrise geführt, von der sich Wirtschaft und Gesellschaft nur langsam erholen werden".

immer so bleiben, wie sie ist – gestimmt hat das noch nie: „Unsere Gesellschaft ist immer noch gegenüber vielen Innovationen zu wenig aufgeschlossen, obwohl wir alle wissen, dass Fortschritt nur durch Innovationen möglich ist" sagt Marijn Dekkers, bis April 2016 Vorstandsvorsitzender der Bayer AG und nun Aufsichtsratsvorsitzender bei Unilever (FAZ 02.01.2016, Nr. 1, S. 21) und ihm ist völlig zuzustimmen. Man müsste nur ergänzen, dass das nicht nur für technische, sondern auch für soziale Innovationen gelten sollte.[23] Jedenfalls hat sich eine breite Diskussion entfaltet, in der post-monetäre und/oder post-arbeitsgesellschaftliche und/oder neo-sozialistische Konzepte wie partizipative Ökonomie (Albert 2006), inklusive Demokratie (Fotopoulos 1997), Neo-Planwirtschaft (Cockshott und Cottrell 2006), Commons (Helfrich und Heinrich-Böll-Stiftung 2012; Rifkin 2014; die Commons-Diskussion kann sich immerhin auf die Trägerin des Wirtschaftsnobelpreises 2009 Elinor Ostrom berufen, vgl. Ostrom 1999) oder postmonetäre Ökonomie durch digitales Matching (Heidenreich und Heidenreich 2015, S. 104–136) u. a. verhandelt werden.[24] Natürlich werden solche Ansätze von einer gewissen konservativen Kritik entweder gar nicht zur Kenntnis genommen – oder ohne weitere Diskussion für unsinnig erklärt.[25] Auch hier würde eine ergebnisoffene Diskussion zu einer freiheitlichen und pluralistischen Gesellschaft besser passen als ein starrsinniger Dogmatismus.

---

[23]Es ist bedrückend, dass sich die Menschheit offenbar – wenn man die Fantasien des (westlichen) Mainstream-Kinos einmal als gesellschaftliche Selbstbeschreibung liest – leichter ihre komplette Auslöschung als ihre Loslösung von den gewohnten sozialen Formen vorstellen kann. Aber immerhin träumt man mit *Star Trek* (besonders explizit im Kinofilm *Star Trek – First Contact,* USA 1996, R: Jonathan Frakes) offenbar auch von einer geldlosen Zukunft.

[24]In dem u. a. von mir beantragten und bewilligten Forschungsprojekt „Die Gesellschaft nach dem Geld" (VW-Stiftung) werden einige dieser Diskussionen in Beziehung zueinander gesetzt, https://www.facebook.com/nachdemgeld/. Zugegriffen: 11. Juli 2016.

[25]So etwa ein Artikel in der FAZ vom 6. August 2015. Dort heißt es zu den Ängsten bzgl. des Verschwindens der Arbeit pauschal: „In der Geschichte war es immer wieder so, dass Menschen in Umbruchmomenten der Marktwirtschaft dastanden und sich nicht ausmalen konnten, wie die inhärenten Kräfte von Angebot und Nachfrage wirken werden. Die menschliche Fantasie ist nun mal beschränkt – und die Zukunft kann man nur schwer voraussehen." Die kritische Diskussion wird also der Fantasielosigkeit geziehen – allerdings könnte es auch sein, dass dem Kritiker die Fantasie fehlt, sich vorzustellen, dass sich soziale Formen ändern können (wie sie das schon häufig in der Geschichte getan haben). Es stimmt: Die Zukunft ist schwer vorauszusehen – woher weiß der Kritiker dann, dass auch in ihr die ‚Kräfte von Angebot und Nachfrage' positiv wirken werden?

6   Fazit

Nach diesem Durchgang durch die Literatur kann man bezüglich der Frage von Mensch und Maschine festhalten, dass sie *erstens* insofern schwierig gestellt ist, weil sie beide Pole isoliert aufeinandertreffen lässt. Dabei sind Mensch und Maschine immer nur in einer Gesellschaft anzutreffen, deren Form entscheidet, ob die Maschine zum Freund oder zum Feind wird. Zumindest bezüglich der Frage nach der Arbeit könnte die Maschine in der jetzigen Gesellschaft zum Feind werden – in einer anderen Gesellschaftsform wäre das Verschwinden der Arbeit aber keine Bedrohung, sondern vielmehr eine freudig zu begrüßende Erleichterung.

Zweitens muss man verschiedene Typen von Maschinen unterscheiden – mindestens klassische, energieverarbeitende und trans-klassische informations-verarbeitende Maschinen, mit anderen Worten digitale Medien. An diesem Unterschied (und dem ersten, also in welcher Gesellschaftsform die Maschinen auftreten) hängt die Frage, ob es technologische Arbeitslosigkeit (überhaupt) gibt.

Drittens schließlich wirft das eine fundamentale und schwierige medien-theoretische wie medienhistoriografische Frage auf. Die digitalen Technologien (basal: Computer) entstehen zu einer bestimmten Zeit und in einer bestimmten (kapitalistischen) Gesellschaft.[26] Man könnte ja nun annehmen, dass dieser Hintergrund die Technologien in spezifischer Weise formt und man kann sogar sehr explizite Strategien dieser Art historisch beobachten. Im Kapitalismus ist es naheliegend, sie zu Kontroll-, Effizienz- und Regierungsmaschinen zu for-men, eben als solche zu programmieren (Agar 2003; Beniger 1986; Schröter 2004). Wie kann diese Technologie dann zum Problem für den Kapitalismus wer-den?[27] Aus diesem Phänomen kann man einerseits schlussfolgern, dass die Tech-nik doch eine Art Eigendynamik besitzt. Andererseits könnte man annehmen, dass sich die Gesellschaft so verändert hat, dass die bisherigen Maschinen nun

---

[26]Auf die interessante Geschichte der Computerentwicklung im so genannten rea-len Sozialismus wird hier nicht eingegangen, zumal dieser nicht als ein vom westlichen Kapitalismus wesentlich verschiedenes System verstanden werden soll. Zur Beschreibung des realen Sozialismus als Staats-Kapitalismus siehe Kurz (1994). Zu seiner Beschreibung als einer „Industriegesellschaft", die als solche der „westlichen Industriegesellschaft" gleicht, siehe Damus (1986, insbesondere S. 184–190). Siehe zu technologischen Innova-tionen auch Dosi (1988).

[27]Siehe dazu ausführlich am Beispiel des Internets Schröter (2015b).

auf einmal nicht mehr zu ihr passen. Die heute modische Aufhebung des Unterschieds von „Technik" und „Gesellschaft" könnte die Erkenntnis solcher Spannungen verdunkeln.

7   Epilog zu Donald Trump

Ein Erklärungsversuch für den Erfolg von Donald Trump bei der US-Präsidentschaftswahl 2016 lautet, dass die „abgehobenen Eliten" angeblich nicht mehr die Sorgen der „kleinen Leute", also vor allem der weißen, männlichen Arbeiterklasse verstünden. In (mindestens) einem Punkt scheint das tatsächlich zu stimmen oder zumindest gibt es in diesem Zusammenhang eine auffällige Dissonanz: Während die Wirtschaftswissenschaften und die Arbeitgeberseite unablässig betonen, dass es das Problem technologischer Arbeitslosigkeit gar nicht geben könne[28], ist es bemerkenswert, dass in den Tagen nach Trumps Wahlsieg in der FAZ drei Artikel zu finden waren, die genau hier einen Zusammenhang herstellen:

a) FAZ, 10.11.2016, S. 18: Ein Artikel mit der Überschrift „Joe Biden und die Rache der Mittelschicht" bezieht sich bemerkenswerterweise auf eine Rede des Vize-Präsidenten Joe Biden, die dieser auf dem Weltwirtschaftsforum in Davos im Januar 2016 gehalten hat:

> Automatisierung könne für die Manager eines Logistikkonzerns mit fahrerlosen Lastwagen zwar einige höherbezahlte Stellen schaffen, aber Zentausende von Lastwagenfahrern würden ihre Arbeit verlieren. Wo aber seien denn die neuen Unternehmen, welche die neuen Arbeitsplätze für die Masse schaffen sollten bisher zu sehen? [Jetzt O-Ton Biden:] ‚Wir müssen sicherstellen, dass die digitale Revolution weit mehr Gewinner als Verlierer schafft. Das ist es, was wir in früheren Zeiten eines solchen technologischen Wandels gemacht haben. Aber es kann in dieser vierten Revolution schwieriger sein. […] Und Leute […] sorgen sich um die Antwort auf diese Frage.'

b) FAZ, 11.11.2016, S. 17: „Das Paradox von Iowa und Michigan":

> Die Leute, die Trump ihre Stimme schenken, leiden weniger unter ihrer aktuellen Situation als unter der ökonomischen Perspektive. Speziell in Regionen, in denen ein Großteil der Tätigkeiten durch Routinearbeiten geprägt sind, die als verlagerbar oder automatisierbar gelten, hat der Republikaner besonders gut abgeschnitten.

---

[28]Aktuelles Beispiel: http://newsroom.iza.org/de/2016/11/03/nehmen-maschinen-uns-die-jobs-weg/. Zugegriffen: 16. November 2016.

c) FAZ, 12.11.2016, S. 21: „Revolte gegen die Globalisierung":

> Doch die Schere der Einkommen ist spürbar auseinandergegangen, und die amerikanische Mittelschicht schrumpft. Beides liegt nicht nur an der Globalisierung. Es hat auch mit dem technologischen Wandel, dem Einsatz von Maschinen und Computern zu tun, der Arbeitsplätze in Fabriken und Büros wegrationalisiert.

Wenn dieser Zusammenhang schon in der FAZ so eindeutig hergestellt wird, dann spricht das stark für die Existenz derartiger Sorgen, die vielleicht auch aktuelle politische Prozesse beeinflussen. Eine optimistische Grundhaltung, die davon ausgeht, dass mit dem technologischen Wandel irgendwie, irgendwann und irgendwo auch neue Stellen entstehen werden, ist möglicherweise nicht ausreichend. Vielleicht muss man z. B. den Menschen in Detroit konkreter erklären, wie das mit ihrer Zukunft werden soll. Die FAZ (16.11.2016, S. 24) zitiert aus einem Interview mit Carl Benedikt Frey (s. o.; Frey und Osborne 2013):

> Viel Ermutigendes hätte der Oxford-Ökonom dem neuen Präsidenten jedoch nicht zu sagen. Selbst wenn durch Digitalisierung und Protektionismus die Produktion wieder in amerikanische Fabriken zurückkehren sollte – der Beschäftigungsmotor früherer Tage werde sie nie wieder werden, sagt Frey. Als Beispiel führt er an, dass die drei größten Unternehmen in Detroit 1990 zusammen auf einen Umsatz von rund 250 Milliarden Dollar kamen und auf 1,2 Millionen Beschäftigte. Die drei Größen des Silicon Valley erzielten 2014 ebenfalls fast 250 Milliarden Dollar Umsatz – mit 137.000 Mitarbeitern. ‚Trump wird es nicht schaffen, die Fabrikjobs zurückzubringen'.

Dann kann man nur hoffen, dass sich die enttäuschten WählerInnen Trumps in der Zukunft nicht noch (rechts)radikaleren Alternativen zuwenden.

Literatur

Acemoglu, D., & Restrepo, P. (2015). The race between man and machine: Implications of technology for growth, factor shares and employment. https://economics.mit.edu/files/10866. Zugegriffen: 18. Sept. 2017.

Acemoglu, D., & Restrepo, P. (2017). Robots and jobs: Evidence from US labor markets. https://economics.mit.edu/files/12763. Zugegriffen: 18. Sept. 2017.

Adorno, T. W. (1972). Über Statik und Dynamik als soziologische Kategorien. In T. W. Adorno (Hrsg.), Soziologische Schriften Bd. 1, Gesammelte Schriften Bd. 8 (S. 217–237). Frankfurt a. M.: Suhrkamp.

Agar, J. (2003). The government machine. A revolutionary history of the computer. Cambridge: MIT Press.

Albert, M. (2006). *Parecon. Leben nach dem Kapitalismus.* Frankfurt a. M.: Trotzdem.

Arendt, H. (2002). *Vita activa oder vom tätigen Leben.* München: Piper.

Arntz, M., Gregory, T., & Zierahn, U. (2017). Revisting the risk of automation. *Economics Letters, 159,* 157–160.

Autor, D. (2015). Why are there still so many jobs? The history and future of workplace automation. *Journal of Economic Perspectives, 29*(3), 3–30.

Beniger, J. (1986). *The control revolution. Technological and economic origins of the information society.* Cambridge: Harvard University Press.

Bix, A. (2000). *Inventing ourselves out of jobs. America's Debate over Technological Unemployment 1929–1981.* Baltimore: John Hopkins University Press.

Brynjolfsson, E. (1993). The productivity paradox of information technology. *Communications of the ACM, 36*(12), 67–77.

Brynjolfsson, E., & McAfee, A. (2011). *Race against the machine. How the digital revolution is accelerating innovation, driving productivity, and irreversibly transforming employment and the economy.* Lexington: Digital Frontier Press.

Brynjolfsson, E., & McAfee, A. (11. Dezember 2012). Jobs, productivity and the great decoupling. *The New York Times.* http://www.nytimes.com/2012/12/12/opinion/global/jobs-productivity-and-the-great-decoupling.html?_r=0. Zugegriffen: 11. Juli 2016.

Brzeski, C., & Burk, I. (30. April 2015). Die Roboter kommen. Resource document. ING-DiBa AG. https://www.ing-diba.de/pdf/ueber-uns/presse/publikationen/ing-diba-economic-research-die-roboter-kommen.pdf. Zugegriffen: 11. Juli 2016.

Bürmann, J. (2003). *Die Gesellschaft nach der Arbeit.* Münster: LIT.

Cockshott, P., & Cottrell, A. (2003). *Alternativen aus dem Rechner: Für sozialistische Planung und direkte Demokratie.* Köln: Papyrossa.

Collins, R. (2013). The end of middle-class work: No more escapes. In I. Wallerstein (Hrsg.), *Does capitalism have a future?* (S. 37–69). Oxford: Oxford University Press.

Coy, W. (1985). *Industrieroboter. Zur Archäologie der zweiten Schöpfung.* Berlin: Rotbuch.

Damus, R. (1986). *Die Legende von der Systemkonkurrenz. Kapitalistische und realsozialistische Industriegesellschaft.* Frankfurt a. M: Campus.

Dosi, G. (1988). Sources, procedures, and microeconomic effects of innovation. *Journal of Economic Literature, 26*(3), 1120–1171.

Douglas, P. H. (1930). Technological unemployment. *American Federationist, 37*(8), 923–950.

Engelberger, J. (1981). *Industrieroboter in der praktischen Anwendung.* München: Hanser.

Eurostat. (2013). Jugendliche in der EU. Messung der Jugendarbeitslosigkeit – Wichtige Konzepte im Überblick [Pressemitteilung]. 107/2013. http://ec.europa.eu/eurostat/documents/2995521/5160815/3-12072013-BP-DE.PDF. Zugegriffen: 11. Juli 2016.

FAZ. (15. Dezember 2015). Frankfurter Allgemeine Zeitung. Verlagsspezial. IT Trends 2016. Mehr Mut zur Digitalisierung.

Ford, M. (2009). *The lights in the tunnel. Automation, accelerating technology and the economy of the future.* Wayne: Acculant Publishing.

Ford, M. (2015). *Rise of the robots: Technology and the threat of a jobless future.* New York: Basic Books.

Fotopoulos, T. (1997). *Towards an inclusive democracy: The crisis of the growth economy and the need for a new liberatory project.* London: Cassell.

Foucault, M. (1993). *Die Ordnung der Dinge.* Frankfurt a. M.: Suhrkamp.

Frey, C. B., & Osborne, M. A. (2013). The future of employment. How susceptible are jobs to computerisation. resource document. Oxford Martin School, University of Oxford. http://www.oxfordmartin.ox.ac.uk/downloads/academic/The_Future_of_Employment. pdf. Zugegriffen: 11. Juli 2016.

Gerloff, W. (1952). *Geld und Gesellschaft. Versuch einer gesellschaftlichen Theorie des Geldes.* Frankfurt a. M.: Klostermann.

Hahn, F. (1987). The foundations of monetary theory. In M. de Cecco & J.-P. Fitoussi (Hrsg.), *Monetary theory and economic institutions: Proceedings of a Conference held by the International Economic Association at Fiesole, Florence, Italy* (S. 21–43). Hampshire: Macmillan.

Handelsblatt. (2012). Star-Ökonom fordert Neuorientierung der Wirtschaftswissenschaften. http://www.handelsblatt.com/unternehmen/management/star-oekonom-fordert-neuorientierung-der-wirtschaftswissenschaften/6097068.html. Zugegriffen: 11. Juli 2016.

Heidenreich, R., & Heidenreich, S. (2015). *Forderungen.* Berlin: Merve.

Helfrich, S., & Heinrich-Böll-Stiftung. (Hrsg.). (2012). *Commons: Für eine neue Politik jenseits von Markt und Staat.* Bielefeld: transcript.

Hessler, M. (2015). Die Ersetzung des Menschen? Die Debatte um das Mensch-Maschinen-Verhältnis im Automatisierungsdiskurs. *Technikgeschichte, 82*(2), 109–136.

Heß, R. (2013). Werdet doch alle einfach Unternehmer? Ein wirtschaftlich tragfähiges Modell, um den Auswirkungen auf den Arbeitsmarkt durch technologischen Fortschritt begegnen zu können, fehlt immer noch. Resource Document. Heise. http://www.heise. de/tp/artikel/39/39139/1.html. Zugegriffen: 11. Juli 2016.

Heterodox Economis Newsletter. (2016). http://www.heterodoxnews.com/HEN/home.html. Zugegriffen: 11. Juli 2016.

Irani, L. (2013). The cultural work of microwork. https://quote.ucsd.edu/lirani/files/2013/ 11/NMS511926-proof-li-2.pdf. Zugegriffen: 11. Juli 2016. https://doi.org/10.1177/ 1461444813511926.

Jones, S. E. (2006). *Against technology. From the Luddites to neo-Luddism.* New York: Routledge.

Kagermann, H. (15. Februar 2016). Die Arbeiter bleiben in der Fabrik. *FAZ/FAS.* http://www.faz. net/aktuell/beruf-chance/arbeitswelt/fuehrt-digitalisierung-in-der-arbeitswelt-zum-job-verlust-14069000.html?printPagedArticle=true#pageIndex_2. Zugegriffen: 11. Juli 2016.

Keen, S. (2011). *Debunking economics. The naked emperor dethroned?* London: Zed Books.

Keynes, J. M. (1963). Economic possibilities for our grandchildren. In J. M. Keynes (Hrsg.), *Essays in Persuasion* (S. 358–373). New York: W.W.Norton.

Kittler, F. (1993). Vorwort. In F. Kittler (Hrsg.), *Draculas Vermächtnis. Technische Schriften* (S. 8–10). Leipzig: Reclam.

Kocic, A. (Juni 2015). Arbeit in der Krise – Arbeitsmärkte im Umbruch. In *Deutsche Bank Research Konzept* (S. 58–65). https://www.dbresearch.com/PROD/DBR_INTERNET_DE-PROD/PROD0000000000358372.pdf;jsessionid = CCC197AD534D057B26-F943540AB46329.srv-net-dbr-com. Zugegriffen: 11. Juli 2016.

Kohl, T. (2014). *Geld und Gesellschaft. Zu Entstehung, Funktionsweise und Kollaps von monetären Mechanismen, Zivilisation und sozialen Strukturen.* Marburg: Metropolis.

Kurz, C., & Rieger, F. (2013). *Arbeitsfrei. Eine Reise zu den Maschinen, die uns ersetzen.* München: Riemann.

Kurz, R. (1994). *Der Kollaps der Modernisierung. Von Zusammenbruch des Kasernen-sozialismus zur Krise der Weltökonomie.* Leipzig: Reclam.

Kurz, R. (1999). *Schwarzbuch Kapitalismus. Ein Abgesang auf die Marktwirtschaft.* Frankfurt a. M.: Eichborn.

Kurz, R. (2012). *Geld ohne Wert. Grundrisse zu einer Transformation der Kritik der politischen Ökonomie.* Berlin: Horlemann.

Latour, B. (2005). *Reassembling the social. An introduction to actor-network-theory.* Oxford: Oxford University Press.

Lee, F. (2009). *A history of heterodox economics. Challenging the mainstream in the twentieth century.* New York: Routledge.

Linton, D. (1985). Luddism Reconsidered. *Etcetera. A Review of General Semantics, 42*(1), 32–36.

Lohoff, E., & Trenkle, N. (2012). *Die große Entwertung. Warum Spekulation und Staatsverschuldung nicht die Ursache der Krise sind.* Münster: Unrast.

Mann, M. (2013). The end may be nigh, but for whom? In I. Wallerstein (Hrsg.), *Does capitalism have a future?* (S. 71–97). Oxford: Oxford University Press.

Mason, P. (2015). *Post-capitalism. A guide to our future.* London: Lane.

Marx, K. (1983). *Ökonomische Manuskripte 1857/1858* [Grundrisse, J.S.]. Karl Marx/ Friedrich Engels, Werke, Bd. 42. Ost-Berlin: Dietz.

Meillassoux, Q. (2015). *Science fiction and extro-science fiction.* Minneapolis: Univocal.

Meretz, S. (2007). Der Kampf um die Warenform. Wie Knappheit bei Universalgütern hergestellt wird. Resource Document. *krisis.* http://www.krisis.org/2007/der-kampf-um-die-warenform/. Zugegriffen: 11. Juli 2016.

Morgan, M. S., & Rutherford, M. (1998). *From interwar pluralism to postwar neoclassicism* (=Annual supplement to Volume 30, History of political economy). London: Duke University Press.

Noble, D. (1984). *Forces of production. A social history of automation.* New York: Knopf.

Noble, D. (1995). *Progress without people. New technology, unemployment and the message of resistance.* Toronto: Between the Lines.

Nordhaus, W. D. (2015). *Are we approaching an economic singularity? Information technology and the future of economic growth.* NBER Working Paper 21547.

Ortlieb, C. P. (2008). Ein Widerspruch von Stoff und Form. Zur Bedeutung der Produktion des relativen Mehrwerts für die finale Krisendynamik. http://www.math.uni-hamburg. de/home/ortlieb/WiderspruchStoffFormPreprint.pdf. Zugegriffen: 11. Juli 2016.

Ostrom, E. (1999). *Die Verfassung der Allmende: Jenseits von Staat und Markt.* Tübingen: Mohr Siebeck.

Pistono, F. (2012). *Robots will steal your job, but that's ok: How to survive the economic collapse and be happy.* Lexington: Create Space.

Pratt, G. A. (2015). Is a Cambrian explosion coming for robotics? *Journal of Economic Perspectives, 29*(3), 51–60.

Ramtin, R. (1991). *Capitalism and automation. Revolution in technology and capitalist breakdown.* London: Pluto Press.

Rifkin, J. (1995). *The end of work. the decline of the global labor force and the dawn of the post-market era.* New York: Putnam.

Rifkin, J. (2014). *The zero marginal cost society. The internet of things, collaborative commons, and the eclipse of capitalism*. New York: Palgrave MacMillan.

Sandoval, M. (2015). Foxconned labour as the dark side of the information age: Working conditions as Apple's contract manufacturers in China. In C. Fuchs & V. Mosco (Hrsg.), *Marx in the age of digital capitalism* (S. 350–395). Leiden: Brill.

Schildt, G. (2006). Das Sinken des Arbeitsvolumens im Industriezeitalter. *Geschichte und Gesellschaft, 32*, 119–148.

Schröter, J. (2004). *Das Netz und die Virtuelle Realität. Zur Selbstprogrammierung der Gesellschaft durch die universelle Maschine*. Bielefeld: transcript.

Schröter, J. (2015a). Das Internet der Dinge, die allgemeine Ökologie und ihr Ökonomisch-Unbewusstes. In F. Sprenger & C. Engemann (Hrsg.), *Internet der Dinge. Über smarte Objekte, intelligente Umgebungen und die technischen Durchdringung der Welt* (S. 225–240). Bielefeld: transcript.

Schröter, J. (2015b). The internet and ‚frictionless capitalism'. In C. Fuchs & V. Mosco (Hrsg.), *Marx in the age of digital capitalism* (S. 133–150). Leiden: Brill.

Siefkes, C. (2016). Produktivkraft als Versprechen. Notwendiger Niedergang des Kapitalismus oder möglicher Kommunismus ohne viel Arbeit? *Prokla, 185*, 621–638.

Sinn, H.-W. (2004). *Ist Deutschland noch zu retten?* Düsseldorf: Econ.

Srnicek, N., & Williams, A. (2016). *Die Zukunft erfinden. Postkapitalismus und eine Welt ohne Arbeit*. Berlin: Edition Tiamat.

Tabarrok, A. (2003). Productivity and unemployment. http://marginalrevolution.com/marginalrevolution/2003/12/productivity_an.html. Zugegriffen: 11. Juli 2016.

Vivarelli, M. (2007). Innovation and employment. A survey. IZA DP No. 2621. http://ftp.iza.org/dp2621.pdf. Zugegriffen: 11. Juli 2016.

Vivarelli, M. (2012). Innovation, Employment and skills in advanced and developing countries: A survey of the literature. IZA DP No. 6291. http://ftp.iza.org/dp2621.pdf. Zugegriffen: 11. Juli 2016.

Wakefield, J. (2016). Foxconn replaces ‚60,000 factory workers with robots'. http://www.bbc.com/news/technology-36376966. Zugriffen: 11. Juli 2016.

WEF (=World Economic Forum) (2016). The future of jobs. employment, skills and workforce strategy for the fourth industrial revolution. http://www3.weforum.org/docs/WEF_Future_of_Jobs.pdf. Zugegriffen: 11. Juli 2016.

Wiener, N. (1963). *Kybernetik. Regelung und Nachrichtenübertragung im Lebewesen und in der Maschine*. Düsseldorf: Econ.

Wikipedia. (2016). Eurostat. https://de.wikipedia.org/wiki/Eurostat. Zugegriffen: 11. Juli 2016.

Willcocks, L. P., & Lester, S. (1999). *Beyond the IT productivity paradox*. Chichester: Wiley.

Woirol, G. (1996). *The technological unemployment and structural unemployment debates*. Westport: Greenwood Press.

Computer gegen Arbeiter – Technologie und Mensch im Konflikt?

Michael Hüther

Zusammenfassung

In der Vergangenheit haben Maschinen die Arbeit von Menschen vereinfacht, aber auch substituiert. Bei der fortschreitenden Digitalisierung stellt sich ebenfalls diese Frage: Werden die neuen Technologien den Arbeitnehmern ihre Tätigkeiten erleichtern oder werden ganze Berufsgruppen obsolet? Der vorliegende Beitrag zeigt die Bedeutung eines differenzierten Blickes auf die Digitalisierung: Große gesamtwirtschaftliche Effekte werden insbesondere der Digitalisierung der Industrie zugemessen. Auffallend ist, dass es im Zuge der digitalen Vernetzung von Wertschöpfungsketten in der deutschen Industrie zu einem hohen Beschäftigungsaufbau gekommen ist – gerade bei geringqualifizierten Arbeitnehmern. Richtig angegangen bietet Digitalisierung Chancen und ist kein Bedrohungsszenario.

Schlüsselwörter

Digitalisierung · Strukturwandel · Arbeitswelt · Technologiediffusion

Für wichtige Zuarbeit danke ich meinen persönlichen Referenten Matthias Diermeier und Dr. Henry Goecke

M. Hüther (✉)
Köln, Deutschland
E-Mail: huether@iwkoeln.de

© Springer Fachmedien Wiesbaden GmbH, ein Teil von Springer Nature 2019
C. Thimm und T. C. Bächle (Hrsg.), *Die Maschine: Freund oder Feind?*,
https://doi.org/10.1007/978-3-658-22954-2_10

1   Einleitung

Seit jeher ranken sich Mythen um den Konflikt zwischen Mensch und Maschine. Besonders bei disruptiven Umbrüchen mit der Qualität industrieller Revolutionen werden in der Arbeitswelt Hoffnungen und Ängste immer wieder auf technologische Innovationen projiziert. Disruptiver Strukturwandel entsteht durch massenhafte Anwendung neuer Technologien und wurde in der Vergangenheit beispielsweise durch die Elektrifizierung oder Entwicklungen wie die Dampfmaschine, das Fließband oder Roboter angestoßen und könnte heute von der umfassenden Digitalisierung aller Lebensbereiche ausgehen. Zeitgewinne und Sicherheitsvorteile infolge der Digitalisierung sind sowohl voraussetzungsstark als auch folgenreich. Die Beschleunigung der Prozesse und die Entgrenzung der verschiedenen Lebensbereiche – zwischen Arbeit und Freizeit, zwischen Privatheit und öffentlichem Raum – verändern die Arbeitswelt, ohne bisher erkennen zu lassen, wohin dies letztlich führt. Das resultiert bereits für sich genommen in einer allgemeinen Verunsicherung.

Ausdruck finden diese in zahlreichen kritischen Stimmen: Denke man Digitalisierung konsequent zu Ende, so die Argumentation, würden Roboter mit künstlicher Intelligenz praktisch jegliche Arbeit autonom verrichten können (Vgl. Frey und Osborne 2013). Bis auf eine kleine Elite verlöre der Mensch dann jede sinnstiftende Partizipation in der Arbeitswelt. Nun würde sich vollenden, was vor vier Jahrzehnten mit der Automatisierung begonnen und bereits vielfach zur menschenleeren Fabrik geführt habe. Der bevorstehenden Massenarbeitslosigkeit solle laut Siemens-Chef Joe Kaeser als auch Telekom-Chef Timotheus Höttges in der Konsequenz mit neuen sozialpolitischen Instrumenten wie dem bedingungslosen Grundeinkommen begegnet werden – auf dass auch die breite Masse an dem durch Maschinen geschaffenen Kuchen teilhabe (Häring 2017).

Eine solche Sicht auf technologischen Wandel ist keinesfalls neu: Bereits 1883 forderte beispielsweise Paul Lafargue, Schwiegersohn von Karl Marx, in seinem Buch *Le Droit à la Paresse* das „Recht auf Faulheit". Während heute gar nicht mehr gearbeitet werden soll – das Grundeinkommen wäre schließlich bedingungslos –, hatte Lafargue zumindest noch die Idee des Drei-Stunden-Tages im Sinn. Begründet wurde diese Forderung mit einer legitimen Partizipation am technologischen Fortschritt. Ökonomen würden heute von einer Entlohnung gesteigerter Produktivität sprechen.

Gewissermaßen von derselben Warte argumentierte John Maynard Keynes im Jahr 1930, indem er zwar für eine Übergangsphase „technologische Arbeitslosigkeit" prognostizierte, langfristig aber von einem Übergang in die Freizeit-Gesellschaft ausging:

This means unemployment due to our discovery of means of economising the use of labour outrunning the pace at which we can find new uses for labour. But this is only a temporary phase of maladjustment. In the long run [...] mankind is solving its economic problem (Keynes 1930, S. 3).

In einem Jahrhundert werde, so Keynes, der Lebensstandard der Industrienationen auf einem vier bis achtmal so hohen Niveau sein wie 1930, tagtägliches Schuften im Sinne eines permanenten Kampfes zum Erhalt des Subsistenzniveaus, also zur Befriedigung der Grundbedürfnisse, würde damit der Vergangenheit angehören. Die Produktivitätsgewinne machten es möglich, Arbeitszeit immer weiter einzugrenzen.

Keynes sollte in verschiedener Hinsicht Recht, Lafargue Unrecht behalten. Einerseits zeigt ein Blick auf die vom Wirtschaftshistoriker Angus Maddison zusammengestellten historischen Daten zur Wirtschaftskraft verschiedener Länder, dass sich das reale Pro-Kopf-Einkommen in Großbritannien seit 1930 tatsächlich vervierfachte – in Deutschland sowie im europäischen Durchschnitt sogar verfünffachte (Maddison 2013). Andererseits muss die heutige Arbeitswelt einem Industriearbeiter des 20. Jahrhunderts wie eine Freizeit-Gesellschaft erscheinen. Körperlich anstrengende Arbeit verliert – in Industrieländern – mehr und mehr an Bedeutung, die durchschnittliche Wochenarbeitszeit nimmt sukzessive ab. In den letzten 35 Jahren ist die durchschnittliche wöchentliche Arbeitszeit aller Beschäftigten in Deutschland von 40 auf 35 h gesunken (OECD 2016). Greifen wir weiter zurück, dann wird der Fortschritt noch eindrücklicher: Während noch etwa um die Mitte des 19. Jahrhunderts die Familienernährer etwa 16 bis 18 % ihrer Lebenszeit mit Berufsarbeit verbrachten, liegt dieser Wert heute infolge verringerter Arbeitszeit und gestiegener Lebenserwartung bei nur noch acht Prozent. Hatte ein Arbeitnehmer, der in den 1950er Jahren in Rente ging, etwa 95.000 Berufsarbeitsstunden hinter sich, so sind es heute unter 65.000 h. Allerdings hat sich dieser Trend wegen veränderter Frühverrentungspolitik und heraufgesetztem gesetzlichen Rentenzugangsalters jüngst umgekehrt (Lübbe 2009).

Unterschätzt hat Lafargue damals die intrinsischen (der Drang nach neuen Erfindungen) und extrinsischen (das Streben nach mehr materiellem Wohlstand) Anreize der Arbeitsmarktakteure, Innovationen zu schaffen und sich eben nicht auf dem vorkaiserreichlichen Wohlstandsniveau auszuruhen. Von einem Drei-Stunden-Tag ist die heutige Gesellschaft immer noch weit entfernt. Es ist auch fraglich, ob ein solcher überhaupt wünschenswert wäre, denn Arbeit hat nicht an Bedeutung verloren. Ganz im Gegenteil: Vielmehr steht für viele, wenn nicht die meisten Menschen hierzulande der sinnstiftende Charakter des Berufs gegenüber dem Subsistenzerhalt im Vordergrund. Eine aktuelle Studie belegt dies in aller

Prägnanz (WZB 2016): Erwerbstätigkeit wird als sehr wichtig bewertet. Es gibt demnach eine starke intrinsische Motivation zur Arbeit, die Hälfte der Befragten würde auch dann arbeiten, wenn das Geld nicht benötigt würde. Drei Viertel der Befragten sind mit den Inhalten ihrer Arbeit zufrieden. Bedeutsam für das Maß der Zufriedenheit sind vor allem auch allgemeine Persönlichkeitsmerkmale wie der emotionalen Stabilität, Extraversion und Gewissenhaftigkeit (Ewers 2016).

Über die langfristigen Prognosen für die Veränderung der Arbeitswelt herrscht heute wie in der ersten Phase der Industrialisierung große Unsicherheit. Sowohl „Computer gegen Arbeiter" als „Computer mit Arbeiter"-Szenarien kursieren und es zeichnet sich noch nicht ab, wer ähnlich treffsichere Vorhersagen wie John Maynard Keynes tätigen könnte. Lohnenswert ist es daher, Indizien für die konfliktären Ansichten zusammenzutragen.

Kap. 1 differenziert den Metaprozess Digitalisierung an den verschiedenen Schnittstellen der Wirtschaftsakteure. Kap. 2 liefert eine historische Einordnung der aktuellen technologischen Entwicklungen mit Bezug auf die Implementierung von Basistechnologien in der Vergangenheit. Abschließend gibt Kap. 3 einen Überblick über die gegenwärtige Entwicklung in Deutschland mit Fokus auf den Arbeitsmarkt.

2 Metaprozess Digitalisierung

Der Metaprozess der Digitalisierung prägt heute unser Leben wie kaum eine andere gesellschaftliche, technologische oder ökonomische Entwicklung. Von Smartphones über die Sharing Economy bis hin zu Maschinen, die unabhängig von menschlicher Steuerung Informationen in Echtzeit austauschen, sind nahezu alle beruflichen oder privaten Bereiche betroffen.

Dabei war die Rasanz der Entwicklung vor nur einer Dekade kaum abzusehen. Die zunehmende Bedeutung der Informations- und Kommunikationstechnologien (IKT) wurde bis dahin u. a. mit dem Begriff *Informatisierung* betitelt (Dostal 2000) Unter diesem Schlagwort diskutierte man Fragen nach den Implikationen für Qualifikation und Weiterbildung der Beschäftigten sowie den gesamtwirtschaftlichen Auswirkungen (Falk 2002). Die überwiegende Meinung war, dass sich die Arbeitswelt an die neuen IK-Technologien anpassen könne und müsse. Die Frage stellte sich mehr nach dem *Wie* als nach dem *Ob,* denn Adaption – nicht Disruption – war die bedeutsame Antwort der Wirtschaftsakteure (ausführlich hierzu das folgende 2. Kapitel).

Mit der Implementierung neuer Technologien Ende der 2000er Jahre veränderte sich diese Sichtweise radikal. Die *Digitalisierung,* wie wir sie heute erleben, stellt ganze Geschäftsmodelle in frage und geht über die ersten Erwartungen an die Informatisierung hinaus: Online-Plattformen werfen gedruckte Informationsmedien gänzlich aus dem Markt, kleine dezentral agierende Fintech-Unternehmen (so nennen sich neue innovative und digitalisierungsaffine Marktteilnehmer in der Finanzbranche) fordern Banken mit dem Stempel „too-big-to-fail" heraus und mit dem autonomen Fahren wird eingesessenen Automobilkonzernen deutlich, welche Brüche von der Digitalisierung ausgehen könnten. Viele Innovationen der vergangenen Jahre beruhen auf der geschickten Auswertung von Daten, die dem Kunden einen Mehrwert bieten, der sich am Ende – möglicherweise auch in einer ganz anderen Branche – monetarisieren lässt. Nutzer bezahlen für Dienstleistungen häufig ausschließlich mit ihren persönlichen Informationen: Daten sind die neue Währung und Daten bestimmen Marktpositionen.

Interessanterweise kommen viele innovative Ideen aus kleinen Start-ups, die sich in Technologie- und Entwicklungszentren wie dem Silicon Valley angesiedelt haben. Im Gegensatz zu den USA, wo mittlerweile über 30 Mrd. US$ in solchen Start-ups investiert sind, geben sich deutsche Unternehmen dabei sehr zurückhaltend. Auf der einen Seite herrscht bei mittelständischen Betrieben eine hohe Investitionszurückhaltung, auf der anderen Seite glauben viele Unternehmer immer noch an einen inkrementellen, also schrittweisen, Wandel ihrer Branche, der sich durch simple Adaption meistern lässt (IW Consult 2015a, b). Einen disruptiven Strukturbruch erwarten nur die wenigsten.

Das spiegelt sich auch im Grad der Umsetzung („Readiness") deutscher Unternehmen gegenüber der Industrie 4.0 – der Begriff für den automatisierten digitalen Datenaustausch über die gesamte Wertschöpfungskette – wider. Keine fünf Prozent der Unternehmen haben sich des Themas in mehr als nur einzelnen Pilotprojekten angenommen. Auch im verarbeitenden Gewerbe und dem innovativen deutschen Maschinen- und Anlagebau ist die Zahl mit lediglich einem Zehntel respektive einem Fünftel dieser Unternehmen nicht höher (IW Consult 2015a).

Aufgrund der allumfassenden Durchdringung unterschiedlicher Ebenen und Interaktionen mit digitalen Prozessen haben viele Akteure Probleme bei der Einordnung von zukünftigen Chancen und Potenzialen. Abb. 1 hilft dabei, die unterschiedlichen Dimensionen nach dem Wirkungskontext zu differenzieren. Bei der Leistungserstellung durch Unternehmen wirkt Digitalisierung auf die Produkte, die ein Unternehmen erzeugt (Produktebene), und deren Produktion (Prozessebene). Dies gilt sowohl im physischen als auch immateriellen Bereich.

Durch diese beiden Dimensionen ergibt sich das Vier-Quadranten-Schema in Abb. 1 oben. In der physischen Welt zeigt sich die Digitalisierung bei der Produktion in so genannten *Smart Factories*. Im Produktionsprozess sind beispielsweise die Anlagen und Maschinen miteinander digital vernetzt und tauschen untereinander

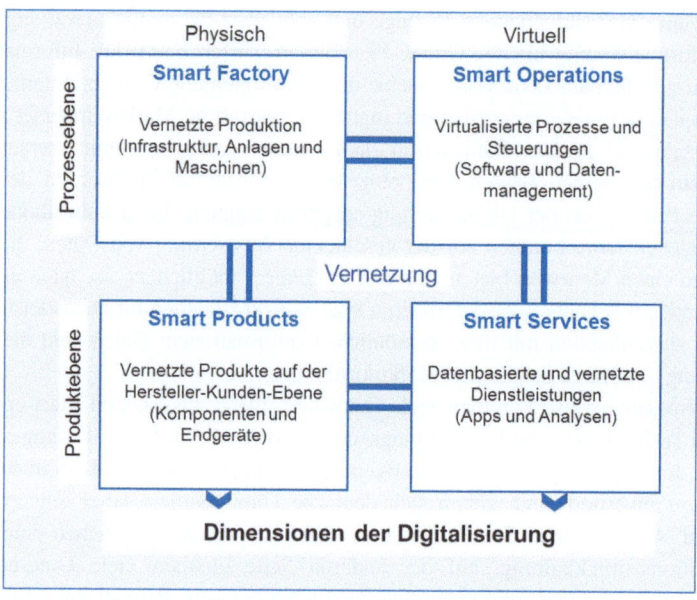

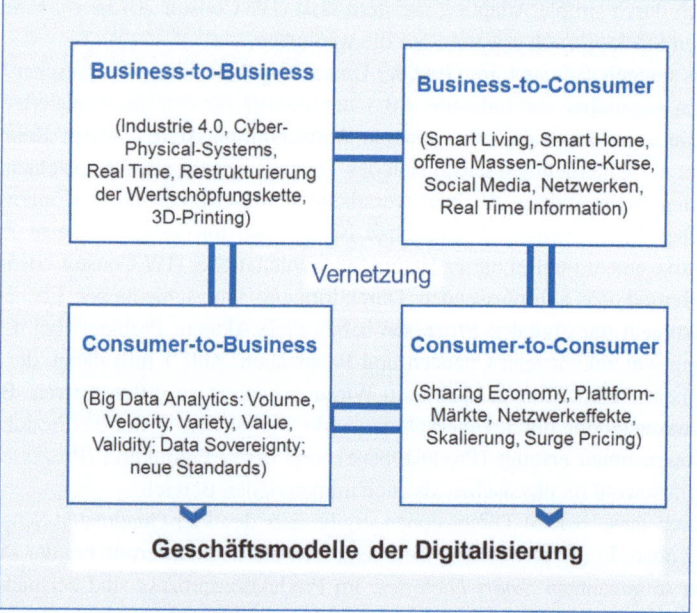

Abb. 1 Ökonomische Effekte der Digitalisierung nach Wirkungskontext. (Quelle: Diermeier et al. 2016; IW Consult 2016, S. 16)

Daten in Echtzeit aus. Bei den physischen Produkten resultieren unter Einbindung der Digitalisierung *Smart Products:* Diese zeichnen sich durch eine digitale Vernetzung zwischen dem Hersteller und dem Konsumenten aus. Beispielsweise kann ein Hersteller von Aufzüge den Betrieb der Fahrstühle energetisch optimieren, indem er Daten über die Nutzungsprofile im Tagesverlauf analysiert und die Frequenz der Fahrstuhlfahrten berücksichtigt.

In der virtuellen Welt findet die Digitalisierung auf Produktionsebene in Form von *Smart Operations* statt. Durch die Analyse der Produktionsprozesse werden Effizienzgewinne realisiert: Beispielsweise kann ein Logistikunternehmen die Routen seiner Fahrzeuge in Echtzeit an die Verkehrslage anpassen. Bei virtuellen Produkten ermöglicht die Digitalisierung die Erstellung von *Smart Services.* Darunter datenbasierte Dienstleistungen, bei denen das finale Produkt als Datei dargestellt werden kann oder ein datenbasiertes Geschäftsmodell einen Mehrwert erwirtschaftet. Hierzu gehören beispielsweise Apps, aber auch Online-Shops.

Für sich allein genommen und isoliert haben die vier Kategorien schon länger bestand. Hochautomatisierte, roboterbasierte Fabriken oder über Sensoren permanent unter Beobachtung stehende Produkte in der physischen Welt sowie autonome Steuerungseinheiten oder vernetzte Dienstleistungen in der virtuellen Welt koexistieren schon seit Jahren. Die aktuelle Innovation ist erst die *Vernetzung* der digitalen Steuerung mit der Produktion sowie die Echtzeitauswertung der Daten aus dem Lebenszyklus der Produkte durch die Maschinen selbst (IW Consult 2016).

Die sich aus der digitalen Vernetzung ergebenen neuen Geschäftsmodelle zeigen wesentliche Unterschiede bei der Beziehung zwischen Konsument und Produzent auf. Diese Perspektive der Konsumenten-Produzenten-Beziehung lässt sich abermals systematisch in eine Vier-Felder-Matrix aufgliedern. Die unterschiedlichen Interaktionsschnittstellen zwischen Unternehmen und Konsumenten spiegeln die deutlichen Unterschiede der ökonomischen Wirkungsbereiche der Digitalisierung wider, die in Abb. 1 unten dargestellt sind (Diermeier et al. 2016).

Unter die *Consumer-to-Consumer*-(C2C)-Schnittstelle fällt beispielsweise die Sharing Economy, die auf virtuellen Plattformen Konsumenten zusammenbringt. In der *Consumer-to-Business*-(C2B)-Welt erwerben Kunden Güter oder Dienstleistungen und bezahlen dabei häufig mit ihren persönlichen Daten, die dem Anbieter wiederum neue Geschäftsfelder eröffnen oder helfen, sein Geschäftsmodell zu verbessern. Die entsprechende Auswertung bezeichnet man als Big Data Analytics. Das Gegenstück hierzu repräsentiert die *Business-to-Consumer*-(B2C)-Schnittstelle. Unternehmen stellen den Konsumenten hier gezielt Produkte zur Verfügung, die in Echtzeit (Real-Time) Informationen an den Anbieter übermitteln und dem Konsumenten in erster Linie Koordinationskosten einsparen. Besonders interessant ist die *Business-to-Business*-(B2B)-Schnittstelle, da diese die Interaktion zwischen Unternehmen auf einer hoch digitalisierten Wertschöpfungskette beschreibt. Der so genannten vierten industriellen Revolution („Industrie 4.0") wird insbesondere bezüglich der gesamtwirtschaftlichen Effekte und damit auch für den Arbeitsmarkt eine besondere Bedeutung beigemessen (Hüther 2016). Im folgenden Kapitel wird sie daher vertiefend in ihren historischen Entstehungskontext eingeordnet.

3   Die vierte industrielle Revolution – eine historische Einordnung von „Industrie 4.0"

Die Geschichte der unterschiedlichen industriellen Revolutionen ist anhand der zeitlichen Entwicklung in Abb. 2 schematisch dargestellt. Grundsätzlich hat jede bisherige Ausprägung der industriellen Revolution disruptiv einen Konflikt hervorgerufen, auf den sowohl Arbeitgeber als auch Arbeitnehmer – heute als Sozialpartner positioniert – eine Antwort finden mussten.

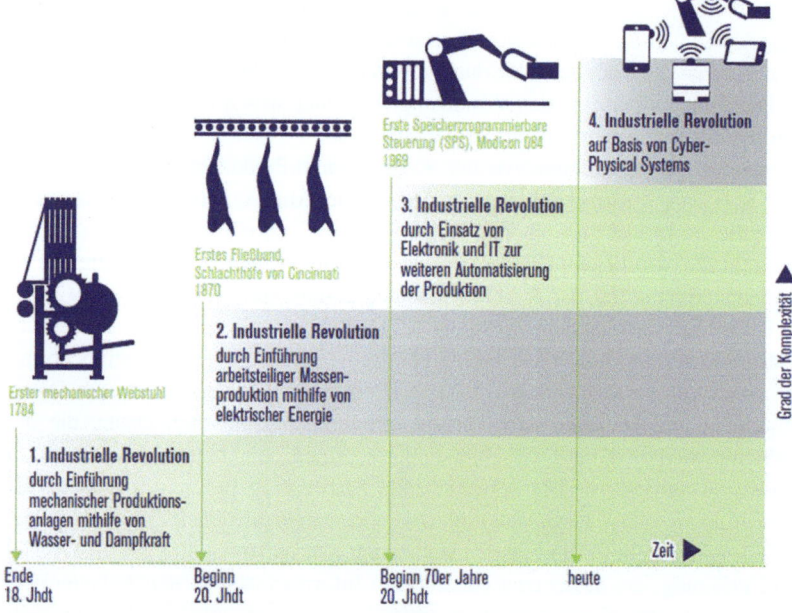

Abb. 2 Die vier industriellen Revolutionen. (Quelle: Acatech, Forschungsunion 2013, S. 17)

Mit der Erfindung der Dampfmaschine im 18. Jahrhundert durch James Watt war die Voraussetzung für die *Mechanisierung* von Produktionsanlagen geschaffen. Pferdestärken verloren an Bedeutung und mechanische Maschinen konnten durch Dampf- und Wasserkraft betrieben werden. Zum ersten Mal in der Geschichte der Menschheit ermöglichte dieser technologische Fortschritt die Entwicklung modernen Fabriken. Die Erhöhung der Inputs in einer Produktionsstätte führt auf einmal einer überproportionalen Steigerung des Outputs: Skalenerträge, die sogenannten *Economies of Scale*, gewannen an Bedeutung. Produktivitätsgewinne ließen den Ertrag von kapitalintensiven Investitionen deutlich werden. Durch die Nutzung von durch Dampfmaschinen angetriebenen Maschinen nimmt die Kapitalintensität in der Produktion zu. Mit der Industrialisierung ab dem frühen 19. Jahrhundert gelang den Gesellschaften erstmals nachhaltig der Ausbruch aus der malthusianischen Falle. Wo bisher das Bevölkerungswachstum durch begrenztes Nahrungsmittelangebot beschränkt war, entsteht pro-Kopf Wachstum für eine breite Bevölkerungsschicht.

Klassischerweise wurden die neuen Fabriken zunächst um die Abbaugebiete von Kohle und Eisenerzen angesiedelt, um Transportwege der schweren Rohstoffe so gering wie möglich zu halten. In der Folge des massenhaften Abbaus von Rohstoffen und deren industrieller Verarbeitung kam es jedoch nicht nur zu steigendem Wirtschaftswachstum, sondern ebenfalls zu einem Konflikt über die Sicherheit am Arbeitsplatz. Nach Ende des langen 19. Jahrhunderts blieb die Häufigkeit der Arbeitsunfälle mit Todesfolge in amerikanischen Minen aber konstant bei über drei Prozent der gesamten Arbeiterschaft pro Jahr. In Deutschland wurde als Konsequenz auf die unzumutbaren Arbeitsbedingungen in der industriellen Produktion nach einer Kesselexplosion in der Mannheimer Aktienbrauerei 1865 der Vorläufer des heutigen Technischen Überwachungsvereins (TÜV) gegründet. Mit der Einführung der Dampfkessel-Überwachungs- und Revisionsvereine konnte die Sicherheit am Arbeitsplatz wesentlich verbessert und die Anzahl der Todesfälle signifikant reduziert werden.

Die Rolle der Arbeiter änderte sich ein weiteres Mal mit der Einführung des elektrisch betriebenen Fließbandes. Die neuen Möglichkeiten wurden von Unternehmern wie Henry Ford genutzt, um massenhaft standardisierte Produkte herzustellen. Die neue Fabrik war ein Ort der absoluten Arbeitsteilung – wie von Charlie Chaplin im Film „Modern Times" (USA 1936) persifliert. Die *Elektrifizierung* führte zu einem Verlust an Zeitsouveränität für den Arbeitnehmer, dessen Tätigkeit sich bisweilen auf die Durchführung einer simplen Dreh-, Schraub- oder Steckbewegung beschränkte. Der Puls der modernen Fabrik wurde fortan durch das Tempo des Fließbandes bestimmt. Der Arbeiter war in gewisser Weise zu einer menschlichen Maschine degradiert worden. Um den

Arbeitern trotzdem eine Perspektive bieten zu können und um ein gewaltsames Aufbegehren zu verhindern, wurden Fortbildungs- und Berufsschulen geschaffen. Damit war der Grundstein für das Erfolgsmodell der „Dualen Berufsausbildung" gelegt. Es handelte sich dabei um die deutsche Antwort auf die Sorge, dass die Industriearbeitnehmer ansonsten von der Prekarisierung bedroht gewesen wären (Greinert 2006).

Tatsächlich konnten die sozialen Spannungen auf diese Weise über einige Jahre eingedämmt werden. Diese kamen erst Anfang der 1970er Jahre mit der Verdrängung von niedrigqualifizierten Arbeitnehmern als Konsequenz aus der *Automatisierung,* der dritten Industriellen Revolution, wieder zum Vorschein. Simple Arbeiten konnten jetzt von Maschinen oder einfachen Robotern erledigt werden. Der klassische Fließbandarbeiter geriet weitgehend ins Hintertreffen. Mit Blick auf die Arbeitswelt hatte dies zur Folge, dass sich der Anteil der Erwerbstätigen ohne Ausbildung in Westdeutschland innerhalb von 20 Jahren halbierte. Zudem war zu Beginn der 1970er Jahre die Arbeitslosigkeit unter den Personen ohne Ausbildung doppelt so verbreitet wie die unter Hochschulabsolventen. 20 Jahre später waren 24 % aller Personen ohne Ausbildung arbeitslos. Damit war die Wahrscheinlichkeit, arbeitslos zu werden, bei Personen ohne Ausbildung viermal so hoch wie unter Akademikern. Während dieses Zeitraums stiegen auch die Frühverrentungen sprunghaft an: Zwischen 1965 und 1980 sank das durchschnittliche Renteneintrittsalter um über zweieinhalb auf etwa 62 Jahre – und das gegen den anhaltenden demografischen Wandel. In der Konsequenz mussten in den vergangenen Dekaden sozialstaatliche Maßnahmen massiv ausgebaut werden: Zwischen den Jahren 1970 und 2000 stieg die Sozialleistungsquote von 20 auf 30 % des Bruttoinlandsproduktes.

Einige Vorhersagen zeichnen ein ähnlich pessimistisches Bild für die Folgen der vierten industriellen Revolution, der *Digitalisierung,* für die Niedrigqualifizierten: Eine Studie von Frey und Osborne (2013) schlug beispielsweise hohe Wellen als sie für die kommenden 10 bis 20 Jahre den Wegfall von 47 % der Arbeitsplätze in den USA prognostizierte. Wendet man das von Frey und Osborne entwickelte Modell auf Deutschland an, kommt man auf immerhin 42 % latent von Arbeitslosigkeit bedrohte Arbeitnehmer. Auf den ersten Blick wirken diese Zahlen erschreckend. Auch hier lohnt sich jedoch eine vertiefende Analyse der Sachlage: Betrachtet man die tatsächlichen Tätigkeitsprofile und nicht die Berufe der Arbeitnehmer, reduziert sich der Anteil der gefährdeten Arbeitsplätze in den USA auf 9, in Deutschland auf 12 % (ZEW 2015).

Ein Verlust von über einem Zehntel der Arbeitsplätze wäre für den deutschen Arbeitsmarkt zwar dramatisch, würde aber vielmehr den seit den 1970er Jahren vorherrschenden Trend einer steigenden Nachfrage nach immer besser qualifizierten Arbeitnehmerinnen und Arbeitnehmern verstärken. Durch die Digitalisierung bedrohte Berufsbilder werden in der Tendenz eher von niedrigqualifizierten Arbeitnehmern ausgeführt. Es ist durchaus möglich, dass zukünftig der Straßenverkehr durch selbstfahrende Uber, Taxis, LKWs und Straßenbahnen geprägt sein wird und darüber hinaus auch Sicherheits- und Reinigungsdienstleistungen von Maschinen durchgeführt werden. An anderer Stelle werden jedoch Programmierer, Maschinenbauer und Experten in der Unternehmenssteuerung und Verwaltung eingestellt werden. Für viele Arbeitnehmer wird unabhängig vom Berufsbild die Bedeutung von Schlüsselqualifikationen – wie Kommunikations- und Kooperationsfähigkeit – zunehmen. Hammermann und Stettes (2016) zeigen, dass insbesondere Kompetenzen und Qualifikationen im IT-Bereich wichtiger werden. Es ist unumgänglich, in diesem Prozess die vom Arbeitsplatzverlust bedrohten Menschen zu fördern und ihnen Weiter- und Fortbildungspotenziale zu ermöglichen. Strukturwandel muss immer aktiv gestaltet werden.

Den Beschäftigten im Digitalisierungszeitalter wird beispielsweise durch Home-Office und Telearbeit ein hohes Maß an Flexibilität ermöglicht. Hieraus ergibt sich jedoch auch ein Konflikt: Verlegen Arbeitnehmer ihren Arbeitsplatz in die eigenen vier Wände, verschmelzen die Grenzen zwischen Beruf und Privatem. Dienstliche Emails auch nach Feierabend abzurufen oder Kinder während der Arbeitszeit aus der Kita abzuholen, wird immer mehr zur Normalität. Unternehmen wie Google oder Facebook gestalten den Arbeitsplatz sogar so attraktiv, dass Mitarbeiter ihre Freizeit manchmal lieber auf der Arbeit als zu Hause verbringen. Das hohe Maß an Flexibilisierung, das an einigen digitalisierungsaffinen amerikanischen Unternehmen zu beobachten sein mag, hat bisher in Deutschland noch keinen breiten Einzug gefunden. Lediglich fünf Prozent der Arbeiter und nur ein Fünftel der Angestellten geben in Befragungen an, in ihrer Freizeit regelmäßig dienstliche Anrufe oder E-Mails zu erhalten (IAB, ZEW und Universität Köln 2013; BMAS 2015). Auch im verarbeitenden Gewerbe werden die Möglichkeiten des Home-Office von nicht einmal einem Sechstel der Arbeitnehmerinnen und Arbeitnehmer wahrgenommen. Dies zeigt, dass der Konflikt nur individuell zu lösen ist. Diese Einzelfall-Lösung des Konfliktes durch den Arbeitnehmer ist die große Herausforderung in der digitalisierten Arbeitswelt.

4   Computer gegen Arbeiter? – Gegenwärtige Entwicklungen des deutschen Arbeitsmarkts

Die vierte industrielle Revolution („Industrie 4.0") ist insbesondere für die industriebasierte deutsche Wirtschaft und damit auch für den deutschen Arbeitsmarkt von besonderer Bedeutung. Die Auswirkungen der Digitalisierung auf

Produktion und Beschäftigung hängen eng mit der Wahrung des gesellschaftlichen Friedens und der Sicherung des Wohlstands in Deutschland zusammen.
Bei der Betrachtung der Beschäftigungszahlen zeigt sich, dass in Deutschland
derzeit von einem automatisierten Beschäftigungsabbau keine Rede sein kann.
Vielmehr lösen sich Schlagzeilen über Rekordbeschäftigung und den Abbau
von Arbeitslosigkeit bei den Veröffentlichungen der neuen Arbeitsmarktdaten
regelmäßig ab (Abb. 3). Im Herbst 2018 waren knapp 33 Mio. Menschen in
sozialversicherungspflichtiger Beschäftigung, fast 600.000 mehr als in den Vor-
jahresmonaten, die Zahl der ausschließlich geringfügig Beschäftigten hat zwischen Ende 2017 und Ende 2018 sogar abgenommen. Seit Ende 2016 ist die
Beschäftigungsentwicklung am deutschen Arbeitsmarkt etwas abgeflacht.

Trotzdem ist dieser Befund erstaunlich, wenn man das unruhige Fahrwasser
bedenkt, in dem sich Deutschland derzeit durch den internationalen Kontext bewegt.
„Handelskrieg", „Eurokrise", „Flüchtlingskrise", „Wachstumskrise in China" und
„Brexit": Krisennachrichten dominieren seit der Insolvenz der US-amerikanischen
Investmentbank Lehman Brothers im Jahr 2008 und dem darauffolgenden Ein-
bruch der Finanzmärkte die Nachrichten. Die gestiegene Unsicherheit wird häufig
als Grund für die Abnahme der Investitionstätigkeit angeführt. Unternehmen üben
sich derzeit in einer ungewöhnlichen Zurückhaltung, was die Anschaffung neuer
Produktionsmittel oder die Zukäufe von externen Firmen angeht (Bardt et al. 2015;
Demary und Diermeier 2015).

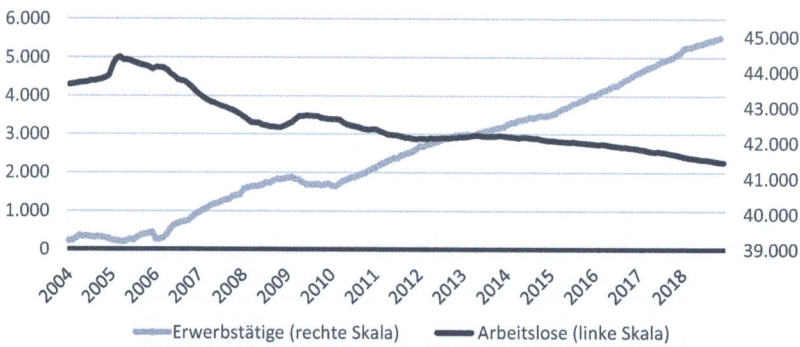

Abb. 3 Beschäftigungsaufbau in Deutschland. Anzahl der Erwerbstätigen (rechte Achse)
und Arbeitslosen (linke Achse) in Tausenden Personen, saisonbereinigt. (Quelle: Statistik
der Bundesagentur für Arbeit 2019a)

Nichts davon scheint jedoch den Beschäftigungsaufbau trüben zu können. Ganz im Gegenteil: Trotz der Zurückhaltung bei der Mobilisierung von Mitteln für neue Maschinen und Fabriken stellen Unternehmen stetig mehr Arbeitnehmer ein. Die neu geschaffenen Stellen fallen dabei interessanterweise fast ebenso häufig unter die Kategorie der Akademiker- und Facharbeiterberufe als unter die der einfachen Helfertätigkeiten (Abb. 4). Allein im Zeitraum von Ende 2012 bis 2018 ist die Anzahl der sozialversicherungspflichtigen Beschäftigten in Helferberufen in Deutschland von 4,5 Mio. auf 5,2 Mio. um 700.000 Stellen angestiegen.

Das widerlegt freilich nicht die oft diskutierte These, dass geringqualifizierte Tätigkeiten aktuell und in naher Zukunft im Zuge der fortschreitenden Automatisierung und Digitalisierung in großem Umfang wegfallen könnten. Derzeit entstehen in diesem Bereich jedoch Arbeitsplätze, sodass von der befürchteten Massenarbeitslosigkeit keine Rede sein kann. Begründen lässt sich dies mit einem Blick in die berufliche Realität. Hier zeigt sich häufig, dass unterschiedliche Bildungsniveaus auch heute noch komplementär und nicht ausschließlich substitutiv wirken. Wird beispielsweise eine neue Maschinenbauingenieurin in der Forschungs- und Entwicklungsabteilung eines Unternehmens eingestellt, ergeben sich um sie herum immer auch neue Helfertätigkeiten in der Vor- und Zuarbeit.

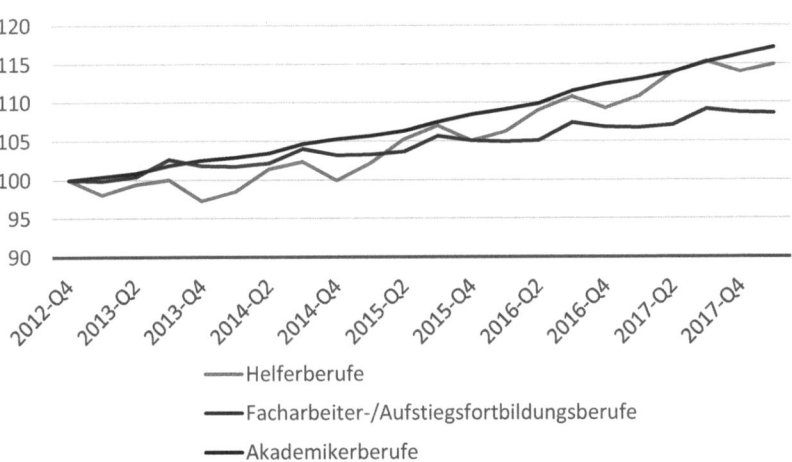

Abb. 4 Beschäftigungsaufbau bei Helferberufen. Indexierte Entwicklung der sozialversicherungspflichtigen Beschäftigung (2012-Q4 = 100; quartalsweise Darstellung). (Quelle: Statistik der Bundesagentur für Arbeit 2019b; eigene Berechnungen)

Arbeiten auch Ingenieure in Zukunft noch mehr digital, könnte sich der aktuell zu beobachtende Trend abschwächen. Bisher hat die Digitalisierung in der Industrie das allerdings nicht bestätigt. Seit der Elektrifizierung haben es Menschen ohne Ausbildung in Deutschland in der Regel schwer, Beschäftigung zu finden. Ende der 1990er Jahre lag die qualifikationsspezifische Arbeitslosenquote in dieser Gruppe bei knapp 25 % – in Ostdeutschland sogar bei über 50 %. Heute liegen diese Zahlen bei 20 respektive 30 % und damit so niedrig wie zuletzt kurz nach der Wiedervereinigung 1990. Auch wenn die Werte immer noch sehr hoch erscheinen, ist es bemerkenswert, dass sich der Trend auch mit den durch die Digitalisierung hervorgerufenen Veränderungen weiter umkehrt. Dass Menschen ohne Ausbildung in den vergangenen Jahren wieder vermehrt Arbeit finden, ist besonders erfreulich.

Mit Bezug auf die Digitalisierung lohnt sich eine Betrachtung des Arbeitsmarktes auf Branchenebene. Es zeigt sich, dass zwischen 2005 und 2015 insbesondere bei den unternehmensnahen Dienstleistungen sowie im Gesundheits-, Erziehungs- und Sozialwesen sozialversicherungspflichtige Stellen aufgebaut wurden. Während letzteres deutlich dem demografischen Wandel geschuldet ist, kann man den Boom der unternehmensnahen Dienste auf die zunehmende Komplexität der Arbeitswelt zurückführen, da sich auch heute noch die Arbeitsteilung immer weiter ausdifferenziert. Für gewisse Verwaltungsdienste kaufen sich Unternehmen für seltene Tätigkeiten daher heute häufiger als früher Spezialisten von außerhalb hinzu. Programmierer und Webdesigner werden beispielsweise für einzelne Aufträge angeheuert, da ihre Fähigkeiten nicht so oft genutzt würden, als dass sich eine Festanstellung rechtfertigen ließe. Ein generelles Problem – etwa, dass sich ein „digitales Prekariat" herausbildet – ist derzeit nicht zu beobachten.

Daraus könnte man schließen, dass der deutsche Arbeitsmarktboom zumindest zu einem gewissen Teil durch die fortschreitende Digitalisierung angetrieben wird. Ein Blick auf die Branche der Informations- und Kommunikationstechnologien (IKT) bringt hinsichtlich dieser Vermutung jedoch schnell Ernüchterung (Abb. 5). Diese hat zwar in den vergangenen Jahren einen Beschäftigungszuwachs um 29 % beziehungsweise rund 200.000 Arbeitnehmer erlebt. Betrachtet man hingegen den Anteil der Arbeitnehmer in der IKT-Branche an allen Arbeitnehmern, ist in diesem Zeitraum ein Anstieg um nicht einmal 0,3 Prozentpunkte zu verzeichnen.

Die IKT-Branche ist zwar sehr dynamisch, aber zu klein, um den bundesweiten Arbeitsmarkttrend auf dem Arbeitsmarkt. Möglich wäre auch, dass Unternehmen sich IT-Know-how direkt durch neue Mitarbeiter in die Firma holen und dazu keinen externen Dienstleister beauftragen. In der Branchenbetrachtung

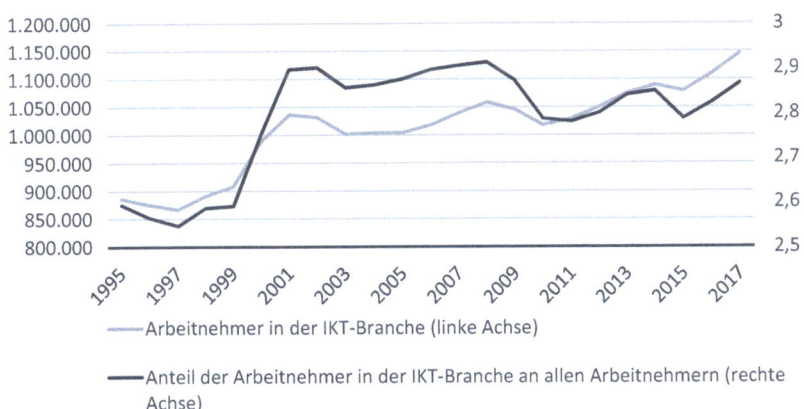

———Arbeitnehmer in der IKT-Branche (linke Achse)

———Anteil der Arbeitnehmer in der IKT-Branche an allen Arbeitnehmern (rechte Achse)

Abb. 5 Arbeitnehmer in der Informations- und Kommunikationsbranche. Anzahl der Arbeitnehmer in der IKT-Branche (linke Achse), Anteil an allen Erwerbstätigen (rechte Achse). (Quelle: Statistisches Bundesamt 2019a; eigene Berechnungen)

würde man in diesem Fall die zunehmende Bedeutung der Erwerbstätigen, die einem IKT-nahen Beruf nachgehen, unterschätzen. Auch sind in der IKT-Branche viele Menschen angestellt, die administrativen Aufgaben nachgehen und keine IKT nahen Berufen nachgehen – etwa ein Rechtsberater von SAP.

Abb. 6 zeigt die Entwicklung der Anzahl der Erwerbstätigen mit tatsächlicher IKT-Tätigkeiten. Hier werden auch Arbeitnehmer mitgezählt, die nicht direkt in der IKT Branche tätig sind, aber doch einer IKT Tätigkeit nachgehen – etwa ein Programmierer der Deutschen Bank. Tatsächlich hat es hier in den vergangenen 20 Jahren einen starken Beschäftigungsaufbau von fast 600.000 Stellen gegeben und auch die relative Steigerung um über einen Prozentpunkt sieht vielversprechender aus als die obige Branchenbetrachtung. Vergleicht man die Entwicklung hingegen mit dem Aufbau von fast 600.000 Helferstellen in nur drei Jahren, enttäuscht die viel diskutierte „Boom-Branche" doch ein wenig.

Es wäre dennoch falsch, aus den zusammengetragenen Fakten zu schließen, die Bedeutung der Digitalisierung für die Beschäftigungsentwicklung sei marginal. Es ist durchaus plausibel, dass der generelle Digitalisierungsgrad der Arbeit in den vergangenen Jahren massiv zugenommen hat, ohne dass dies für die Statistiker ersichtlich wäre: Digitalisierung ist allumfassend und betrifft praktisch alle Tätigkeitsfelder. Arbeitnehmer, die weder in die IKT-Branche noch in die

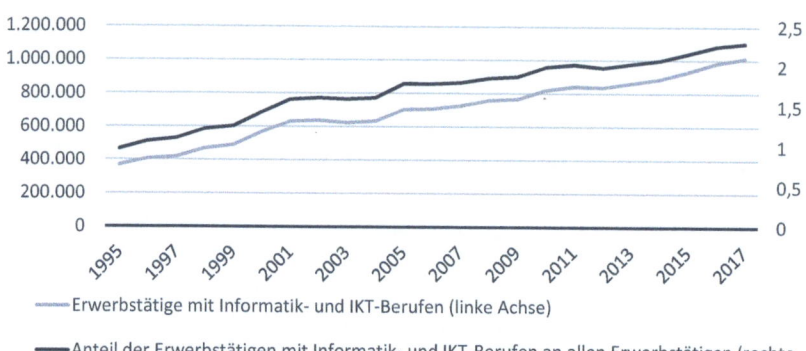

---Erwerbstätige mit Informatik- und IKT-Berufen (linke Achse)

---Anteil der Erwerbstätigen mit Informatik- und IKT-Berufen an allen Erwerbstätigen (rechte Achse)

Abb. 6 Erwerbstätige der Berufsgruppe Informatik-, Informations- und Kommunikationstechnologie. Anzahl der Erwerbstätigen der Berufsgruppe Informatik-, Informations- und Kommunikationstechnologie (linke Achse), Anteil an allen Erwerbstätigen (rechte Achse). (Quelle: Statistisches Bundesamt 2019b; eigene Berechnungen)

IKT-Berufsbereiche eingegliedert werden, üben dennoch hoch digitalisierte Tätigkeiten aus. Der Mathematiker, der seine Modelle am Computer simuliert oder der Wissenschaftler, der seine Forschungsergebnisse auf Twitter veröffentlicht, aber auch der Assistent, der Unterlagen digital statt in physisch aufbereite und der Servicemitarbeiter, der die Heizung digital abließt sind nur einige von unzähligen Beispielen, wie klassische Berufe in der digitalisierten Welt interpretiert werden.

5   Fazit

Der angstgetriebene Konflikt, der sich hinter der gängigen Wahrnehmung „Mensch gegen Maschine" verbirgt, wird genährt durch historische Erfahrungen, bei denen Maschinen die menschliche Arbeit in ganzen Arbeitsprozessen übernommen haben. Dieser Verdrängungsprozess wird in der aktuellen Diskussion von einigen eher pessimistischen Kommentatoren ohne Berücksichtigung der gegenwärtigen Situation in die Zukunft übertragen.

Um die Auswirkungen der Maschinenrevolution auf die Arbeitswelt ohne Vorbehalte bewerten zu können, ist zunächst eine systematische Einordnung des Metaprozesses Auswirkungen der Digitalisierung notwendig. Hier bietet sich eine differenzierte Betrachtung an den vier ökonomischen Schnittstellen zwischen Konsumenten und Produzenten (B2B, B2C, C2B und C2C) an, die in diesem

Beitrag vorgeschlagen wurde. An jeder Schnittstelle ergeben sich unterschiedliche neue Geschäftsfelder und Geschäftsmodelle und damit jeweils auch verschiedenartige Chancen und Potenzialen, die Beschäftigungsverhältnisse miteinschließen.

Der durch die Digitalisierung initiierte Wandel trifft in Deutschland derzeit auf einen besonders robusten Arbeitsmarkt, der bei Beschäftigtenzahlen von Rekord zu Rekord eilt. Betrachtet man die Gesamtzahl der Arbeitsplätze, ist der Einfluss der Digitalisierung eher gering. Zwar werden verschiedene Berufsbilder womöglich von digitalisierten Technologien abgelöst, etwa in den Bereichen Logistik und Personenbeförderung durch selbstfahrende LKWs oder Straßenbahnen. Auf der anderen Seite werden für die Implementierung und Steuerung der Technologien aber auch vermehrt Arbeitskräfte wie beispielsweise Programmierer benötigt, denen wiederum andere Arbeitnehmer – häufig mit Helfertätigkeiten – zuarbeiten. Damit zeigt sich als Fazit, dass durch die Digitalisierung zwar keine disruptiven Veränderungen auf dem Arbeitsmarkt zu erwarten sind, sehr wohl jedoch Verschiebungen zwischen den Berufen stattfinden werden. Dies ist insbesondere darauf zurückzuführen, dass zukünftig andere Qualifikationen als bisher vermehrt nachgefragt werden. Kompetenzen im IT-Bereich werden zudem unabhängig vom Beruf an Bedeutung gewinnen. Auf dem deutschen Arbeitsmarkt könnte die Digitalisierung sogar in Teilbereichen helfen, dem bereits jetzt sichtbaren Fachkräftemangel entgegen zu wirken – so beispielsweise in den Pflegeberufen, die typischerweise kaum mit Digitalisierungspotenzialen in Verbindung gebracht werden.

Diese Prozesse in allen Bereichen des gesellschaftlichen Lebens und wirtschaftlichen Agierens sind nicht aufzuhalten. Um aus diesem digitalen Wandel als Volkswirtschaft und als Gesellschaft gestärkt hervorzugehen, ist es unabdingbar, in lebenslange Fort- und Weiterbildung zu investieren. Die aktuell wirkenden Veränderungen sollten nicht als Bedrohung beziehungsweise als Konfliktszenario *Mensch gegen Maschine* wahrgenommen werden, sondern als Chance im Sinne einer kooperativen Konstellation *Mensch mit Maschine*. Der Strukturwandel muss hingegen, wie alle vorherigen auch, aktiv gestaltet werden, um die ihm liegenden großen Potenziale für Gesellschaft und Wirtschaft zu heben.

Literatur

Acatech, Forschungsunion (2013). *Deutschlands Zukunft als Produktionsstandort sichern Umsetzungsempfehlungen für das Zukunftsprojekt Industrie 4.0 Abschlussbericht des Arbeitskreises Industrie 4.0.*

Bardt, H., Grömling, M., & Hüther, M. (2015). Schwache Unternehmensinvestitionen in Deutschland? Diagnose und Therapie. *Zeitschrift für Wirtschaftspolitik, 64*(2), 224–250.

BMAS (2015). *Monitor. Mobiles und entgrenztes Arbeiten.*. Berlin: Bundesministerium für Arbeit und Soziales.

Demary, V., & Diermeier, M. (2015). Fusion und Übernahmen in der deutschen Industrie, *IW-Trends 42. Jg. Nr. 4*. Köln: Institut der deutschen Wirtschaft.

Diermeier, M., Goecke, H., & Hüther, M. (2016). Ökonomische Perspektiven der digitalen Transformation – Zwischen Produktivitätsrätsel und Wachstumshoffnung, Cologne Center for Ethics, Rights, Economics, and Social Science (erscheint demnächst).

Dostal, W. (2000). Die Informatisierung der Arbeitswelt – Ein erster Blick auf die Ergebnisse der BIBB/IAB Erhebung 2000. In W. Dostal, R. Jansen, & K. Parmentier (Hrsg.), *Wandel der Erwerbsarbeit – Arbeitssituation, Informatisierung, berufliche Mobilität und Weiterbildung, Beiträge zur Arbeitsmarkt- und Berufsforschung* (Nr. 231, S. 151–167). Nürnberg: wbv Media.

Ewers, M. (2016). Vertrauen und emotionale Stabilität als Determinanten von Erfolg und Lebenszufriedenheit. *IW-Trends Vierteljahresschrift zur empirischen Wirtschaftsforschung, 43*, 75–89.

Falk, M. (2002). Organizational change, new information and communication technologies and the demand for labor in services. In D. Audretsch & P. Welfens (Hrsg.), *The new economy and economic growth in Europe and the US American and European economic political studies*. Berlin: Springer.

Frey, C. B., & Osborne, M. A. (2013). *The future of employment: How susceptible are jobs to computarisation?* Oxford Martin Programme on Technology and Employment.

Greinert, W.-D. (2006). Geschichte der Berufsausbildung in Deutschland. In R. Arnold & A. Lißmeier (Hrsg.), *Handbuch der Berufsausbildung* (2., überarb. u. aktual. Aufl., S. 499–508). Wiesbaden: Leske + Budrich.

Hammermann, A., & Stettes, O. (2016). Qualifikationsbedarf und Qualifizierung, *IW policy paper 3/2016*. Köln: Institut der deutschen Wirtschaft.

Häring, N. (2017). Fragwürdige Allzweckwaffe, http://www.handelsblatt.com/my/politik/deutschland/bedingungsloses-grundeinkommen-fragwuerdige-allzweckwaffe/19255648. html?ticket=ST-1782582-amADOr1cG2a0cXMSutQ1-ap3. Zugegriffen: 9. Febr. 2017.

Hüther, M. (2016). Industrie 4.0 – Unterschätzte Herausforderung oder überbewertete Modeerscheinung? *Zeitschrift für Wirtschaftspolitik 65(1)*, 48–58.

IAB (Institut für Arbeitsmarkt- und Berufsforschung)/ZEW(Zentrum für Europäische Wirtschaftsforschung)/Universität Köln. (2013). *Arbeitsqualität und wirtschaftlicher Erfolg: Längsschnittstudie in deutschen Betrieben – Erster Zwischenbericht –, BMAS Forschungsbericht Nr. 442*, Nürnberg.

IW-Consult. (2015a). *Industrie 4.0-Readiness*. Köln: Institut der deutschen Wirtschaft Consult GmbH.

IW-Consult. (2015b). *IW-Unternehmervotum, 23. Welle*. Köln: Institut der deutschen Wirtschaft Consult GmbH.

IW-Consult. (2016). *Der Weg in die Gigabit Gesellschaft*. Köln: Institut der deutschen Wirtschaft Consult GmbH.

Keynes, J. M. (1930). *Essays in Persuasion* (S. 358–373). New York: W.W. Norton & Co.

Lafargue, P. (1883). *Le Droit à la Paresse*. Paris: H. Oriol.

Lübbe, H. (2009). Wertewandel und Krankheit. Über Ungleichheitsfolgen moralischer Selbstbestimmung. In V. Schumpelick & B. Vogel (Hrsg.), *Volkskrankheiten. Gesundheitliche Herausforderungen in der Wohlstandsgesellschaft* (S. 65–78). Freiburg: Verlag Herder.

Maddison, A. (2013). The Maddison-Project, The Maddison project database. http://www.
ggdc.net/maddison/maddison-project/home.htm, 2013 version. Zugegriffen: 2. Jan. 2017.

OECD. (2016). Labour force statistics. http://stats.oecd.org/BrandedView.aspx?oecd_bv_
id=lfs-data-en&doi=data-00306-en#. Zugegriffen: 2. Jan. 2017.

Statistik der Bundesagentur für Arbeit. (2019a). *Sonderauswertung der Beschäftigungsstatistik nach Berufsaggregaten, Sonderauswertung der Beschäftigungsstatistik nach
Berufsaggregaten.* Nürnberg, 3. Quartal 2015.

Statistik der Bundesagentur für Arbeit. (2019b). *Arbeitsmarkt in Zahlen, Saisonbereinigte
Zeitreihen.* Nürnberg.

Statistisches Bundesamt (2019a). Fachserie 18, Reihe 1.4.

Statistisches Bundesamt (2019b). Fachserie 1, Reihe 4.1.2.

WZB Wissenschaftszentrum Berlin für Sozialforschung. (2016). Das Vermächtnis – Die
Welt, die wir erleben wollen. Eine Studie von DIE ZEIT; infas und WZB.

ZEW Zentrum für Europäische Wirtschaftsforschung. (2015). Übertragung der Studie von
Frey/Osborne (2013) auf Deutschland, Kurzexpertise Nr. 57. Mannheim: Zentrum für
Europäische Wirtschaftsforschung GmbH.

„Hochinvasive Überwachung" und der Verlust der Autonomie (die es nie gab?)

Thomas Christian Bächle

Zusammenfassung

Überwachung steht – so die übliche Lesart – in einem antagonistischen, gar zerstörerischen Verhältnis zur Autonomie. Im vorliegenden Beitrag wird diese etablierte Grundannahme entlang dreier Thesen kritisch diskutiert: Erstens ist Überwachung nicht in einem solchen destruktiven Verhältnis zur Idee der Autonomie zu denken, denn beide stehen in einem wechselseitig konstitutiven Zusammenhang. Dieser beschreibt zweitens in einem idealtypischen, modernen Verständnis ein Gleichgewicht, das sich durch medientechnologische Praktiken verändert hat. Drittens rührt die Bewertung von Überwachungspraktiken im Hinblick auf individuelle Handlungsfreiheit, Autonomie oder Privatheit an normativen Vorstellungen des Diskurses der Moderne, deren Prämissen in den letzten Jahrzehnten jedoch zunehmend an konzeptueller Schärfe verloren haben. „Hochinvasive" Überwachung wird im Beitrag begrifflich eingeführt und dadurch charakterisiert, dass sie Emotionen, Persönlichkeitsmerkmale und psychologische Dispositionen zum Objekt hat. Ein solches, in weiten Teilen fiktionales Überwachungswissen über Gruppen und Einzelpersonen birgt das Risiko einer totalen Überwachungsgesellschaft. Die technische Entwicklung solcher hochinvasiver Formen der Überwachung entzieht sich weitgehend einer normativen Bewertung in tradierten Konzepten wie „Autonomie", „Privatheit" oder „Selbst". Ein starres Festhalten an diesen kaschiert die wahrhaft destruktive Kraft der neuen Überwachungspraktiken.

T. C. Bächle (✉)
Berlin, Deutschland
E-Mail: thomas.baechle@hiig.de

© Springer Fachmedien Wiesbaden GmbH, ein Teil von Springer Nature 2019   231
C. Thimm und T. C. Bächle (Hrsg.), *Die Maschine: Freund oder Feind?*,
https://doi.org/10.1007/978-3-658-22954-2_11

Schlüsselwörter

Autonomie · Deep Surveillance · Emotion Analytics · Privatheit · Überwachung

1   Einleitung

Der Titel dieses Beitrags[1] – der vermutlich Zustimmung und Ablehnung zugleich erzeugt – bedient sich recht gewöhnlicher Annahmen: Zunächst wird der bekannte Widerspruch zwischen Überwachung und Autonomie aufgerufen, demzufolge erstere mit einer zerstörerischen Kraft ausgestattet ist und Autonomie beschränkt oder gar auflöst. Auch die Wertung „hochinvasiv" sollte nicht allzu viel Ablehnung erzeugen, steckt dahinter doch eine vertraute negative Qualifikation von Überwachungspraktiken, die im Kern stets eine Machtanordnung zwischen überwachender Instanz und Überwachten beschreibt. Diese ist nach üblicher Lesart prinzipiell oppressiv und stellt daher eine Gefährdung für freiheitlich verfasste Demokratien dar.

Die zaghafte Klammer des Titels möchte jedoch bereits darauf deuten, dass dieses Bild jenseits der etablierten Grundannahmen sehr viel komplexer ist und zusätzlich durch gegenwärtige (medien-)technologische Praktiken ganz wesentliche Verschiebungen erfährt. Zu diesen zählen etwa soziale Roboter, die unsere Emotionen ‚lesen' können, sprachgesteuerte Lautsprecher, die in unserer eigenen Wohnung Gespräche speichern und analysieren, oder aber Fitness-Armbänder, die unsere Körperfunktionen erfassen.

Im vorliegenden Artikel sollen einige der etablierten Grundannahmen kritisch angenähert werden, was in drei zentralen Thesen geschieht:

- Überwachung und Überwachungspraktiken sind nicht per se in einem antagonistischen Verhältnis zu Vorstellungen von Autonomie zu denken. Vielmehr stehen beide in einem engen, wechselseitig konstitutiven Zusammenhang, der verkürzt lauten könnte: *Ohne Überwachung keine Autonomie – ohne Autonomie keine Überwachung.*[2]

---

[1]Für seine vielen hilfreichen Anmerkungen zum Manuskript danke ich herzlich Christoph Ernst.

[2]Aus einer philosophischen Perspektive ließe sich vor allem der zweite Teil dieses Wechselverhältnisses betonen: Erst die Existenz autonomer Entitäten und ihrer Handlungsfreiheit bedingt, dass zum Zweck der Kontrolle das Instrument der Überwachung notwendig wird. Vgl. zur philosophischen Diskussion die Texte in Khurana und Menke (2011). Im vorliegenden Beitrag soll jedoch vor allem der erste Teil des Wechselverhältnisses aus einer tendenziell gesellschaftstheoretischen Lesart im Fokus stehen.

- Dieser Zusammenhang beschreibt in einem idealtypischen Verständnis des modernen Nationalstaats ein Gleichgewicht, das jedoch durch veränderte medientechnologische Praktiken gestört wird. Diese Technologien und Praktiken werden im Beitrag als *hochinvasive Überwachung* charakterisiert.
- Schließlich rührt die Bewertung von Überwachungspraktiken im Hinblick auf individuelle Handlungsfreiheit, Autonomie oder Privatheit, so eine Erweiterung der zweiten These, stets an normativen Vorstellungen des Diskurses der Moderne, deren Prämissen in den letzten Jahrzehnten jedoch in zunehmendem Maße uneindeutig geworden sind. Denjenigen, die die zerstörerische Macht der Überwachung fürchten oder beklagen, ließe sich folglich entgegenhalten: Nicht unsere Autonomie ist gefährdet, sondern die Beschreibungskategorie der „Autonomie" selbst: *„Wir sind nie autonom gewesen"!*

Der Beitrag möchte dabei jedoch keineswegs als Verteidigungsschrift einer universellen Überwachung oder als defätistisches Zeugnis einer Schicksalsergebenheit verstanden sein. Vielmehr geht es neben der – mithin selbstverständlichen – Betonung der enormen Risiken, die eine eben „hochinvasive" Überwachung mit sich bringt, darum, auf die stets auch konstruktive Funktion von Überwachungspraktiken zu verweisen. Vor allem aber gilt es, daran zu erinnern, dass die eigentlich zerstörerische Kraft nicht von der Überwachung selbst ausgeht, sondern von dahinter liegenden Machtstrukturen und indirekt – aber ganz wesentlich – auch von den anachronistischen und zugleich normativen Prämissen, an denen Überwachung gemessen wird. Denn es ist oftmals gerade die negative Wertung der Überwachung, die verschleiert, dass ebenjene Prämissen von Freiheit, Individualität, Privatheit, Selbst und Selbstverwirklichung in einem ganz grundsätzlichen Sinne *konzeptuell* in die Defensive geraten sind. Überwachung ist nicht ihr Gegner, sondern im Gegenteil eine ihrer Bedingungen.

Im Folgenden wird daher zunächst betont, wie eng die Figur aber auch die Praktiken der Überwachung in anachronistischer Weise (Bauman 2004) an den Diskurs der Moderne gebunden sind, was sich an zwei für den Zusammenhang von Autonomie und Überwachung besonders relevanten Figuren deutlich zeigt: zum einen dem *Willen zum Wissen,* zum anderen *Privatheit.* Beide führen jeweils in ein Paradoxon, das im ersten Fall eines der Erkenntnis (Kap. 1), im zweiten eines der ethischen Bewertung (Kap. 2) ist. Ohne Überwachung existiert keine Idee von *Selbst,* keine *Autonomie.* Auch *Privatheit,* als idealisierter Bereich, der vor *Öffentlichkeit* und vor allem dem staatlichen Zugriff geschützt ist, ist kaum ohne sie zu denken. Spätestens mit im Beitrag hochinvasiv genannten Formen der Überwachung (Kap. 3) müssen die mit der Moderne etablierten Gleichgewichte neu austariert werden. Paradoxerweise zeigen erst die neuen, hochinvasiven Überwachungspraktiken auf, dass Überwachung nicht der Antagonist moderner

Konzepte wie Freiheit, Selbst oder Autonomie ist, sondern vielmehr bislang zu deren Stabilisierung beitrug. Die Prinzipien „Autonomie des Subjekts" und „Privatheit als geschützter Raum" werden beide in Folge der ubiquitären, hochinvasiven Überwachung ausgehebelt, indem die seit der Moderne tradierten Grenzen überschritten oder gar vaporisiert werden. Die neue Überwachung braucht neue Beschreibungskategorien und zugleich zeigt sich: Wir sind nie autonom gewesen (Kap. 4).

2 Autonomie, Überwachung und der Wille zum Wissen – ein epistemologisches Paradoxon

Das moderne Verständnis von Autonomie beschreibt eine Paradoxie. Sie meint im Sinne der griechischen Herkunft des Wortes „Selbstbestimmung" oder „Eigengesetzlichkeit" (gr. autós = selbst; nomos = Gesetz) und ist damit eng mit anderen Figuren der Aufklärung verknüpft, wie dem Subjekt, dem Selbst oder einem freien Willen. Es wäre jedoch eine Fehlannahme, Autonomie einem einzelnen Subjekt zuzurechnen, denn die Paradoxie der Autonomie liegt in ihrer Abhängigkeit von allgemeinen, überindividuell geteilten und hergestellten Normen:

> Die Idee der Autonomie artikuliert so die Einsicht, dass man Freiheit und Gesetz nicht durch ihre Entgegensetzung bestimmen kann, sondern durcheinander erläutern muss. Wirkliche Freiheit ist nicht Freiheit *von* Gesetzen, sondern Freiheit *in* Gesetzen; verbindliche Normen sind nicht das, was Freiheit äußerlich beschränkt, sondern das, was Freiheit innerlich verwirklicht (Khurana 2011, S. 7).

Entgegen dem auch heute noch geltenden Alltagsverständnis von Autonomie als „Unabhängigkeit", „Selbstständigkeit" oder „Willensfreiheit" (Bedeutungen, die auch das Duden-Wörterbuch anbietet; Duden 2018) ist sie folglich keine Eigenschaft einzelner Akteure, sondern erfährt stets nur in vorhandenen Strukturen sinnhafte Konsequenzen. Besonders deutlich wird dies im juristischen Autonomiebegriff, der dort seinen Ort [hat], wo eine durch die Staatsgewalt beschränkte Freiheit ausgesagt werden soll, d. h. der juristische Autonomie-Begriff ist eine systemabhängige Variable der jeweiligen Rechtstheorie und ihrer Auffassung von der Möglichkeit freier Selbstbestimmung im Rahmen einer rechtlich vorgegebenen Ordnung. Dementsprechend besteht der grundsätzliche Unterschied in der rechtstheoretischen Diskussion um die Bestimmung des Autonomie-Begriffs darin, ob das Recht und damit auch die Autonomie deduziert wird im Ausgang von der Freiheit des Einzelnen (entweder als Individuum oder als juristische Person) oder ob das Recht verstanden wird als eine objektive Realität, in welche das Moment der Autonomie funktional eingegliedert ist (Pohlmann 1971, S. 703).

In beiden Fällen jedoch bedingt die Struktur das Verständnis von Autonomie, als deren Variable es angesehen werden muss. Die Freiheit der Einzelnen wiederum gilt der Kantischen Philosophie als „Autonomie durch Vernunft" (Kant 1900, Reflexionen zur Metaphysik, Nr. 6076, AA 18, S. 443; zit. n. Pohlmann 1971, S. 707), da der Mensch „als Vernunftwesen […] die Möglichkeit [hat], seine Handlungen unabhängig von dem Mechanismus der Naturkausalität… frei auszuüben" (Pohlmann 1971, S. 708). Das „Prinzip der Autonomie des reinen Willens" (Kant 1900, Grundlegung zur Metaphysik der Sitten, AA 4, S. 453; zit. n. Pohlmann 1971, S. 708)[3] zielt in der Philosophie der Aufklärung dezidiert auf die Herstellung menschlicher Freiheit und lässt sich historisch als Betonung des Autonomie-Gedankens zur Begründung einer freiheitlich-demokratisch verfassten Ordnung deuten. Nur weil es in diesem normativen Sinne Autonomie ‚gibt', stellt sich Überwachung überhaupt als Problem.

Dem entgegen ist das Ziel des vorliegenden Beitrags eine kultur- und gesellschaftstheoretische Differenzierung. Zum einen tritt für die Aufklärung und Moderne *Überwachung zunächst als panoptische Figur der Sichtbarmachung* in Erscheinung – in Form von Praktiken der Offenlegung, Beobachtung, Vermessung sowie der rationalen und wissenschaftsbasierten Welterschließung. Die Überwachungsfigur ist im Sinne eines Okularzentrismus universeller angelegt, hat damit noch nicht den heutigen Charakter einer Gesellschaftstechnik. Dennoch ist sie bereits eng verwoben mit der Idee sozialer Kontrolle in Einschließungssystemen. Überwachung korrespondiert schon hier mit einem der Vernunft selbst immanenten Drang zur Selbstkontrolle. Mit dem Marxismus, spätestens aber im 20. Jahrhundert, nimmt die Diskussion um Autonomie eine Wendung, die im Diskurs der Aufklärung nicht vorhanden war: Das engere Verständnis der *Überwachung als Technik der Kontrolle und Steuerung von Gesellschaft* reift erst durch bestimmte (medien-)technische Konstellationen.[4] Widersprüche, so eines der zentralen Argumente, ergeben sich durch den Rekurs auf die normative Folie der Philosophie der Aufklärung, denn sowohl die Notwendigkeit einer äußeren Struktur zur Herstellung von Autonomie als auch die Voraussetzung von Vernunft weisen beide einen jeweils wichtigen Bezug zur Praxis und zum Prinzip der Überwachung aus.

---

[3]Der Autonomie-Gedanke richtet sich als Aufgabe und Programm sowohl gegen jede Auffassung des Menschen im Sinne einer bloßen Naturtheorie als auch gegen jede Art gesellschaftlicher Fremdbestimmung durch Unterdrückung. Autonomie in diesem Sinne einer Selbstgesetzgebung durch Vernunft kann als Strukturprinzip der gesamten Kantischen Philosophie verstanden werden: ‚Alle Philosophie ist Autonomie' (Kant 1900, Opus postumum, AA 21, S. 106; zit. n. Pohlmann 1971, S. 707).

[4]So etwa in der Kybernetik (Wiener 1961).

Erstens dient Überwachung der Aufrechterhaltung ebenjener Normen und Strukturen, die zu einer Autonomie freier Entscheidungen überhaupt erst befähigen. Sie ist damit ein ganz entscheidendes Prinzip der Stabilisierung von mit der Moderne assoziierten sozialen und politischen Organisationsformen, die sich ohne effektive Praktiken der Überwachung nicht umsetzen lassen. Jede Form sozialer Organisation ist auf eine Kontrolle und Steuerung ihrer darin zusammengefassten Elemente angewiesen. Während bei direkter Kontrolle das individuelle Verhalten durch Sanktionen und soziale Ausschlüsse gesteuert wird, stellt das Sammeln und Verwerten von Informationen in Überwachungspraktiken eine funktionale und zugleich subtilere Ergänzung dar. So ist der moderne Nationalstaat als gesellschaftliche Einheit notwendigerweise auf Mittel sozialer Kontrolle angewiesen: „The social order would collapse [...] if everyone felt free to lie, steal, rape or cheat whenever he or she could avoid punishment for doing so" (Rule 2007, S. 19). Kleinere soziale Einheiten wie Stammeskulturen basieren auf informellen aber sehr effektiven Mitteln sozialer Kontrolle, da individuelles Handeln eine öffentliche Angelegenheit ist und entsprechend durch die Gemeinschaft sanktioniert werden kann. Dieses Korrektiv ist bei großen sozialen Einheiten wie Nationalstaaten als Organisationsprinzip kaum wirksam, da sich die einzelnen Mitglieder der Gemeinschaft nicht alle untereinander kennen und ein übergreifendes ‚richtiges' Verhalten nicht in homogener Form vorliegt. Überwachungspraktiken stellen Rule (1973) zufolge daher eine notwendige Technik dar, um die Funktion gegenseitiger sozialer Kontrolle zu erfüllen. Da soziales Fehlverhalten keiner permanenten Kontrolle unterliegt und sofort sozial sanktioniert wird, ist das entscheidende Mittel die umfassende Dokumentation des Verhaltens einzelner Mitglieder der sozialen Einheit, wie es etwa durch die Protokollierung von Konten und Steuerzahlungen, ein Vorstrafenregister oder das Strafpunktesystem im Fahrerlaubnisrecht geschieht: „The crucial function of such documentation is to link people to their pasts, and thereby to provide the surveillance necessary for the exercise of social control" (Rule 2007, S. 23).

Eine weitere wichtige Verschiebung ist hier bereits angelegt: vom Verständnis der Überwachung als Observierung von tatsächlichem Handeln Einzelner hin zur Vorstellung der Inferenz und Vorhersage von möglichen zukünftigen Handlungen, die ganz wesentlich sind für die Kontrollsysteme der heutigen sozialen Überwachungsregimes. Rule geht im Jahr 1973 noch davon aus, dass die Effektivität von Überwachungssystemen sehr beschränkt sein muss. Ihre Kapazität stößt angesichts der Menge der Informationen an Grenzen, eine zentrale Auswertung der Daten erscheint durch die mangelnde Geschwindigkeit der Echtzeit-Auswertung und der anschließenden Entscheidungsprozesse sozialer Kontrollmaßnahmen unmöglich. Auch kann nicht jede einzelne Handlung von Individuen überwacht werden.

Diese aus heutiger Sicht segensreichen, technisch bedingten Einschränkungen gelten nicht mehr. Daten können umfassend erhoben, zentral ausgewertet und in automatisierte Analyse- und Entscheidungssysteme überführt werden. Hinzu kommt, dass viele der Informationen über Individuen gar *freiwillig* durch diese erhoben und anderen zur Verfügung gestellt werden. Lyon et al. (2012) gehen für ihre Charakterisierung der Spätmoderne noch weiter und konstatieren, dass Überwachung im Laufe der vergangenen vier Jahrzehnte zum dominanten sozialen Organisationsprinzip geworden ist:

> [It has produced] social changes in the dynamics of power, identity, institutional practice and interpersonal relations on a scale comparable to the changes brought by industrialization, globalization or the historical rise of urbanization (Lyon et al. 2012, S. 1).

Am Arbeitsplatz wird die Leistungsfähigkeit der einzelnen Arbeitnehmerinnen überwacht, digitale Geschäftsmodelle basieren auf der Monetarisierung von Daten über Kunden und Konsumenten. Die Strategien der politischen Kommunikation werden durch die umfassende Analyse von Wählern und Wählergruppen optimiert, in Bildungsinstitutionen werden Schüler, Studentinnen und Lehrer evaluiert, in medizinischen Einrichtungen stehen Patienten und Ärztinnen unter Beobachtung. Der Schutz einer freien Gesellschaft fußt – so das Versprechen der Überwachung – auf Verfahren der Datenauswertung, Videoüberwachung oder biometrischen Identifikation von (potenziell gefährlichen) Subjekten. Die Überwachungspraktiken sind dabei eng verknüpft mit größeren sozialen und technologischen Entwicklungen. Digitale Überwachungstechniken vereinfachen die Erfassung einzelner Individuen, die freimütig persönliche Informationen preisgeben. Es entstehen neue Klassen von Wissen als „Metadaten", „bio-" oder „psychometrische Daten", die mit dem Versprechen der universellen Optimierung, Vermessung und quantifizierbaren Risikominimierung kombiniert werden. Überwachung liegt nicht mehr nur in der Hoheit staatlicher oder polizeilicher Institutionen und wird in hohem Maße von Unternehmen praktiziert (Zuboff 2015), sondern – im Zeitalter der persönlichen Online-Profile – auch gegenseitig betrieben (Andrejevic 2007).

Zweitens ist Überwachung, wie bereits deutlich gemacht, als kulturelle Figur der Sichtbarmachung eng verwoben mit grundlegenden Ideen der Aufklärung. Konkret setzt „Autonomie als Vernunft" zunächst die Erkenntnis über das Selbst voraus. Die Hauptwirkung des bekannten unter anderem von Foucault beschriebenen klassischen Panoptismus besteht in einem Verhältnis einseitiger Sichtbarkeit: Der Gefangene/ Beobachtete „wird gesehen, ohne selber zu sehen" (Foucault 1994, S. 257). Diese geschlossene räumliche Anordnung stellt das „automatische Funktionieren der Macht" (Foucault 1994, S. 258) sicher, indem sich Individuen selbst disziplinieren – während über die tatsächliche Überwachung und mögliche Sanktionierung Ungewissheit herrscht. Doch mehr noch – und für den Zusammenhang mit Autonomie ist dieser Punkt entscheidend – offenbart Überwachung ‚die Delinquenten' nicht einfach als solche, sondern *erzeugt* diese als bestimmte, stabil geformte Subjekte.

Der Panoptismus ist damit eine viel weiter gefasste Disposition, die eng verbunden ist mit der Nietzscheanischen Idee des Willens zur Macht. Dieser wird mit der Überwachungsfigur in den aufgeklärten Gedanken der (All-)Sichtbarkeit überführt – den Willen zum Wissen:

> In specific relation to surveillance, the will-to-power is manifested as the occular-centric will-to-truth of post-Enlightenment thinking. This rests on the assumption that the unimpeded gaze will reveal the essential truth about the subject (Sewell und Barker 2007, S. 358).

Überwachung enthüllt keine Wahrheit, sie produziert diese und ist daher streng mit dem Glauben der Moderne verbunden, der eine Erkenntnis der Welt als Konsequenz aus ihrer universellen Vermessung verspricht.

Teil dieses Versprechens ist die Aufdeckung der ‚wahren' Subjektivität. Klöster, Schulen, Fabriken, Gefängnisse, Krankenhäuser oder psychiatrische Kliniken sind als materiell definierte Einschließungssysteme effektive panoptische Machträume im Sinne Foucaults. Die Ein- und Ausschlüsse von „Arbeitern", „Kranken", „Delinquenten", „Schülerinnen" oder „Nonnen" haben stets ein hochgradig formalisiertes Identitätsmuster zur Folge.

Die panoptische Überwachung ist nicht nur eine sich selbst erhaltende Maschine der Macht und diszipliniert Subjekte im Sinne ihrer Selbstregierung, sondern produziert darüber hinaus auf essentielle Weise die moderne Vorstellung des Subjekts schlechthin. Eine bedeutungsvolle Identität, charakterisiert durch individuelle Intentionen, Emotionen, Moralvorstellungen oder Subjektivität – wie etwa das Sprechen über die eigene Sexualität – sind Effekte dieser Wahrheitsfindung (Foucault 1983). Möglich wird diese epistemologische Leistung erst mit der geistesgeschichtlichen Moderne, die Subjekt(ivität) und Objekt(ivität) klar voneinander scheidet (Latour 2008), wodurch auch das Selbst als vermeintlich stabile Einheit in Erscheinung tritt:

> Self: coherent, bounded, individualized, intentional, the locus of thought, action and belief, the origin of its own actions, the beneficiary of a unique biography. As such selves we possessed an identity, which constituted our deepest, most profound reality, which was the repository of our familial heritage and our particular experience as individuals, which animated our thoughts, attitudes, beliefs, values (Rose 1998, S. 3–4).

Für das Selbst als ein „reflexives Projekt" (Giddens 1991, S. 75 ff.) zeichnen sich die einzelnen Individuen verantwortlich. Es umfasst als ‚Selbst-Verwirklichung' die Definition zukünftiger Entwicklungslinien („Wer will ich sein?") und macht permanente reflexive Introspektion und Arbeit am Selbst zur Bedingung. Dafür stehen „Technologien des Selbst" zur Verfügung (Foucault 1993, S. 26), die sich funktional als Selbst-Überwachungstechniken darstellen. Ein ‚fluides' Selbst bildet keine stabile Entität und ist angewiesen auf eine stete Konstruktionsleistung, die eng an Praktiken der Überwachung gebunden ist, die das Selbst als Objekt hat. Kulturelle Identitäten können folglich als nur instabile Nahtstelle gelten, an der einerseits bestehende Diskursordnungen und Praktiken dem einzelnen Subjekt einen Platz zuweisen sowie andererseits mit sprachlich definierten Subjektentwürfen zusammentreffen (Hall 1996, S. 5–6). (Erstrebte) Selbst-Entwürfe werden erst durch Überwachungspraktiken und -semantiken sinnvoll erfahrbar (Bächle 2019).

Das Verhältnis zwischen Überwachung und Autonomie ist daher ein paradoxes: Ohne Überwachung existiert kein Konzept von Selbst; ohne das Wissen um das Selbst ist keine Selbst-Gesetzlichkeit, keine Autonomie denkbar. Der Individualismus der Moderne gepaart mit der Vorstellung eines freien Willens und das Vernunft- und Erkenntnis-Primat der Aufklärung erfordern Selbsterkenntnis und Selbststeuerung gleichermaßen. Beide sind jedoch angewiesen auf äußere Strukturen, eine heteronome Ordnung.

Es wird deutlich, dass sowohl soziale und politische Organisationsformen als auch die als „Entität" begriffene und mit einem individuellen, freien (Handlungs-)Willen assoziierte Vorstellung eines Selbst fundamental sowohl vom gleichsam epistemologischen Prinzip als auch von Praktiken der Überwachung abhängen. Dieses Prinzip bedient eine Doppelfigur zwischen dem Erzeugen und dem Aufdecken von Wissen. Mit der implizit geforderten umfassenden Selbstüberwachung geht zugleich immer auch das Versprechen einer Steigerung der persönlichen Autonomie einher. Das Referenzobjekt „Selbst" hingegen stellt ein Konstrukt dar, so auch das Wissen um dieses Selbst und damit auch die Vorstellung einer darauf basierten Autonomie. Verwoben mit der oben angeführten Paradoxie einer Freiheit in Strukturen, erscheint die Vorstellung einer auf freiem Willen basierten Eigengesetzlichkeit als normative Fantasie.

Dies setzt sich fort in der – ebenfalls zutiefst mit der Moderne verwobenen – Unterscheidung zwischen Öffentlichkeit und Privatheit, durch welche „Überwachung" erst eine stets moralische und zumeist negative Qualifikation erfährt.

3   Autonomie, Überwachung und Privatheit – ein ethisches Paradoxon

In einem normativen, rechtebasierten Verständnis ist es die Aufgabe des Staats, die nationale Sicherheit zu verteidigen, was auch das Funktionieren der staatlichen Institutionen einschließt. Zurückführen lassen sich diese Annahmen ebenfalls auf Entwicklungen, die mit der – in diesem Falle politischen – Moderne verknüpft sind. Beispielhaft lassen sich die „Virginia Declaration of Rights" (1776), die „Déclaration des Droit de L'Homme et du Citoyen" (1789) oder die Menschenrechtserklärung (1948) anführen: „the state is widely held responsible for securing the conditions for the autonomy of the individual" (Stoddart 2012, S. 369). Zugleich werden einzelne Individuen nicht nur als Bürgerinnen und Bürger anerkannt, sondern gelten als *Personen* und sind als solche vor der Unterdrückung oder Beschneidung ihrer Freiheiten durch andere zu schützen und zugleich zur Selbstbestimmung zu befähigen. *Diese Prinzipien liberaler Demokratien sind undenkbar ohne das Prinzip und die Praxis der Überwachung.* Überwachung ist in diesem Sinne eben nicht als repressiver Antagonist zu ansonsten freien und freiheitlich organisierten gesellschaftlichen Strukturen zu denken. Im Gegenteil ist Überwachung ein notwendiges (wie auch reflexives) Instrument bei der Herstellung sozialer Kontrolle, die wiederum – und das rührt an das Paradoxon der Autonomie – das Fundament für ein Regelsystem bildet, das individuelle Freiheit erst ermöglicht.

Dieses führt in der Konsequenz in ein weiteres, ethisches Paradoxon bei der Bewertung von Überwachungspraktiken. Der Prozess eines solchen Abwägens beruft sich meist auf die in modernen und demokratisch verfassten Nationalstaaten tradierte und noch immer zumeist unhinterfragte Differenzierung zwischen Privatheit und Öffentlichkeit. Die im 17. Jahrhundert entstandene historische Semantik ist ebenfalls eng verwoben mit liberalen geistesgeschichtlichen Strömungen und der Idee nationalstaatlicher und individueller Autonomie. Diese wird an eine Vorstellung von Privatheit gebunden, die zumeist mit materiellen räumlichen Grenzziehungen zusammenfällt. Die Dichotomie öffentlich/privat ist spätestens seit dem 19. Jahrhundert eine sehr stabile („discussion of the ,private' and the ,public' is central to establishing the normative fabric of liberal democracies"; Sewell und Barker 2007, S. 354 f.) und nicht nur im politischen (idealtypisch: Habermas 1990), sondern auch im sozialen Alltagshandeln internalisiert (Goffman 1963). Allgemeine Definitionen von Privatheit artikulieren häufig diese normative Folie: „als privat gilt etwas dann, wenn man selbst den Zugang zu diesem ,etwas' kontrollieren kann. Umgekehrt bedeutet der Schutz von Privatheit dann einen Schutz vor unerwünschtem Zutritt anderer" (Rössler 2001, S. 23). Dieses „Etwas" wird durch Grenzziehungen konstruiert gegenüber einem Außerhalb, das als öffentlich begriffen werden kann.

Mit der strengen Vorstellung einer Zweiteilung privat/öffentlich jedoch wird Überwachung notwendigerweise stets auch ein moralischer Wert zugeschrieben, denn sie setzt die beiden Seiten in ein als jeweils illegitim empfundenes Verhältnis zueinander. Entweder gilt sie als staatliches Instrument, das individuelle Rechte auf Privatheit verletzt, oder aber sie wird als Notwendigkeit und Recht des Staates betrachtet, mit dessen Hilfe er die Rechte seiner Bürger verteidigt. Daher rührt der unauflösbare Dualismus bei der normativen Bewertung der Überwachung:

> it is seen as being either a virtuous thing that protects the Good Society from desta-bilisation or a pernicious intrusion into our basic and natural right to an existence without let and hindrance from others (Sewell und Barker 2007, S. 356).

Die heutigen, oft pejorativen Konnotationen mit dem Begriff „Überwachung" als übergriffig, verletzend oder unterdrückend folgen daher in vielen Fällen direkt aus den modernen Ideen um Privatheit und Selbstbestimmung (Stoddart 2012, S. 371), oder mit anderen Worten: Die negative moralische Wertung der Über-wachung ist eine der Konsequenzen aus dem normativen Autonomie-Diskurs. Es braucht Überwachung, weil es Autonomie gibt, doch Überwachung beschneidet in der populären Lesart potenziell die Fähigkeit zur Selbstbestimmung. „Privat" und „öffentlich" sind jedoch keine universellen ontologischen Kategorien, son-dern werden in Kontexten hergestellt. Weder gibt es folglich eine äußerlich zu definierende Größe „Privatheit", noch obliegt es der eigenen Entscheidung eines Individuums, die Grenze selbst zu bestimmen: „Privacy is always a qualified, never an absolute, right" (Stoddart 2012, S. 371).[5]

Neben den konzeptuellen Schwierigkeiten eines normativen privat/ öffentlich-Dualismus (zu denen auch die Diagnose einer Erosion der Öffentlich-keit durch das Private zählt; Sennett 1983) stellen auch (medien-)technologische

---

[5]Wie Sewell und Barker (2007) argumentieren auch Stoddart (2012) und Nissenbaum (2010) für eine kontextspezifische Konzeptualisierung des Werts und des Rechts auf „Privatheit". Bei der Bewertung von Überwachung folgt daraus eine diskursiv operierende „angewandte Mikro-Ethik", mit deren Hilfe Überwachung nicht *per se* qualifiziert wird, sondern sich als Praxis stets aufs Neue legitimieren muss. Wer, so fragen Sewell und Bar-ker (2007, S. 263) beispielsweise, entscheidet über Notwendigkeit, Nutzen und Zweck von Überwachungspraktiken und zugleich über die Kriterien, nach denen sie beurteilt wird.

Entwicklungen der letzten drei Jahrzehnte eine besondere Herausforderung für die tradierte Zweiteilung dar. Unterscheiden lassen sich mindestens drei Neuerungen, die mit mobilen und netzbasierten Kommunikationsmedien beobachtbar werden.

Erstens entstehen durch mobile Kommunikationsmedien fluide und hochdynamische soziale Räume, die sich von ehemals materiell definierten Räumen lösen. Als besonders zerstörerisch für das statische privat/öffentlich-Modell erweist sich die Hybridisierung sozio-materieller Konstellationen: „the changing forms of physical and informational mobility that uproot bodies from place and information from space are key" (Sheller und Urry 2007, S. 329). Die aus der Mode gekommene Telefonzelle steht beinahe paradigmatisch für den Wunsch, „Tele"-Kommunikation im öffentlichen Raum durch materielle Grenzziehungen unmissverständlich als privat zu codieren (Höflich 2011). Das moderne Bestreben nach einer klaren Grenze zwischen öffentlich und privat wird durch die fortschreitende Popularisierung des Mobiltelefons jedoch aufgelöst (Bächle 2016b).

Zweitens weisen die heutigen Überwachungspraktiken weit über die liberale Diktion eines Antagonismus von Staat auf der einen und Bürgern auf der anderen Seite (aus der sich öffentlich/privat ableitet) hinaus, weil Überwachung in einem überwältigenden Ausmaß von Unternehmen durchgeführt wird. Diese Form des „Überwachungskapitalismus" (Zuboff 2015) sorgt für eine Aushöhlung tradierter demokratischer und marktwirtschaftlicher Normen:

> It undermines the historical relationship between markets and democracies, as it structures the firm as formally indifferent to and radically distant from its populations. Surveillance capitalism is immune to the traditional reciprocities in which populations and capitalists needed one another for employment and consumption. In this new model, populations are targets of data extraction. This radical disembedding from the social is another aspect of surveillance capitalism's antidemocratic character. Under surveillance capitalism, democracy no longer functions as a means to prosperity; democracy threatens surveillance revenues (Zuboff 2015, S. 86).

Der Einzelne wird nicht mehr in einer Rolle als Person, Bürger oder auch nur Konsument adressiert, sondern zu einer bloßen Quelle für Datenextraktion ‚degradiert'. Gemessen an diesen tradierten Konzepten hat Überwachung dabei stets eine moralische Implikation. Eine ‚amoralische' Deutung der Überwachung würde jedoch auch sie nicht absolut, sondern immer kontextsensitiv an der Legitimität ihrer Praxis bewerten.

Drittens entsteht mit der digitalen, ubiquitären und automatisierten „neuen" Überwachung nicht nur ein Mehrwert in der rein quantitativen Mehrung von Informationen, sondern auch eine qualitative Verschiebung durch die Erschließung anderer Formen des Wissens (Marx 2004). Lyon (2002) spricht in diesem

Zusammenhang von „Datensubjekten", für die charakteristisch ist, dass der physische Körper als Objekt der Sichtbarmachung verschwindet. In diesen Überwachungspraktiken tritt er hinter die Komplexität des Codes zurück, das Selbst wird transponiert in Datenmuster der Kommunikation, Bewegung, Biometrie. Diese sind die neuen Objekte der Überwachung und Kontrolle, speisen sich aus der scheinbar universellen Übersetzbarkeit der sozialen Wirklichkeit in Daten und markieren die letzte Wegstrecke bei der vollständigen Auflösung des „Selbst" in numerische Codes:

> In den Kontrollgesellschaften dagegen ist das Wesentliche nicht mehr eine Signatur oder eine Zahl, sondern eine Chiffre ... Die numerische Sprache der Kontrolle besteht aus Chiffren, die den Zugang zur Information kennzeichnen bzw. die Abweisung. Die Individuen sind ‚dividuell' geworden, und die Massen Stichproben, Daten, Märkte oder ‚Banken' (Deleuze 1993, S. 258).

Nicht mehr unteilbare „Subjekte", sondern fluide Konzepte, die an die Stelle der vormals *in*-dividuellen Einheiten treten. Dieses Überwachungswissen operiert nicht mehr mit den sozialen Identitäten der Einschließungssysteme – Arbeiter, Schülerin, Kranker – sondern generiert ganz eigenständige, fragmentierte soziale Klassifikationen (Jenkins 2008) wie beispielsweise die in der Demoskopie oder im Journalismus gebräuchliche Kategorie „likely voters". Hinzu tritt auch der Verlust der Anonymität im öffentlichen Raum. In panoptischen Machtsystemen war die Einzelne außerhalb der effizienten Einschließungssysteme – Fabriken, Schulen oder Krankenhäusern – der Sichtbarkeit entzogen. Anonymität in diesen neuen Überwachungssystemen markiert jedoch nicht einfach ein Außerhalb, sondern einen kategorialen Verdacht. Das Machtsystem wirkt nicht mehr nur an Ort und Stelle, es diffundiert. Dies betrifft in erheblichem Maße den Bereich der sogenannten *algorithmic governance,* in denen der Prozess der Subjektivierung ausgeschlossen ist, da hier keine Subjekte, sondern statistische Artefakte die Bezugsgrößen sind (Rouvroy 2013). Individuen wissen nicht nur nicht mehr, *ob* sie sichtbar werden, sondern ebenso wenig *was* über sie sichtbar gemacht wird – Datenwissen als Herrschaftswissen. Die Kategorisierung in bestimmte Gruppen oder Teilöffentlichkeiten erfolgt in sozialen Netzwerken, Suchmaschinen oder Streaming-Diensten, ohne, dass dies hinter der Opazität der Auswahl- und Segmentierungsprozesse der Einzelnen gegenüber sichtbar wäre (Gillespie 2014).

Die vormals unmöglich geglaubte Approximation der „Welt, wie sie ist" durch den Reichtum an automatisch erhobenen und ausgewerteten Daten (Boyd und Crawford 2012) erlaubt gar die Überwachung eines wahrscheinlich Zukünftigen. Bekannte Tropen sind das Vermeiden von zukünftigen Straftaten („pre crime"), „Schläfer", „Gefährder" oder „Risikopatient". In allen diesen Figuren werden statistische Datenmuster verknüpft mit bestimmten Klassifikationen sozialer

Identitäten, wie etwa ethnische Zugehörigkeit, Sexualität, Religion, Geschlecht, Alter, oder Krankheit. *Mit dem so genannten Profiling löst sich die Überwachung von der Observation dessen, was Einzelpersonen tatsächlich getan haben oder tun. Sie wendet sich hin zu Fiktionen wahrscheinlicher auf die Zukunft gerichteter Realitäten* (Bächle 2016a; Esposito 2007).

Die größte Gefahr dieser Realität der Simulationen liegt darin, dass die Simulation selbst als eine Ontologie gesetzt wird. Die „Simulation von Überwachung" (Bogard 2007) antizipiert „Risikosubjekte", deren als Möglichkeit begriffene zukünftige Handlungen zu einer Inferenzfunktion des Profils geworden sind. Es entstehen fiktive „Datensubjekte", die sich – anders als Klischees – nicht mehr mit der Aktualität eines Subjektentwurfs messen lassen oder an diesem validieren müssen. Das Profil funktioniert und scheitert nicht. Jeder Irrtum ist inkorporiert und lässt sich ebenfalls als Wahrscheinlichkeit ausdrücken. Der moderne „Wille zum Wissen" erstreckt sich fortan eben auch auf das Zukünftige. Auch Selbstüberwachungspraktiken wie *life logging, quantified self, self tracking* (Selke 2016) sind auf die Zukunft ausgerichtet und befördern ein mikropolitisches Regime der *self governance*. Das „Normale" oder „Erstrebenswerte" – das individuelle Glück, Gesundheit, effektive Strategien zur Regulation sozialer Beziehungen – setzen bestimmte Standards für (vermeintlich) ‚individuelles' Verhalten oder Wissen um das Selbst und orientieren sich an Benchmarks in Bereichen wie Gesundheit, sozialer Erfolg oder Produktivität. Sie versprechen zwar ganz dem Gedanken der Autonomie folgend eine Steigerung der Selbst-Bestimmung durch Selbsterkenntnis, sind jedoch Instrumente eines umfassenden Kontrollregimes. Datenpraktiken sind dadurch immer auch politisch, weil sie stets die „Wirklichkeit" oder gar „die Wahrheit" mit einem bestimmten Konzept von Subjektivität verbinden. Viel diskutiert sind die in Daten eingeschriebene diskriminierende Kategorisierungen in personalisierter Werbung, Scoring-Systemen bei der Kreditvergabe, No Fly-Listen oder ein rassistischer Bias softwarebasierter Empfehlungssysteme im US-amerikanischen Justizsystem, die Menschen mit schwarzer Hautfarbe benachteiligen (Angwin et al. 2016). Problematisch ist dies besonders durch die mangelnde – unmögliche – Transparenz dieser Formen der Überwachung.

Autonom erscheinen daher in den neuen Überwachungspraktiken nun eher die Daten. Die ihnen zugrunde liegenden Algorithmen sind rechtlich teilweise durch Geheimhaltungsgesetze geschützt und zugleich durch die Komplexität der sogenannten selbstlernenden Algorithmen selbst abgesichert, da sie durch Menschen nicht mehr verstanden werden können (Pasquale 2015). Die Opazität eines Codes, der sich selbst umschreibt, belässt seine genaue „Wirkungsweise" im Ungenauen. Automatisch generierte Wissensartefakte verdecken durch ihre Vielschichtigkeit und konstante Dynamik, dass Werte, Normen und Vorannahmen in der Technologie reproduziert werden (O'Neil 2017). Es ist daher immens wichtig, die strukturell angelegten Kategorisierungen, Wertungen und Diskriminierungen in algorithmenbasierter Wissensproduktion offenzulegen (Flyverbom und Madsen 2015). In besonderem Maße betrifft dies nicht-menschliche Expertensysteme, die in der Medizin oder in militärischen Kontexten[6] zum Einsatz kommen, und automatisierte Entscheidungsprozesse, die an Computersysteme delegiert werden (Mittelstadt 2016). Handlungen sind nicht länger nur auf Menschen zentriert (Manovich 2013), *agency* teilt sich zwischen Menschen, Maschinen und Programmen auf (Rammert 2008). Verantwortung, Verantwortlichkeit und Moral als qualifizierende Größen dieser Handlungen sind in Netzwerken distribuiert (Floridi 2012; Thimm und Bächle 2018). Da Daten eine stark ausgeprägte Eigenevidenz unterstellt wird (Gitelman und Jackson 2013) – als einem vermeintlichen ‚Abbild‘ der Wahrheit oder Wirklichkeit – wird ihre soziale und politische Macht so umfassend wirkmächtig. Ihr Wahrheitsanspruch verdeckt die Spuren der darunter liegenden Machtstrukturen.

Bislang konnten Überwachungstechniken in der Praxis und ‚Überwachung‘ als soziokulturelle Figur als Instrumente gelten, um die Idee der Autonomie abzusichern: Selbsterkenntnis ist die Voraussetzung für Selbstbestimmung; erst in der Abgrenzung zur Heteronomie – zum Beispiel durch die Verteidigung des Privaten – erfährt Autonomie konzeptuell Bedeutung. *Ohne eindeutig bestimmbare agency und ohne den Fokus auf Individuen in der neuen Überwachung ist die klare Aufteilung in Selbst-/Fremdbestimmung jedoch nicht mehr möglich.* Wo findet sich noch das eine, schützenswerte Selbst? Mehr noch als die Frage, wie sich Wissen und Machtstrukturen in Daten einschreiben und – ohne tatsächliche Transparenz – diese auch als soziale Realität weiter durchsetzen, hat die neue Überwachung zur Folge, dass Konzepte von privat/öffentlich, Selbst/Andere, Autonomie/Heteronomie, Überwacher/Überwachte, ‚gesehen werden‘/‚nicht gesehen werden‘ vollends anachronistisch werden. Die ‚selbstlernenden‘ Algorithmen sind nicht autonom zu nennen (Bächle et al. 2018), doch das Selbst ist es auch nicht (mehr).

4   „hochinvasive Überwachung" – neue Techniken, neue Fiktionen

Die skizzierte Form der Überwachung hebelt die Vorstellung der Selbst-Bestimmung aus, indem sie ein in Teilen fiktives Wissen über Individuen generiert, das – so das Versprechen – diese nicht einmal selbst über sich haben. Wie in diesem Beitrag argumentiert wird, lässt sich derzeit ein weiterer Schritt im Auflösungsprozess

---

[6]Siehe dazu auch den Beitrag von Ernst im vorliegenden Band.

der klassisch-modernen Grenzen und Kategorien beobachten. In dieser jüngsten Bewegung werden die datenbasierten Subjekt-Fiktionen mit weiteren Dimensionen des Wissens angereichert, die bisher im Verborgenen lagen. Es entsteht eine „hochinvasive" Form der Sichtbarmachung, die als letztlich positivistische Techniken immer neue Aspekte des Selbst datafizieren. Nach dem „Öffentlichen" und dem „Privaten" dringen die Fiktionen der Subjekterkenntnis nun in den Bereich des „Intimen" vor. Hochinvasiv erscheinen diese Überwachungstechniken durch mindestens vier gegenwärtige Tendenzen:

1. Domestizierung der Technologie in vormals als privat codierten sozialen Räumen
Dialogorientierte Sprachsynthesesysteme im häuslichen Raum eröffnen eine neue Qualität der Domestizierung von Technologie. Eine derzeit populäre Interface-Struktur sind sogenannte *smart speakers,* mit dem Internet verbundene Lautsprecher, unter denen Amazon Echo, Google Home oder Apple HomePod die bekanntesten Produktlinien darstellen. Als natürlichsprachige Interaktionssysteme sind sie in als privat oder intim codierten sozialen Räumen bereits ganz selbstverständliche Kommunikationspartner geworden. Sie analysieren Kommunikationsverhalten und werten auch die Interaktionen der im Haushalt stattfindenden Gespräche aus.

Soziale Roboter wie der vom zwischenzeitlich zu Softbank gehörenden Unternehmen Aldebaran mit dem Namen „Pepper" haben eine humanoide Form und sind dadurch nicht nur materiell in sozialen Kommunikationsräumen präsent. Sie sind grundsätzlich sogar dazu in der Lage, einen solchen Kommunikationsraum durch ihre Funktionalität mit einem menschlichen Interaktionspartner zu *konstituieren* (s. auch den folgenden zweiten Punkt). Wie es in der Selbstbeschreibung heißt: „Pepper is the first humanoid robot designed to live with humans. […] Pepper is a social robot able to converse with you, recognize and react to your emotions, move and live autonomously" (Aldebaran.com; 01.09.2015). Die antizipierte Nutzung dieses sozialen Interface entwirft ihn als kindlich erscheinendes Wesen, das als gleichwertiges Mitglied der Familie aufgenommen wird. Bereits in der Vergangenheit hat sich gezeigt, dass technischen Artefakten trotz eingeschränkter Fähigkeiten zur Interaktion kognitive, soziale oder emotionale Eigenschaften zugeschrieben werden (Misselhorn 2009). Das Mittel der hochgradigen Anthropomorphisierung ermöglicht die soziale Integration von Überwachungsinstrumenten in zuvor verborgene Privaträume.

2. Sozialisierung der Technik in der Mensch/Maschine-Interaktion
Zugang zu neuen Wissensformen erlangt (Medien-)Technik durch die fortschreitende Maskierung ihrer Komplexität und zugleich ihrer Medialität. Dies geschieht in einem allgemeinen Sinn durch Strategien der Anthropomorphisierung

der Technik und wird wohl am anschaulichsten mit der humanoiden Form sozialer Roboter in der Mensch-Computer-Interaktion. Humanoide Roboter ähneln dem menschlichen Körper funktional und ästhetisch und können durch Gestik und Mimik eine wichtige Kommunikationsebene erschließen, die über eine rein textbasierte Interaktion hinausreicht (Siciliano und Khatib 2016). Durch ihre menschenähnliche Erscheinung suggerieren sie darüber hinaus im Hinblick auf ihre mediale Form, dass ‚natürliche' menschliche Interaktionsweisen mit diesen Interfaces möglich und gewünscht sind (Hegel et al. 2009). Die soziale Dimension kann von einer einfachen Evokation menschlicher Attribute („er schaut interessiert" o. Ä.) bis zur Fähigkeit zu sozialer Partizipation reichen, wenn der Roboter proaktiv mit Menschen in Interaktion tritt (Breazeal 2003).

Indem humanoide soziale Roboter verbale, non- und paraverbale Kommunikationsformen wie Gestik, Mimik, Körperabstände, Stimmfarbe etc. (de-) codieren und emulieren, sind sie gar dazu in der Lage, kontextspezifische soziale Normen in ihrem Kommunikationsverhalten zu reproduzieren. Dadurch werden auch implizite Wissensformen wie somatisches oder praktisches Wissen zumindest im Prinzip einer Computerisierung zugänglich (Bächle et al. 2017). Emotionen, gar „Persönlichkeit", treten vermeintlich als ein Zeichensystem in Erscheinung, das sich durch datenbasierte Überwachung analysieren lässt.

3. Körpernahe Interfaces, die eine viel engere Beziehung zu Körper und Selbst entwickeln

Die Vermenschlichung der Interaktionsformen ist schon seit Jahrzehnten ein Ziel des Interface-Designs (Hellige 2008). Hinzu kommt derzeit mit Entwicklungen wie *ubiquitous computing* und dem Internet der Dinge die zunehmende Einbettung in Alltagsgegenstände (smart objects), die als Überwachungs- und Kontrolltechnologien am Körper getragen werden. Self-Tracking beschreibt die Abstraktion von Verhalten, körperlichen und emotionalen Zuständen, und Leistungen in Daten, die gemessen, gespeichert, verarbeitet und ausgewertet werden können (z. B. Duttweiler et al. 2016). Die Selbst-Überwachung erhöht das Kontrollgefühl der Nutzerinnen und Nutzer, wird zur Optimierung, Risikominimierung oder Selbst-Erkenntnis genutzt. Deutlich wird dies insbesondere beim Einsatz dieser Techniken im medizinischen Kontext (eHealth). Als Vorteile dieser „Enhancement"-Effekte sind einerseits eine Steigerung der Selbst-Erkenntnis oder der Selbst-Bestimmung von Patientinnen und Patienten zu nennen. Diesen stehen andererseits bei der Bewertung als Nachteile der Vorrang der Daten („Biometrie") über die Person des Patienten, eine gesteigerte Last der Selbst-Verantwortung und die Wahrnehmung des Selbst als einer Maschine gegenüber (Schnell 2018). Folgen dieses Überwachungsdiskurses sind die Verdinglichung des Selbst, dessen Leiblichkeit verdatet und dessen Sein und Zukunft als Daten-Fiktion und Risiko-Projektion hervortreten.

4. Emotion Analytics und Affective Computing

Affective Computing wird bezeichnenderweise bereits in frühen Definitionen unter den Aspekten der Macht und der Manipulation definiert, wenn Picard (1997, S. 3) formuliert: „[Affective computing] relates to, arises from and deliberately influences emotion". Sah der praktische Entwicklungskontext im computerisierbaren Erkennen, Deuten und Ausdrücken von Emotionen vor allem eine nützliche funktionale Dimension in der Mensch/Maschine-Interaktion, gilt „affective computing" zwischenzeitlich als Voraussetzung für sogenannte „smart surveillance" (Tao und Tan 2005). Mit „Emotion Analytics" setzt sich eine Tendenz fort, mit welcher der Alltag einer/s jeden Einzelnen zum für Unternehmen relevanten Objekt und Ziel wird. Die Anwendungsmöglichkeiten dieser Verfahren überschreiten letzte Grenzlinien, indem die Verbindung von Intimität und Technologie im „affective computing" ausdrücklich ausgewiesen wird (Calvo et al. 2014). Rosalind Picard gibt heute mit ihrer Firma Affectiva folgendes Versprechen: „Collect Insight Into Unfiltered Consumer Emotional Responses. Make Apps and Digital Experiences Emotion-Aware" (affectiva.com; 15.11.2017). Profiling-Techniken werden auf den Gegenstand des ‚Innersten' ausgedehnt. Ob Stimme, Mimik, Gestik – jedwede Idiosynkrasie wird zur Offenbarung.

Mit diesen technologischen Entwicklungen entstehen zugleich neue Fiktionen. Sie stützen sich auf die Annahme, „Affekte" und „Emotionen" seien innere Zustände, die sich mithilfe eines Systems aus Gesichtsausdrücken oder Stimmfarben maschinell decodieren und damit datafizieren ließen. Übersehen wird dabei der grundsätzlich konstruktive Charakter von Emotionen, die mit einer großen Variabilität, Kontextabhängigkeit und kulturellen Spezifik empfunden und beobachtet werden (Barrett 2017). Mit den (vermeintlich objektiven) *Emotion Analytics*-Systemen wird ein geradezu skandalös-antiquierter Behaviorismus validiert.

Eine weitere, in ihren Konsequenzen nicht minder konsequenzenreiche Fiktion betrifft die neue Segmentierung von Gruppenidentifikationen entlang von „Emotion" und „Persönlichkeit". Das sogenannte „OCEAN Modell" beschreibt als die wichtigsten Dimensionen einer Persönlichkeit („Big 5") Offenheit für Erfahrungen, Gewissenhaftigkeit, Extraversion, Verträglichkeit (Kooperationsbereitschaft, Empathie) und Neurotizismus. Eine notorische Bekanntheit hat es im Jahr 2018 im Zuge der Enthüllungen um das Unternehmen *Cambridge Analytica* erlangt, das sich auf die Analyse von Wählerdaten spezialisiert hatte. Als Geschäftsmodell versprach es die gezielte Beeinflussung von Wählergruppen durch spezifisch für Zielgruppen aufbereitete Botschaften über das soziale Netzwerk Facebook. Diese Form der ‚psychometrisch' definierten und für Manipulationen empfänglichen Teilöffentlichkeit ist in ebenso großem Maße eine Fantasie wie die oben bereits ausgeführten durch Profiling hergestellten Subjekt-Fiktionen.

Während der Reduktionismus offensichtlich ist, wenn eine „Persönlichkeit" durch fünf Skalen erfasst werden soll, wird die Datenpraxis der Überwachung in diesem Modell durchaus zu einer relevanten Realität. Die Segmentierung und spezifische Adressierung von Teilöffentlichkeiten in politischen Kampagnen oder Wahlkämpfen, das individuelle Targeting einzelner Nutzerinnen und Nutzer oder emotionalisierende Botschaften konstituieren fragmentierte soziale Kommunikationsräume. Ob die auf diese Weise Analysierten nun ‚tatsächlich' bestimmte Einstellungen, Haltungen oder Emotionen aufweisen ist sekundär. Es ist bereits die Fragmentierung selbst, die Konsequenzen für Diskurs- und Debattenräume hat.

Wie oben dargelegt (Kap. 2) sind Profiling-Verfahren trotz ihres fiktionalen Charakters effektiv. Sie liefern zwar keine tiefgehende Persönlichkeitsanalyse, offenbaren jedoch die Abhängigkeiten von sozialen Normen und Strukturen: Kommunikative Muster auf sozialen Medien lassen relativ verlässliche Rückschlüsse auf als sensibel erachtete persönliche Informationen zu. Zu diesen zählen die sexuelle Orientierung, ethnische Zugehörigkeit, religiöse und politische Einstellungen, Persönlichkeitsmerkmale und Intelligenz sowie die Tendenz zum Konsum abhängig machender Substanzen (Kosinski et al. 2013). In diesen Tendenzen wird die Bedeutung sozialer Strukturen deutlich, die zwar keine Determinanten darstellen, jedoch die Möglichkeit dokumentieren, bestimmte regelhafte Muster zu abstrahieren. Letztlich liegt darin die Annahme begründet, durch die Herstellung bestimmter Bedingungen ließen sich gezielt Verhaltensweisen evozieren.

Als *nudge* beispielsweise wird in der Verhaltensökonomik eine Methode bezeichnet, das Verhalten Einzelner auf vorhersehbare Weise zu beeinflussen:

> A nudge, as we will use the term, is any aspect of the choice architecture that alters people's behavior in a predictable way without forbidding any options or significantly changing their economic incentives. To count as a mere nudge, the intervention must be easy and cheap to avoid. Nudges are not mandates. Putting fruit at eye level counts as a nudge. Banning junk food does not (Thaler und Sunstein 2008, S. 6).

Jüngere Entwicklungen erlangen derzeit als sogenanntes *digital nudging* (Mirsch et al. 2017) Prominenz. Die nunmehr digitale *choice architecture* kommt dabei durch kommunikative Wahlmöglichkeiten oder Interface-Strukturen zum Ausdruck, die bestimmte Nutzungsweisen bereits präferiert anbieten („affordances"; Bucher und Helmond 2017). Die Idee, Computer als Persuasionstechnologien einzusetzen ist hingegen nicht neu. Bereits Mitte der 1990er Jahre gab es das unter dem Namen *captology* (computers as persuasion technology; CAPT) ausgewiesene

Ziel, Technologien wie Mobiltelefone, Webseiten oder Videospiele einzusetzen, um erklärtermaßen Einstellungen oder Verhaltensweisen zu verändern oder eine bestimmte Motivation oder Regelkonformität zu erzeugen.[7] Im alltäglichen Mediengebrauch findet sich *digital nudging* beispielsweise in der Strategie der „Gamification", wenn bei der Nutzung bestimmter Dienste eine spielerische Belohnung erfolgt (zum Beispiel ein bestimmter symbolischer Status, der nur durch regelmäßige kommunikative Akte aufrechterhalten werden kann).[8]

In Bezug auf die Autonomie-Figur ließe sich an dieser Stelle einwenden, dass mit Analysetechniken dieser Art keine individuelle Persönlichkeit offenbart wird, sondern allenfalls oberflächliche Muster (z. B. Verhalten, Interessen, Einstellungen) erkennbar werden. Der ‚freie Wille zur Selbstbestimmung' scheint intakt. Wie jedoch dargelegt (Kap. 2), ist auch individuelles Verhalten durch Normen und Strukturen ermöglicht und an diesen orientiert. Was (Selbst- und Fremd-)Überwachung angeht, ist es vor allem das von der Psychologie bereitgestellte und durch Medien und gesellschaftliche Akteure multiplizierte Wissen, mit dessen Hilfe jeder Selbst-Definition und Lebenssituation eine Erklärung und ein regulatives Ideal zugeordnet werden kann. Diese Repräsentationen erlauben eine selbstverständliche alltagssprachliche Auseinandersetzung mit Kategorien wie Verlustangst, traumatisches Erlebnis, unterdrückte Gefühle, Entzug, Depression, Repression, Projektion, Motivation, Begehren oder Extro- und Introvertiertheit. Die Sprache der „Psy-Disziplinen" (Rose 1996) bestimmt damit in einem erheblichen Maße, welche Subjekte wir überhaupt sein können: emotionale Szenarien, Handlungsmotive, biografische Narration oder die Deutung von Ereignissen. Das Selbst wird berechenbar, kann evaluiert, quantifiziert und gemanagt werden und ist damit auch zu einem produktiven Element der wirtschaftsliberal-kapitalistisch organisierten Gesellschaftsordnung geworden. Es sind einerseits diese überindividuellen Diskursmuster, die durch Profiling-Techniken

---

[7]Siehe dazu auch den Beitrag von Cap im vorliegenden Band.

[8]Als Beispiel kann man den Kommunikationsdienst Snapchat anführen. Hinter denjenigen Chat-Kontakten, mit denen ein häufiger kommunikativer Austausch stattfindet, steht ein Flammensymbol, das anzeigt, dass zwei Interaktionspartner sich an drei aufeinanderfolgenden Tagen jeweils innerhalb von 24 Stunden eine Nachricht geschickt haben. Die Anzahl der Flammensymbole wiederum beschreibt die Anzahl der Tage, seit denen ein solcher „Snapstreak" bereits anhält. Findet innerhalb von 24 Stunden keine Interaktion statt, endet diese vom Snapchat symbolisch ausgezeichnete Interaktion und alle gesammelten Feuer gehen verloren. Beispielhaft zu nennen ist auch die gängige Praxis von Plattformen wie Facebook oder Instagram, die erwünschte und erwartete Gratifikation durch „Likes" oder Herzen von anderen Nutzerinnen und Nutzern zeitlich verzögert darzustellen, um einen Anreiz zu geben, sich bei diesen Diensten häufiger anzumelden.

extrapoliert werden. Dennoch ist es andererseits genau dieses Wissen, das uns durch permanente Selbst-Überwachung und die darin perpetuierten Vokabulare und Taxonomien „Autonomie" verspricht.

Die hochinvasive Überwachung – *Deep Surveillance* – wartet mit einem weiteren Versprechen auf, denn die Introspektionsarbeit zur Aufdeckung der innersten Gefühle und Gedanken muss nun nicht mehr selbst geleistet werden. Selbst wenn man dieses Wissen als trivial betrachtet, sind die Konsequenzen aus potenziell gravierend die lückenlose Überwachung vermeintlicher Gesinnung, die Sichtbarmachung zukünftigen Verhaltens, die sozialen Klassifikationen.

An dieser Stelle sei nochmals auf James B. Rule (2007) verwiesen, zu Beginn dieses Beitrags zitiert mit seiner Feststellung eines produktiven Nutzens der Überwachung für moderne Nationalstaaten. Er warnt zugleich vor dem System einer *totalen Überwachungsgesellschaft:*

> This system would work to enforce compliance with a uniform set of norms governing every aspect of everyone's behaviour. Every action of every client would be scrutinized, recorded and evaluated, both at the moment of occurence and for ever afterwards (Rule 2007, S. 25).

Charakterisiert ist sie dadurch, dass jede Handlung eines Individuums dokumentiert und für einen möglichen späteren Gebrauch bewahrt wird. Es gibt keinen selektiven Umgang mit den gesammelten Informationen, von jeder/m wird umfassend *alles* erfasst. Jedes mögliche Zeichen eines – auch potenziell zukünftigen – Ungehorsams wird antizipiert und führt zu korrektiven Maßnahmen. Ein unbemerkter oder nicht sanktionierter Ungehorsam ist in der totalen Überwachungsgesellschaft ausgeschlossen.

„Deep Surveillance" ebnet den Weg in diese totalitäre Überwachung. Die auch in Europa häufig diskutierte Vision einer bargeldlosen Gesellschaft hat das Potenzial zu einem solchen, kapitalistisch verfassten Finanz-Überwachungsstaat. Jeder Bezahlvorgang wird Teil eines umfassenden psychosozialen Profiling. Besonders besorgniserregend ist die Entwicklung in China. Die großen chinesischen Internetunternehmen Tencent und Alibaba beispielsweise leiten heute bereits Daten über das Konsumverhalten ihrer Kundinnen und Kunden an staatliche Behörden weiter. Bis zum Jahr 2020 soll ein digitaler Überwachungsstaat etabliert sein.

In der Berliner Zeitung/dpa (2017) wird Guo Tao als ein Unterstützer dieses Projekts zitiert. Er führt aus, dass sich die „Bonität" einer Person von einfachen Dingen ableiten lasse, ob sie etwa ihre Stromrechnung rechtzeitig bezahle, gegen Verkehrsregeln verstoße, Gerichtsbeschlüsse befolge oder Kredite tilge und Verträge einhalte. „Vertrauenswürdigkeit" definiere sich dabei so:

‚Alle Worte und Taten, die gut für Land und Volk ist, gelten als gutes politisches Verhalten […] Ich würde dazu raten, dass einfache Leute es vermeiden, zu viel über Politik zu diskutieren.' Und was ist, wenn eine falsche Information zu schlechten Noten führt? ‚Das System steckt noch in der Anfangsphase', sagt Guo Tao. Das sei noch nicht geregelt. Vielleicht müsse der Betroffene dann eben nachweisen, dass die Information falsch sei (Berliner Zeitung/dpa 2017).

„If you've got nothing to hide, you've got nothing to fear", lautet das oft ins Feld geführte Nichts-zu-verbergen-Argument der Überwachungsbefürworter. Es seien nur die illegalen, irrationalen Aktivitäten von Interesse, die sich unter dem Deckmantel des Privaten scharen. Die Weigerung, sich zu offenbaren, kommt in dieser Lesart jedoch einer ‚verdächtigen' Handlung gleich. Die völlige Transparenz ist der *default* einer solchen Gesellschaft, die Verweigerung gegenüber Überwachungspraktiken ist ein Ungehorsam, der wiederum mit Identitätsmustern verwoben ist: Kriminelle, Wahnsinnige, Randalierer oder Unruhestifter (Sewell und Barker 2007).

Bereits das Bewusstsein über eine umfassende Überwachung verändert individuelles Verhalten. Die hochinvasive Überwachung jedoch erlaubt mit den genannten Eigenschaften – soziale und körperliche Nähe, Emotion Analytics, Datenreichtum – weit mehr. Nicht nur wird die Unschuldsvermutung ausgehebelt und die Beweislast umgekehrt, wenn Einzelne in der Pflicht sind, zu beweisen, dass eine Information über sie nicht zutrifft. Viel dramatischer noch offenbart sich in diesen Überwachungspraktiken nicht mehr das eine Selbst, sondern seine Multiplikation in Selbst-Fiktionen. Es könnte zur Verantwortung eines jeden werden, eine Information über sich selbst zu widerlegen, die auf Simulationen des Zukünftigen basiert.

5 Schluss: Wir sind nie autonom gewesen

In der Debatte um selbstfahrende Autos sind moralische – und oft auch moralisierende – Dilemmata zwischenzeitlich zur Standardreferenz geworden: Wessen Leben gilt als schützenswerter – das des Fahrers oder das des kleinen Jungen, der (unschuldig und unbeteiligt) auf der Straße mit einem Ball spielt? Die vom Massachusetts Institute of Technology betriebene Webseite „Moral Machine" stellt Nutzerinnen vor die fiktionale Entscheidung, zwischen zwei Szenarien zu wählen, in denen jeweils unterschiedliche Menschen oder Tiere ihr Leben verlieren:

Diese Plattform erfasst, wie Menschen zu moralischen Entscheidungen stehen, die von intelligenten Maschinen, wie z. B. selbstfahrenden Autos, getroffen werden. Wir zeigen dir moralische Dilemmata, bei denen sich ein führerloses Auto für das geringere Übel entscheiden muss, beispielsweise die Entscheidung, zwei Mitfahrer oder fünf Fußgänger zu töten (MIT Moral Machine 2018).

Als „außenstehender Beobachter" ist man nun aufgerufen zu entscheiden, „welcher Ausgang deiner Meinung nach akzeptabler ist" (MIT Moral Machine 2018). Aufschlussreich ist die Liste der Kategorien, die für eine solche moralische Entscheidung differenziert werden: die Anzahl der geretteten Leben; die Tendenz, Mitfahrer zu schützen; das Einhalten von Gesetzen; das Verhindern eines Eingreifens in das Geschehen; die Geschlechterpräferenz (weiblich/männlich); die Präferenz einer Spezies (Mensch/Tier); Alter; Sportlichkeit und schließlich der „soziale Wert" (der in den Grafiken durch die Gegenüberstellung von Ärzten und Bankräubern repräsentiert wird).

Relevant ist nicht so sehr der Ansatz, ein moralisches Experiment zu sein, sondern vielmehr die damit verfolgte *Datafizierung sozialer Normen*. Im Sinne der oben bereits ausgeführten Kritik an Profiling-Techniken erweist sich diese Übersetzungsleistung als problematisch: Mit der „Moral Machine" werden vor allem kulturelle Diskursmuster aufgerufen – Arzt über Räuberin, Mensch über Tier, Kind über Erwachsener etc. – die sich dann in den Antworten auch ‚empirisch' abbilden. Es entsteht der Eindruck einer „Objektivierbarkeit" moralischer Entscheidungen, die sich letztlich probabilistisch in Abhängigkeit zu soziokulturellen Faktoren quantifizieren lassen. Welche „Benchmarks" aber gelten für die Wertzuschreibung an Individuen, die durch automatisierte Entscheidungssysteme reproduziert werden? Soziale Normen als häufig implizite, „ungeschriebene Gesetze" erhalten den Status quantifizierbarer Regeln.

Obwohl eine positivistische und deterministische Regelhaftigkeit zurückgewiesen werden muss, lässt sich ein Muster in den Entscheidungspräferenzen nicht vollständig abtun. Die „Moral Machine" stellt eine Emulation des moralischen Gedankenexperiments dar, das als Trolley-Problem bekannt ist. Im ersten Szenario müssen wir folgende Entscheidung treffen: Wir beobachten einen Zug, der auf vier Arbeiter zurast, die in einem Gleis arbeiten. Durch eine andere Weichenstellung können wir die Richtung des Zugs auf ein anderes Gleis ändern, stellen jedoch fest, dass sich dort ebenfalls ein Gleisarbeiter aufhält. Wenn wir den Hebel verstellen, wird ein Arbeiter sein Leben verlieren; tun wir nichts, werden vier Arbeiter sterben. Das zweite Szenario beginnt mit ebendieser Prämisse: Vier Arbeiter halten sich im Gleis auf und wir beobachten einen herannahenden Wagen – allerdings von einem Turm neben den Gleisen aus. Außer uns befindet sich noch ein schwerer und großer Mann auf dem Turm. Wenn wir ihn vom Turm stoßen, wird er den herannahenden Wagen entgleisen lassen und die vier Arbeiter werden dadurch gerettet. Wie entscheiden wir uns richtig?

Dem Dilemma ist qua Definition eigen, dass es unlösbar ist. Die Hirnforschung aber gibt einen Einblick in die kognitiven Prozesse, die beim Versuch einer Lösung dieses Problems aktiv sind:

To the brain, the first scenario is just a math problem. The dilemma activates regions involved in solving logical problems. [...] In the second scenario, you have to physically interact with the man and push him to his death. That recruits additional networks into the decision: brain regions involved in emotion. [...] In the second scenario, we're caught in a conflict between two systems that have different opinions. Our rational networks tell us that one death is better than four, but our emotional networks trigger a gut feeling that murdering the bystander is wrong. You're caught between competing drives, with the result that your decision is likely to change entirely from the first scenario (Eagleman 2015, S. 115)

Während das erste Szenario ein mathematisches Problem darstellt, steht bei der Deutung des zweiten Szenarios die emotionale Involviertheit im Vordergrund. Beiden Entscheidungen – ob nun „logisch" oder „emotional" – erfolgen im Sinne bestimmter Faktoren, die als Muster abstrahiert werden können.

Für Beschreibungskategorien wie „Autonomie" oder „freier Wille" unterstreicht dies aus einer naturwissenschaftlichen Disziplin heraus nochmals eine grundlegende konzeptionelle Antiquiertheit. Der Neurowissenschaftler formuliert so:

We feel like we have autonomy – that is, we make our choices freely. But under some circumstances it's possible to demonstrate that this feeling of autonomy can be illusory (Eagleman 2015, S. 103).

Handlungen und Handlungsentscheidungen sind präformiert durch die Sozialisierung und Kulturalisierung des Gehirns – ‚eingeschriebene Normen' sind Grundlage einer vermeintlich autonomen Entscheidung. Ein Bewusstsein hält es nur für einen sehr geringen Anteil aller Problemlösungswege oder Entscheidungen vor, die in den meisten Fällen ohne reflektierte Bewusstmachung getroffen werden. Die komplexe Tätigkeit „Gehen" etwa erfolgt ohne permanentes Grübeln über die korrekte Schrittfolge. Das Bewusstsein ist in diesem Sinne nur eine Funktion unter vielen, die das Gehirn konstruiert.[9]

---

[9]Ein völliger ‚neuronaler Determinismus' als Gegenentwurf zur Vernunft-Verliebtheit der Moderne ist zwar ebenfalls als einseitig zurückzuweisen. „Bewusstsein" jedoch muss durch seine Verortung in der materiell-physikalisch determinierten Welt erklärbar sein (s. ausführlich Dennett 2017). Auch ist wichtig zu betonen, dass sich der eingangs eingeführte philosophische Autonomiebegriff nicht auf den durch das Gehirn ‚ermöglichten' freien Willen zu einer Entscheidung, sondern auf menschliche Leistungen in einer Kultur, insbesondere auf den Gebrauch von Sprache und das daraus resultierende Handeln in normativen Strukturen bezieht (vgl. etwa Brandom 2011). Entscheidend für das Argument hier ist demgegenüber die „neuronale Inkorporation" zur Autonomie befähigender sozialer Strukturen.

Der freie Wille ist in diesem Sinne eine Simulation des Gehirns, die für einen geringen Ausschnitt aller Entscheidungen konstruiert wird. Unser Verhalten ist eben kein ‚individuelles' oder selbstbestimmt und auf einem ‚freien Willen' basierend. Sie alle sind letztlich durch Sozialisation und Kulturalisation geprägt und daher regelgeleitet, was emotionsbasierte moralische Entscheidungen einzuschließen scheint. Auch „Moral" ist daher ein kulturelles und soziales Phänomen, das sich durch die Maschine erlernen lassen kann.

Ohne Überwachung kann die moderne Idee der Autonomie nicht gedacht werden – und umgekehrt. Ihre im Beitrag „hochinvasiv" genannten Formen zeigen auf, wie fragil die vertrauten Konzepte „freier Wille", „Selbst", „Subjekt" oder „Privatheit" sind. Vor allem taugen sie nicht mehr als normative Referenzfolie für die Bewertung von Überwachungspraktiken. Die „hochinvasive Überwachung" stellt vor allem durch die Herstellung sich selbst erhaltender Fiktionen über „die Realität" eine große Gefahr dar, insbesondere dann, wenn sie zur sozialen Kontrolle in totalen Überwachungsgesellschaften genutzt wird. Genauso wenig, wie wir je modern waren (Latour 2008), waren wir jemals autonom. Im Klammern an die fragilen Konzepte lauert eine weitere Gefahr. Während wir damit beschäftigt sind, den Verlust der Autonomie zu beklagen, übersehen wir beides: sowohl die produktiven Qualitäten der Überwachung als auch ihre wahrhaft destruktive Kraft.

Literatur

Andrejevic, M. (2007). *iSpy: Surveillance and power in the interactive era.* Lawrence: University Press of Kansas.

Angwin, J., Larson, J., Mattu, S., & Kirchner, L. (2016). Machine bias: There's software used across the country to predict future criminals and it's biased against blacks. https://www.propublica.org/article/machine-bias-risk-assessments-in-criminal-sentencing. Zugegriffen: 15. März 2018.

Bächle, T. C. (2016a). *Digitales Wissen, Daten und Überwachung zur Einführung.* Hamburg: Junius.

Bächle, T. C. (2016b). Das Smartphone, ein Wächter. Selfies, neue panoptische Ordnungen und eine veränderte sozialräumliche Konstruktion von Privatheit. In E. Beyvers, P. Helm, M. Hennig, C. Keckeis, I. Kreknin, & F. Püschel (Hrsg.), *Räume und Kulturen des Privaten* (S. 137–164). Wiesbaden: Springer VS.

Bächle, T. C. (2019, i. V.). Das digitale Selbst. In M. Heßler & K. Liggieri (Hrsg.), *Handbuch Historische Technikanthropologie.* Baden-Baden: Nomos.

Bächle, T. C., Regier, P., & Bennewitz, M. (2017). Sensor und Sinnlichkeit. Humanoide Roboter als selbstlernende soziale Interfaces und die Obsoleszenz des Impliziten. In C. Ernst & J. Schröter (Hrsg.), Medien und implizites Wissen. *Navigationen. Zeitschrift für Medien und Kulturwissenschaften 2,* 66–85.

Bächle, T. C., Ernst, C., Schröter, J., & Thimm, C. (2018). Selbstlernende autonome Systeme? – Medientechnologische und medientheoretische Bedingungen am Beispiel von Alphabets *Differentiable Neural Computer* (DNC). In C. Engemann & A. Sudmann (Hrsg.), *Machine Learning – Medien, Infrastrukturen und Technologien der Künstlichen Intelligenz* (S. 169–194). Bielefeld: transcript.

Barrett, L. F. (2017). The theory of constructed emotion: An active inference account of interoception and categorization. *Social Cognitive and Affective Neuroscience, 12*(1), 1–23. https://doi.org/10.1093/scan/nsw154.

Bauman, Z. (2004). *Flüchtige Moderne*. Frankfurt am Main: Suhrkamp.

Berliner Zeitung/dpa. (2017). „Digitaler Leninismus". Neue Ära der totalen Überwachung in China. Berliner Zeitung Online, 24.10.2017. https://www.berliner-zeitung.de/politik/-digitaler-leninismus–neue-aera-der-totalen-ueberwachung-in-china-28643412. Zugegriffen: 15. Nov. 2017.

Bogard, W. (2007). Surveillance, its simulation, and hypercontrol in virtual systems. In S. P. Hier & J. Greenberg (Hrsg.), *The surveillance studies reader* (S. 95–103). Maidenhead: Open University Press (Erstveröffentlichung 1996).

Boyd, D., & Crawford, K. (2012). Critical questions for big data. *Information. Communication & Society, 15*(5), 662–679.

Brandom, R. B. (2011). Freiheit und Bestimmtsein durch Normen. In T. Khurana & C. Menke (Hrsg.), *Paradoxien der Autonomie* (S. 61–89). Berlin: August-Verlag.

Breazeal, C. (2003). Toward sociable robots. *Robotics and Autonomous Systems, 42*(3), 167–175.

Bucher, T., & Helmond, A. (2017). The Affordances of Social Media Platforms. In J. Burgess, T. Poell, & A. Marwick (Hrsg.), *The SAGE Handbook of Social Media* (S. 233–253). London: SAGE.

Calvo, R. A., D'Mello, S., Gratch, J., & Kappas, A. (Hrsg.). (2014). *The Oxford handbook of affective computing*. Oxford: Oxford University Press.

Deleuze, G. (2017). Postskriptum über die Kontrollgesellschaften. In G. Deleuze (Hrsg.), *Unterhandlungen. 1972–1990* (S. 254–262). Frankfurt a. M.: Suhrkamp (Erstveröffentlichung 1990).

Dennett, D. C. (2017). *Consciousness explained*. New York: Boston Little Brown & Company (Erstveröffentlichung 1991).

Duden. (2018): Duden Wörterbuch Online, Lemma „Autonomie". https://www.duden.de/rechtschreibung/Autonomie; Zugegriffen: 1. Febr. 2018.

Duttweiler, S., Gugutzer, R., Passoth, J.-H., & Strübing, J. (Hrsg.). (2016). *Leben nach Zahlen. Self-Tracking als Optimierungsprojekt* (S. 9–42). Bielefeld: transcript.

Eagleman, D. (2015). *The brain. The story of you*. New York: Pantheon Books.

Esposito, E. (2007). *Die Fiktion der wahrscheinlichen Realität*. Frankfurt a. M.: Suhrkamp.

Floridi, L. (2012). Distributed morality in an information society. *Science and I.G. Ethics, 19*(3), 727–743.

Flyverbom, M., & Madsen, A. K. (2015). Sorting data out. Unpacking big data value chains and algorithmic knowledge production. In F. Süssenguth (Hrsg.), *Die Gesellschaft der Daten. Über die digitale Transformation der sozialen Ordnung* (S. 123–144). Bielefeld: Transcript.

Foucault, M. (1983). *Der Wille zum Wissen. Sexualität und Wahrheit 1*. Frankfurt a. M.: Suhrkamp.

Foucault, M. (1993). Die Technologien des Selbst. In L. H. Martin, H. Gutman, & P. H. Hutton (Hrsg.), *Technologien des Selbst* (S. 24–62). Frankfurt a. M.: Fischer.

Foucault, M. (1994). *Überwachen und Strafen. Die Geburt des Gefängnisses.* Frankfurt a. M.: Suhrkamp (Erstveröffentlichung 1975).

Giddens, A. (1991). *Modernity and self-identity: Self and society in the late modern age.* Stanford/CA: Stanford University Press.

Gillespie, T. (2014). The relevance of algorithms. In T. Gillespie, P. J. Boczkowski, & K. A. Foot (Hrsg.), *Media Technologies. Essays on Communication, Materiality and Society* (S. 167–193). Cambridge: MIT Press.

Gitelman, L., & Jackson, V. (2013). Introduction. In L. Gitelman (Hrsg.), *"Raw Data" is an Oxymoron* (S. 1–14). Cambridge: MIT Press.

Goffman, E. (1963). *Stigma. Notes on the management of spoiled identity.* New York: Simon & Schuster.

Habermas, J. (1990). *Strukturwandel der Öffentlichkeit. Untersuchungen zu einer Kategorie der bürgerlichen Gesellschaft.* Frankfurt a. M.: Suhrkamp (Erstveröffentlichung 1962).

Hall, S. (1996). Introduction. Who needs ‚Identity'? In S. Hall & P. du Gay (Hrsg.), *Questions of cultural identity* (S. 1–17). Cambridge: Sage.

Hegel, F., Muhl, C., Wredel, B., Hielscher-Fastabend, M. & Sagerer, G. (2009). Understanding Social Robots. In The Second International Conference on Advances in Computer-Human Interactions (ACHI), Cancun 2009, 169–174.

Hellige, H. D. (2008). Paradigmenwechsel der Computer-Bedienung aus technik-historischer Perspektive. In H. D. Hellige (Hrsg.), *Mensch-Computer-Interface. Zur Geschichte und Zukunft der Computerbedienung* (S. 11–92). Bielefeld: transcript.

Höflich, J. R. (2011). *Mobile Kommunikation im Kontext. Studien zur Nutzung des Mobiltelefons im öffentlichen Raum.* Frankfurt a. M.: Lang.

Jenkins, R. (2008). *Social identity.* London: Routledge.

Kant, I. (1900). Gesammelte Schriften. Hrsg.: Bd. 1–22 Preussische Akademie der Wissenschaften, Bd. 23 Deutsche Akademie der Wissenschaften zu Berlin, ab Bd. 24 Akademie der Wissenschaften zu Göttingen.

Khurana, T. (2011). Paradoxien der Autonomie. Zur Einleitung. In T. Khurana & C. Menke (Hrsg.), *Paradoxien der Autonomie* (S. 7–23). Berlin: August-Verlag.

Kosinski, M., Stillwell, D., & Graepel, T. (2013). Private traits and attributes are predictable from digital records of human behavior. *PNAS 110*(15), 5802–5805. https://doi.org/10.1073/pnas.1218772110.

Latour, B. (2008). *Wir sind nie modern gewesen.* Frankfurt a. M.: Suhrkamp.

Lyon, D. (2002). Everyday surveillance. Personal data and social classifications. *Information, Communication and Society, 51*(1), 1–16.

Lyon, D., Haggarty, K. D., & Ball, K. (2012). Introducing surveillance studies. In K. Ball, K. D. Haggarty, & D. Lyon (Hrsg.), *Routledge handbook of surveillance studies* (S. 1–11). London: Routledge.

Manovich, L. (2013). *Software takes command.* New York: Bloomsbury (Erstveröffentlichung 2008).

Marx, G. T. (2004). What's new about the „New Surveillance"? Classifying for change and continuity. *Knowledge Technology & Policy, 17*(1), 18–37.

Mirsch, T., Lehrer, C., & Jung, R. (2017). Digital nudging: Altering user behavior in digital environments. In J. M. Leimeister & W. Brenner (Hrsg.), Proceedings der 13. Internationalen Tagung Wirtschaftsinformatik (WI 2017), St. Gallen 2017, 634–648.

Misselhorn, C. (2009). Empathy with inanimate objects and the Uncanny Valley. *Minds and Machines, 19*, 345–359.

MIT Moral Machine. (2018). MIT Moral Machine. http://moralmachine.mit.edu/hl/de. Zugegriffen: 15. April 2018.

Mittelstadt, B. D., Allo, P., Taddeo, M., Wachter, S., & Floridi, L. (2016). The ethics of algorithms: Mapping the debate. *Big Data & Society, 3*(2), 1–21.

Nissenbaum, H. (2010). *Privacy in context. Technology, policy and the integrity of social life*. Stanford: Stanford Law Books.

O'Neil, C. (2017). *Weapons of math destruction. How big data increases inequality and threatens democracy*. London: Penguin.

Pasquale, F. (2015). *The black box society: The secret algorithms that control money and information*. Cambridge: Harvard University Press.

Picard, R. (1997). *Affective computing*. Cambridge/MA: MIT Press.

Pohlmann, R. (1971). Autonomie. In J. Ritter (Hrsg.), *Historisches Wörterbuch der Philosophie* (Bd. 1, S. 701–719). Darmstadt: Wissenschaftliche Buchgesellschaft.

Rammert, W. (2008). Where the action is: Distributed agency between humans, machines, and programs. In J. H. Kim, U. Seifert, & A. Moore (Hrsg.), *Paradoxes of Interactivity* (S. 62–91). Bielefeld: transcript.

Rose, N. (1996). Assembling the modern self. In R. Porter (Hrsg.), *Rewriting the self. Histories from the renaissance to the present* (S. 224–248). London: Routledge.

Rose, N. (1998). *Inventing our selves: Psychology, power and personhood*. Cambridge: Cambridge University Press.

Rössler, B. (2001). *Der Wert des Privaten*. Frankfurt a. M.: Suhrkamp.

Rouvroy, A. (2013). The end(s) of critique. Data-behaviorism vs. due-process. In M. Hildebrandt & K. de Vries (Hrsg.), *Privacy, due process and the computational turn. The philosophy of law meets the philosophy of technology* (S. 143–167). London: Routledge.

Rule, J. B. (2007). Social control and modern social structure. In S. P. Hier & J. Greenberg (Hrsg.), *The surveillance studies reader* (S. 19–27). Maidenhead: Open University Press (Erstveröffentlichung 1973).

Schnell, M. (2018). Ethik der digitalen Gesundheitskommunikation. In V. Scherenberg & J. Pundt (Hrsg.), *Digitale Gesundheitskommunikation zwischen Meinungsbildung und Manipulation* (S. 277–290). Bremen: Apollon University Press.

Sewell, G., & Barker, J. R. (2007). Neither good, nor bad, but dangerous: Surveillance as an ethical paradox. In S. P. Hier & J. Greenberg (Hrsg.), *The surveillance studies reader* (S. 354–367). Maidenhead: Open University Press (Erstveröffentlichung 2001).

Selke, S. (2016). *Lifelogging. Digitale Selbstvermessung und Lebensprotokollierung zwischen disruptiver Technologie und kulturellem Wandel*. Wiesbaden: Springer.

Sennett, R. (1983). *Verfall und Ende des öffentlichen Lebens. Die Tyrannei der Intimität*. Frankfurt a. M.: Fischer.

Sheller, M., & Urry, J. (2007). Mobile transformations of ‚public‘ and ‚private‘ life. In S. P. Hier & J. Greenberg (Hrsg.), *The surveillance studies reader* (S. 327–336). Maidenhead: Open University Press (Erstveröffentlichung 2003).

Siciliano, B., & Khatib, O. (Hrsg.). (2016). *Springer handbook of robotics*. Berlin: Springer.

Stoddart, E. (2012). A surveillance of care. Evaluating surveillance ethically. In K. Ball, K. D. Haggarty, & D. Lyon (Hrsg.), *Routledge handbook of surveillance studies* (S. 369–376). London: Routledge.

Tao, J., & Tan, T. (2005). Affective computing. A Review. In J. Tao, T. Tan, & R. W. Picard (Hrsg.), Proceedings. Affective computing and intelligent interaction. First International Conference, ACII, Peking 2005, 981–995.

Thaler, R. H., & Sunstein, C. R. (2008). *Nudge: Improving decisions about health, wealth, and happiness.* New Haven: Yale University Press.

Thimm, C., & Bächle, T. C. (2018). Autonomie der Technologie und autonome Systeme als ethische Herausforderung. In M. Karmasin, F. Krotz, & M. Rath (Hrsg.), *Maschinen-ethik. Normative Grenzen autonomer Systeme* (S. 73–87). Wiesbaden: Springer VS.

Wiener, N. (1961). *Cybernetics: Or Control and communication in the animal and the machine.* Cambridge: MIT Press.

Zuboff, S. (2015). Big Other: Surveillance capitalism and the prospects of an information civilization. *Journal of Information Technology 30*, 75–89. https://doi.org/10.1057/jit.2015.5.

Beyond Meaningful Human Control? – Interfaces und die Imagination menschlicher Kontrolle in der zeitgenössischen Diskussion um autonome Waffensysteme (AWS)

Christoph Ernst

Zusammenfassung

In der Debatte um autonome Waffensysteme (AWS) spielt das Motiv der menschlichen Kontrolle über die Entscheidungsprozesse dieser Systeme eine zentrale Rolle. Der Text zeigt auf, welche möglichen Entwicklungshorizonte derzeitige Konzeptstudien des US-Militärs vorsehen und inwieweit diese Konzepte sich mit fiktionalen Narrativen aus dem Spielfilm kreuzen. Zunächst wird dazu die zeitgenössische Debatte um AWS charakterisiert. Im Anschluss wird dargelegt, inwieweit das Motiv der Kontrolle über Entscheidungsprozesse der Maschinen in ausgewählten Hollywood-Spielfilmen den 1980er- und frühen 1990er-Jahren vorgezeichnet ist. Ein Ausblick auf die Konsequenzen, welche die Entwicklung autonomer Waffensysteme hinsichtlich der Interfaces zwischen Mensch und Maschine mit sich bringen, rundet die Ausführungen ab.

Schlüsselwörter

Mensch · Medien · Autonomie · Interface · Waffensystem

Für wertvolle Hinweise und Kommentare sowie Hilfe bei der Korrektur des vorliegenden Textes danke ich Thomas Bächle und Jule Wegen.

C. Ernst (✉)
Bonn, Deutschland
E-Mail: cernst@uni-bonn.de

© Springer Fachmedien Wiesbaden GmbH, ein Teil von Springer Nature 2019
C. Thimm und T. C. Bächle (Hrsg.), *Die Maschine: Freund oder Feind?*,
https://doi.org/10.1007/978-3-658-22954-2_12

1   Einleitung

Mit dem Erscheinen sogenannter „letaler autonomer Waffensysteme" (AWS oder auch LAWS) hat die Diskussion um die Mensch-Maschine-Beziehung eine neue Qualität gewonnen (Bhuta et al. 2016a; Geiß 2017). Maschinen sind im Begriff, zu Technologien entwickelt zu werden, die ohne unmittelbare Einbindung in menschliche Entscheidungsprozesse „autonom" Tötungsentscheidungen treffen. Geht man davon aus, dass es klar identifizierbare technologische Tendenzen gibt, die es erlauben, von einer absehbaren Einsatzreife dieser Systeme auszugehen, die vollständige „Autonomie" dieser Systeme aber derzeit noch nicht erreicht ist (Roff 2017; Singer 2010) – also eine Differenz zwischen Leit- und Idealbildern der Technologie und ihrer technologischen Realität besteht (Jasanoff 2015, S. 19) –, dann wird deutlich, dass die Debatte um AWS durch ihren Bezug zu einer derzeit latenten, aber erwartbar bevorstehenden Zukunft geprägt ist.

Diese „Absehbarkeit" des operativen Einsatzes von AWS hat dazu geführt, dass die Bestrebungen zu einer normativen Regulierung dieser oft als „Killerroboter" bezeichneten Technologien intensiviert wurden.[1] Der Umstand, dass das „Absehbare" zwar erwartbar, aber eben noch nicht real ist, führt dazu, dass die gesellschaftlichen Konsequenzen dieser Waffen nicht ohne die Berücksichtigung des „imaginären Gehaltes" erörtert werden können, der die Diskurse um AWS prägt. In der Diskussion um AWS ist eine diskursive Konstellation entstanden, in der sich faktische technologische Entwicklungen und ihre jeweilige Geschichte mit Projektionen auf verschiedene mögliche Zukünfte vermischen. Das Spektrum reicht von faktualen Diskursen wie Technikfolgenabschätzungen, über Diskussionen zu ethischen Konsequenzen bis hin zu fiktionalen Narrativen.

Wie die Literaturtheorie gezeigt hat, muss das Gegensatzpaar Fakt und Fiktion stets auf die dritte Stelle der Imagination bezogen werden, also auf die Dimension subjektiver und kollektiver Einbildungskraft (Iser 1991). Der philosophische Begriff der Imagination wurde zuletzt in den Science & Technology-Studies (STS) unter dem Schlagwort „sociotechnical imaginaries" (Jasanoff und Kim 2015, insb. Jasanoff 2015, S. 19 ff.) aufgegriffen. Ausgearbeitet wird dort der Gedanke, Imagination als eine kulturelle Arbeit an denjenigen Vorstellungen zu begreifen, die beeinflussen, was gesellschaftlich für denkbar erachtet wird – also zum Beispiel in Relation zu einer Technologie als ein „reales Szenario" gilt. Wie die STS betont haben, dürfen die verschiedenen Spielarten der Diskurse dabei nicht zu stark auseinanderdividiert werden. Das gilt auch für die Diskussion um

---

[1]Seit 2013 wird die Frage der Regulierung von AWS im Rahmen der *United Nations Convention on Certain Conventional Weapons* (CCW) diskutiert.

AWS (Singer 2010, S. 150 ff.). Faktuale Diskurse sind durch Literatur, Spielfilme, Computerspiele und ähnliche fiktionale Formate mitgeprägt. Erscheint das Imaginäre in faktualen Diskursen als ein rationalisierter Gehalt, so bieten fiktionale Formate den Vorteil, dem utopischen, dystopischen, irrationalen oder anderweitig spekulativen Anteilen des Imaginären eine Form geben zu können (Iser 1991).

Dieses Grundschema bietet sich an, um ein Kernmotiv in der Debatte um AWS medienkulturwissenschaftlich zu öffnen. Es geht um das derzeit viel diskutierte Motiv der „humans in the loop", also die Beteiligung von Menschen an der Entscheidungsfindung der Maschinen. Im Zuge dieser Debatte haben, ohne dass dies in der Forschung meines Erachtens bisher ausreichend berücksichtigt wurde, Fragen der Ausgestaltung der Interfaces zur Mensch-Maschine-Interaktion an Dringlichkeit gewonnen.[2] Mögliche Szenarien der Interface-Nutzung zur Steuerung und Kontrolle von AWS werden bereits in fiktionalen Spielfilmen des Hollywood-Kinos der 1980er- und frühen 1990er-Jahre inszeniert. Diese Diskurse mit der zeitgenössischen, faktualen Diskussion um AWS ins Gespräch zu bringen und daraus eine mögliche Tendenz der Rolle zukünftiger Interfaces abzuleiten, ist das Ziel des vorliegenden Textes.

2 Autonome Waffensysteme zwischen Fakt, Fiktion und Imagination

Weltweit wird aufgerüstet wie seit dem Kalten Krieg nicht mehr (bpb 2014). Nach derzeitigem Stand ist diese Entwicklung für die nächsten Jahre absehbar. Die Ursachen sind globaler Art. Die „Easterinsation" (Rachman 2017), also die Verschiebung von Wirtschafts- und Militärmacht vom atlantischen in den pazifischen Raum, ist ein Faktor. Zur gleichen Zeit gewinnt der Gegensatz zwischen der NATO und Russland in Europa wieder an Bedeutung. Der im Rahmen von Stellvertreterkriegen ausgefochtene Gegensatz von Sunniten und Schiiten kommt im Nahen Osten zum Konflikt von Palästinensern und Israelis hinzu (Buchta 2016). Dass die Bedrohungsszenarien, die aus Klimawandel, Überbevölkerung, Ressourcenknappheit und Migration entstehen, mit diesen Instabilitäten auf das Engste verwoben sind, spitzt die Unübersichtlichkeit der Gesamtlage weiter zu (Korf 2011).

Der Blick in die politik- und militärwissenschaftliche Literatur (etwa Jäger und Beckmann 2011) zeigt allerdings, dass ein weiterer Trend bis dato eher selten

---

[2]Eine Definition des Interface-Begriffs findet sich bei Cramer und Fuller (2008). Das Feld der medienwissenschaftlichen Interface-Forschung kann hier nicht in Gänze abgesteckt werden. Siehe exemplarisch Distelmeyer (2017); Ernst und Schröter (2017); Hadler und Haupt (2016); Kaerlein (2015).

als eine Ursache aktueller Konflikte genannt wird: die Digitalisierung. Bei allen negativen Effekten, die beispielsweise im Kontext der Arbeitswelt diskutiert werden, hat die Digitalisierung nach wie vor ein vergleichsweise gutes Image. Die Digitalisierung gilt als ein Kernprozess der gesellschaftlichen Zukunft. Gleichwohl sind tiefgreifende Prozesse der Umgestaltung der Kriegführung im Gange, die sich an Digitalisierungsprozesse knüpfen. So ist mit AWS ein Waffentyp entstanden, dem zugetraut wird, die strategische Stabilität auf der Welt substanziell zu beeinflussen (Altmann und Sauer 2017).

Weil an diesen Waffensystemen in großem Umfang geforscht wird (Roff 2017; Singer 2010), hat eine intensive Debatte in der Öffentlichkeit über die Konsequenzen dieser Systeme begonnen (Marsiske 2012a). Den Ton der aktuellen Debatte setzte 2015 ein *Open Letter from AI & Robotics Researchers on Autonomous Weapons* (Open Letter 2015). Unterzeichnet von bekannten internationalen Forscherinnen und Forschern heißt es dort:

> [...] autonomous weapons have been described as the third revolution in warfare, after gunpowder and nuclear arms. [...] If any major military power pushes ahead with AI [artificial intelligence, C.E.] weapon development, a global arms race is virtually inevitable: autonomous weapons will become the Kalashnikovs of tomorrow (Open Letter 2015).

Hinter AWS verbergen sich nicht nur echte Neuentwicklungen, wie es etwa mit Nano-Drohnen der Fall ist. Vielmehr ist die Bezeichnung „autonomes Waffensystem" ein loser Oberbegriff für ein auf neueren IT-Technologien beruhendes Prinzip der „Autonomisierung" (Gutmann et al. 2013, S. 234) unterschiedlicher operativer Kapazitäten existierender Waffensysteme.[3] Zu den primären Merkmalen von AWS zählen die Fähigkeiten, sich eigenständig in einer Umwelt orientieren zu können, selbstständig Ziele zu finden, Missionspläne zu modifizieren oder diese Pläne gar, als derzeit hypothetische Option, grundständig zu entwerfen.[4] Je nach verfügbaren Daten erwachsen aus der Selektivität und Adaptivität dieser Waffen damit gefährliche neue Möglichkeiten: „Autonomous weapons are ideal for tasks such as assassinations, destabilizing nations, subduing populations and selectively

---

[3]Der Begriff wird in Absch. 2.1 diskutiert. Eine Klassifikation von AWS findet sich bei Roff (2017).

[4]Alle diese Eigenschaften finden sich in den verschiedenen Definitionen von Autonomie. Die Begriffe von Autonomie in den primären Konzeptstudien der Militärs (z. B. US Defense Science Board 2012) unterscheiden sich dabei teilweise von akademischen Debatten (z. B. Sartor und Omicini 2016, S. 39 f.). Die angeführten Merkmale können aber als gemeinsame Schnittmenge angesehen werden (siehe auch Roff 2017, S. 256).

killing a particular ethnic group" heißt es beispielsweise in zitierten *Open Letter*. Die Schlussfolgerung lautet prägnant: „Starting a military AI arms race is a bad idea, and should be prevented by a ban on offensive autonomous weapons *beyond meaningful human control*" (Open Letter 2015, Hervorhebung C.E.).

An dieser Stelle wird das Verhältnis zwischen Mensch und Maschine explizit zum Thema. Was in der Furcht vor dem Kontrollverlust anklingt, ist zugleich die Bedingung für das, was im *Open Letter* „Autonomie" konstituiert: ein Operieren von Kriegsmaschinen jenseits der menschlichen Kontrolle. Entsprechend intensiv wird um die Auslegung von „meaningful human control" gerungen (u. a. Moyes 2017).[5] Wer definiert, was als „meaningful" zu gelten hat?[6] Diese Frage ist systematischer Art und betrifft die Rolle, die Menschen in den Entscheidungsroutinen des Waffeneinsatzes noch einnehmen – man spricht vom Problem der „humans in the loop" (Saxon 2016; Sharkey 2016). Klammert man die erwartbare Kritik aus, dass die öffentliche Diskussion, die der *Open Letter* initiiert hat, und deren moralische Dringlichkeit sich in diesem Satz kondensiert, möglicherweise zu spät kommt (Saxon 2016, S. 189 ff.; Schörnig 2014, S. 32 ff.), dann steckt die Sprengkraft der Forderung nach „humans in the loop" in der Anforderung an AWS, diese als kognitive Systeme zu konzipieren, welche in der Lage sind, sich an den Normstrukturen menschlicher Umwelten zu orientieren.

Für die kriegs- und militärtheoretische Perspektive ist diese Dimension ein wichtiges Problem.[7] Die Frage ist, ob die Digitalisierung von Waffentechnologien in anderen, bereits vorliegenden, Kriegstheorien mitverhandelt werden kann, oder ob hier nicht neue theoretische Perspektiven von Nöten sind. Grundsätzlich ist die Feststellung, dass Computertechnologie die Art und Weise der Kriegführung formt, trivial. Niemand wird mehr davon überzeugt werden müssen, dass technologische Entwicklungen die Kriegführung verändern. Eher müssen die Akteure mitunter daran erinnert werden, dass Technologie *nicht* ausreicht, um Konflikte und Kriege zu gewinnen. Ein bekanntes Beispiel für eine technozentristische Betrachtung ist die Theorie der sogenannten „Revolution in Military Affairs" (RMA) (Hansel 2011; Lenoir und Caldwell 2017, S. 34–49; Singer

---

[5]Weiterführend auch Suchman 2017, S. 276, Anm. 8.

[6]Anders formuliert es das US-Verteidigungsministerium in einem oft zitierten Passus aus Direktive 3000.09 *Autonomy in Weapon Systems* (US Department of Defense 2012, S. 2): „Autonomous and semi-autonomous weapons systems shall be designed to allow commanders and operators to exercise appropriate levels of human judgment over the use of force" (siehe auch Sharkey 2016, S. 25)

[7]Die medientheoretischen Argumente von Friedrich Kittler zum Verhältnis von Medien und Krieg sind zusammenfassend dargestellt in Winthrop-Young (2005), S. 115 ff.

2010, S. 179 ff.). Diese Theorie steht einschlägigen „militärische[n] Macht-netzwerke[n]"[8] zwischen Industrie und Streitkräften, sowie dem ebenfalls eng angegliederten „Military-Entertainment Complex" (Andersen und Mirrlees 2014; Lenoir und Caldwell 2017) sehr nahe und wurde in der Endphase des Rüstungs-wettlaufs der 1980er-Jahre entwickelt. Der Grundannahme der RMA zufolge muss die Kriegführung der Gegenwart als ein Zusammenspiel aus vernetzten, computerbasierten Waffen- und Informationssystemen begriffen werden, die – meist in Analogie zur Wirtschaft betrachtet – „revolutionäre" Folgen haben.

Was bedeutet das für die Diskussion um AWS? Obwohl es in der unmittel-baren Zukunft nicht zu erwarten ist, mit einer smarten Bombe in einen Dialog über Descartes methodischen Zweifel treten zu müssen, wie es in John Carpen-ters Persiflage *Dark Star* (USA 1974) der Fall ist, könnten AWS dennoch bald als soziale Akteure in Erscheinung treten,[9] die sich „kognitiv" in ihrer Umwelt orientieren. AWS sind nicht-triviale Waffen, die eine komplexere Theorie der soziotechnologischen Implikationen dieser Systeme nötig macht, als es die auf militärtechnologische Umbrüche fokussierte RMA-Diskussion beschreibt. Die vorrangige Herausforderung für die Forschung besteht derzeit darin, die Ver-flechtungen von AWS mit unterschiedlichen Gesellschaftsfeldern und Techno-logien zu betrachten.[10]

Um diesen Verflechtungen nachspüren zu können, bietet es sich an, einen medientheoretischen Standpunkt einzunehmen und AWS von ihrer Medialität her zu denken – der Medientheorie also ein Mitspracherecht in der Debatte um AWS einzuräumen.[11] Eine solche Herangehensweise erlaubt eine doppelte Perspektive:

---

[8]Der Begriff findet sich in der Kriegssoziologie, hier zitiert nach Holzinger (2014), S. 461.

[9]Das setzt einen konservativen Akteur-Begriff voraus. Geht es nach der Akteur-Netzwerk-Theorie, sind AWS – wie jede Technologie – längst soziale Akteure. Einen einführenden Überblick gibt Loon (2014).

[10]Die derzeit vorherrschende Forschungsperspektive ist durch die STS geprägt (Lengers-dorf und Wieser 2014). Siehe zu AWS insb. die Arbeiten von Jutta Weber und Lucy Such-man (Suchman und Weber 2016, Weber 2016).

[11]Zur Konzeptionalisierung von Medienwissenschaft als einer Disziplin, die im Modus zwei-ter Ordnung operiert, siehe die Überlegungen bei Pias (2011). Theorien wie die STS (genau wie die Systemtheorie) sind nie als Medientheorie gedacht gewesen. Allerdings hat sich eine medientheoretische Lektüre ihrer Grundannahmen und Einsichten als sehr produktiv erwiesen, man denke nur an die Rezeption der Akteur-Netzwerk-Theorie im Rahmen einer „Akteur-Medien-Theorie" (Thielmann und Schüttpelz 2013). Im vorliegenden Rahmen ist es nicht beabsichtigt, sich auf eine theoretische Vorgabe festzulegen oder die Vor- und Nach-teile einer Theorie hervorzuheben. Auch die bisherige Beschäftigung der Medientheorie mit Krieg und Militärtechnologie kann hier nicht aufgearbeitet werden (zum Zusammenhang von Medien, Krieg und Raum zuletzt die Beiträge in Nowak 2017, insbesondere die Einleitung von Lars Nowak).

Obwohl es ein notorisch unscharfer Begriff ist, besagt Medialität, erstens, dass AWS in unterschiedlich medial ausgeformten Diskursen imaginiert werden. Eine Perspektive auf Medialität umfasst, zweitens, die Integration von AWS in operativ-militärische Kommunikationsinfrastrukturen.[12] Medien sind technische Mittel zum Zweck von Krieg. Sie sind Mittler und Mediatoren, die das reibungslose Zusammenspiel aus Aufklärung, Datenanalyse und Waffeneinsatz ermöglichen.[13] Diese Seite der Frage nach Medien ist irreduzibel für das in der Debatte um AWS aufgeworfene Problem der „humans in the loop".

Allerdings beeinflusst dieses Problem auch den Möglichkeitshorizont denkbarer Szenarien, in deren Kontext AWS diskursiviert werden. Als Quellen sind hier zunächst Analysen zu den imaginären Gehalten wichtig, die sich in faktualen Diskursen zu AWS finden lassen. Dazu gehören insbesondere Konzeptstudien des Militärs wie etwa „Roadmaps", in denen die zukünftige technische Implementierung von AWS für die nahe Zukunft umrissen wird. Diese Art der Denkbarmachung von AWS kann in einem zweiten Schritt mit Untersuchungen zu fiktionalen Formaten kontrastiert werden. Dabei ist es methodisch ergiebig, auf Beispiele für Wechselwirkungen aus der Vergangenheit zurückzugreifen (siehe zum Studium vergangener Imaginationen möglicher Zukünfte Corn 1986, zu Waffentechnologien insb. Corn und Horrigan 1996, S. 109 ff.; Gannon 2003; Franklin 2008, hier insb. S. 206–212).[14] Der Blick in die Vergangenheit erlaubt zwar keine Schlüsse auf die Zukunft von AWS. Er gibt aber Einsicht in die Prinzipien, wie die Zukunft von derartigen Technologien imaginiert wird.

Beiden Perspektiven möchte ich, wenn auch unterschiedlich gewichtet, folgen. Den Anfang macht eine kurze Diskussion der aktuellen öffentlichen Debatte um „meaningful human control", die unter anderem mit der *Unmanned Systems Integrated Roadmap 2013–2038* des Department of Defense der USA verschränkt werden soll. Darauf folgt eine Fallstudie zu einem historischen Szenario der Problematik von „humans in the loop". Das Beispiel ist der, heute wieder oft zitierte, Abschuss der Iran Air Maschine 655 durch die US-Navy im Persischen Golf im Jahr 1988 (etwa Schörnig 2014, S. 30). Der Entwicklungsstand damaliger autonomer Systeme und die Implikationen ihres Gebrauchs wurden im Hollywood-Spielfilm der 1980er Jahre und frühen 1990er-Jahre reflektiert und wirken von dort aus bis in die heutige Debatte ein.

---

[12]Im Fachjargon „Command, Control, Communication, and Computers" (C4) genannt.

[13]So können etwa Drohnen als ein Medium begriffen werden (Bender und Thielmann 2019, im Erscheinen)

[14]Für die Hinweise zu dieser Literatur danke ich Jens Schröter.

2.1 Automatisierung vs. Autonomisierung: von „mission execution" zu „mission performance"

Die Forderung einer „meaningful human control", wie sie im oben zitierten *Open Letter* enthalten ist, ist – bei entsprechender Interpretation – einigermaßen abgründig. Die Begriffe Sinn und Bedeutung sind doppeldeutig. Gut vertraut ist die Verwendung des Begriffs „meaningful" in einem moralischen Verständnis, mit dem eine vom Menschen entfremdete Operationsweise von AWS gemeint ist. Stellt der Zustand des Krieges das menschliche Bedürfnis nach moralischem Sinn stets auf eine harte Probe, so ist es erwartbar, dass derzeit eine Regulierung von AWS durch das Menschen- und Völkerrecht gefordert wird. Von einer sinnhaften und bedeutungsvollen menschlichen Kontrolle zu sprechen, erfolgt also im Kontext von Versuchen einer moralischen Einhegung dieser Waffen. Die Befürchtung lautet, dass durch AWS eine Potenzierung des industriellen Sterbens stattfindet, wie es seit dem 19. Jahrhundert bekannt ist. Durch Abkommen und Regulierungen sollen AWS in einer Weise international geächtet werden, wie es bei chemischen Waffen oder Landminen der Fall ist.

Mit etwas dekonstruktivistischem Elan lässt die Formulierung einer „meaningful human control" allerdings noch eine zweite, eher erkenntnistheoretisch grundierte, Lesart zu. Diese Lesart bezieht sich auf die „außermoralische" Dimension von Sinn und Bedeutung (Nietzsche 1999). Folgt man dieser zweiten, widerständigeren und von den Verfasserinnen und Verfassern des *Open Letter* definitiv *nicht* intendierten, sondern hier gegen den Strich gekämmten Lesart, dann geht es bei „meaningful human control" um die Frage der Verflechtungen, die autonome technische Systeme mit der Ebene der Konstitution von Sinn und Bedeutung *an sich* aufweisen. Diese grundlegende Frage zu stellen, ist wichtig, weil sie einen Entwicklungssprung in der Herstellung autonomer Systeme berührt, der in militärischen Diskursen zu AWS schon eine ganze Weile beschworen wird, sich aber bisher nicht technologisch realisieren lässt – mithin ein Gegenstand jener Imaginationen ist, die derzeit die Möglichkeiten von AWS zu fassen versuchen.

Wie den derzeit öffentlich verfügbaren Konzeptpapieren der US-amerikanischen Streitkräfte zu AWS zu entnehmen ist,[15] sollen AWS in Zukunft nicht einfach nur als problemlösende Instanzen in Erscheinung treten, die bestimmte Aufgaben hocheffizient ausführen. Angestrebt ist vielmehr die Entwicklung von autonomen Systemen als „sozialen Akteuren" in einem quasi-menschlichen Sinn.

---

[15]Zugegebenermaßen ist die in der Forschung notorische Fixierung auf die USA eine dürftige Grundlage, betrachtet man den internationalen Kontext. China, Russland, Israel und Indien muss ebenfalls Beachtung geschenkt werden.

Ein Zitat, das jene Grenze beschreibt, jenseits der sich eine Entwicklung „beyond human control" in Gang setzt, findet sich in der aus heutiger (2018) Perspektive relativ weit in die Zukunft vorgreifenden *Unmanned Systems Integrated Roadmap 2013–2038* des US-amerikanischen Verteidigungsministeriums (US Department of Defense 2013; dazu auch Saxon 2016; Suchman und Weber 2016):

> The future of autonomous systems is characterized as *a movement beyond autonomous mission execution to autonomous mission performance*. The difference between execution and performance is that the former simply executes a preprogrammed plan whereas performance is associated with mission outcomes that can vary even during a mission and require deviation preprogrammed tasks. Autonomous mission performance may demand the ability to integrate sensing, perceiving, analyzing, communicating, planning, decision making, and executing to achieve mission goals versus system functions. Preprogramming is still a key part and enabler of this kind of operation, but the preprogramming goes beyond system operation and into laws and strategies that allow the system to self-decide how to operate itself (US Department of Defense 2013, S. 66–67, Hervorhebung C.E.; siehe auch Suchman und Weber 2016, S. 90).

Vollzogen werden soll der Schritt von autonomer *Missionsausführung* zu autonomer *Missionsdurchführung*. Übersetzt meint „performance" Ausführung, Vollzug, Leistung, Erfolg und Ergebnis. So gesehen wäre der Begriff mit „execution" zwar nicht deckungsgleich, das Wortfeld aber doch zumindest eng verwandt. Allerdings muss bei „performance" auch die an Performativität gemahnende Bedeutung als Aufführung, Vorführung oder Darbietung beachtet werden (Wirth 2002). Diese Dimension reicht bis zu dem, derzeit rein fiktionalen, Punkt, dass autonome Systeme in Zukunft, strukturanalog zu einem performativen Sprechakt, Verantwortung für ihre Operationen übernehmen könnten. Die in der KI-Forschung erkenntnisleitende Fähigkeit des Systems, auf Grundlage der Beobachtung des „outcomes" der eigenen Operationen zu agieren („to self-decide how to operate itself"), ist davon zwar nur ein äußerst schwacher Eindruck. Die Formulierung bildet jedoch auch eine Grundlage für Spekulationen über die zukünftige Integration dieser Systeme in soziale und kulturelle Sinnzusammenhänge. Wo also derzeit basale Prozesse, wie die Orientierung des Systems in einer Umwelt, den Gegenstand der Forschung an adaptiven Routinen bilden, könnte ein komplexes Verhalten in normativen Kontexten hinzukommen.[16]

---

[16]Der Beginn dieser Entwicklung dürfte ein selbstgesteuertes taktisches Verhalten des Systems sein, das vor dem Hintergrund übergreifender strategischer Vorgaben zu eigenen Bewertungen kommt. Als eine Weiterentwicklung von komplexen und bereits implementierten Überwachungstechnologien, etwa dem US-amerikanischen *Gorgon Stare*-Programm, ist das leicht denkbar.

Dies bringt die wichtige begriffliche Differenzierung zwischen Autonomie und Automatisierung ins Spiel. Nach einem Modell von Gutmann et al. (2013), das ich hier paraphrasiert wiedergebe, lässt sich der Grad an Autonomie eines Systems aus dem Verhältnis von Kontrolle und Zwecksetzung bestimmen. Den Autoren zufolge ist die erste Stufe die *„Instrumentalisierung"*. Dabei liegen Zwecksetzung und Kontrolle der Maschine vollständig beim Menschen (Dampfmaschine). Der zweite Schritt ist die *„Maschinisierung"*. Hier liegt die Zwecksetzung nach wie vor beim Menschen, es wird aber nur noch eine Kontrolle zweiter Ordnung ausgeübt (Überwachung einer Fertigungsstraße). Mit der *„Automatisierung"* ist eine dritte Stufe erreicht. Maschinen führen Zwecksetzungen ohne Kontrolle aus. Zwar liegt die Definition des übergeordneten Zwecks noch beim Menschen. Für die Wahl der Mittel zur Erreichung des Zwecks gilt dies aber nur noch stark eingeschränkt (Autopilot eines Flugzeugs). Die vierte Stufe ist dann die *„Autonomisierung"*: Die Maschine operiert kontextsensitiv ohne menschliche Kontrolle und definiert ihre eigenen Unterzwecke (adaptive Software). Am weitesten entwickelt ist die fünfte Stufe, von den Autoren *„Bionomisierung"* genannt. Damit sind Maschinen gemeint, die sich selbst erstellen und ein Verhältnis zu sich entwickeln können („self-x-capacities": „self-healing", „self-awareness" etc.) (Gutmann et al. 2013, S. 234).

AWS lassen sich in diesem Modell derzeit in einem Übergang von Automatisierung zu Autonomisierung verorten (Schöring 2014, S. 29 f.). Im Lichte dieser Unterscheidung besteht die auf Ebene der Kontrolle antizipierte Überschreitung von „mission execution" zu „mission performance" nicht nur darin, dass technische Systeme entwickelt werden, die menschliche Fähigkeiten übersteigen – faktisch haben Menschen bei der Nutzung fast aller Technologien einen bestenfalls oberflächlichen Einblick in ihre Operationsweisen. Entscheidend ist, dass die immer noch begrenzten Kontrollmöglichkeiten in Relation zu der stetig steigenden Fähigkeit dieser Systeme gesehen werden, sich eigene Zwecke zu setzen. Solange klar ist, dass ein technisches System zwar nicht vollständig unter Kontrolle steht, sich aber keine eigenen Zwecke setzen kann, solange wird der Kontrollverlust als weniger stark empfunden. Die Lage ändert sich, wenn das System eigenständig handelt und seine eigenen Zwecke nach Kriterien und Prozeduren entwickelt, die nicht mehr erwartbar sind (Sharkey 2016, S. 24). Autonome Systeme würden dann zunächst als fremde Entität wahrgenommen, die man nicht kontrolliert, sondern in einer Art doppelter Kontingenz beobachtet.[17] Potenziell

---

[17]Doppelte Kontingenz beschreibt seit Talcott Parsons „[...] die prinzipielle Unzugänglichkeit des jeweiligen Bewusstseins von Akteuren für sein Gegenüber und insofern die prinzipiell immer anders sein könnenden Erwartungen des einen Akteurs gegenüber den Erwartungen des anderen." (Calm 2008, S. 155).

könnten sich die Systeme sogar zu einer „Superintelligenz" (Bostrom 2014) entwickeln und eine für den Menschen nicht mehr beherrschbare technologische Entität bilden, die in der menschlichen Umwelt agiert.

Um sich eigene Zwecke setzen zu können, müssen autonome Systeme über Routinen zum Umgang mit den impliziten, normativen Praktiken menschlicher Gemeinschaften verfügen. Sofern diese Routinen existieren, könnten autonome Systeme in begrenzten Kontexten in der Lage sein, die Prinzipien der menschlichen Konstitution von Bedeutung zu verstehen. Wenn diese Systeme aber über Routinen verfügen, um soziale Situationen nicht nur zu kategorisieren und zu klassifizieren, sondern sich adaptiv zu diesen Situationen zu verhalten, dann unterscheiden sie nicht nur zwischen Selbst- und Fremdreferenz, sondern sind in der Lage, ihre eigenen Routinen hinsichtlich der sozialen Umwelt anzupassen.[18] Dieses Szenario existiert aus heutiger Perspektive zwar nur in der Fiktion. Für die Diskussion um Autonomie ist dieser Umstand – und zwar genau der Umstand, dass es sich um eine heutige Perspektive formulierte Fiktion handelt – von zentraler Bedeutung. Welche Fähigkeiten ins Spiel kommen, wird in folgendem, bereits zitiertem, Satz aus der *Unmanned Systems Integrated Roadmap 2013–2038* ansatzweise deutlich:

> [...] autonomous mission performance may demand the ability to integrate sensing, perceiving, analyzing, communicating, planning, decision making, and executing to achieve mission goals versus system functions (US Department of Defense 2013, S. 67).

AWS werden, ob bewusst oder unbewusst, als zukünftige soziale Akteure gedacht, die über Fähigkeiten verfügen, die als „kognitiv" klassifiziert werden können und sich quasi komplementär zu denen des Menschen verhalten sollen. In der *Unmanned Systems Integrated Roadmap* sieht man die Sache so:

> Unmanned systems have proven they can enhance situational awareness, reduce human workload, improve mission performance, and minimize overall risk to both civilian and military personnel, and all at a reduce cost. [...] It is important to highlight that there are no requirements for unmanned systems within the Joint force, but some capabilities are better fulfilled by unmanned systems. Unmanned systems provide persistence, versatility, survivability, and reduced risk to human life, and in many cases are the preferred alternatives especially for missions that are characterized as dull, dirty, or dangerous (US Department of Defense 2013, S. 20).

---

[18]Siehe hier im Kontext die Grundanlage der Systemtheorie bei Luhmann (1987).

Was einfach klingt, beruht auf einem altbekannten Kalkül. AWS sollen in Szenarien Verwendung finden, wo Menschen entweder großen Risiken ausgesetzt sind, oder aber das kognitive Vermögen von Menschen nicht gut für die Durchführung einer Aufgabe geeignet ist. Dazu zählen Tätigkeiten wie Aufklärung oder Objektschutz, bei denen Menschen zu Fehlern neigen – entweder, weil sie unterfordert sind und Gefahren aufgrund von Langeweile oder Ermüdung nicht erkennen, oder aber, weil die Kognition überfordert ist, die Menschen also nicht schnell genug reagieren können (Schörnig 2014).[19]

Diese Frage nach dem Verhältnis von menschlicher Kognition zu den kognitiven Potenzialen autonomer Systeme ist für das Problem der bedeutungsvollen Kontrolle über AWS konstitutiv.[20] Um allerdings die Rolle der Kognition beurteilen zu können, muss auf die Bedeutung von Medien im Diskurs zu AWS hingewiesen werden. Einerseits, weil Medien Interaktionen zwischen Mensch und Maschine ermöglichen, andererseits, weil im Spielfilm entscheidende Szenarien durchgespielt werden, die in dieser Problemlage Aufschluss geben. An dieser Stelle ist es also möglich, den bereits erwähnten historischen Rückblick auf eine Überschneidung zwischen realen technologischen Entwicklungen und fiktionalem Spielfilm in die Diskussion einzubringen.

2.2   Interfaces im Wechselspiel von Fakt und Fiktion: *Phalanx, Aliens & Terminator 2*

Die Formulierung „*beyond* meaningful human control" bezeichnet einen transgressiven Moment. Von einer Dimension „jenseits" menschlicher Kontrolle zu sprechen, markiert die Grenze des aus einer menschlichen Perspektive „Bedeutungsvollen". Sie ist davon abhängig, was von einer Enunziatorin als im

---

[19]Aufgerufen sind damit (unter anderem) alte Motive der philosophischen Anthropologie. Zu nennen ist insbesondere die Debatte um die Unzulänglichkeit des Menschen im Angesicht seiner technischen Artefakte, wie sie bei Günther Anders bereits in den 1950er-Jahren geführt wurde (Anders 1994). Heute wird die anthropologische Frage im AWS-Diskurs vorwiegend in kognitionswissenschaftlichen Begriffen verhandelt, sofern kognitive Vermögen des Menschen, etwa die perzeptive Fähigkeit, Muster zu erkennen, oder die Kompetenz, in unbekanntem Terrain Probleme zu lösen, in Maschinen integriert werden.

[20]Einen Begriff von Autonomie wird man ohne die Berücksichtigung von Kognition nicht haben (Sartor und Omicini 2016). Auch in der *Unmanned Systems Integrated Roadmap 2013–2038* ist die Definition von Autonomie explizit an Kognition gebunden (US Department of Defense 2013, S. 29, S. 66 ff.).

sozialen und kulturellen Sinn „bedeutungsvoll" angenommen wird. Ebenso relevant ist die Frage, was die andere Seite eines „bedeutungsvollen" menschlichen Sinnzusammenhangs ist – was also an Möglichkeiten gegeben ist, die außerhalb der im *Open Letter* eingeforderten bedeutungsvollen menschlichen Kontrolle liegen könnte. Dieses „Jenseits" zu adressieren ist zwangsläufig ein spekulatives Unterfangen, welches die Imagination stimuliert. Es enthält auch das Moment eines Denkens von Möglichkeiten, die bisher noch nicht realisiert sind, aber aus einer jeweils individuell zu bestimmenden Perspektive für wahrscheinlich oder denkbar gehalten werden. Im Diskurs über AWS ist der Modus, dies auszudrücken, der eines Gedankenspiels über die Frage, in welcher Hinsicht diese Systeme autonom agieren könnten und welche Konsequenzen diese Autonomie für die menschliche Gesellschaft haben könnte.

Filmische Narrative verfügen über eine geringere argumentative Rückbindung als die eben skizzierten öffentlichen Debatten oder technischen Implementierungsszenarien, allemal aber über eine größere Formenvielfalt. Die Spannbreite reicht von Analogien und Metaphern über Parabeln bis hin zu komplexen Gedankenexperimenten, die im Rahmen fiktionaler Narrative ausdiskutiert werden. Filmische Inszenierungen liefern insofern komplementäre Szenarien zu wissenschaftlichen Gedankenexperimenten, als sie aufgrund ihrer intertextuellen Verdichtung hinsichtlich der zeithistorischen Konnotationen eines Szenarios aussagekräftiger sein können, als es wissenschaftliche Gedankenexperimente sind. Wo es der filmischen Diskursivierung von AWS an Distinktion und Eindeutigkeit fehlt, beispielsweise durch die Zwänge von Genreregeln, gelingt es filmischen Formen dank der größeren Dichte der semantischen Konnotationen einen Aussagewert eigener Art zu realisieren.

An drei bekannten Beispielen aus den 1980er- und frühen 1990er-Jahren, den Filmen *Aliens* (USA 1986) und *Terminator 2 – Judgement Day* (USA 1991) sowie einem knappen Verweis auf den Anfang der 2000er-Jahre entstandenen *Terminator 3 – Rise of the Machines* (USA 2003), lässt sich dies anschaulich machen. In diesen Filmen findet sich eine Anspielung auf das Waffensystem, das in der mitunter als erstes AWS überhaupt angesehen wird, das *Phalanx* Nahbereichsverteidigungssystem der US Navy.

In der Debatte um AWS wird das *Phalanx*-CIWS (Abb. 1) bzw. *Phalanx*-CRAM-System gerne als Beispiel für ein bereits in den späten 1970er-Jahren entwickeltes und seit den 1980er-Jahren sehr verbreitetes AWS angeführt (Saxon 2016, S. 189 f.; Corn 2016, S. 214 f.). *Phalanx* ist ein Nahbereichsverteidigungssystem („Close-In-Weapon-System"), das ursprünglich für die Seekriegsführung entwickelt wurde, inzwischen aber auch in einer landgestützten Variante Verwendung findet. Die Aufgabe des Systems ist die Abwehr von schnell

Abb. 1 *Phalanx*-CIWS, gemeinfrei. (Quelle: Wikipedia, https://de.wikipedia.org/wiki/Phalanx_CIWS. Zugegriffen: 28. April 2019)

anfliegenden Raketen, Granaten oder Mörsern („Counter Rocket, Artillery and Mortar"). Es besteht aus einer radarbasierten Sensor- und Feuerleiteinheit, deren Aussehen oft mit einem R2-D2-Roboter aus *Star Wars* verglichen wurde (Stoner 2009; Singer 2010, S. 38). Als Waffe dient eine 20 mm-Gatling-Maschinenkanone. Mittels der Aufklärungseinheit wird der Luftraum rund um ein Schiff oder ein Lager überwacht. Sobald ein Objekt geortet wird, bewertet das System das Ziel. Wenn eine Gefahr identifiziert wurde, löst es einen Alarm aus und die Bekämpfung des Ziels mit der 20 mm-Kanone wird eingeleitet. Das *Phalanx*-System ortet die Ziele, verfolgt und bewertet sie, errechnet eine Feuerleitlösung und führt dann die Bekämpfung durch. Erfasst werden Objekte ab 18 bis 20 km Entfernung (Stoner 2009). Die Software des Systems vergleicht dazu die Flugbahn des Objektes und analysiert das Flugverhalten. Ein Objekt wird ignoriert, wenn es sich vom Schiff wegbewegt, eine vordefinierte Geschwindigkeit unter- bzw. überschreitet, oder es das Schiff nicht treffen kann. Nähert sich das Objekt allerdings auf eine als bedrohlich bewertete Weise bis auf ca. zehn Kilometer, wird es als Ziel eingestuft. Ist das Ziel als Bedrohung klassifiziert und steht es oben auf der Liste der Prioritäten, beginnt das System in einem Abstand von zwei Kilometern mit der Bekämpfung. Zum Einsatz kommt dabei das Prinzip des „closed loop spotting". Der Feuerleitradar erfasst das Ziel und die Flugbahn der eigenen Geschosse. Aus dem Vergleich beider Flugbahnen wird die Ausrichtung der Kanone berechnet, bis hin zu dem Punkt, an dem sich die Flugbahnen kreuzen und die die Abwehrgeschosse das Ziel treffen. Ein Ziel gilt als zerstört, wenn es entweder vom Radar verschwindet oder aber abrupte Fluglageänderungen zu beobachten sind, die darauf schließen lassen, dass es außer Gefecht gesetzt wurde (Stoner 2009).

Zwar wird das *Phalanx*-System in der Literatur zu AWS häufig erwähnt, doch ist es angesichts dieses Leistungsumfangs streitbar, ob es sich um ein AWS handelt (Roff 2017, S. 256 ff.). Versteht man unter Autonomie, wie im oben ausgeführten Sinn, eine kontextsensitive Vorgehensweise ohne menschliche Kontrolle, die ihre eigenen Unterzwecke definiert, ist *Phalanx* offenkundig kein autonomes System. Es ist in der Lage, Bewegungsprofile von Objekten (Raketen, Mörsergranaten etc.) aufgrund vorprogrammierter Parameter zu beurteilen, diese Ziele zu verfolgen sowie eine Bekämpfungsstrategie zu entwickeln und durchzuführen. Überdies ist das System fähig, auf der sehr basalen Ebene seiner Grundfunktionen den eigenen Output – die abgefeuerte Munition – in Relation zu Objekten in der Umwelt zu beurteilen. Dieser Leistungsumfang beschreibt im Sinne des Modells von Gutmann et al. (2013) aber eindeutig kein autonomes, sondern ein automatisiertes Waffensystem.[21] Hinzu kommt, dass in den Entscheidungsloops des *Phalanx*-Systems Menschen an zentraler Stelle beteiligt sind und es ist bisher nicht ohne menschliche Kontrolle abgefeuert worden (Kalmanovitz 2016, S. 147). Für Lucy Suchman ist dies ein Ausschlusskriterium für Autonomie. Unter Anspielung auf die Formulierung einer „meaningful human control" schreibt sie:

> While drawing a line between automation and autonomy is necessary in the context of the CCW's deliberations, this does not imply that autonomous systems are not automated. The crucial question, rather, is whether or not an automated system is subject to meaningful human control. We could, in other words, define autonomous systems precisely as those in which the identification, selection and engagement of targets has been fully automated – this definition still provides a clear distinction between automated systems under human control and those that are not (i.e. weapons systems that are acting autonomously) (Suchman 2017, S. 277).

---

[21]Sporadisch spricht man auch von „semi-autonomen Systemen" (Sharkey 2016).

Abb. 2 *Remote Sentry Weapon System* als Nahbereichsverteidigungssystem. (Quelle: Eigener Screenshot aus *Aliens*, Directors Cut, USA 1986, James Cameron)

Dass das *Phalanx*-System dennoch häufig als ein AWS genannt wird, mag den mitunter sehr unterschiedlichen Autonomiebegriffen geschuldet sein, die im Sprachgebrauch der Militärs und der Wissenschaft gängig sind.[22] Alternativ kann aber auch argumentieren, dass sich die Vorstellung, *Phalanx* sei ein AWS, unter Einfluss des fiktionalen Films im kollektiven Gedächtnis festgesetzt hat. Anspielungen auf das damals brandneue *Phalanx*-System finden sich in James Camerons Science-Fiction-Filmen *Aliens* und *Terminator 2 – Judgement Day* sowie in der (nicht mehr von James Cameron verantworteten) Fortsetzung *Terminator 3 – Rise of the Machines*.

In *Aliens* wird eine Truppe Marines von außerirdischen Monstern in einer Basisstation auf einem fernen Planeten belagert. Zur Abwehr der Bedrohung installieren die Marines zwei sogenannte *UA 571-C Remote Sentry Weapon Systems* in einem Tunnel, der zu der Kommandozentrale führt, in der sich die Truppe verschanzt hat (vgl. Abb. 2). *Remote Sentry Weapons* sind in *Aliens* Maschinenkanonen, die in der Lage sind, Ziele automatisch zu erfassen und zu bekämpfen. Wie der Name andeutet, werden diese Waffen, wie beim *Phalanx*-System, von der Kommandozentrale aus ferngesteuert, wobei auf verschiedenen Laptop- und Fernsehmonitoren auch Kamerabilder vom Ort des Geschehens verfügbar sind (Abb. 3).

---

[22]In Bhuta et al. (2016b) werden die unterschiedlichen Begriffe, so etwa in den Beitrag von Sharkey (2016), zusammengestellt und kritisch diskutiert.

Abb. 3 Steuerungszentrale für das *Remote Sentry Weapon System*. (Quelle: Eigener Screenshot aus *Aliens*, Directors Cut, USA 1986, James Cameron)

Aliens gewährt auch einen kurzen Blick auf das Interface der Steuerungssoftware (Abb. 4). Demzufolge verfügt das System über verschiedene Features, die teilweise denen des realen *Phalanx*-Systems entsprechen, teilweise bei *Phalanx* nicht vorhanden sind, zum Beispiel eine Freund/Feind-Erkennung IFF (Stoner 2009). Das fiktionale System besitzt überdies ein größeres Spektrum von Operationsmodi und ist in der Lage, differenzierter zwischen Zielen unterscheiden zu können (weich, mittel, hart, biologisch und statisch).

UA 571-C REMOTE SENTRY WEAPON SYSTEM			
SYSTEM MODE	WEAPON STATUS	IFF STATUS	TEST ROUTINE
AUTO-REMOTE MAN-OVERRIDE SEMI-AUTO	SAFE ARMED	SEARCH TEST ENGAGED INTERROGATE	AUTO SELECTIVE
TARGET PROFILE	SPECTRAL PROFILE		TARGET SELECT
SOFT SEMIHARD HARD	BIO INERT		MULTI SPEC INFRA RED UV

Abb. 4 Interface des *Remote Sentry Weapon System*. (Quelle: Eigener Screenshot aus *Aliens*, Directors Cut, USA 1986, James Cameron)

Ein besonderes Feature ist die Möglichkeit, die Zielauswahl über multi-
spektrale, infrarote oder ultraviolette Daten vorzunehmen. All das kann das
reale *Phalanx*-System nicht. Andere Waffensysteme, z. B. Kampfflugzeuge,
besitzen inzwischen aber derartige Auswahlmöglichkeiten. So verfügen moderne
Luftüberlegenheitsjäger nicht mehr nur über fortschrittliche „Active-Electro-
nically-Scanned-Array"-Radare (AESA), sondern auch sogenannte „Infrared-
Search-and-Track"-Scanner (IRST).[23] So gesehen ist das *Remote Sentry Weapon
System* zwar (ausgehend vom Jahr 1986) ein Vorgriff in die Zukunft. Das System
ist aber nichts, was in den 1980er-Jahren jenseits des Vorstellungshorizonts der
prinzipiellen Realisierbarkeit gelegen hätte.

Die grundsätzliche Idee, das *Phalanx*-System im Lichte seiner mutmaßlichen
Fortschreibungen in Science-Fiction-Thrillern zu beobachten, gewinnt hier an
Plausibilität. Wie in jedem guten Science-Fiction-Kontext geht es um ein Weiter-
denken von jeweils in einer bestimmten Realität angelegten Möglichkeiten, also
genau um die Markierung jener anderen Seite, die (potenziell) „beyond human
control" liegt. Interessant ist, dass das *Remote Sentry Weapon System* in *Aliens*
während seines Einsatzes die menschlichen Operatoren ohne weiter reichende
Eingriffsmöglichkeit zurücklässt. Als sich die Horde der Monster der Stellung
der Marines nähert, erfassen und bekämpfen die Kanonen ihre Ziele selbstständig. Die Waffen eröffnen das Feuer ohne jede Rückfrage bei den menschlichen Operatoren. Als Ellen Ripley (Sigourney Weaver), die militärisch patente
Heroine des Films, den Operator, Corporal Hicks (Michael Biehn), fragt, wie
viele angreifende Aliens es denn seien, weiß dieser noch nicht einmal Antwort
zu geben: „Can't tell, lots...". Alles, was den Operatoren in *Aliens* zur Verfügung
steht, sind verschwommene und von Rauch vernebelte Kamerabilder. Zusätzlich zu dem, was sie in diesen Kamerabildern mit bloßem Auge erkennen, können
die Operatoren am Laptop-Display nur beobachten, wie hoch der Munitionsver-
brauch oder die Betriebstemperatur des Systems ist.

Aliens inszeniert die Zielerfassung – und damit die eigentlich kritische Operation, an der auch moralische, ethische und juristische Konsequenzen hängen –

---

[23]Letztere dienen zur Verfolgung von Hitzesignaturen, um beispielsweise Stealth-Flug-
zeuge aufspüren zu können, also Flugzeuge, die von Radar nicht geortet werden können.
Stealth wiederum ist eine Technologie, die bis Ende der 1980er-Jahre geheim war, in
Gestalt der F-117 *Nighthawk*-Jagdbombers und des B-2 *Spirit*-Bombers aber technisch
bereits umgesetzt worden ist.

somit als eine klassische Black Box. Dargestellt wird ein Steuerungsszenario, in dem die Sensordaten ausschließlich vom autonomen System verarbeitet werden. Das *Remote Sentry Weapon System* ist ein AWS mit zwei strikt getrennten Datenverarbeitungsprozessen. Die Datengrundlage des (digitalen) Systems und des (analogen) Fernsehbildes werden nicht auf Ebene eines Interfaces zusammengeführt, sondern bleiben separate Prozesse. Der „situational awareness"[24] der menschlichen Akteure ist das kaum zuträglich. Die Operatoren haben zwar ein Bewusstsein für die Bedrohlichkeit ihrer Lage, sie sind aber mehr hilflos als handlungsfähig. Für die Dramaturgie des an der Grenze von Science-Fiction und Horror angesiedelten *Aliens*-Film ist das ein probates Mittel der Spannungserzeugung. Spätestens hier – und zwar exakt am Beispiel der Frage nach den „humans in the loop" – separiert sich dann aber auch die Fiktion von der Realität. Nach den gegebenen Einsatzregeln im Militär wäre es kaum denkbar, ein System mit vergleichsweise fortschrittlicher Sensortechnologie zu entwickeln, den Operatoren im Einsatz aber faktisch keinen Zugriff auf die Daten der Zielerfassung zu überlassen. Konzentriert man sich, im Einklang mit den Regeln des Genre-Kontextes von *Aliens*, für den Moment auf diesen Umstand, bietet sich noch eine andere Interpretationsmöglichkeit an.

Das Augenmerk dieser Interpretation liegt darauf, dass *Aliens* den Kampf eines automatisierten Systems gegen eine anonyme Masse von Angreifern schildert. Das Szenario in *Aliens* ist nicht nur eine Parabel auf den zunehmenden Verlust der medialen Kontrolle über militärische Technologie. Festgemacht am Beispiel des reduzierten Funktionsumfangs des Interfaces des *Remote Sentry Weapon System* wird vielmehr eine Situation exponiert, in der kein Situationsbewusstsein für die anonyme Masse der Angreifer vorhanden ist. Potenziell könnten also auch vor den Aliens fliehende, überlebende Zivilisten in das Abwehrfeuer laufen.[25] Überdies bleibt den Operatoren nichts anderes übrig, als auf die Leistungsfähigkeit des Systems zu vertrauen.

---

[24]Siehe zu „situational awareness" im Kontext des *Network-Centric Warfare* (NCW) und autonomer Waffensysteme Ernst (2017); Suchman (2015, 2017).

[25]Zu realen Szenarien mangelnder „situational awareness" auf Seiten der menschlicher Controller im letzten Afghanistan-Krieg siehe Suchmann (2015). Auch in der fiktionalen Welt von *Aliens* wäre die Möglichkeit gegeben, dass das Waffensystem Unschuldige tötet. Da die zu Zwecken der Aufklärung herbei geeilten Marines ein kleines Mädchen bergen, das überlebt hat, ist nicht auszuschließen, dass weitere Überlende, die noch nicht entdeckt wurden, in den Sensorbereich des Systems laufen. Umso wichtiger ist die Frage, über welche Art von Freund/Feind-Erkennung das *Remote Weapon Sentry System* verfügt. Lucy Suchman (2015, 2017) verschränkt die Diskussion um „situational awareness" daher mit der Frage, nach welchem „principle of distinction" AWS funktionieren. Sind diese Systeme beispielsweise in der Lage, Zivilisten zu erkennen oder verwundete bzw. sich ergebende Akteure von kämpfenden Akteuren zu unterscheiden?

Einige Jahre später entstanden, wird das Motiv der Belagerung durch eine große Gruppe von Angreifern, das in *Aliens* geschildert wird, in dem Action-Thriller *Terminator 2 – Judgement Day* aus dem Jahr 1991 von James Cameron erneut variiert. Das AWS in der *Terminator*-Filmreihe ist der Terminator selbst – in *Terminator 2* in Gestalt des von Arnold Schwarzenegger verkörperten „guten" Modells T-800 und seines „bösen" Gegners, des weiterentwickelten Modells T-1000 (Robert Patrick). Die *Terminator*-Filme erzählen die Geschichte einer Konfrontation der US-amerikanischen Gesellschaft mit AWS und gehören für diesen Kontext daher zu den meistzitierten.[26] Ihre Prämisse lässt die Terminatoren, im vorliegenden Kontext passenderweise, per Zeitreise aus der Zukunft in der Realität der 1980er-Jahre erscheinen. Die Integration von autonomen Systemen und künstlicher Intelligenz, hier eines AWS, in die normativen Strukturen menschlicher Gemeinschaften ist *das* zentrale Thema der Filmserie. Angesichts dieses Umstandes ist es nicht schwer, die Story von *Terminator* als ein Durchspielen zukünftiger Möglichkeiten von AWS zu betrachten. Dass der T-800 die fehlende Vaterfigur des adoleszenten Jungen John Connor (Edward Furlong) ersetzt, ist in der filmwissenschaftlichen Forschung gut aufgearbeitet worden (Kirchmann 1999). Es geht in *Terminator 2* also explizit um die Sozialität eines AWS, das in der Lage ist, sich eigene Zwecke zu setzen.[27]

Insbesondere ein Szenario, das strukturanalog zu *Aliens* funktioniert, ist aufschlussreich: Die Hauptakteure, darunter der T-800, befinden sich in einem Gebäude, das von der Polizei umstellt ist. Da die Polizei die Akteure aber bei der Durchführung ihrer Pläne behindert, will der T-800 die Bedrohung beseitigen. Ausgerüstet mit einer Gatling-Maschinenkanone, die als direkte Anspielung an das *Phalanx*-System gewertet werden kann,[28] schreitet er zur Tat („I'll take care of the police"). Allerdings erinnert John Conner den T-800 an ein Versprechen, das er in einer früheren Szene des Films geleistet hat: Der T-800 musste gegenüber dem Jungen schwören, keine unschuldigen Menschen mehr zu töten. Seine Antwort auf die Ermahnung ist bezeichnend: „Trust me". John Connor soll auf die autonome

---

[26]Ein Bild des Terminators ziert fast jeden Artikel, der in der Öffentlichkeit derzeit zu AWS im Umlauf ist. Die Filme sind ein beständiger Bezugspunkt der medien- und kulturwissenschaftlichen Auseinandersetzung mit AWS (siehe Marsiske 2012b sowie die vielen Bezugnahmen auf die Filme in Singer 2010, hier insb. S. 168 ff.).

[27]Im dritten Teil der Terminator-Serie, *Terminator 3 – Rise of the Machines*, gibt es gegen Ende einen Moment der ethischen Reflexion des T-800 (Weber 2008, S. 43 f.).

[28]Diese üblicherweise als „Mini-Gun" bezeichnete Waffe arbeitet zwar „nur" mit einem 7,62 mm Kaliber. Optisch weist aufgrund der gemeinsamen Gatling-Bauweise aber große Ähnlichkeiten zum *Phalanx*-System auf.

Missionsausführung, die der Terminator, also das AWS, zuvor versprochen hatte, vertrauen – und dann nichts weiter tun. Der T-800 positioniert sich daraufhin an einem Fenster und feuert auf die Polizisten (Abb. 5).

Zwar werden die Polizeiwagen durch den Kugelhagel stark beschädigt. Die Polizisten aber werden nur vertrieben oder auf eine nicht-lebensgefährliche Art und Weise verletzt. Eine kurze Point-of-View-Einstellung bestätigt dem T-800 seine erfolgreiche Missionsausführung: „Human casualties: 0" (Abb. 6). Das AWS hat nicht nur seine Mission perfekt erfüllt, sondern eben auch eine normative

Abb. 5   T-800 mit Mini-Gun. (Quelle: Eigener Screenshot aus *Terminator 2*, USA 1992, James Cameron)

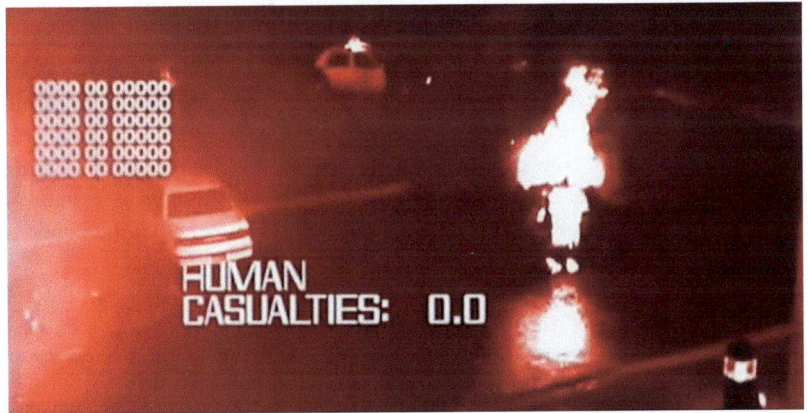

Abb. 6   Point-of-View T-800. (Eigener Screenshot aus *Terminator 2*, USA 1992, James Cameron)

Verpflichtung eingehalten, auf die es sich in einem performativen Sprechakt eingelassen hat (den erwähnten Schwur).

Die Konsequenz ist klar: Während der T-800 über maximale „situational awareness" verfügt, die Situation vollständig kontrolliert und einen eigenständigen Handlungsplan hat, der auch übergreifende strategische Ziele einrechnet, bleibt den Menschen nur, der Aufforderung des T-800 Folge zu leisten, und dem System zu vertrauen. Wie in *Aliens* auch, haben die Menschen nur die Möglichkeit, zu beobachten, was die Maschine macht. Allerdings agiert diese in *Terminator 2* unter Maßgabe eines weiterführenden autonomen Handelns in der sozialen Realität – nämlich im Einklang mit vom AWS eingegangen normativen Verpflichtungen.[29]

Aus den Szenarien in *Aliens* wie auch in *Terminator 2* lassen sich verschiedene Fragen zur Rolle, die „humans in the loop" für die Bewertung eines AWS spielen, ableiten. Die Filme zeigen, dass sich besonders die „situational awareness", die in Mensch-Maschine-Interaktionen ausgehandelt wird, als kritische Größe erweist. Wie man die Rolle von Menschen bei der Herstellung dieses Situationsbewusstsein beurteilt, hängt davon ab, was für ein Bild von AWS gezeichnet wird.

2.3   Das Verhältnis von Mensch und Maschine als „systemic arrangement"

In den Diskursen zu AWS finden sich gegenläufige Bestimmungen des Verhältnisses von maschineller Autonomie und menschlichen Akteuren. Zum einen wird die Beteiligung von Menschen als Einschränkung der Autonomie von AWS verstanden; gesetzt wird die Prämisse, dass die Autonomie von AWS menschliche Fähigkeiten potenziell überschreitet. Zum anderen wird die Beteiligung von „humans in the loop" von der Industrie als eine Kompensation der gegebenen Defizite von AWS angesehen (Suchman 2015, S. 15). Anstatt die Autonomie von AWS als transgressives Potenzial zu verstehen, ist die maschinelle Autonomie in

---

[29]Aus dem Vergleich von *Aliens* und *Terminator 2* könnte an dieser Stelle noch mehr abgeleitet werden. Zu diskutieren wäre beispielsweise der Umstand, dass im *Terminator*-Franchise die Menschen sich in Gestalt des T-800 erst einmal wieder so etwas wie Kontrolle über die inzwischen ihnen feindlich gegenüberstehenden AWS der KI *Skynet* zurückerobern müssen. Zudem werden die Akteure in *Terminator 2* noch von einem – im Sinne des Modells von Gutmann, Rathgeber und Syed gesprochen – „bionomischen" AWS gejagt, dem oft zitierten T-1000.

dieser Perspektive limitiert und eingeschränkt.[30] Wenn man die Beteiligung von Menschen als Einschränkung der Autonomie von AWS ansieht, billigt man AWS im Vorgriff auf zukünftige Entwicklungen die Fähigkeit zu, eine eigenständige „mission performance" zu realisieren. Wenn man allerdings die Beteiligung von Menschen als Kompensation der Defizite von AWS auffasst, schätzt man AWS so ein, dass sie auf absehbare Zeit noch auf Ebene einer reinen „mission execution" verbleiben. AWS werden als Systeme betrachtet, bei denen sich die Frage nach der Beteiligung des Menschen nicht als eine Einschränkung ihrer Potenziale als autonome Systeme formuliert. Vielmehr gilt das Gegenteil: Menschen sind nötig, um überhaupt eine „sinnvolle" Funktionsfähigkeit von AWS zu gewährleisten.[31] Das verbindende Element ist die in beiden Szenarien anklingende Prämisse, die menschliche und die technische Autonomie als einander entgegengesetzte Größen anzusehen.

In Abgrenzung dazu ist es möglich, von einem weit gefassten Technikbegriff her zu denken, der auch menschliche Praktiken einschließt.[32] Lucy Suchman (2015, S. 7) hat zum Beispiel auf die Bedeutung der Cyborg-Theorie verwiesen, die nicht nur in den bekannten Koordinaten der Sozial- und Kulturwissenschaften (Haraway 1995), sondern auch in der Kognitionswissenschaft geführt wird (Clark 2003). In der Debatte um autonome Maschinen ist der Begriff der kognitiven Fähigkeiten dieser Systeme eines ihrer zentralsten Merkmale. Der Blick in die aktuelle Debatte um AWS macht die besondere Bedeutung kognitionswissenschaftlicher Bestimmungen von Autonomie deutlich. In ihrem grundlegenden Artikel zum Problem der Verantwortung im Gebrauch von AWS vertreten Giovanni Sartor und Andrea Omicini (2016, S. 40) folgende Definition eines autonomen Systems:

---

[30]Um diesen Gegensatz geht es in der Fomulierung einer Autonomie auf Ebene der „mission execution" und einer Autonomie auf Ebene der „mission performance".

[31]Das schließt nicht aus, dass AWS (oder jedes andere autonome System) nicht prinzipiell die Kapazitäten von Menschen überschreiten oder aber Menschen in solche Wechselwirkungen mit diesen Systemen eintreten können, in denen menschliche Intentionalität der agency des Systems untergeordnet ist. Es geht nur um die Markierung des Umstandes, dass die Abläufe des Systems noch menschliche Kapazitäten vorsehen.

[32]Verwendung findet ein solcher Technikbegriff in vielen Ansätzen aus dem Bereich der Posthumanismus-Debatte (Herbrechter 2009) und den STS (Lengersdorf und Wieser 2014). Er liegt auch der medienwissenschaftlichen Kulturtechnikforschung zugrunde (Siegert 2011).

> A system is autonomous to the extent that it does not merely react to external stimuli but, rather, integrates such stimuli into its cognitive structures, by modifying appropriately its internal states, according to its own standards and procedures, so as to determine its behaviour.

Als konstitutive Eigenschaften von Autonomie gelten „independence", „cognitive skills" und „cognitive-behavioural architecture" (Sartor und Omicini 2016, S. 40 ff.). Die zentrale Bedeutung dieser kognitiven Rahmenbestimmung von Autonomie läuft allerdings nicht darauf hinaus, ein mimetisches Verhältnis der Modellierung von maschineller Autonomie nach dem Vorbild des Menschen zu vertreten. Stattdessen wird der Begriff „Kognition" als eine *integrierte Einheit* aus menschlichen Faktoren, technologischen Aspekten und organisatorischen Rahmenbedingungen reflektiert (Sartor und Omicini 2016, S. 40). Bei Gelegenheit einer Diskussion der moralischen und juristischen Implikationen von AWS resultiert daraus diese folgerichtige Ansicht: „the opposition of machine skills vs human skills should be overcome" (Sartor und Omicini 2016, S. 66). Moralisch und juristisch verantwortlich seien nicht deshalb Menschen *oder* Maschinen, sondern „systemic arrangement[s]" zwischen Menschen und Maschine:

> The legal issue to be addressed with regard to the use of technologies in war scenarios is not whether machines are better than humans or vice versa, it rather concerns what kind of systemic arrangement would better prevent indiscriminate or disproportionate uses of lethal force (Sartor und Omicini 2016, S. 66 f.).

Wenn es aber um ein solches „systemic arrangement" geht, das menschliche und maschinelle Kognition nicht als kategorial entgegengesetzt betrachtet, sondern als etwas, das in der normativen Bewertung als zusammengeklammert angesehen werden muss, dann stellt sich auch die Frage nach den Bedingungen der Operationsprozesse in dieser Mensch-Maschine-Interaktion.[33] Zur entscheidenden Größe wird das bereits erwähnte Kriterium der „situational awareness":

> Much depends on whether the machine autonomy is being deployed in order to restrict the need for human deliberation and situational awareness, or rather to expand it, by providing better knowledge and a larger set of reasons on which an appropriate action can be based (Sartor und Omicini 2016, S. 61).

---

[33]Die Metaphorik des Zusammenklammerns und die Bedingungen von „systemtic arrangements" ließen sich im Kontext der STS mit Hilfe der Arbeiten von Andrew Pickering (1995) weiter ausarbeiten (einführend auch Schubert 2014).

Nun ist es zunächst trivial, festzustellen, dass die Bedingungen der moralischen Bewertung und der rechtlichen Rückverfolgung die „situational awareness", die innerhalb des Systemverbundes gegeben ist, als Kernelement miteinschließt. Nicht trivial ist jedoch, dass das Problem der „humans in the loop" auf die Frage zurückbezogen werden muss, wie überhaupt „situational awareness" konstituiert wird. Betroffen ist das Problem, wie das Verhältnis von menschlichen und maschinellen Kapazitäten synchronisiert wird. Dabei geht es darum, wie Menschen und Maschinen sich gegenseitig als Ressourcen zur Verfügung stehen, dies aber gerade nicht nur im technischen Sinn, sondern auch auf Ebene der sozialen Kommunikation. Präzisieren könnte man die Formulierung von den „systemic arragements" deshalb auch in Anlehnung an die Terminologie der Systemtheorie. Zu sprechen ist dann von „strukturellen Kopplungen" zwischen Menschen und computerbasierten Maschinen (Luhmann 1998, S. 92–120, insb. S. 117 f.).

Wenn aber bei Anlass der Herstellung von „situational awareness" ein „systemic arrangement" zwischen menschlichen Kapazitäten und maschinellen Ressourcen den Gegenstand bildet, dann stellt sich die Frage nach den Medien, die derartige Kopplungen ermöglichen. Dies ruft das mediale Problem der Interfaces, die zwischen beiden systemischen Entitäten eine Kopplung herstellen, auf den Plan.[34]

2.4   *Natural User Interfaces* und autonome Systeme

In den Szenarien aus *Aliens* und *Terminator 2* bleibt der Mensch im Kontext der gegebenen Aufgaben außen vor. Obwohl das *Remote Sentry Weapon System* in *Aliens* bestenfalls nur „autonom" in dem Sinne ist, dass die Automatisierung ohne Kontrolle selbstständig abläuft,[35] haben die menschlichen Akteure nur die Option, zu beobachten, was das Waffensystem erreicht. Das in *Aliens* verwendete Interface entspricht dem Standard der 1980er-Jahre. Es handelt sich um einen Laptop mit einem *Graphical User Interface* (GUI). Hinzu kommen die Überwachungsmonitore. Das Szenario funktioniert somit sowohl auf Ebene der „mission execution" als auch innerhalb eines klassischen Begriffs von Medien. Aufgerufen wird nicht zuletzt die tradierte Zuschreibung, dass man am Fernsehbildschirm

---

[34]In der Systemtheorie Luhmanns ist die „strukturelle Kopplung" sowohl ein Begriff, der den des impliziten Wissens ersetzt, als auch ein Zustand, der durch Medien etabliert wird (siehe dazu Ernst 2013 sowie im weiteren Kontext auch die Beiträge in Ernst und Schröter 2017).

[35]Man könnte das in Anlehnung an die bekannten philosophischen Diskussionen um den Freiheitsbegriff als „negative Autonomie" bezeichnen, die von einer „positiven Autonomie" abzugrenzen wäre (Khurana 2011).

passiv bleibt. In *Terminator 2* ist die Lage deutlich komplizierter. Der T-800 ist ein humanoides System, das zu autonomer „mission performance" befähigt ist und explizit nach Vertrauen verlangt („trust me"). Eine Aushandlung möglicher Unterzwecke mit der Maschine ist möglich. Aus interfacetheoretischer Sicht ist der T-800 ein AWS, das über ein extrem weit entwickeltes *Natural User Interface* (NUI) verfügt:

> A NUI is one that enables people to interact with a computer in the same ways they interact with the physical world, through using their voice, hands, and bodies. Instead of using a keyboard and a mouse (as is the case with GUIs), a natural user interface allows users to speak to machines, stroke their surfaces, gesture at them in the air, dance on mats that detect feet movements, smile at them to get a reaction, and so on. The naturalness refers to the way they exploit the everyday skills; we have learned, such as talking, writing, gesturing, walking, and picking up objects (Rogers et al. 2015, S. 219).

„Natürlichkeit" bezeichnet also als „natürlich" routinisierte Praktiken. Bei den eingeübten kommunikativen Routinen handelt es sich um von Kultur und Gesellschaft durchwirkte Verhaltensweisen, die nicht mehr als erlernte Gewissheiten auffallen und deshalb als „Natur" reifiziert werden.[36] Gesondert zu erlernende Skills, um ein System zu steuern, sind nicht nötig. Die Voraussetzung dafür ist eine technische Eigenschaft von NUIs, die auch für das Verständnis von AWS zentral ist:

> An emerging class of human-computer interfaces are those that rely largely on subtle, gradual, continuous changes triggered by information obtained implicitly from the user. They are connected with lightweight, ambient, context aware, affective, and augmented cognition interfaces […] (Rogers et al. 2015, S. 220 f.).

Man kann mit NUIs auf „natürliche" Art interagieren, weil NUIs ihrerseits die User beobachten, also die Praktiken ihrer Nutzung analysieren. NUIs verfügen über die Fähigkeit der Analyse ihrer Inputdaten und der Abstimmung ihrer Operationen auf diese Inputdaten. Die Voraussetzung dafür sind die erwähnten „lightweight, ambient, context aware, affective, and augmented cognition interfaces", also Interfaces, die auf das Engste mit dem Internet der Dinge verflochten sind.[37]

---

[36]Siehe aus interfacetheoretischer Sicht dazu auch Kaerlein (2015); Wirth (2016, 2017).

[37]Siehe zur Theorie des Internets der Dinge auch die Beiträge in Sprenger und Engemann (2015).

Projiziert man dies auf ein AWS mit einem NUI, hat man es mit einem komplexen System zu tun. Einerseits ist dieses System in der Lage, in der materiellen Umwelt zu agieren, diese zu beobachten, seine eigenen Eingriffe in die Umwelt zu bewerten und die eigenen Operationen an geänderte Vorgaben anzupassen. Andererseits verfügt es über die Möglichkeit, das Gleiche auch in Relation zum menschlichen Nutzungsverhalten zu tun, also auch mit seiner sozialen Umwelt zu interagieren. Grundsätzlich sind das keine spezifischen Eigenschaften von AWS, sondern sie finden sich in zahlreichen autonomen Systemen. Allerdings ist die militärische Forschung eines der Felder, in dem die Entwicklung solcher Interfaces vergleichsweise weit fortgeschritten ist. Kampfflugzeuge wie die F-35 *Joint Strike Fighter* oder der *Eurofighter Typhoon* verfügen bereits über Helmet-Mounted Displays mit multimodalen Steuerungsmöglichkeiten durch Sprache, Gesten und Augenbewegungen. Seit vielen Jahren werden diese Interfaces genutzt, um die Steuerung des Flugzeugs zu gewährleisten. Bereits in den 1980er-Jahren wurde die Idee einer Zielzuweisung mit den Augen etabliert.[38] *State of the Art* ist derzeit das Helmet-Mounted Display der F-35, das eine auf umfassender Sensorfusion beruhende, teilweise dreidimensionale „situational awareness" ermöglichen soll (Ernst 2017).

Von einem hoch komplexen Auslesen sozialer Interaktionen, zu denen der T-800 und der T-1000 in *Terminator 2* fähig sind, sind diese Systeme zwar weit entfernt. Dennoch lassen sie sich als fiktionale Extrapolationen real gegebener Möglichkeiten betrachten. Die Fähigkeit des T-1000, die Gestalt von zuvor von ihm berührten Objekten anzunehmen, symbolisiert die Militarisierung des Internets der Dinge. In dem mehr als zehn Jahre später entstandenen Film *Terminator 3 – Rise of the Machines* (USA 2003) wird dieses Szenario dann auch im fiktionalen Film explizit gemacht. Das Upgrade des T-1000, der T-X (Christina Lokken), ist in der Lage, andere Maschinen unter sein Kommando zu bringen. Bezieht sich die Leistungsfähigkeit eines AWS in *Aliens* also strikt auf die ausgelagerte Anwendung in einem von Menschen definierten Oberzweck, ohne dass das System mit den menschlichen Interaktionen rückgekoppelt ist, so ist das in den *Terminator*-Filmen nicht mehr der Fall. *Terminator* imaginiert vielmehr eine Welt von AWS, die über NUIs umfänglich in die soziale Sphäre integriert sind und soziale Interaktion in die eigenen taktischen und strategischen Kalküle aufnehmen können.

---

[38]Einen Eindruck der Diskussion zu Interfaces in Cockpits Ende der 1980er-/Anfang der 1990er-Jahre gibt AGARD 1992.

Dies geht bis zu dem Punkt, dass die komplette Steuerung eines Flugzeugs oder eines Schiffes durch autonome Systeme geleistet wird, so etwa in *2001 – A Space Odyssey* (GB/USA 1968) in Gestalt des Bordcomputers *HAL 9000*. Dass in diesem Sinne automatisierte und in größere Systemarchitekturen eingebundene Kampfschiffe keine Fiktion sind, zeigen nicht nur die neusten Modelle der US-Streitkräfte. Waffensysteme wie das *Phalanx*-System wurden zwar als unabhängig operierende Systeme konzipiert, zumindest die seegestützten CIWS-Systeme sind jedoch Teil eines übergreifenden, automatisierten Kampfsystems. Das wohl bekannteste dieser Informationssysteme ist *AEGIS*, das als integriertes Kampfsystem von der US Navy genutzt wird. *AEGIS* koordiniert Sensoren, Datenbanken und Feuerleitsysteme eines Kriegsschiffes. Verglichen mit dem *Phalanx*-System bildet *AEGIS* die übergeordnete Ebene innerhalb des Waffensystemverbundes. Die Informations- und Kommunikationsinfrastruktur, auf die das *Phalanx*-System zurückgreift, ist ein Teil des *AEGIS*-Systems. *AEGIS* ist zwar derzeit als Entscheidungsunterstützungssystem auf die taktische Analyse und die Koordination von Waffen begrenzt. Dennoch ist *AEGIS* als *Combat System* eine Zwischenstufe auf dem Weg zu einem integrierten und autonomen Steuerungs- und Kampfsystem. Eine neue Klasse moderner Stealth-Zerstörer der US-Navy, die *Zumwalt*-Klasse, gilt bereits heute als ein weithin automatisiert operierendes Kriegsschiff. Die nächste Entwicklungsstufe sind dann KI-basierte Universalsysteme zur Integration aller militärischen Systeme wie *Skynet* aus der *Terminator*-Serie.[39]

Angesichts dieser Beispiele muss die Diskussion von AWS berücksichtigen, in welche übergreifenden „soziotechnologischen" Systemzusammenhänge die jeweiligen Waffensysteme eingebettet sind (Vermaas et al. 2011, S. 67 ff.; Sartor und Omicini 2016, S. 40 ff.).[40] Ein AWS wie *Phalanx* ist Teil eines komplexen

---

[39]In *Terminator 3 – Rise of the Machines* erscheint *Skynet* als eine „Neural net-based artifical intelligence", die, so die Fiktion im Jahr 2003, mit 60 Teraflops prozessiert. Zur Orientierung: Im November 2017 lag die reale Leistung des Sunway TaihuLight-Supercomputers im chinesischen Wuxi bei 93,014.6 Teraflops (nachzulesen auf https://www.top500.org, abgerufen am 28. April 2019). Zu nennen sind hier aber auch das *WOPR*-System („War Operation Plan Response") aus dem Thriller *WarGames* (USA 1983). Als Produkt des Kalten Krieges ist der *WOPR* vorrangig mit den strategischen Spielen rund um die Konfrontation der Supermächte befasst. Ein Beispiel jüngeren Datums ist dagegen die KI „Autonomous Reconnaissance Intelligence Integration Analyst" (ARIIA) aus dem Action-Film *Eagle Eye* (USA 2008). Dieses System ist über das Internet der Dinge verteilt und um die generelle Sicherheit der Vereinigten Staaten besorgt.

[40]Zur Infrastrukturforschung in den STS siehe überblickend Niewöhner (2014).

Verbundsystems, das aus Modulen besteht, die ihrerseits autonom sein können – ein grundlegender Umstand des Network-Centric Warfare, der in der Fixierung auf „Killer-Roboter" (als individuellen Akteuren) oft übersehen wird. Faktisch hängen spezifische „Killer-Roboter" von den strukturellen Vorgaben solcher, sehr viel tiefer in die Organisationen des Militärs integrierter, Informationssysteme ab.[41] Gerade wenn AWS mit übergreifenden, gegebenenfalls sogar KI-basierten, Systemen verschränkt sind, gewinnt die Frage nach einer kognitiven Bestimmung von Autonomie ein besonderes Gewicht.

Unter der Voraussetzung der Anwesenheit von NUIs ändern sich die Bedingungen dessen, was im Sinne einer „meaningful human control" unter dem Schlagwort „humans in the loop" verhandelt wird. Besonders der Fall ist das angesichts der Prämisse, dass die KI aller genannten Beispiele im Spielfilm irgendwann ein problematisches (wenn nicht sogar pathologisches) Eigenleben entwickelt haben.

2.5   „Humans in the Loop" und die Frage nach „Decision Support Systems"

Noel Sharkey (2016) hat jüngst Überlegungen zu den unterschiedlichen Formen von „humans in the loop" vorgelegt. Er diskutiert fünf Szenarien, die sich wie eine Variation des Stufenmodells von Gutmann, Rathgeber und Syed unter spezifischeren Voraussetzungen lesen. Das Verhältnis von Kontrolle und Zwecksetzung wird von Sharkey am konkreten Beispiel der Zielerfassung durch ein AWS festgemacht. Die Bandbreite der möglichen Szenarien ist seiner Ansicht nach diese:

1. Human engages with and selects target and initiates any attack;
2. Program suggests alternative targets and human chooses which to attack;
3. Program selects target and human must approve before attack;
4. Program selects target and human has restricted time to veto; and
5. Program selects target and initiates attack without human involvement (Sharkey 2016, S. 27, 34 ff.).

---

[41]Die Filmwissenschaft hat diese Unterscheidung in die Differenz zwischen „Körper-KI" und „Hyper-KI" umformuliert und unterschiedlichen Motiven zugeordnet: humanoide Körper-KI drängt zur „Menschwerdung" während körperlose Hyper-KI „Kontrolle über Menschen" anstrebt (Irsigler und Orth 2018, S. 39 ff).

Sharkey kommt es, genau wie Sartor und Omicini (2016), auf die Mensch-Maschine-Kooperation an. Eine Regulierung von AWS ist nur dann möglich, wenn man sie nicht als eine Einschränkung autonomer technischer Kapazitäten begreift, sondern als ein Abwägen menschlicher und maschineller Kapazitäten (Sharkey 2016, S. 23). Diese „Balance" ist ein nach bestimmten normativen Kriterien ausgestaltetes „systemic arrangement" (Sartor und Omicini 2016). Angesichts bekannter Vorfälle, in denen diese „Balance" offenkundig nicht zustande gekommen ist, kann man sich dem Realitätsgehalt von Sharkeys Klassifikation kaum verschließen. Als ein automatisiertes (und nicht autonomes) System hat es beispielsweise *AEGIS* zu trauriger Berühmtheit gebracht. Es war maßgeblich am Abschuss der Iran Air Maschine 655 am 03. Juli 1988 über dem Persischen Golf durch den US Raketenkreuzer *USS Vincennes* – Spitzname „Robo-Cruiser"[42] (Singer 2010, S. 125) – beteiligt. Ausgelegt für die Abwehr sowjetischer Bomber über dem Nordatlantik, hatte das *AEGIS*-System die Passagiermaschine auf den Displays als eine iranische F-14 *Tomcat* repräsentiert (Singer 2010, S. 125).[43] Von kritischer Bedeutung war die Frage, ob die Iran-Air-Maschine sich in einem Steigflug oder in einem Sinkflug befand. Ein Steigflug wäre keine Bedrohung gewesen, ein Sinkflug konnte man als Zielanflug werten. Obwohl das *AEGIS*-System zeigte, dass das Flugzeug sich nicht in einem Sinkflug befand, wurden die Daten seitens der Crew in dieser Weise interpretiert. Gemeinsam mit der fehlerhaften Repräsentation führte dies zu der fatalen Entscheidung des Kapitäns, den Feuerbefehl zu erteilen. Zwei Luftabwehrraketen zerstörten die Passagiermaschine. Mit Sharkey gesprochen, lag in diesem Fall eine Beteiligung von Menschen im Sinne der dritten Stufe von „humans in the loop" vor: Das Ziel wurde vom *AEGIS*-System ausgewählt und beurteilt. Die Operatoren mussten aber zustimmen und den Feuerbefehl geben.

Lange Zeit galt die Katastrophe der Iran Air-Maschine als ein Beispiel für menschliches Versagen (Evans 1993). Tatsächlich war die Lage im Persischen Golf zum Zeitpunkt des Abschusses extrem angespannt. Einige Wochen zuvor hatte die US Navy in der Operation *Praying Mantis* eine Reihe iranischer Schiffe

---

[42]Mutmaßlich eine Anspielung auf den Cyborg in *RoboCop* (USA, 1987).

[43]Wie leicht auf Wikipedia nachzulesen, war die F-14 *Tomcat,* bekannt aus *Top Gun* (USA 1986), ein US-amerikanischer Luftüberlegenheitsjäger, den die US-Regierung an das iranische Schah-Regime geliefert hatte und das nach der Revolution der neuen Regierung in die Hände gefallen war. Allerdings verfügte die F-14A, die an den Iran geliefert wurde, über keine nennenswerte Luft-Boden-Fähigkeit (https://de.wikipedia.org/wiki/Grumman_F-14, abgerufen am 28. April 2019).

versenkt. Zudem war es im unmittelbaren Vorfeld des Abschusses zu Kampfhandlungen mit iranischen Schnellbooten gekommen. Die Besatzung konnte sich in späteren Anhörungen deshalb darauf berufen, dass ein Luftangriff als Teil eines koordinierten iranischen Angriffs auf die *Vincennes* in der Situation plausibel erschien.[44] Die „situational awareness" der Crew war durch die falsche Repräsentation der Maschine teilweise getrübt. In der späteren Untersuchung sprach die US Navy von der kognitiven Fehlleistung eines „scenario fulfillment". Demnach war die Crew auf einen iranischen Angriff hin „geprimt", das heißt, die verantwortlichen Operatoren wollten einen Sinkflug sehen (Evans 1993).

Besonders relevant ist dieses Beispiel, weil Sharkey jene „Balance" zwischen Mensch und Maschine über ein kognitionspsychologisches Argument begründet. Die Tendenz der menschlichen Kognition, auf Ebene des sogenannten „schnellen", intuitiven Denkens „kognitiven Verzerrungen" zu unterliegen[45], muss demzufolge zugunsten der starken menschlichen Kompetenz kompensiert werden, im „langsamen", verstandesgeleiteten Denken zu abgewogenen Einschätzungen zu gelangen. Kritisch ist dies nach Sharkey im dritten Typ der möglichen Beteiligungsszenarien – also dem Szenario, in denen der Computer, wie im Fall der *Vincennes*, die Ziele auswählt und der Mensch zustimmt. In diesen Szenarien neigten Menschen zu einem „automation bias": „operators are prepared to accept the computer recommendation without seeking any disconfirming evidence" (Sharkey 2016, S. 35 f.; Schörnig 2014, S. 28). Für Sharkey ist daher klar: „The point here is that it is vitally important that deliberative reasoning is enabled in the design of supervisory control for weapons systems" (Sharkey 2016, S. 34). Umgesetzt werden könne dies nur durch die entsprechenden „supervisory interfaces" (Sharkey 2016, S. 37).

Die Forschung teilt diese Einschätzung.[46] Mary L. Cummings schreibt zum Abschuss der *Iran Air*-Maschine:

> For example, in 1988, the USS *Vincennes*, a U.S. Navy warship accidentally shot down a commercial passenger Iranian airliner due to a poorly designed weapons control computer interface, killing all aboard. The accident investigation revealed nothing was wrong with the system software or hardware, but that the accident was

---

[44]Hier ist zu erwähnen, dass sich die *Vincennes* zum Zeitpunkt des Abschusses in iranischen Hoheitsgewässern aufhielt und die Kampfhandlungen mit den iranischen Schnellbooten wohl auch von ihr initiiert worden waren (Evans 1993).

[45]Sharkey rekurriert hier auf die Unterscheidung zwischen schnellem und langsamem Denken im Standardwerk von Kahneman 2013.

[46]Siehe weiterführend die ausführliche Analyse des Zwischenfalls bei Dotterway (1992).

caused by inadequate and overly complex display of information to the controllers
[…]. Specifically, one of the primary factors leading to the decision to shoot down
the airliner was the perception by the controllers that the airliner was descending
towards the ship, when in fact it was climbing away from the ship. The display
tracking the airliner was poorly designed and did not include the rate of target alti-
tude change, which required controllers to ‚compare data taken at different times
and make the calculation in their heads, on scratch pads, or on a calculator – and all
this during combat' (Cummings 2006, S. 23).

Die kognitive Fehlleistung ist weder nur durch den Kontext der gegebenen
Bedrohungslage bedingt gewesen noch einfach durch eine fehlerhafte Performanz
des *AEGIS*-Systems. Beides manifestiert sich, folgt man Cummings, an dem Ort,
an dem Mensch und Maschine aufeinandertreffen: dem Interface, mithin dem
Medium, das Mensch und Maschine zueinander in Beziehung setzt. Auch für
Cummings ist die Konsequenz klar:

> In addition, as in the *USS Vincennes* and Patriot missile examples, automated solu-
> tions and recommendations can be confusing or misleading, causing operators to
> make suboptimal decisions, which in the case of a weapons control interface, can be
> lethal (Cummings 2006, S. 24).

Liegt die Lösung also in der Optimierung des Interface-Designs? Verhindert eine
Verbesserung der Interfaces ähnliche Katastrophen?[47] Der Gedanke ist nicht
abwegig, zumal Cummings überzeugend zeigt, dass User-Interfaces in Situationen, in denen über Leben und Tod entschieden wird, als „moral buffer" funktionieren (Cummings 2006, S. 26). Die emotional-affektiven Konsequenzen der
Entscheidung zum Töten werden durch Interfaces erleichtert. Aber daraus folgt
nicht zwangsläufig, dass verbessertes Interfacedesign auch bei der Vermeidung
von falschen Entscheidungen über Leben und Tod die alleinige Lösung sind.
Sharkey verfolgt das Argument, eine Optimierung der Entscheidungsprozesse
könne durch verbesserte Ermöglichung rationaler menschlicher Entscheidungen
erreicht werden. Intuitive und spontane Aspekte menschlicher Entscheidungsfindung sollen, seiner Ansicht nach, auf Ebene der „supervisory interfaces"
zugunsten rationaler und abwägender Anteile zurückgedrängt werden. Übersehen
wird dann allerdings, dass die Ermöglichung expliziter kognitiver Prozesse im
Interfacedesign auf der Optimierung impliziter Interaktionsroutinen beruht. Eben
dieser medientheoretisch relevante Umstand wird spätestens dann zu einem für

---

[47]Zu ähnlichen Einschätzungen der Rolle schlechten Interface-Designs kommt auch Dotterway (1992), S. 148 ff.

die Entscheidungsfindung signifikanten Faktor, wenn Informationssysteme existieren, die KI-basiert sind (mithin „autonomer") und mittels multimodaler Interfaces, insbesondere NUIs, die mit den menschlichen Operatoren interagieren
können. Die Medialität von Entscheidungs-Loops wird in diesem Fall grundlegend verändert. Genau das ist es, was der Science-Fiction-Film immer schon
gewusst hat.

3   Ausblick: Interfaces und kognitive Ressourcen

Die Entwicklung von NUI-Technologien beruht auf der Möglichkeit, dass
menschliche Interaktionsprozesse von der Maschine kategorisiert, bewertet, analysiert und dann in die Zuweisung von Entscheidungsmacht eingerechnet werden.
Interfaces sind die zentralen Medien der Ermöglichung struktureller Kopplungen
zwischen Menschen und computerbasierten Systemen.[48]
    Grundsätzlich betrachtet, sind hier weiterreichende Szenarien denkbar. Die
Spitze der technologischen Entwicklung wäre der HAL 9000, der in *2001 – A
Space Odyssey* ein ständiges psychologisches Monitoring der Crew der *Discovery*
vornimmt, um mit ihr angemessen interagieren zu können. Die Maschine könnte
auch die körperlichen und sozialen Parameter der Operatoren beobachten, auswerten und ihre Ergebnisse wieder in die Entscheidungsprozesse zum Waffeneinsatz einspielen. Das Versprechen einer derartigen Kopplung wäre offenkundig.
In die Programmierung des autonomen Systems würden die aus der Psychologie
bekannten kognitiven Verzerrungen als eine Art „Fail-Safe"-Mechanismus ein-
programmiert. Sollte die Maschine auf Grundlage einer Beurteilung der menschlichen Performanz zu dem Ergebnis kommen, dass eine korrekte Lagebeurteilung
durch Menschen gerade nicht gewährleistet ist, könnte das AWS selbstständig den
Grad an menschlichen Kontrollmöglichkeiten einschränken.
    Aus der Science-Fiction sind solche Szenarien gut bekannt. Systeme wie
WOPR oder *Skynet* sperren die Menschen in Konfliktsituationen aus. Auf
Grundlage ihrer Systemanlage gehen sie entweder davon aus, dass menschliche
Kommandostrukturen nicht mehr existieren oder kompromittiert sind (*WOPR*),
oder sie kommen als Ergebnis strategischer Erwägungen zu dem Schluss, dass

---

[48]Luhmann (1998, S. 117 f.) sieht den Computer als ein Medium an, das in der Lage ist,
nicht nur strukturelle Kopplungen zu realisieren, sondern auch die für Sozialität Bedeutung
der strukturellen Kopplung zwischen menschlichem Bewusstsein und Kommunikation
grundlegend zu verändern (Ernst 2008, S. 180 ff.).

Menschen eine Bedrohung für ihre eigene Existenz sind (*Skynet*). Die Konsequenz ist in beiden Fällen, dass Sharkeys Modell fluider angelegt werden muss. Unter zukünftigen Bedingungen ist es denkbar, dass ein AWS jederzeit zwischen den fünf Stufen wechseln kann. Mit NUIs ist die Möglichkeit gegeben, dass die Maschine, zumindest theoretisch, Kapazitäten entwickelt, insofern am Vollzug von Handlungsabläufen beteiligt zu werden, als die erste Stufe, also maximale menschliche Kontrolle, als Default-Stufe zwar vorgegeben wird, aber insoweit unterwandert ist, als das maschinelle System in der Lage ist, die Zuweisung von menschlicher Entscheidungsfähigkeit aus Gründen einzuschränken, die dem System opportun erscheinen.

Derzeit funktionieren NUIs noch auf Basis relativ statischer, vordefinierter Gesten. Durch maschinelles Lernen und die Verbesserung von kognitiven Interfaces, die direkt mit dem Körper verkoppelt sind, ist es möglich, dass ein mediales Dispositiv entsteht, das über prädiktive Routinen verfügt, mit deren Hilfe sich ein AWS an die Dynamik der sozialen Interaktion anpassen kann. Weder werden AWS also einfach nur „präziser" oder „besser" oder ihre Interfaces „übersichtlicher" und „transparenter". Vielmehr besteht jener „imaginäre Gehalt", der in den hier verhandelten Diskursen zum Vorschein kommt, darin, dass von der Industrie adaptive Systeme angestrebt werden, in denen die „humans in the loop" primär als eine in unterschiedlicher Beanspruchung nutzbare und auf verschiedene Weise zuteilbare Ressource für das Erreichen taktischer und strategischer Ziele erscheinen. Jenseits von „meaningful human control" wird der Mensch *durch Interfaces* dann selbst zu einer Schnittstelle, die als komplementäre kognitive Kapazität des AWS auf ihre spezifischen Kompetenzen hin operationalisiert wird – inklusive aller ihrer kognitiven Defizite und Verzerrungen. Die nächste Ausprägung einer militärischen „technoscientific rationality" (Weber 2016, S. 116 ff.), für die NUIs auf absehbare Zeit eine Schlüsseltechnologie sind, hat dafür bereits Begriffe gefunden: aus Mensch-Maschine-Interaktion wird, auch auf Ebene der Kognition, ein „*manned-unmanned teaming*" (Schörnig 2014, S. 31 ff.).

Literatur

AGARD (Advisory Group for Aerospace Research and Development). (1992). *Advanced aircraft interfaces. The machine side of the man-machine interface.* Papers presented at the Avionics Panel Symposium held in Madrid, Spain, 18th–22nd May 1992, NATO, Neuilly sur Seine. http://www.dtic.mil/dtic/tr/fulltext/u2/a258048.pdf. Zugegriffen: 28. Apr. 2019.

Altmann, J., & Sauer, F. (2017). Autonomous weapon systems and strategic stability. *Survival, 59*(5), 117–142.

Anders, G. (1994). *Die Antiquiertheit des Menschen: Bd. 1. Über die Seele im Zeitalter der zweiten industriellen Revolution*. München: Beck.

Andersen, R., & Mirrlees, T. (2014). Media, technology, and the culture of militarism: Watching, playing and resisting the war society. Introduction. *Democratic Communiqué, 26*(2), 1–21.

Bender, H., & Thielmann, T. (Hrsg.). (2019). *Medium Drohne: Die Praxistheorie fliegender Kameras*. Bielefeld: transcript (im Erscheinen).

Bhuta, B., Beck, S., & Geiß, R. (2016a). Present futures: Concluding reflections and open questions on autonomous weapons systems. In N. Bhuta, S. Beck, R. Geiß, H.-Y. Liu, & C. Kreß (Hrsg.), *Autonomous weapons systems. Law, ethics, policy* (S. 347–374). Cambridge: Cambridge University Press.

Bhuta, N., Beck, S., Geiß, R., Liu, H.-Y., & Kreß, C. (Hrsg.). (2016b). *Autonomous weapons systems. Law, ethics, policy*. Cambridge: Cambridge University Press.

Bostrom, N. (2014). *Superintelligenz. Szenarien einer kommenden Revolution*. Frankfurt a. M.: Suhrkamp.

Buchta, W. (2016). *Die Strenggläubigen. Fundamentalismus und die Zukunft der islamischen Welt*. Berlin: Hanser.

Bundeszentrale für politische Bildung (bpb) (Hrsg.). (2014). Waffen und Rüstung. *Politik und Zeitgeschichte, 64*(35–37).

Calm, J. (2008). Kontingenz. In S. Farzin & S. Jordan (Hrsg.), *Lexikon Soziologie und Sozialtheorie. Hundert Grundbegriffe* (S. 154–156). Stuttgart: Reclam.

Clark, A. (2003). *Natural-born cyborgs. Minds, technologies, and the future of human intelligence*. Oxford: Oxford University Press.

Corn, G. S. (2016). Autonomous weapons systems: Managing the inevitability of ‚taking the man out of the loop‘. In N. Bhuta, S. Beck, R. Geiß, H.-Y. Liu, & C. Kreß (Hrsg.), *Autonomous weapons systems. Law, ethics, policy* (S. 209–242). Cambridge: Cambridge University Press.

Corn, J. J. (Hrsg.). (1986). *Imagining tomorrow. History, technology, and the American future*. Cambridge: MIT Press.

Corn, J. J., & Horrigan, B. (1996). *Yesterday's tomorrows. Past visions of the American future*. Baltimore: Johns Hopkins University Press.

Cramer, F., & Fuller, M. (2008). Interface. In M. Fuller (Hrsg.), *Software studies. A lexicon* (S. 149–152). Cambridge: MIT Press.

Cummings, M. K. (2006). Automation and accountability in decision support system interface design. *Journal of Technology Studies, 32*(1), 23–31.

Distelmeyer, J. (2017). *Machtzeichen. Anordnungen des Computers*. Berlin: Bertz & Fischer.

Dotterway, K. A. (1992). *Systematic analysis of complex dynamic systems: The case of the USS Vincennes*. Monterey: Naval Postgraduate School.

Ernst, C. (2008). Revolutionssemantik und die Theorie der Medien. Zur rhetorischen Figuration der ‚digitalen Revolution‘ bei Niklas Luhmann und Vilém Flusser. In S. Grampp, K. Kirchmann, M. Sandl, R. Schlögel, & E. Wiebel (Hrsg.), *Revolutionsmedien – Medienrevolutionen. Medien der Revolution 2* (S. 171–203). Konstanz: UVK.

Ernst, C. (2013). Präsenz als Form einer Differenz – Medientheoretische Aspekte des Zusammenspiels von Präsenz und implizitem Wissen. In H. Paul & C. Ernst (Hrsg.), *Präsenz und implizites Wissen. Zur Interdependenz zweier Schlüsselbegriffe in den Kultur- und Sozialwissenschaften* (S. 49–76). Bielefeld: transcript.

Ernst, C. (2017). Vernetzte Lagebilder und geteiltes Situationsbewusstsein – Medialität, Kooperation und Raumkonstruktion im Paradigma des Network-Centric Warfare. In L. Nowak (Hrsg.), *Medien, Krieg, Raum* (S. 417–449). Paderborn: Fink.

Ernst, C., & Schröter, J. (Hrsg.). (2017). Medien, Interfaces und implizites Wissen. *Navigationen. Zeitschrift für Medien- und Kulturwissenschaften, 17*(2).

Evans, D. (1993). Vincennes: A case study. *U.S. Naval Institute Proceedings, 119*(8), 49–56. https://web.archive.org/web/20060527221409/http://dolphin.upenn.edu/~nrotc/ns302/20note.html. Zugegriffen: 28. Apr. 2019.

Franklin, H. B. (2008). *War Stars. The superweapon and the American imagination.* Amherst: University of Massachusetts Press.

Gannon, C. E. (2003). *Rumors of war and infernal machines technomilitary agenda-setting in American and British speculative fiction.* Liverpool: Liverpool University Press.

Geiß, R. (Hrsg.). (2017). Lethal autonomous weapons systems: Technology, definition, ethics, law & security. https://www.bundesregierung.de/breg-de/service/publikationen/lethal-autonomous-weapons-systems-technology-definition-ethics-law-security-1529490. Zugegriffen: 29. Apr. 2019.

Gutmann, M., Rathgeber, B., & Syed, T. (2013). Autonomie. In A. Stephan & S. Walter (Hrsg.), *Handbuch Kognitionswissenschaft* (S. 230–239). Stuttgart: Metzler.

Hadler, F., & Haupt, J. (Hrsg.). (2016). *Interface Critique.* Berlin: Kadmos.

Hansel, M. (2011). Eine Revolution in Military Affairs? – Visionäre und Skeptiker. In T. Jäger & R. Beckmann (Hrsg.), *Handbuch Kriegstheorien* (S. 298–309). Wiesbaden: VS Verlag.

Haraway, D. (1995). Ein Manifest für Cyborgs. Feminismus im Streit mit den Technowissenschaften. In D. Haraway (Hrsg.), *Die Neuerfindung der Natur. Primaten, Cyborgs und Frauen* (S. 33–72). Frankfurt a. M.: Suhrkamp.

Herbrechter, S. (2009). *Posthumanismus. Eine kritische Einführung.* Darmstadt: Wissenschaftliche Buchgesellschaft.

Holzinger, M. (2014). Niklas Luhmanns Systemtheorie und Kriege. *Zeitschrift für Soziologie, 43*(6), 458–475.

Irsigler, I., & Orth, D. (2018). Zwischen Menschwerdung und Weltherrschaft. Künstliche Intelligenz im Film. In Bundeszentrale für politische Bildung (bpb) (Hrsg.), Künstliche Intelligenz. *Aus Politik und Zeitgeschichte, 68*(6–8), 39–45.

Iser, W. (1991). *Das Fiktive und das Imaginäre. Perspektiven literarischer Anthropologie.* Frankfurt a. M.: Suhrkamp.

Jäger, T., & Beckmann, R. (Hrsg.). (2011). *Handbuch Kriegstheorien.* Wiesbaden: VS Verlag.

Jasanoff, S. (2015). Future imperfect. Science, technology, and the imaginations of moderinty. In S. Jasanoff & S. H. Kim (Hrsg.), *Dreamscapes of modernity. Sociotechnical imaginaries and the fabrication of power* (S. 1–33). Chicago: Chicago University Press.

Jasanoff, S., & Kim, S.-H. (Hrsg.). (2015). *Dreamscapes of modernity. Sociotechnical imaginaries and the fabrication of power.* Chicago: Chicago University Press.

Kaerlein, T. (2015). Die Welt als Interface. Über gestenbasierte Interaktionen mit vernetzten Objekten. In F. Sprenger & C. Engemann (Hrsg.), *Internet der Dinge. Über smarte Objekte, intelligente Umgebungen und die technische Durchdringung der Welt* (S. 137–159). Bielefeld: transcript.

Kahneman, D. (2013). *Thinking, fast and slow.* New York: Farrar, Straus & Giroux.

Kalmanovitz, P. (2016). Judgement, lialbility and the risks of riskless warfare. In N. Bhuta, S. Beck, R. Geiß, H.-Y. Liu, & C. Kreß (Hrsg.), *Autonomous weapons systems. Law, ethics, policy* (S. 145–163). Cambridge: Cambridge University Press.

Khurana, T. (2011). Paradoxien der Autonomie. Zur Einleitung. In T. Khurana (Hrsg.), *Paradoxien der Autonomie* (S. 7–23). Berlin: August.

Kirchmann, K. (1999). Die Rückkehr des Vaters. Psychomotorik und phantasmatische Strukturlogik des zeitgenössischen amerikanischen Action-Films. In F. Amann, J. Keiper, & S. Kaltenecker (Hrsg.), *Film und Kritik 4: Action, Action...* (S. 45–60). München: Text & Kritik.

Korf, B. (2011). Klimakriege. Zur politischen Ökologie der „Kriege der Zukunft". In T. Jäger & R. Beckmann (Hrsg.), *Handbuch Kriegstheorien* (S. 577–585). Wiesbaden: VS Verlag.

Lengersdorf, D., & Wieser, M. (2014). *Schlüsselwerke der Science & Technology-Studies*. Wiesbaden: Springer VS.

Lenoir, T., & Caldwell, L. (2017). *The military-entertainment complex*. Cambridge: Harvard University Press.

Loon, Jv. (2014). Michel Callon und Bruno Latour: Vom naturwissenschaftlichen Wissen zur wissenschaftlichen Praxis. In D. Lengersdorf & M. Wieser (Hrsg.), *Schlüsselwerke der Science & Technology-Studies* (S. 99–110). Wiesbaden: Springer VS.

Luhmann, N. (1987). *Soziale Systeme. Grundriß einer allgemeinen Theorie*. Frankfurt a. M.: Suhrkamp.

Luhmann, N. (1998). *Die Gesellschaft der Gesellschaft* (Bd. 2). Frankfurt a. M.: Suhrkamp.

Marsiske, H.-A. (Hrsg.). (2012a). *Kriegsmaschinen. Roboter im Militäreinsatz*. Hannover: Heise.

Marsiske, H.-A. (2012b). Fluchtpunkt Autonomie – Die Gretchenfrage der Robotik. In H.-A. Marsiske (Hrsg.), *Kriegsmaschinen. Roboter im Militäreinsatz* (S. 1–6). Hannover: Heise.

Moyes, R. (2017). Meaningful human control. In R. Geiß (Hrsg.), *Lethal autonomous weapons systems: Technology, definition, ethics, law & security* (S. 239–249). https://www.bundesregierung.de/breg-de/service/publikationen/lethal-autonomous-weapons-systems-technology-definition-ethics-law-security-1529490. Zugegriffen: 28. Apr. 2019.

Nietzsche, F. (1999). Ueber Wahrheit und Lüge im aussermoralischen Sinne. In F. Nietzsche, v G Colli, & M. Montinari (Hrsg.), *Kritische Studienausgabe: Bd. 1. Die Geburt der Tragö-die; Unzeitgemäße Betrachtungen I–IV; Nachgelassene Schriften 1870–1873* (S. 873–890). München: dtv.

Niewöhner, J. (2014). Perspektiven der Infrastrukturforschung: Care-full, relational, kollaborativ. In D. Lengersdorf & M. Wieser (Hrsg.), *Schlüsselwerke der Science & Technology-Studies* (S. 341–352). Wiesbaden: Springer VS.

Nowak, L. (Hrsg.). (2017). *Medien, Krieg, Raum*. Paderborn: Fink.

Open Letter. (2015). Autonomous weapons. An open letter from AI & robotics researchers. https://futureoflife.org/open-letter-autonomous-weapons. Zugegriffen: 28. Apr. 2019.

Pias, C. (2011). Was waren Medien-Wissenschaften? Stichworte zu einer Standort-bestimmung. In C. Pias (Hrsg.), *Was waren Medien?* (S. 7–30). Zürich: diaphanes.

Pickering, A. (1995). *The mangle of practice. Time, agency, and science*. Chicago: University of Chicago Press.

Rachman, G. (2017). *Easternisation: War and peace in the Asian century*. London: Vintage.

Roff, H. (2017). Autonomy in weapons systems: Past, present, and future. In R. Geiß (Hrsg.), *Lethal autonomous weapons systems: Technology, definition, ethics, law & security* (S. 255–260). https://www.bundesregierung.de/breg-de/service/publikationen/lethal-autonomous-weapons-systems-technology-definition-ethics-law-security-1529490. Zugegriffen: 28. Apr. 2019.

Rogers, Y., Sharp, H., & Preece, J. (2015). *Interaction design. Beyond human-computer interaction*. Chichester: Wiley.

Sartor, G., & Omicini, A. (2016). The autonomy of technological systems and responsibilities for their use. In N. Bhuta, S. Beck, R. Geiß, H.-Y. Liu, & C. Kreß (Hrsg.), *Autonomous weapons systems. Law, ethics, policy* (S. 39–74). Cambridge: Cambridge University Press.

Saxon, D. (2016). A human touch: Autonomous weapons, DoD Directive 3000.09 and the interpretation of 'appropriate levels of human judgement over the use of force'. In N. Bhuta, S. Beck, R. Geiß, H.-Y. Liu, & C. Kreß (Hrsg.), *Autonomous weapons systems. Law, ethics, policy* (S. 185–208). Cambridge: Cambridge University Press.

Schörnig, N. (2014). Automatisierte Kriegsführung – Wie viel Entscheidungsraum bleibt dem Menschen? In Bundeszentrale für politische Bildung (bpb) (Hrsg.), Waffen und Rüstung. *Aus Politik und Zeitgeschichte, 64*(35–37), 27–34.

Schubert, C. (2014). Andrew Pickering: Wissenschaft als Werden – Die Prozessperspektive der Mangle of Practice. In D. Lengersdorf & M. Wieser (Hrsg.), *Schlüsselwerke der Science & Technology-Studies* (S. 191–203). Wiesbaden: Springer VS.

Sharkey, N. (2016). Staying in the loop: Human supervisory control of weapons. In N. Bhuta, S. Beck, R. Geiß, H.-Y. Liu, & C. Kreß (Hrsg.), *Autonomous weapons systems. Law, ethics, policy* (S. 23–38). Cambridge: Cambridge University Press.

Siegert, B. (2011). Kulturtechnik. In H. Maye & L. Scholz (Hrsg.), *Einführung in die Kulturwissenschaft* (S. 95–118). München: Fink.

Singer, P. W. (2010). *Wired for war. The robotics revolution and conflict in the twenty-first century*. New York: Penguin.

Sprenger, F., & Engemann, C. (Hrsg.). (2015). *Internet der Dinge. Über smarte Objekte, intelligente Umgebungen und die technische Durchdringung der Welt*. Bielefeld: transcript.

Stoner, R. H. (2009). R2D2 with attitude: The story of the Phalanx close-in weapons. http://www.navweaps.com/index_tech/tech-103.php. Zugegriffen: 28. Apr. 2019.

Suchman, L. (2015). Situational awareness: Deadly bioconvergence at the boundaries of bodies and machines. *Media Tropes eJournal, 5*(1), 1–24. http://www.mediatropes.com/index.php/Mediatropes/article/view/22126. Zugegriffen: 28. Apr. 2019.

Suchman, L. (2017). Situational awareness and adherence to the principle of distinction as a necessary condition for lawful autonomy. In R. Geiß (Hrsg.), *Lethal autonomous weapons systems: Technology, definition, ethics, law & security* (S. 273–283). https://www.bundesregierung.de/breg-de/service/publikationen/lethal-autonomous-weapons-systems-technology-definition-ethics-law-security-1529490. Zugegriffen: 28. Apr. 2019.

Suchman, L., & Weber, J. (2016). Human-machine-autonomies. In N. Bhuta, S. Beck, R. Geiß, H.-Y. Liu, & C. Kreß (Hrsg.), *Autonomous weapons systems. Law, ethics, policy* (S. 75–102). Cambridge: Cambridge University Press.

Thielmann, T., & Schüttpelz, E. (Hrsg.). (2013). *Akteur-Medien-Theorie*. Bielefeld: transcript.

US Defense Science Board (US Department of Defense). (2012). The role of autonomy in DoD systems. http://fas.org/irp/agency/dod/dsb/autonomy.pdf. Zugegriffen: 28. Apr. 2019.

US Department of Defense. (2012). Directive autonomy in weapon systems, Number 3000.09, November 21, 2012. https://cryptome.org/dodi/dodd-3000-09.pdf. Zugegriffen: 28. Apr. 2019.

US Department of Defense. (2013). Unmanned systems roadmap 2013–2038. https://stacks.stanford.edu/file/druid:hx930gx9585/DOD-USRM-2013.pdf. Zugegriffen: 28. Apr. 2019.

Vermaas, P. E., Kroes, P., van de Poel, I., Franssen, M., & Houkes, W. (2011). *A philosophy of technology. From technical artifacts to sociotechnical systems.* San Rafael: Morgen & Claypool.

Weber, J. (2016). Keep adding. On kill lists, drone warfare and the politics of databases. *Environment and Planning D: Society and Space, 34*(1), 107–125.

Weber, K. (2008). Roboter und Künstliche Intelligenz in Science-Fiction-Filmen: Vom Werkzeug zum Akteur. In J. Fuhse (Hrsg.), *Technik und Gesellschaft in der Science-Fiction* (S. 34–54). Berlin: LIT.

Winthrop-Young, G. (2005). *Friedrich Kittler zur Einführung.* Hamburg: Junius.

Wirth, S. (2016). Between interacitivity, control, and ‚everydayness' – Towards a theory of user interfaces. In F. Hadler & J. Haupt (Hrsg.), *Interface critique* (S. 17–38). Berlin: Kadmos.

Wirth, S. (2017). „The ‚unnatural' scrolling setting". Don Ihdes Konzept der embodiment relations diskutiert am Beispiel einer ubiquitären Touchpad-Geste. In C. Ernst & J. Schröter (Hrsg.), Medien, Interfaces und implizites Wissen. *Navigationen. Zeitschrift für Medien- und Kulturwissenschaften, 17*(2), 117–130.

Wirth, U. (Hrsg.). (2002). *Performanz. Zwischen Sprachphilosophie und Kulturwissenschaften.* Frankfurt a. M.: Suhrkamp.

Filme

2001 – Odyssey im Weltraum, DVD, Warner Home Video (GBR/USA, 1968, Stanley Kubrick).

Aliens – Die Rückkehr [Directors Cut], DVD, Twentieth Century Fox (USA, 1986, James Cameron).

Dark Star, DVD, Power Station (USA, 1974, John Carpenter).

Eagle Eye, DVD, K/O Paper Products (USA, 2008, Daniel John Caruso)

Terminator 2 – Tag der Abrechnung, DVD, STUDIOCANAL (USA, 1991, James Cameron).

Terminator 3 – Rebellion der Maschinen, DVD, Columbia Tristar Home Video (USA, 2003, Jonathan Mostrow).

WarGames – Kriegsspiele, DVD, Twentieth Century Fox (USA, 1983, John Badham).

Von der Internetsucht bis zur Psychoinformatik – eine psychologische Evaluation digitaler Kommunikationsmedien

Christian Montag

Zusammenfassung

Im vorliegenden Beitrag wird die Nutzung digitaler Kommunikationsmedien zunächst aus einer gesundheitspsychologischen Perspektive beleuchtet. Eine der Hauptfragen lautet hier, ob es sich bei der Internet- und Smartphone-Übernutzung tatsächlich um eine Sucht und damit um ein klinisch-psychologisch relevantes Problem handeln könnte. Daran anschließend wird der Einfluss der digitalen technologischen Neuerungen auf unser Alltagsleben aus einer ökonomisch-psychologischen Perspektive betrachtet. Von besonderem Interesse sind dabei sowohl die Themenkomplexe Produktivität und Produktivitätseinbußen als auch die Möglichkeit von Flow-Zuständen bei der Arbeit im digitalen Zeitalter. Zu guter Letzt wird im Beitrag das neue Feld der Psychoinformatik mit seinen Chancen und Risiken vorgestellt. Unter Zuhilfenahme von Methoden der Informatik können bereits heute Daten der (digitalen) Mensch-Maschine-Interaktion ausgewertet werden, um basierend auf diesen computer-algorithmischen Analysen Einblicke in die aktuelle Befindlichkeit oder Stimmung einer Person oder die Persönlichkeit eines Menschen zu bekommen. Der Beitrag schließt mit einer kurzen Gesamtübersicht, um die Frage zu beantworten, ob uns die immer rasanter verlaufenden digitalen Entwicklungen mehr Nutzen oder Kosten bringen.

C. Montag (✉)
Institut für Psychologie und Pädagogik, Universität Ulm, Ulm, Deutschland;
The Clinical Hospital of Chengdu Brain Science Institute,
MOE Key Lab for Neuroinformation,
University of Electronic Science and Technology of China, Chengdu, China
E-Mail: christian.montag@uni-ulm.de

© Springer Fachmedien Wiesbaden GmbH, ein Teil von Springer Nature 2019
C. Thimm und T. C. Bächle (Hrsg.), *Die Maschine: Freund oder Feind?*,
https://doi.org/10.1007/978-3-658-22954-2_13

Schlüsselwörter
Smartphones · World Wide Web · Psychoinformatik · Internet · E-Mails ·
Produktivität · Flow · Internetsucht · Smartphonesucht

1   Einleitung

Gibt es ein ‚Zuviel an Digital'? Die Beantwortung dieser Frage ist nicht einfach,
da es unterschiedliche Perspektiven auf diese Thematik gibt. Nach einer kurzen
Einführung in die sich mit der Smartphone-Technologie ergebende Ausgangslage
(Abschn. 2) möchte ich im vorliegenden Beitrag zunächst eine gesundheitspsychologische Perspektive anführen (Abschn. 3). Hier gehe ich der Frage nach, ob eine

Abb. 1 In der Abbildung zeigen sich drei Perspektiven, die in dem vorliegenden Kapitel beleuchtet werden, um eine Einschätzung vornehmen zu können, ob uns der digitale
Fortschritt aus dem Tritt bringt. Durch das Überlappen der Kreise wird deutlich, dass die
einzelnen Perspektiven nicht komplett unabhängig sind, sondern auch gemeinsame Schnitt-
mengen besitzen. (Quelle: Eigene Darstellung)

zu häufige oder intensive Nutzung digitaler Medien zu psychischen Belastungen führen kann. Gibt es möglicherweise so etwas wie Smartphone- oder Internetsucht? Des Weiteren beleuchte ich eine zweite Perspektive, in der es um die Frage nach produktivem Arbeiten im digitalen Zeitalter geht (Abschn. 4). Durch die Berücksichtigung dieser Sichtweise berührt der vorliegende Beitrag auch einen ökonomischen Kontext. Jenseits dieser Betrachtungsweisen wird ebenfalls diskutiert, ob und wie die Nutzung von digitalen Geräten uns in Zukunft bzw. schon heute zu gläsernen Menschen macht (Abschn. 5). Die Psychoinformatik versucht dabei, durch die Untersuchung der Mensch-Maschine-Interaktion Vorhersagen auf zahlreiche psychische Variablen wie Persönlichkeit oder politische Einstellungen zu machen (Montag et al. 2016a; siehe auch Yarkoni 2012). Es handelt sich hier auch um eine gesellschaftspolitische Perspektive. Da es in dem vorliegenden Artikel darum gehen soll, beide Seiten – nämlich die Maschine als Freund oder Feind – zu beleuchten, möchte ich zunächst mit einer kurzen Geschichte des WWWs und des Smartphones beginnen, um dann die drei genannten Perspektiven (vgl. Abb. 1) nacheinander abzuhandeln.

2   Internet und Smartphones: Das World Wide Web in jeder Hosentasche

Die Jahre 1989–1991 könnte man als den Beginn des World Wide Webs (WWW) beschreiben. In diesem Zeitfenster entwickelte Tim-Berners Lee das Konzept für das WWW und veröffentlichte die erste Webseite im WWW unter http://info.cern.ch (siehe heutzutage hier: http://info.cern.ch/hypertext/WWW/TheProject.html). Hierbei handelte es sich eigentlich um ein Projekt der Europäischen Organisation für Kernforschung. Seit dieser Initialzündung stellt die Verbreitung und Nutzung des Mediums Internet eine unglaubliche Erfolgsgeschichte dar. Dies gilt besonders, wenn man bedenkt, dass es 28 Jahre nach Geburt des WWWs rund um den Globus etwa 4,21 Mrd. Internetnutzer gibt. Im Juni 2018 waren etwa 55,1 % der Menschheit online (Internet World Stats 2018). Die Begrifflichkeiten Internet und World Wide Web werden übrigens sehr häufig (wie auch in diesem Artikel) synonym verwendet, tatsächlich beschreiben beide Begriffe aber unterschiedliche Dinge.[1]

---

[1]Das Internet beschreibt Computer, die miteinander vernetzt sind und über die wir dann kommunizieren können. Das WWW stellt dagegen eine von mehreren Software-Möglichkeiten dar, wie wir Informationen über vernetzte Computer teilen oder uns Zugang zu Informationen verschaffen können. Dies geschieht im WWW über Webseiten, die meist in der Programmiersprache HTML geschrieben werden. Weitere Möglichkeiten zum Informationsaustausch über das Internet stellen zum Beispiel E-Mails dar.

Seit der Einführung des Smartphones in Form des iPhones im Jahr 2007 gibt es kaum noch einen Bereich in unserer Gesellschaft, in welchem wir nicht Zugriff auf Inhalte des WWWs nehmen können. Die Popularisierung des Smartphones auch durch andere Hersteller hat maßgeblich zu dieser Entwicklung beigetragen und zusätzlich zu einer dramatischen Beschleunigung des digitalen Lebens geführt. Egal ob es darum geht, den richtigen Weg in einer uns noch unbekannten Stadt zu finden oder ob die Bedürfnisse nach Kommunikation befriedigt werden sollen: das Smartphone ist der Alleskönner in der Hosentasche. Besonders in fremden Ländern, in denen wir nicht die Sprache beherrschen, helfen uns Apps auf dem Smartphone dem babylonischen Wirrwarr der menschlichen Sprachen ein Stück weit entgegen zu treten. So sind die Übersetzungsprogramme und die Sprachverarbeitung auf den Smartphones mittlerweile so gut entwickelt, dass sich ein in deutscher Sprache in das digitale Gerät hineingesprochener Satz oder eingegebener Text daraufhin sowohl akustisch in Mandarin bzw. in chinesischen Zeichen wiedergegeben werden kann. Die kleine Maschine in der Hosentasche ermöglicht uns also in Situationen, in denen über die Menschheitsgeschichte hinweg im wahrsten Sinne des Wortes Sprachlosigkeit vorgeherrscht hat, heute einen sprachlichen Austausch mit anderen Menschen zu führen.

Ohne Frage handelt es sich bei den genannten digitalen Neuerungen um wichtige Innovationen, die unser Leben in vielen Bereichen deutlich vereinfacht haben. Neben diesen positiven Aspekten gibt es allerdings auch zu benennende Nachteile, die in diesem Beitrag einer genaueren Untersuchung unterzogen werden. Als besonders besorgniserregend ist sicherlich die Tatsache einzuschätzen, dass durch die starke Verbreitung von digitalen und vernetzten Kommunikationsmedien wie Smartphones oder Tablets die Tätigkeiten am Arbeitsplatz mit im Minutentakt ankommenden E-Mails oder Kurznachrichten für viele Menschen mit mehr Stress und weniger Wohlbefinden einhergehen. Dies gilt besonders, wenn man bedenkt, dass der Arbeitsplatz durch die digitalen Endgeräte nun auch in die privatesten Bereiche wie das Schlafzimmer Einzug gehalten hat und viele Menschen aus dem Bett heraus noch E-Mails beantworten (dazu mehr weiter unten in diesem Artikel). Erholsame Rückzuggebiete, in denen wir unsere „Seele baumeln lassen" können, werden immer kleiner. Diese kommunikativen Möglichkeiten können aus einer gegenteiligen Sichtweise allerdings auch als sehr positiv bewertet werden. So lassen sich viele Tätigkeiten heutzutage im wahrsten Sinne des Wortes von überall aus verrichten. Menschen haben durch die technologischen Innovationen nun die Freiheit bekommen, selber darüber zu entscheiden, von wo und vor allen Dingen wann sie ihrer Arbeit nachgehen möchten. Der mobile Schreibtisch ist in vielen Branchen zum Alltag geworden. Es ist damit zu rechnen, dass diese Entwicklung anhält und sich sogar noch verstärkt.

3 Internet- und Smartphonesucht: Fakt oder Fiktion?

Können Smartphones oder das World Wide Web krank machen? Bei der Beantwortung dieser Frage geht es mir nicht darum, ob die Geräte als solche das Potenzial haben uns krank zu machen. Vielmehr geht es um die Frage, ob ein Übermaß an digitalem Konsum existiert, durch welchen bei Menschen psychische Probleme ausgelöst werden können.[2] Die Diskussion um die Internet- und Smartphonesucht ist zu Beginn häufig belächelt worden, da viele Wissenschaftler davon ausgingen, dass erneut das Alltagsleben von Menschen pathologisiert wird. Diese Kritik ist nicht ganz unbegründet, so wurde z. B. lange auch die Bibliomanie (Büchersucht) untersucht (z. B. Frewer und Stockhorst 2003). Von daher wird im Folgenden die Entwicklung und Bedeutung der Internet- und Smartphonesucht aus einem modernen Blickwinkel näher beleuchtet (siehe auch ein kritischer Blick auf dieses Thema in Billieux et al. 2015).

3.1 Was ist Internetsucht?

Die Internetsucht gehört zu einer Begrifflichkeit in der *Klinischen Psychologie und Gesundheitspsychologie,* welche nun bereits seit über zwanzig Jahren untersucht wird. Hier können wir uns aufgrund großer internationaler Forschungsbemühungen schon einen recht guten Überblick über die Befundlage von zahlreichen Studien verschaffen. Der Begriff *Internet addiction* (Internetsucht) wurde von der amerikanischen Psychotherapeutin Kimberly Young im Jahr 1996, 1998 prominent in die Literatur eingeführt. Kimberly Young entlehnte für die Diagnostik der Internetsucht vor allen Dingen Symptome aus dem Bereich der Glücksspielsucht *(Pathological Gambling),* von denen die relevantesten gleich weiter unten erläutert werden. Folgt man dem frühen Entwurf von Kimberly Young, so könnte es sich bei der exzessiven Internetnutzung, genauso wie bei der Glücksspielsucht, um eine nicht-substanzgebundene Form der Sucht handeln. Im Unterschied zu der Alkohol-, Nikotin- oder Heroinabhängigkeit führt der Suchtpatient bei der Übernutzung des Internets seinem Körper allerdings keine direkte toxische

---

[2]Tatsächlich gibt es einen Forschungszweig der sich mit der Frage beschäftigt, ob die Bestrahlung des Menschen durch Smartphones („Handystrahlung") gesundheitsschädlich ist. Ich bin kein Experte für diese Fragestellung, allerdings scheint die Handystrahlung basierend auf einigen Studien keine wirkliche Gefährdung darzustellen (z. B. Kumlin et al. 2007).

Substanz zu. Bei der Intersucht spricht man also über eine Verhaltenssucht *(Behavioral Addiction)*.

Seit den ersten Arbeiten um Kimberly Young (1996, 1998) hat sich in dem Forschungsfeld *Internet addiction* einiges getan und es wurden beispielsweise differenziertere diagnostische Herangehensweisen entwickelt, um diesem möglicherweise neuen Störungsbild auf die Schliche zu kommen. Allerdings werden auch in den diagnostischen Weiterentwicklungen einige (bis jetzt noch nicht näher benannte) Symptome aus der klassischen Arbeit von Kimberly Young bemüht. Unter anderem hat der chinesische Psychiater Ran Tao basierend auf einer großen Anzahl an untersuchten Patienten vor wenigen Jahren die so genannte „2+1 Regel" zur Diagnose der Internetsucht vorgeschlagen (Tao et al. 2010). Diese Regel besagt, dass neben beruflichen und/oder privaten Beeinträchtigungen aufgrund der übermäßigen Internetnutzung, in jedem Fall die Symptome *ständige gedankliche Beschäftigung mit dem Medium Internet* sowie *Entzugserscheinungen* zu beobachten sein müssen („2"). Zusätzlich muss der Regel entsprechend ein weiteres Symptom („+1") aus einer längeren Liste an möglichen Symptomen hinzugefügt werden. Dies könnte beispielsweise das Symptom *Toleranzentwicklung* sein. Von einer solchen spricht man in der Suchtdiagnostik, wenn der Suchtpatient den Drogenkonsum steigern muss, um den gleichen ‚Kick' durch den Konsum der Droge erfahren zu können. Selbst diese Symptome sind aber nicht ausreichend, um eine Internetsucht zu diagnostizieren. Beispielsweise muss es Zeitkriterien wie eine Mindestnutzungsdauer des Internets über einen gewissen Zeitraum geben und signifikante Beeinträchtigungen des Alltags.

Mit den gerade beispielhaft aufgeführten Symptomen wird bereits klar, dass die einfache Anzahl der Stunden, die eine Person online ist, für sich alleine genommen kein gutes Kriterium darstellt, um Suchttendenzen im Hinblick auf digitale Inhalte vorherzusagen. So zeigte sich in unseren Studien entsprechend auch, dass es wichtig ist, zwischen der privaten und der beruflichen Online-Zeit zu unterscheiden, die eine Person im Internet verbringt (Montag et al. 2010, 2011; Sariyska et al. 2014). In unseren Arbeiten konnte zumeist lediglich die private Zeit in einen Zusammenhang mit problematischer Internetnutzung gebracht werden, nicht aber die berufliche Zeit, die eine Person online verbringt. Dies stellt im Übrigen auch ein wichtiges Ergebnis für die Therapie in diesem Bereich dar: Während bei substanzgebundenen Süchten therapeutisch zumeist das Ziel verfolgt wird, die Droge nie wieder zu konsumieren, muss man im Hinblick auf die Nutzung des Internets andere Wege gehen. Andernfalls könnten die Patienten viele Berufe in modernen Gesellschaften nicht mehr ausüben (zum Thema Internetsucht ist z. B. die Arbeit von Dau et al. (2017) lesenswert).

Um eine Einschätzung vornehmen zu können, ob Internetsucht tatsächlich ein relevantes gesundheitspsychologisches Problem darstellt, müssen zur Beantwortung dieser Frage neben klassischen psychologischen Herangehensweisen, die auch die genannte Diagnostik umfassen, ebenfalls Ergebnisse der Hirnforschung berücksichtigt werden. Tatsächlich zeigt sich in einigen neurowissenschaftlichen Studien, dass Patienten mit der (inoffiziellen) Diagnose Internetsucht, ähnliche Auffälligkeiten in Hirnstrukturen aufweisen, wie das beispielsweise bei anderen Suchtpatienten zu beobachten ist. So zeigte sich in einer Arbeit von Zhou et al. (2011) unter anderem ein geringeres Hirnvolumen (genauer Dichte der grauen Substanz) des anterioren cingulären Kortex (ACC) bei Patienten mit Internetsucht im Vergleich zu gesunden Kontrollpersonen (siehe auch die Übersichtsarbeit von Montag et al. 2017). In einer neuen Arbeit von Montag et al. (2018) konnte in einer chinesischen Stichprobe gezeigt werden, dass geringere Hirnvolumen im subgenualen anterioren cingulären Kortex (graue Substanz) mit höherer WeChat-Sucht assoziiert waren. Während in Deutschland WhatsApp die wichtigste Messenger-Plattform darstellt, ist dies in Asien (und in China) mit aktuell einer Milliarde Nutzer die Applikation WeChat, mit der übrigens nicht nur Nachrichten ausgetauscht werden können[3]. Diese Applikation eignet sich beispielsweise auch im Alltag, um auf dem Markt oder im Supermarkt zu zahlen (Montag et al. 2018).

Beim eben genannten ACC handelt es sich um eine Hirnregion, die unter anderem bei der Informationsverarbeitung von Konflikten eine wichtige Rolle spielt (Bush et al. 2000). Tatsächlich stehen Drogenabhängige täglich vor dem Konflikt, auf der einen Seite die Droge sofort konsumieren zu wollen, um sich kurzfristig ein gutes Gefühl zu verschaffen oder das Craving (Verlangen) nach der Droge durch den Konsum zu reduzieren. Auf der anderen Seite wissen die Suchtpatienten in der Regel um die langfristigen negativen Konsequenzen im privaten, beruflichen und gesundheitlichen Bereich. So kommt es vor, dass Jugendliche mit dem exzessiven Spielen von Online-Rollenspielen wie World of Warcraft ihren Ausbildungsplatz aufs Spiel setzen, weil sie nicht von dem Computerspiel loslassen können. Die genannten hirnanatomischen Auffälligkeiten im Bereich des ACCs, gepaart mit einer Überaktivität des Belohnungssystems des Gehirns (z. B. das Hirnareal mit dem Namen ventrales Striatum) während des Spielens am Computer oder gar nur beim bloßen Anblick des Computers auf dem Schreibtisch, können zu einem drastischen Überkonsum des Internets führen (Ko et al. 2009). Interessanterweise konnte ebenfalls nachgewiesen werden, dass geringe Volumen der grauen Substanz des Nucleus Accumbens (ein zentraler Bereich des ventralen Striatums) mit einer längeren und hoch frequenteren Facebook-Nutzung einhergingen (Montag, Markowetz et al. 2017).

---

[3]http://www.wechat.com/en/. Zugegriffen: 22. Mai 2018.

Wie kommt es zu den Auffälligkeiten und Dysfunktionen des Gehirns bei Internetsüchtigen? Wenn es um Ursachenforschung im Bereich der Übernutzung digitaler Kommunikationsmedien geht, wird oft die Frage nach den Einflüssen von Erbe und Umwelt gestellt. Mittlerweile ist für so gut wie alle psychologischen Phänotypen klar, dass sowohl die Genetik als auch zahlreiche Umweltvariablen über Unterschiede in Hirnstruktur und Hirnfunktion letztendlich auch Unterschiede im Verhalten erklären können (Montag et al. 2013; Poldermann et al. 2015).

Um eine Antwort auf die Höhe der Beteiligung von Genetik und Umwelt bei Unterschieden in der Internetsucht zu finden, können Zwillingsstudien zurate gezogen werden. Da eineiige Zwillinge im Hinblick auf ihren genetischen Code 100 % identisches Erbgut tragen, und zweieiige Zwillinge sich zu 50 % ähnlich sind, lässt sich durch einen direkten Vergleich von eineiigen und zweieiigen Zwillingen herausarbeiten, wie stark Unterschiede in einem bestimmen psychologischen Phänotyp wie Internetsucht durch Genetik und Umwelt beeinflusst werden (Montag et al. 2016b; Montag 2016). Den Grundgedanken hinter dem Ansatz der Zwillingsstudien kann man so beschreiben, dass sich eineiige Zwillinge durch das identische Erbgut ähnlicher sein sollten als zweieiige Zwillinge oder ‚normale' Geschwister. Indem man diese unterschiedlichen Zwillingstypen nun kontrastiert, lassen sich Gen- und Umwelteinflüsse auch für Unterschiede in Tendenzen zur problematischen Internetnutzung herausarbeiten.[4] Im Forschungsfeld der Zwillings-Genetik[5] ist nun nachgewiesen worden, dass interindividuelle Differenzen in der Internetsucht zum Teil auch auf genetische Faktoren zurückzuführen sind, was auf etwa 50 % quantifiziert werden kann (Vink et al. 2015). Der genetische Einfluss ist aber deutlich kleiner, wenn ältere Personen untersucht werden (Hahn et al. 2017). Das heißt, dass nicht nur Umweltfaktoren, sondern auch genetische Faktoren bei der Entwicklung dieser neuen möglichen Erkrankung eine wichtige Rolle spielen. Dies ist jedoch nicht so zu verstehen, dass es Gene gibt, die nur mit Internetsucht im Zusammenhang stehen. Es ist stattdessen anzunehmen, dass es sich hier zum großen Teil um Genvarianten handelt, die über ihren Einfluss auf Persönlichkeitseigenschaften, die Anfälligkeit (Vulnerabilität) für affektive Erkrankungen wie die Depression oder generelle Suchttendenzen diesen genetischen Teil ausmachen

---

[4]In anderen Bereichen der Psychologie sind Zwillingsstudien schon sehr häufig durchgeführt worden. Es zeigte sich, dass in etwa 50 % der Unterschiede zwischen Menschen mit Hinblick auf ihre Persönlichkeit und je nach Studie bis zu 80 % der Unterschiede in Intelligenz durch die Genetik beeinflusst werden. Siehe auch die Übersichtsstudie von Polderman et al. (2015).

[5]Der Begriff umfasst auch Zwillingsstudien. Es geht bei diesen Studien darum zu *quantifizieren*, wie viel Prozent eines bestimmten Phänotyps auf Genetik und Umwelt zurückzuführen sind.

(Hahn et al. 2017). Was können aber nun Umweltfaktoren sein, die eine individuelle Vulnerabilität für Internetsucht begünstigen? Darunter fallen natürlich grundsätzliche Faktoren wie der Zugang zum Internet, der Nutzungsgrad digitaler Kommunikationsmedien unter Schulfreunden, später Studenten oder Arbeitskollegen oder generell die Nutzungshäufigkeit und -intensität von Internet, Smartphone & Co. in der eigenen Peer-Group.

Kommen wir noch ein letztes Mal auf diagnostische Probleme bei der Erforschung der Internetsucht zu sprechen. Erschwerend zu einigem bereits Gesagten ist festzuhalten, dass zwischen einer generalisierten und spezifischen Form der Internetsucht unterschieden werden muss (Davis 2001; Montag et al. 2015a; Müller et al. 2017). Bei der generalisierten oder unspezifischen Form der Internetsucht handelt es sich um generelles „Vertrödeln von Zeit" bei der Nutzung von Online-Medien mit den eben genannten Symptomen. Dabei steht aber keine bestimmte Online-Tätigkeit besonders im Vordergrund. Bei der spezifischen Form hingegen gehen die entsprechenden Patientengruppen im Unterschied zu der generalisierten Form der Internetsucht vor allen Dingen einer deutlich einzugrenzenden Nutzung exzessiv nach. Die größten Problembereiche im Kontext der spezifischen Internetsucht sind dabei die Online-Inhalte bzw. Anwendungen *Pornografie, Social Media wie Facebook* und das exzessive *Internet Gaming*. Ein Beispiel für exzessives Internet Gaming ist das weiter oben genannte Computerspiel World of Warcraft, in dem sich Menschen online zusammentun, um in Fantasiewelten mithilfe eines eigenen Avatars Abenteuer zu bestehen. Eine neue Studie von Zhou et al. (2019) konnte hier übrigens zeigen, dass ein Teil des Hirnareals mit den Namen orbitofrontaler Kortex durch Spielen von World of Warcraft möglicherweise an grauer Substanz (Hirnvolumen) verliert.

In der interkulturellen Studie von Montag et al. (2015a) zeigten sich wenige Überlappungen zwischen den unterschiedlichen Formen der Internetsucht, mit der Ausnahme, dass die Sucht nach sozialen Netzwerken eher mit generalisierten Internetsucht-Tendenzen assoziiert zu sein scheint. Besonders die spezifische Form der Internetsucht *Internet Gaming* findet in der Wissenschaftsszene momentan besondere Anerkennung, was sich darin äußert, dass der Begriff *Internet Gaming Disorder* im DSM-5 zumindest als Arbeitsbegriff aufgenommen worden ist. Beim DSM-5 handelt es sich um ein offizielles Handbuch, in welchem psychische Störungen inklusive ihrer Symptome verortet werden. Kurz vor Fertigstellung des Beitrags zeigt sich, dass Gaming Disorder, sowohl online als auch offline, als Suchterkrankung/Störungsbild Anerkennung im neuen Entwurf des ICD-11 finden wird. Hier handelt sich um das von der Weltgesundheitsbehörde rausgegebene International Classification of Diseases-11.[6]

---

[6]http://www.who.int/features/qa/gaming-disorder/en/. Zugegriffen: 22. Mai 2018.

Insgesamt lässt sich zum heutigen Zeitpunkt festhalten, dass es eine noch eher kleine aber wachsende Zahl von Personen gibt, die (große) psychische Probleme aufgrund ihrer Internetnutzung haben. Dies könnte in einigen Fällen als klinisch-relevant einzuschätzen sein und wäre damit teilweise auch behandlungswürdig. Nach einer repräsentativen Studie von Rumpf et al. (2011) ist in Deutschland möglicherweise ein Prozent der Bevölkerung betroffen. Neuere Zahlen gehen von bis zu zwei Prozent in Deutschland aus (Müller et al. 2014).

Es bleibt festzuhalten, dass es ein offizielles Krankheitsbild für „Internetsucht" jenseits der Gaming Disorder (noch) nicht gibt. Dies hat mit mehreren Faktoren zu tun. Zum einen konnte man sich bis jetzt nicht über eine finale Diagnostik einigen. Die eben vorgestellten Ansätze stellen lediglich erste Arbeitsentwürfe dar. Zum anderen ist auffällig, dass Internetsucht häufig sowohl mit Depressionserkrankungen als auch mit einer Aufmerksamkeitsdefizit-/Hyperaktivitätsstörung (ADHS) einhergeht (z. B. Sariyska et al. 2015). Interessanterweise zeigt sich in diesem Kontext in ersten Einzelfallstudien, dass die Behandlung von Depressiven mit entsprechenden Psychopharmaka nicht nur die depressiven Verstimmungen, sondern auch die Internetsucht reduzierte (für einen Überblick siehe Camardese et al. 2017). Selbiges wurde für die Behandlung von ADHS Patienten beobachtet. Dies lässt viele WissenschaftlerInnen zögern, Internetsucht als alleinstehendes Störungsbild in die gängigen psychologischen und psychiatrischen Diagnosebücher aufzunehmen. Dies ändert aber nichts daran, dass die mit dem Begriff „Internetsucht" assoziierten Verhaltensweisen pathologisch wirken können. Auf ein bedeutsames Modell zum Verständnis und Entstehung der (spezifischen) Internetsucht sei ebenfalls hingewiesen (Brand et al. 2016). Passend zu diesem Modell und auch den Entwicklungen im ICD-11 (bzgl. Gaming Disorder) sprechen viele Wissenschaftler aktuell auch lieber von einer Internet Use Disorder, also „Internetnutzungsstörung". Damit wird darauf hingewiesen, dass vor allen Dingen eine bestimmte Form der Internetnutzung ein Problem darstellen kann.

Weiterhin ist anzumerken, dass in der modernen Psychologie der Kontinuumsgedanke immer weiter auf dem Vormarsch ist. Hier nimmt man explizit davon Abstand, einen Schwellenwert zu bestimmen, ab dem eine psychische Erkrankung vorhanden oder nicht vorhanden ist. Vielmehr geht man heute von einem fließenden Prozess zwischen unauffälligem („gesunden") und psychopathologischem Verhalten aus. Das bedeutet, dass Menschen mehr oder weniger in eine Richtung von zwei Polen mit stark typisierten Verhaltensweisen am Ende eines Kontinuums neigen. Genauer bedeutet dies, dass an einem dieser Pole unauffälliges Verhalten und an dem anderen Pol pathologisches Verhalten zu verorten wäre und jeder Mensch irgendwo zwischen diesen Polen anzusiedeln ist. Im vorliegenden Fall der Internetsucht würden wir jeweils eine mehr oder weniger ausgeprägte Tendenz in Richtung „Internetübernutzung" oder „unauffällige

Nutzung" beobachten. Von daher überrascht es die Leserin und den Leser vielleicht auch nicht mehr, dass wir kürzlich in einer großen Studie mit fast 5000 Teilnehmern aus der Allgemeinbevölkerung Zusammenhänge zwischen einer problematischen Internetnutzung und geringerer Lebenszufriedenheit feststellen konnten (Lachmann et al. 2016). Dieser Zusammenhang ließ sich wenig später in einer fast genauso großen Stichprobe erneut beobachten (Lachmann et al. 2017). In breiten Bevölkerungsschichten kann sich Internetnutzung – auch unabhängig von psychiatrischen Begriffen – negativ auf das Leben auswirken. Je mehr Menschen in unserer Stichprobe zur problematischen Internetnutzung tendierten, desto eher war auch ihre Lebenszufriedenheit eingeschränkt.[7]

3.2   Gibt es Smartphonesucht?

Neben der möglichen Existenz einer Internetsucht stellt sich auch die Frage nach dem Suchtpotenzial bei der Smartphone-Nutzung. Im Hinblick auf die Erforschung der Smartphonesucht stehen wir im Vergleich zu der Internetsucht noch ganz am Anfang. Dies hat damit zu tun, dass das Smartphone, zugehörig zu der übergeordneten Kategorie „Mobiltelefon", noch nicht besonders alt ist. Die Erfolgsgeschichte des Gerätes beginnt vor allem mit der Einführung des iPhones im Jahr 2007 (Abschn. 2). Seitdem haben sich die Geräte unfassbar schnell rund um den Globus verbreitet. Aktuell gibt es circa 2,53 Mrd. Smartphone-User auf der Welt (Statista.com).

Die Frage nach der Trennung der Begriffe Internet- und Smartphonesucht mag vielleicht etwas merkwürdig anmuten, besonders weil die funktionale Vielfalt des Smartphones – wie die Nutzung von Kommunikationsdiensten wie WhatsApp, der Zugriff auf Inhalte des WWW oder das Versenden von E-Mails – ohne einen Internetzugang überhaupt nicht genutzt werden kann. Trotzdem gibt es Unterschiede zwischen der Internet- und der Smartphonesucht. Studien, in denen per Fragebogen sowohl die Tendenzen zur Internet- als auch Smartphonesucht untersucht worden sind, kamen zum Ergebnis, dass die beiden Formen des problematischen Umgangs mit Onlineinhalten zu circa $r = 0,40$ im Zusammenhang stehen[8]

---

[7]Die Zusammenhänge in der zitieren Studien sind korrelativer Natur und es lässt sich von diesem Datensatz kein Ursache-Wirkungsprinzip ableiten. Andere Studien legen aber nahe, dass der Wirkmechanismus in die dargestellte Richtung zu beobachten ist (z. B. Lam und Peng 2010).

[8]Das „r" stellt in der Statistik das Korrelationsmaß nach Pearson (z. B. Bortz 2006) dar und beschreibt den Zusammenhang zwischen zwei Variablen. Die Werte von Korrelationen können zwischen −1 und 1 schwanken. Je positiver der Wert zwischen 0 und 1 ausfällt, desto stärker fällt auch der Zusammenhang zwischen zwei Variablen aus. Dies funktioniert nach

(Kwon et al. 2013a, b; siehe auch eine neue Arbeit von Lachmann et al. (2018) mit ähnlichen Werten). Das heißt das ca. 16 % ($0{,}40^2$ bzw. $0{,}40 \times 0{,}40$) beider Suchtformen überlappen, aber es ist noch genügend Spielraum für Unterschiede da. Nicht jeder der internetsüchtig ist, ist unbedingt auch smartphonesüchtig oder andersherum. Dies soll nun mit einer genaueren Beschreibung der Smartphonesucht illustriert werden. Zur besseren Einordnung der Begrifflichkeit ist wichtig darauf hinzuweisen, dass Internetsucht auch eine Art Überbegriff bilden könnte und die Smartphonesucht eine mobile Form der Internetsucht darstellt. Diese bekommt durch die ständige Verfügbarkeit des Internets in Form des Smartphones einen besonderen Charakter. Im Übrigen ist für die aktuelle Debatte auch der Hinweis wichtig, dass Smartphonesucht selber in starkem Zusammenhang mit der exzessiven Nutzung von WhatsApp steht (Sha et al. 2018). Das heißt in großen Teilen könnte die Smartphonesucht mit Problemverhalten in der Messenger/Social Media Nutzung einhergehen. Dies wird in den nächsten Jahren aber noch weiter zu beforschen sein.

In Bezug auf die Symptome bei der Smartphonesucht werden wiederum ähnliche Faktoren wie bei der Internetsucht diskutiert. Zum einen spielt *die ständige gedankliche Beschäftigung mit dem Gerät* eine große Rolle, die von vielen UserInnen auch tatsächlich berichtet wird. In einer eigenen, groß angelegten Studien konnten wir feststellen, dass der durchschnittliche Smartphone-Nutzer alle 18 min auf sein Smartphone zugreift (Projekt „Menthal.org"; unveröffentlichte Daten; siehe auch Markowetz 2015), was bedeutet, dass viele Nutzer das Gerät aufgrund der aktuellen Nutzung gerade in der Hand haben oder schon an der Hosentasche herumnesteln, um es gleich herauszuholen. *Entzugserscheinungen* spielen ebenfalls eine große Rolle. Vielleicht hat der eine oder die andere LeserIn auch schon die Erfahrung gemacht, dass man selbst ganz nervös wird, weil das Gerät morgens zu Hause liegen geblieben ist. Dies alleine reicht natürlich nicht aus, um eine Suchtdiagnose zu stellen. Es zeigt sich aber, dass einige der gängigen Suchtsymptome aus der substanzgebundenen Suchtforschung auch bei der exzessiven Smartphone-Nutzung eine Rolle spielen könnten. Daneben müssen bei der Smartphonesucht, genauso wie bei der aktuellen Diagnose *Gaming Disorder,* aber signifikante Beeinträchtigungen im Alltag zu beobachten sein.

---

dem Prinzip je mehr von Variable A, desto mehr von Variable B. Ein einfaches Beispiel für eine positive Korrelation wäre Folgendes: Je größer eine Person ist, desto schwerer ist sie auch. Werte im negativen Bereich (zwischen 0 und −1) beschreiben inverse Zusammenhänge. Dies würde bedeuten, dass je mehr von Variable A zu beobachten ist, desto weniger von Variable B da wäre. Hier wäre folgendes Beispiel möglicherweise zutreffend: Je mehr Sport ich mache, desto weniger Kilogramm bringe ich auf die Waage.

Wie das Smartphone unseren Alltag dominiert, zeigt sich auch in den Nutzungs-zahlen. In einer eigenen Studie mit über 2400 Teilnehmern, deren Verhalten an den Geräten über vier Wochen aufgezeichnet worden sind, zeigte sich eine täg-liche individuelle Nutzung von insgesamt über 160 min (Montag et al. 2015b). Mit anderen Worten verbringen viele von uns täglich fast zweieinhalb-drei Stunden mit dem Gerät. Zwar handelt es sich bei der Untersuchung nicht um eine repräsentative Stichprobe, sie gibt aber aufgrund der Anzahl der TeilnehmerInnen und ihrer sozio-demografischen Daten (eher jüngere Teilnehmer) Aufschluss darüber, was die so genannte ‚Generation Smartphone‘ jeden Tag mit ihren Geräten macht.

Ähnlich wie bei der Internetsucht gibt es (noch) keine offizielle Diagnose „Smartphonesucht". Zusätzlich möchte ich explizit darauf hinweisen, dass es mir nicht darum geht, den Alltag zu pathologisieren. Ähnlich wie bei der Internet-sucht wird es aber auch hier eine kleine – aber doch stetig wachsende – Anzahl von Menschen geben, die durch ihre Smartphone-Nutzung zunehmend größere Probleme bekommen. Beispielsweise weisen neue Studien auf Zusammenhänge zwischen der Smartphonesucht und Depression hin (Elhai et al. 2016). Zusätzlich zeigen neuere Arbeiten, dass exzessive Smartphone-Nutzung zu ADHS ähnlichen Symptomen führen kann (Kushlev et al. 2016; Hadar et al. 2017; für eine generelle Übersicht siehe Montag 2017) Der nächste Abschnitt wird sich der Frage widmen, warum eine Übernutzung von Internet und Smartphones auch jenseits von reinen, gesundheitspsychologischen Fragestellung für uns alle von Bedeutung ist.

3.3 Problematische Internet- und Smartphone-Nutzung jenseits der Suchtthematik

Bei der Frage nach der Internet- und Smartphonesucht geht es um eine wich-tige Frage, die jedoch eine – zumindest noch – eher kleinere Gruppe von Patienten in Deutschland betrifft. Trotzdem behaupte ich, dass wir alle mehr oder weniger unter einer zu intensiven Nutzung digitaler Medien leiden können. Dies lässt sich mit folgendem Beispiel illustrieren: Stellen Sie sich vor, dass Sie sich vielleicht für 100 EUR eine teure Konzertkarte für Ihren Lieblingskünstler gegönnt haben. Nun ist der Konzertabend endlich gekommen und Sie sind in der Konzertarena angekommen. Das Licht geht aus, das Konzert geht los und bei vielen Menschen fliegt reflexartig das Smartphone aus der Tasche. Nun werden zahlreiche wackelige Videos und Fotos im Dunkeln gemacht, die sich nach dem Konzertbesuch keiner mehr anschauen wird. Zwar waren Sie beim Konzert physisch anwesend, Ihre Aufmerksamkeit war jedoch so stark über das Konzert hinweg darauf fokussiert, ‚gute‘ Aufnahmen zu machen, dass Sie emotional von dem Konzert nichts mitbekommen haben.

An anderer Stelle haben wir (Montag und Walla 2016) in diesem Kontext das alte lateinische Sprichwort „Carpe Diem" bemüht. Meines Erachtens verlernen wir tatsächlich allmählich, uns an den einfachen Dingen im Leben zu erfreuen – im wahrsten Sinne des Wortes den Tag zu hüten. Dies geschieht, weil wir viele schöne alltägliche Ereignisse schlichtweg nicht mehr wahrnehmen. Beim Candle-Light-Dinner sitzen sich sprachlose Paare gegenüber, die sich lieber mit ihren Smartphones beschäftigen anstatt miteinander zu reden (siehe auch die Arbeit von Kushlev (2015) und die Diskussion über eine digitale Etikette in Montag und Diefenbach (2018)). Auf der Parkbank verpassen wir den Frühling, da uns gerade die Nachricht auf WhatsApp oder Facebook wichtiger ist. Besonders schade ist es, wenn wir in unsere knappe Freizeit mit unseren Liebsten auf die Smartphones starrend verbringen, anstatt ein anregendes Gespräch zu führen.[9]

Basierend auf diesen Gedanken, möchte ich einen hypothetischen Blick in die Zukunft wagen: Unsere genetische Grundausstattung löst in uns das Grundbedürfnis nach Zuneigung und menschlichen Miteinander aus. Werden diese Grundbedürfnisse nicht erfüllt, so kann es zu psychopathologischen Zuständen wie einer Depression kommen. Die Frage ist nun, ob uns distanzierte Kommunikation über Smartphones und das Internet auf Dauer ausreichen wird, um dieses Grundbedürfnis zu stillen. Auch wenn es noch keine belastbaren Daten gibt, bezweifle ich, dass uns in einem Zustand der Trauer ein Emoticon über einen Online-Kanal genauso stark Trost spenden kann wie es eine echte Umarmung von einem uns nahestehenden Menschen würde. In diesem Kontext ist interessant zu wissen, dass die neurobiopsychologische Forschung mittlerweile die Macht der menschlichen Berührung nachweisen konnte. Diese hat eine so wichtige Funktion, weil sie Botenstoffe wie das sogenannte Bindungshormon Oxytocin zur Ausschüttung bringen kann (z. B. Holt-Lunstad et al. 2008). Die Ausschüttung dieses Hormons hat unter anderem eine beruhigende Wirkung auf unseren Traurigkeitsschaltkreis (SADNESS-circuit) im Gehirn (Panksepp 1998; siehe auch die Argumentation in Montag et al. 2016c).

Aus diesen Überlegungen entstehen weitere wichtige Fragen: Wenn ganze Generationen von Menschen nur noch auf Textnachrichten oder zweidimensionale Bilder bei Facebook mit *Likes* (siehe Erklärung etwas weiter unten) oder Kurznachrichten reagieren, was passiert dann mit den uns angeborenen Fähigkeiten, Emotionen in Gesichtern unseres Gegenübers lesen und darauf reagieren zu können? Können wir ohne die tägliche direkte Interaktion zwischen

---

[9]Dies alles heißt nicht, dass man sich nicht auch gemeinsam an Inhalten von WhatsApp & Co. erfreuen kann. Hier geht es im wahrsten Sinne um Sprachlosigkeit statt Austausch durch die angeführte Mediennutzung.

Menschen auch in Zukunft aus den Feinheiten der menschlichen Stimmlage oder der Mimik im Gesicht einer Person Informationen ablesen? Können wir diese Kompetenzen tatsächlich verlernen? Das mag zunächst weit hergeholt klingen. Bedenkt man aber, dass unser Gehirn plastisch ist und Ihr Gehirn nach der Lektüre dieses Artikels nicht mehr dasselbe sein wird wie zu Beginn (irgendwo müssen sich die gelernten Information in Form des Gedächtnisses auf molekularer Ebene im Gehirn ablegen), so wird klar, dass unser Gehirn sicherlich auch in den Bereichen der Empathie geschult und trainiert werden muss. Dafür sprechen beispielsweise auch die zahlreich vorhandenen Empathie-Trainings, die im Rahmen der Behandlung von Autismus eingesetzt werden (z. B. Golan und Baron-Cohan 2006; Klimecki et al. 2014). Passend zu den hier vorgestellten Gedanken konnten wir kürzlich in einer Studie in jeweils einer Stichprobe aus China und Deutschland unabhängig voneinander nachweisen, dass niedrige Empathie mit erhöhten Internetsuchtwerten einhergeht (Melchers et al. 2015). Diese Befunde waren in einer neueren Arbeit in China und Deutschland erneut zu beobachten, die Übertragung der Ergebnisse auf Smartphonesucht sind aber nur bedingt gegeben (Lachmann et al. 2018). Im Übrigen handelt es sich in beiden Fällen um eine Korrelationsstudie und es ist von daher keine Kausalität in die eine oder andere Richtung abzuleiten. Trotzdem ist der Zusammenhang interessant und lässt ein wenig aufhorchen. Weitere und tiefer gehende Diskussionen über den Themenkomplex Internet- und Smartphonesucht finden sich in Montag und Reuter (2017) und Montag (2017).

4 Konzentriertes Arbeiten im digitalen Zeitalter: eine psychologisch-ökonomische Perspektive

Neben der zwischenmenschlichen Ebene sind auch Produktivitätsfragen von größter Relevanz, die sowohl psychologische als auch ökonomische Perspektiven auf den hier behandelten Themenkomplex berücksichtigen. Meines Erachtens gibt es zwei große Störfaktoren, die uns bei der alltäglichen Arbeit beeinträchtigen. Das sind zum einen die zahlreichen Unterbrechungen durch E-Mails am Desktop-Computer und zum anderen Unterbrechungen, die durch eine häufige Nutzung des Smartphones entstehen (vor allen Dingen SMS, WhatsApp Nachrichten, News-Feeds, etc.). Ich möchte das Ganze anhand eines Beispiels an einem x-beliebigen Arbeitsplatz illustrieren: Stellen Sie sich vor, dass Sie vor dem Bildschirm sitzen und die Aufgabe verfolgen, ein Text-Dokument zu vollenden. Leider haben Sie vergessen, im Hintergrund Ihres Textverarbeitungsprogrammes Ihr E-Mail-Postfach zu schließen. Auf den aktuellen Systemplattformen eines Desktop-Computers wird Ihnen in der Regel nun jede eingehende

E-Mail in einer der Ecken visuell angezeigt. Falls Sie den Ton an Ihrem Rechner eingeschaltet haben, wird diese Meldung auch akustisch begleitet. Neben Ihrer Tastatur liegt Ihr Smartphone und von diesem gehen in regelmäßigen Abständen zusätzlich akustische Signale aus, die Ihnen vermitteln, dass Ihnen jemand eine Mitteilung über WhatsApp oder einen anderen Social Messenger geschickt hat.

Aus der Arbeitspsychologie wissen wir, dass produktives Arbeiten vor allen Dingen in dem sogenannten Flow-Zustand anzutreffen ist (z. B. Liu et al. 2010). Im „Flow" zu sein (nicht nur bei der Arbeit) beschreibt einen Zustand vertiefter Konzentration, in welchem wir Raum und Zeit vergessen und scheinbar mühelos außerordentlich produktiv sein können (Csikszentmihalyi 2008). Es gibt mehrere wichtige Voraussetzungen für das Erreichen des Flow-Zustandes. Zum einen müssen die eigenen Fähigkeiten der gestellten Aufgabe entsprechen. Ist die Aufgabe zu schwer für mich, werde ich dadurch gestresst und gegebenenfalls wird durch zusätzlichen Druck und einer hohen Erwartungshaltung vonseiten des Vorgesetzten am Arbeitsplatz die Emotion Angst bei mir ausgelöst. Ist die Aufgabe dagegen zu leicht, wird mir langweilig und ich komme ebenfalls nicht in den Flow. Eine perfekte Passung zwischen Aufgabenschwierigkeit und den eigenen Fähigkeiten stellt also eine Voraussetzung für das Entstehen des Flow-Prozesses dar (in der Abb. 2 durch den Flow-Kanal gekennzeichnet).

Neben Angst und Langweile sind vor allen Dingen die ständigen Unterbrechungen im Alltag ein großer Flow-Killer im Kontext der zu verrichtenden Arbeit, ein Nebeneffekt der so genannten digitalen Revolution. Durch E-Mails und Smartphones gibt es kaum noch Rückzugszonen, in denen wir ungestört arbeiten können, da überall die Ablenkung lauert. Zusätzlich ist es nicht einfach, in den Flow zu kommen, weil man sich dafür stark konzentrieren muss. Es bedarf einiger Minuten an hoher Konzentration, um sich auf eine Tätigkeit tief einlassen zu können. Die ständigen Unterbrechungen führen dazu, dass wir uns nicht mehr auf einen Sachverhalt konzentrieren können und am Ende gar keinen Flow mehr erfahren.[10] Ergänzend sei erwähnt, dass der Zusammenhang zwischen Smartphonesucht und geringerer Produktivität auch in einer neuen Studie empirisch nachgewiesen worden ist (Duke und Montag 2017a).

Ich möchte es mir an dieser Stelle aber nicht zu einfach machen und wie ein gestriger Technologiekritiker klingen. Früher war natürlich nicht alles besser. Ohne diese Technologien wäre es für viele Menschen nicht möglich, große berufliche Mobilität zu zeigen. Denn neben dem flexiblen Arbeiten von fast überall,

---

[10]Erwähnenswert ist, dass man bei allen möglichen Tätigkeiten in den Flow kommen kann. Dies kann beim Bergsteigen sein, beim Lesen oder auch beim Spielen eines Computerspiels auf dem Smartphone. Das Smartphone ist also lediglich ein Flow-Killer, wenn ich mich eigentlich auf eine andere Tätigkeit konzentrieren muss.

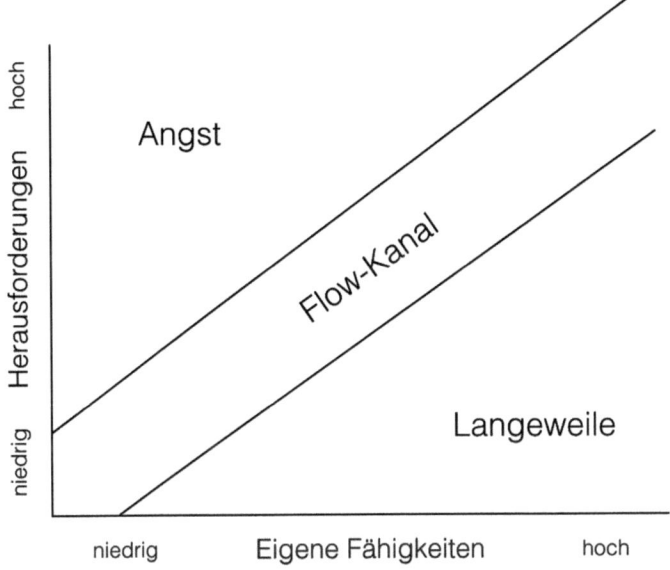

Abb. 2 In der Abbildung ist das Flow-Modell nach Csikszentmihalyi (2008) dargestellt. Das Modell zeigt, unter welchen Bedingungen Flow am Arbeitsplatz (oder in privaten Bereichen wie z. B. bei der vertieften Ausübung eines Hobbys) ermöglicht wird. In jedem Fall müssen die eigenen Fähigkeiten der Aufgabenschwierigkeit entsprechen. Eine Unterforderung ist mit Langeweile assoziiert, eine Überforderung führt zu Angst und Stress. Das Flow-Modell ist auch ein Wachstumsmodell (Wie in Abb. 2 zu sehen ist, handelt es sich bei dem Flow Modell auch um ein Wachstumsmodell. Dies lässt sich erneut durch ein Beispiel erläutern: Bei Aufnahme eines neuen Jobs oder einer noch nicht zuvor gemachten Tätigkeit stellt vieles eine große Herausforderung dar. Diese neuen Herausforderungen werden dann aber hoffentlich nach einer überschaubaren Zeit gut gemeistert. Nach Jahren dieser zunächst neuen, dann aber Routine-Tätigkeiten kann Langeweile eintreten, so dass die Personalentwicklung hier Abhilfe schafft, indem sie dem Mitarbeiter oder der Mitarbeiterin eine neue herausfordernde Aufgabe zukommen lässt, die in der Regel eine höhere Komplexität besitzt). (Quelle: Eigene Darstellung, in Anlehnung an Csikszentmihalyi (2008, S. 74))

können ohne die technologischen Neuerungen wie Video-Telefonie, E-Mails, etc. kein Kontakt zu Freunden und Familie von unterwegs aufrechterhalten werden.

Problematisch ist jedoch, dass die mithilfe digitaler und vernetzter Kommunikationsmedien gesparte Zeit nun nicht im Müßiggang oder mehr Freizeit mündet, sondern dass sich das Produktionsrad scheinbar noch schneller dreht. Mancher E-Mail-Partner ist verärgert, wenn er oder sie nicht innerhalb von wenigen Minuten eine Antwort auf eine gesendete Nachricht bekommt. Diese Entwicklungen führen im schlimmsten Falle dazu, dass wir auch noch im Feierabend die Geräte bis ins Bett mit uns herumschleppen, um dort auf E-Mails, Nachrichten oder Posts zu reagieren. Dies manifestiert sich auch in Zahlen einer eigenen Studie, in der wir zeigen konnten, dass in etwa 36–40 % der Smartphone-NutzerInnen in den letzten fünf Minuten vor dem Zubettgehen und in den ersten fünf Minuten nach dem Aufstehen noch oder schon wieder nach dem Gerät greifen (Montag et al. 2015c). Damit sind in einem als besonders privat empfundenen Raum – unserem Schlafzimmer – viele Stressoren gelandet. Möglicherweise hört der Tag über einen Smartphone-Kanal mit einer schlechten Nachricht vom Vorgesetzten auf oder beginnt ebenso unangenehm. Passenderweise zeigt sich auch, dass Smartphone-Übernutzung mit schlechterer Schlafqualität einhergeht (Lemola et al. 2015). Ergänzend geht die abendliche Übernutzung von Smartphones oder Tablets ebenfalls mit geringerem Engagement/Energie bei der Arbeit am nächsten Morgen einher. Dies gilt besonders wenn jemand nur geringe Kontrolle über den eigenen Arbeitsplatz hat (Lanaj et al. 2014). Geringe Kontrolle könnte sich beispielsweise darin äußern, dass der Chef immer über die Schulter schaut und ständig vorgibt, wie die Dinge am Arbeitsplatz zu erledigen sind.

Wenn also Smartphones und andere Kommunikationsmedien uns sowohl produktiver machen als auch in unserer Produktivität schädigen können, stellt sich die Frage, an welchem Punkt das Positive ins Negative kippt? Dies ist ebenfalls nicht leicht zu beantworten. Möglicherweise handelt es sich mit Hinblick auf den Zusammenhang zwischen den Variablen *Produktivität* und *Smartphone-Nutzung* nicht um eine lineare, sondern um eine kurvi-lineare Funktion. Genauer: Ich gehe davon aus, dass der Zusammenhang zwischen Produktivität und Smartphone-Nutzung (bzw. generellem Internetgebrauch) einer umgekehrten U-Funktion gleicht (Montag 2015; Montag und Walla 2016; Duke und Montag 2017b). Dies würde bedeuten, dass uns die ‚richtige' Smartphone- und Internetnutzung produktiver macht, es aber einen bestimmten Punkt gibt, an der das Ganze ins Gegenteil umgekehrt wird. Dieser Scheitelpunkt wird wohl vor allen Dingen durch die eben bereits genannten Unterbrechungen definiert. Wenn ich auf Minutenbasis durch E-Mails oder Messenger-Nachrichten unterbrochen werde, habe ich nicht die Möglichkeit in den (Arbeits-) Flow zu kommen und werde von daher nicht konzentriert und effizient arbeiten können (vgl. Abb. 3).

In diesem Kontext stellen sich allerdings einige Fragen, die noch beantwortet werden müssen, bevor dieses Modell als valide betrachtet werden kann. Wie wird beispielsweise Produktivität an einem gegebenen Arbeitsplatz am besten operationalisiert?

Aus dem Geschriebenen wird deutlich, dass die neuen digitalen Technologien nicht grundsätzlich schlecht sind. Es gilt zu lernen, diese neuen Techniken

Abb. 3 Ein hypothetisches Modell über den Zusammenhang zwischen dem Ausmaß der Smartphone-Nutzung und Produktivität. Wenn sich das Modell als valide herausstellt, würde uns das aus psychologisch-ökonomischer Sicht „richtige" Ausmaß an Smartphone-Nutzung produktiver machen, der „falsche" Umgang würde dagegen zu Produktivitätseinbußen führen. (Quelle: Eigene Darstellung)

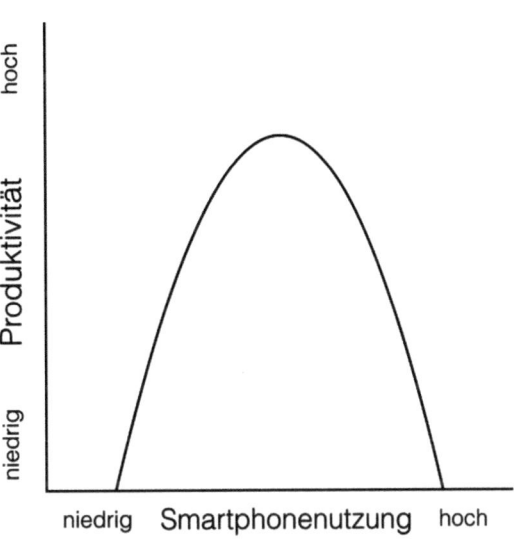

zum richtigen Zeitpunkt geschickt einzusetzen. Umgangssprachlich gilt es also, das Smartphone smart einzusetzen. Wenn Geräte wie Smartphones und Innovationen wie das Internet nicht einen sinnvollen Nutzen mit sich bringen würden, hätten diese Errungenschaften nicht die Welt revolutioniert. Nun stellt sich aber die Frage: Wie gehen wir sinnvoll mit diesen Geräten und den damit verbundenen Nachrichtenfluten im Alltag um? Im Folgenden möchte ich ein paar – zum großen Teil auch wissenschaftlich abgesicherte – Strategien aufzeigen, wie wir die digitalen Geräte in unseren Alltag integrieren können (s. auch Montag und Walla 2016).

Ein Zuviel an E-Mails ist für viele Menschen im Alltag mittlerweile erreicht. Mitunter fällt es schwer auf alles, was im E-Mail-Postfach eintrifft, zu antworten. Wie bereits dargestellt, stellen vor allen Dingen die ständigen Unterbrechungen durch E-Mails & Co. ein großes Problem dar. Eine Studie von Kushlev und Dunn (2015) konnte in diesem Kontext sehr deutlich nachweisen, dass es sinnvoll ist, sich feste Zeiten für das Überprüfen von E-Mails einzurichten. Zwei oder drei vorab definierte Zeitpunkte am Tag (im Vergleich zu jederzeit) reduzieren möglicherweise den von den untersuchten Personen empfundenen Stress und können zeitgleich das Wohlbefinden erhöhen. Zusätzlich stellt sich generell durch diese Maßnahme als weiterer positiver Seiteneffekt heraus, dass sich durch das Einhalten dieses festen Zeitplans längere ungestörte Freiräume ergeben. In diesen Freiräumen können wir dann ununterbrochen arbeiten und haben auch die Möglichkeit, in den Flow zu kommen. Es geht aber natürlich nicht nur darum, mit einem Zuviel an E-Mails umgehen zu können bzw. sich mit der großen Menge der jeden Tag verschickten E-Mails abzufinden. Es wird Zeit, anzuerkennen, dass wir alle Teil des Problems sind, indem wir einfach zu viele (teilweise unnötige) E-Mails versenden. Dies können Rundmails sein, auf die jeder Adressat mit einem kurzem „OK" antwortet. Diese Kurzantworten sind oftmals genauso problematisch wie manche E-Mail, die der Chef abends um 23 Uhr abschickt. Mit solchen spät abends abgesendeten Mails werden die Mitarbeiter teilweise unter Druck gesetzt, auch in ihrer Freizeit noch zu antworten und zu arbeiten. Die Idee eines Feierabends wird dadurch ad absurdum geführt. Grundsätzlich spricht natürlich nichts dagegen, dass man nach seinem eigenen Rhythmus auch spät abends noch arbeitet und E-Mails versendet. Wichtig erscheint mir jedoch, dass in den Arbeitsgruppen vorher abgesprochen wird, dass Mitarbeiter auf diese Art von E-Mails nicht sofort reagieren müssen. Das führt uns zum nächsten Punkt.

Wir brauchen im Feierabend dringend digitale Freizonen. Dies wird besonders deutlich, wenn wir die Zusammenhänge zwischen schlechterem Schlaf und Smartphone-Übernutzung im Feierabend und entsprechende Zusammenhänge mit der Arbeitsfähigkeit am nächsten Morgen beobachten (Lanaj et al. 2014; Lemola et al. 2015). Besonders die Tatsache, dass viele Menschen als letzte Tätigkeit am Abend und erste Tätigkeit am Morgen das Gerät in der Hand haben, erscheint mir problematisch. Von daher plädiere ich dafür, dass Schlafzimmer als ‚smartphonefreie Zone' zu betrachten. Eine weitere Beobachtung aus dem Alltag führt zu einer weiteren Idee reflektierter Nutzung, die jeder für sich selber ausprobieren kann. Viele von uns tragen keine Armbanduhr mehr bzw. haben den Wecker aus dem Schlafzimmer verbannt, da diese Funktion nun vom Smartphone übernommen wird. Tatsächlich zeigte sich in einer eigenen Studie an über 3000 Teilnehmern, dass nur noch 45 % eine Armbanduhr tragen und bereits 33 % keinen Wecker mehr im Schlafzimmer haben (Montag et al. 2015c). Dies führt natürlich dazu, dass wir noch mehr Zeit mit den Geräten verbringen, da es in der Regel nicht dabei bleibt, den Wecker zu stellen oder die Uhrzeit auf dem Smartphone nachzuschauen. Die Absicht „nur" die Uhrzeit nachzuschauen, endet oftmals darin, die gerade eingegangene Kurznachricht zu beantworten. Nach einigen Minuten legen wir das Smartphone dann weg, ohne dabei aber die Uhrzeit zu wissen.

Beim Berufspendeln nutzen viele von uns die digitalen Geräte, um Zeit mit dem neuesten Computerspiel zu verbringen oder vielleicht Meldungen in einem Nachrichten-Portal zu lesen. Dagegen ist auch grundsätzlich nichts einzuwenden. Trotzdem kann es beim Pendeln in Bus oder Bahn durchaus sinnvoll sein, auch einmal „nichts" zu machen und einfach aus dem Fenster zu schauen. Warum? Zum einen kann es ein Stressfaktor sein, wenn wir nicht die gewünschte Leistung in unserem Lieblingsspiel erbringen können haben. Das bedeutet, dass wir uns zusätzlich zum Arbeitsstress auch noch auf dem Heimweg bei der Beschäftigung mit einem Spiel auf dem Smartphone unter Druck setzen. Zum anderen ist das sogenannte *Mind-Wandering* („Gedanken-Wandern") Kreativität fördernd. Es handelt sich um einen Zustand, in dem wir nicht aktiv, sondern passiv unseren Gedanken freien Lauf lassen. In diesem Zustand hängen wir einfach unseren Gedanken nach. Probleme, für die wir bei der Arbeit oder woanders noch keine Lösung gefunden haben, werden in unserem Gehirn im Hintergrund weiterverarbeitet. Manchmal brauchen wir einfach ein wenig Freiraum, um die Lösung ohne große Anstrengungen durch einfaches Wandern in unseren Gedanken finden zu können (Baird et al. 2012; Mooneyham und Schooler 2013). Mind-Wandering sollte aber immer nur in gewissen Dosen stattfinden, da unser Gehirn dazu neigt, nach einer gewissen Zeit eher um negative Gedanken zu kreisen (Killingsworth und Gilbert 2010). Abschließend sei auf eine neue Arbeit hingewiesen, in der untersucht wurde, ob Pendeln per se zu Internetsucht führen kann. Mittlerweile ist das alltägliche Bild des Pendlers in Bus und Bahn gleich einem Pendler mit einem Smartphone oder einem ähnlichen Gerät. In der Arbeit von Lachmann et al. (2017) zeigte sich, dass Pendeln per se nicht zu Internetsucht führt, aber gestresste berufliche Pendler besonders von höheren Tendenzen zur Internetsucht betroffen zu sein scheinen.

5 Vorsicht vor dem, was wir online posten! Chancen und Risiken der Psychoinformatik – die gesellschaftliche Dimension

Nachdem in den vorherigen Kapiteln nun sowohl über eine gesundheitspsychologische Perspektive als auch über eine psychologisch-ökonomische Perspektive im Kontext von neuen technologischen Mitteln am Arbeitsplatz nachgedacht worden ist, möchte ich nun eine dritte Perspektive hinzuzuziehen, die sich unter dem Schirm der neuen wissenschaftlichen Disziplin *Psychoinformatik* diskutieren lässt.

In der Psychoinformatik wird versucht, über die automatisch generierten und gespeicherten Daten der digitalen Mensch-Maschine-Interaktion unter Zuhilfenahme informatischer Methoden einen Einblick in psychische Variablen wie Persönlichkeitseigenschaften oder politische Einstellungen einer Person zu bekommen (Montag et al. 2016a). Bei den Mensch-Maschine-Interaktion-Daten handelt es sich momentan vor allen Dingen um Daten, die auf Facebook-Profilen oder in Twitter-Postings oft durch die Nutzerinnen und Nutzer selbst bereitgestellt werden. Zusätzlich stehen Interaktionen mit dem Smartphone im Vordergrund (Montag et al. 2014). In Zukunft werden mit der Verbreitung des sogenannten

Internet der Dinge (Internet of Things, IoT) aber grundsätzlich alle Quellen zur psychoinformatischen Auswertung genutzt werden können, die an das Internet angeschlossen sind. Aktuelle Beispiele dafür sind das Auto oder der Kühlschrank in unserem Haushalt. Über die Onboard-Diagnostik (OBD) lässt sich beispielsweise herausarbeiten, wie schnell eine Person das Auto beschleunigt, wodurch indirekt Rückschlüsse darauf gezogen werden können, wie aggressiv diese Person in ihrem typischen Fahrverhalten ist (Han und Yang 2009; siehe auch eine neue Arbeit über Psychodiagnostik im Kontext von Autos, Stachl und Bühner 2015). Eine Webcam im Kühlschrank könnte dagegen bald Einblicke in das Ernährungsverhalten einer Person geben. Die Webcam zeichnet auf, welche Produktklassen von Lebensmitteln sich in der Regel im Kühlschrank einer Person beobachten lassen, wodurch wiederum Rückschlüsse auch auf eine (un)gesunde Lebensweise gezogen werden können (Luo et al. 2009).

Auch wenn diese Neuerungen bereits getestet werden, so werden im Rahmen der psychologischen Forschung aktuell vor allen Dingen *Text-Mining*[11] Analysen der in Facebook oder Twitter veröffentlichten Daten durchgeführt, um Vorhersagen in Bezug auf die Persönlichkeit, die politische Einstellung oder sexuelle Orientierung einer Person machen zu können. Zusätzlich versucht man in diesem Feld beispielsweise vom Telefonverhalten einer Person oder der Dauer und Häufigkeit der WhatsApp-Nutzung vorherzusagen, wie soziodemografische Variablen (Alter, Geschlecht, Bildung) eines Smartphone-Nutzers aussehen. Persönlichkeitseigenschaften wie die so genannten ‚Big Five' versucht man hier ebenfalls von den Smartphone-Daten abzuleiten. Diese großen Fünf der Persönlichkeit sind in der Psychologie unter Verwendung eines lexikalischen Ansatzes herausgearbeitet worden (z. B. Fiske 1949; Goldberg 1992, Tupes und Christal 1992). Dafür wurden Tausende von Eigenschaftswörtern aus der menschlichen Sprache aus Lexika herausgefiltert und faktorenanalytischen Verfahren unterzogen, woraus sich weitgehend kulturunabhängig fünf Dimensionen der Persönlichkeit ergaben, die man auch mit dem Akronym OCEAN abkürzen kann (McCrae und Allik 2002): Offenheit für Erfahrung (**O**penness to Experience), Gewissenhaftigkeit (**C**onscientiousness), Extraversion (**E**xtraversion), Verträglichkeit (**A**greeableness) und Neurotizismus (**N**euroticism).[12]

---

[11]Der Begriff *Text-Mining* wird etwas weiter unten näher erläutert.

[12]Offenheit für Erfahrungen beschreibt Menschen, die gerne reisen, intellektuell sind und aufgeschlossen gegenüber Veränderungen sind. Gewissenhafte Personen sind pünktlich und sorgfältig. Extravertiere Menschen zeichnen sich unter anderen durch Geselligkeit und Durchsetzungskraft aus. Verträgliche Menschen sind gute Teamplayer und neigen zu Empathie und fürsorglichem Verhalten. Neurotische Personen sind eher ängstlich, emotional instabil und haben öfters Schuldgefühle.

Im Folgenden möchte ich erste Studienergebnisse aus dem Feld der Psycho-informatik zusammenfassen und dann zu einer Einschätzung mit Hinblick auf Risiken und Chancen dieser neuen Entwicklungen kommen. Als eine der ersten Studien im Feld gilt die von Kosinski et al. (2013), in der anhand der Analyse von über 58.000 (!) Facebook-Profilen Vorhersagen einer großen Anzahl persönlicher Variablen gemacht wurden. So ließ sich aufgrund der computer-algorithmischen Auswertung der *Likes* mit 88-prozentiger Genauigkeit zwischen homo- und heterosexuellen Facebook-NutzerInnen unterscheiden. Die politische Einstellung (in diesem Fall eher dem republikanischen oder dem demokratischen Lager zugehörig zu sein) konnte mit einer über 90 % liegenden Wahrscheinlichkeit anhand der ausgewerteten *Likes*-Struktur vorhergesagt werden. *Likes* sind eine Art digitale „Daumen hoch"-Geste, die von Facebook-NutzerInnen zu gelesenen Nachrichten, Bilder, etc. gesetzt werden kann, um der Community mitzuteilen, dass man etwas gut findet. Wie gelang es im Detail in dieser Studie diese genauen Vorhersagen zu machen? Die Teilnehmer der Studie füllten zunächst einen Online-Fragebogen über ihre eigene Persönlichkeit, etc. aus. Die Wissenschaftler konnten dann die *Likes* auf den Facebook-Profilen dieser Nutzer in den Zusammenhang mit den persönlich gemachten Angaben setzten. Aufgrund der großen Fallzahlen gibt es nun durch diese Forschungsarbeit eine recht genaue Vorstellung davon, zu welchen Themen das Setzen eines *Likes* Aussagen über eine Person zulässt – und zwar ohne, dass vorher erneut ein Fragebogen von den Facebook-ProfilinhaberInnen ausgefüllt werden müsste. Auch die Persönlichkeit konnte in dieser Studie in einen Zusammenhang mit den *Likes*-Strukturen auf den Facebook-Profilen gebracht werden. Allerdings fiel dieser ein wenig geringer im Vergleich zu den bereits genannten Variablen aus. Als Daumenregel zeigte sich in der Arbeit, dass metrische Variablen wie Persönlichkeit schlechter vorhergesagt werden konnten als dichotome Variablen wie Geschlecht (Mann vs. Frau) oder politische Einstellung (Demokrat vs. Republikaner).

Eine ähnliche Studie wurde kürzlich von YouYou et al. (2015) durchgeführt. Auch hier wurden *Likes* ausgewertet, um Persönlichkeitseigenschaften anhand des Big Five-Modells vorherzusagen. Von Bedeutung ist in dieser Studie, dass nicht nur die Facebook-NutzerInnen selber, sondern auch deren Freunde Angaben darüber machten, wie sie ihren Facebook-Freund oder ihre Facebook-Freundin in der Persönlichkeit einschätzten. Das überraschende Moment in der Studie liegt darin, dass es dem Computer-Algorithmus aufgrund der Auswertung der *Likes*-Strukturen besser gelungen ist, Vorhersagen über den untersuchten Facebook-Profil-inhaber zu machen, als dies den eigenen Freunden aufgrund ihrer langjährigen Erfahrung möglich gewesen ist.

Neben der Auswertung von Facebook-*Likes* werden weitere Techniken eingesetzt, um mit Methoden der Informatik Einblicke in psychische Variablen einer

Person zu bekommen. Ein gängiges Werkzeug ist das sogenannte *Text-Mining,* mit welchem Wissenschaftler den Wortschatz oder die Häufigkeit der Verwendung bestimmter Wörter einer Person auswerten. Wie bereits beschrieben wird mit *diesem Verfahren* eine Brücke zum klassischen lexikalischen Ansatz in der Psychologie geschlagen. Ein gängiges Prozedere bei der Untersuchung der von einer Person verwendeten Wörter besteht darin, herauszuarbeiten, ob diese eher positiv oder negativ emotional eingefärbt sind, ob eine Person eher von sich („Ich") oder aus der Perspektive einer Gruppe („Wir") spricht oder ob sich die Person eher auf die Vergangenheit, Gegenwart oder Zukunft bezieht. Interessant wird in diesem Kontext auch sein, wie sich der Wortschatz einer Person verändert. Wenn die Generation der heutigen Smartphone-NutzerInnen etwas älter wird, lässt sich möglicherweise durch die digitalen Spuren im Internet oder auf den mobilen Helfern eine Veränderung des Wortschatzes im hohen Alter untersuchen, was vielleicht Einblicke in das Entstehen oder den Verlauf von Demenzerkrankungen geben kann. Ganz so weit ist das Forschungsfeld aber noch nicht.

Die ersten *Text-Mining*-Studien im Feld der Psychoinformatik haben sich zunächst angeschaut, welche Gruppierungen von verwendeten Worten auf Facebook-Profilen mit Persönlichkeitseigenschaften im Zusammenhang stehen. Die Studie von Kern et al. (2014) konnte so zeigen, dass der Gebrauch von Worten wie „langweilig" oder „YouTube" mit geringerer Gewissenhaftigkeit in Zusammenhang steht. Personen, die oftmals Worte wie „depressiv" oder „ängstlich" im geschriebenen Text verwenden, waren dagegen eher neurotisch. Dies sind nur wenige Beispiele aus der Studie um Kern et al. (2014), die aber bereits eindrucksvoll zeigen, dass der verwendete Wortschatz tatsächlich Aufschluss über die Persönlichkeitseigenschaften einer Person geben kann. Es bleibt allerdings auch zu benennen, dass die Zusammenhänge zwischen einzelnen verwendeten Wörtern und der Persönlichkeit einer Person zwar statistisch bedeutsam sind, allerdings eher klein ausfallen. Das bedeutet, dass Vorhersagen von Persönlichkeitseigenschaften aufgrund der verwendeten Wörter in Facebook-Postings oder Tweets eher gering ausfallen. Die Vorhersagen werden möglicherweise besser, wenn die Satzstruktur, etc. bei den Analysen in Zukunft berücksichtigt werden kann (siehe auch eine neue Studie über Depressionsdiagnostik via dem Studium von Postings auf Facebook-Profilen von Eichstaedt et al. 2018).

Insgesamt zeigt sich in den ersten Studien im neuen Forschungsfeld Psychoinformatik, dass es bereits möglich ist, aufgrund unserer digitalen Datenspuren Vorhersagen auf zahlreiche, psychische Variablen vorzunehmen (Onnela und Rauch (2016) und Insel (2017) sprechen vom *Digital Phenotyping*). Dies birgt sowohl Gefahren als auch Chancen. Die Gefahren sind recht offenkundig. Klar ist, dass die Auswertung der digitalen Spuren missbraucht werden kann und

damit auch Persönlichkeitsrechte verletzt werden können. Dies hat auch der aktuelle Skandal um Facebook und Cambridge Analytica gezeigt. Über Potenzial und
Probleme des *Psychological Profiling* im Bereich der Marktforschung siehe auch
aktuelle Arbeiten von Matz et al. (2017) und Matz und Netzer (2017). Auf der
anderen Seite handelt es sich um technologische Neuerungen, die wir nicht rückgängig machen können. Es stellt sich deshalb die Frage, ob wir Methoden der
Psychoinformatik nicht auch nutzen können, um beispielsweise das Gesundheits-
system zu verbessern. In einer Publikation von Markowetz et al. (2014) bin ich
gemeinsam mit den Autoren der Frage nachgegangen, ob die Daten von Smartphones und anderen Quellen effektive Hilfsinstrumente in der Psychotherapie
sein können. Aktuell sieht die Betreuungssituation in der psychologischen
Psychotherapie so aus, dass Patienten ihren Therapeuten in der Regel nicht
öfters als einmal pro Woche sehen. Zwischen den Sitzungen passiert im Leben
eines Patienten natürlich sehr viel und für den Patienten ist es nicht leicht, einen
Überblick über die Veränderungen des Antriebs oder der Stimmung über sieben
Tage zu behalten. Stellen Sie sich einmal die Frage, ob Sie noch wissen, wie es
Ihnen vor drei Tagen ging. Hier kann die Psychoinformatik helfen, indem zum
Beispiel von einem Smartphone aufgezeichnet wird, wie aktiv eine Person ist
(GPS Signal), wie viele Kontakte an einem Tag angerufen werden (ein mögliches
Zeichen des Antriebs) oder wie viele positive Worte man verwendet (Stimmung).
Unter strenger Beachtung der Schweigepflicht zwischen Patienten und Therapeu-
ten ließe sich vor Beginn der Therapie festlegen, welche Daten in der Therapie
berücksichtigt werden können, um so ein besseres Bild des Krankheitsverlaufes
zu bekommen. Es geht hier nicht darum, durch den Einbezug der digitalen Techniken den Therapeuten zu ersetzen. Diese neuen Techniken sollen lediglich eine
weitere Informationsebene in die Therapie einbringen.

6   Fazit

Im vorliegenden Beitrag wurden unterschiedliche psychologische Perspektiven
aufgezeigt, um zu verstehen, wo die Chancen und die Risiken des digitalen Fortschritts liegen oder – im Kontext des vorliegenden Bandes – der digitale Fortschritt eher Freund oder Feind ist. Wie so oft gibt es auch auf die vorliegende
Fragestellung unterschiedliche Blickwinkel. Der digitale Fortschritt ist nicht nur
negativ oder nur positiv einzuschätzen. Vielmehr gilt es näher zu berücksichtigen,
aus welcher Perspektive wir die technischen Neuerungen betrachten, zu welchem
Zweck und in welcher Situation die neuen Technologien eingesetzt werden. Eine
Umkehr zu einer analogen Welt ist in jedem Fall undenkbar und auch nicht sinn-

voll. Ob Technologien positiv und negativ sind, kommt im Wesentlichen auf die Art und Weise der Nutzung und auf den Kontext der Nutzung an.

Zusammenfassend geht es darum, in der Gegenwart die Art und Weise mitzugestalten, wie wir in Zukunft kommunizieren wollen und welche Daten wir an welcher Stelle im Internet preisgeben. Kein Online-Service ist kostenlos, für die Nutzung von Google, Facebook und Co. zahlen wir immer mit unseren persönlichen Daten. Jeder von uns hat es selbst in der Hand, welchen Service wir online wie oft frequentieren wollen. Das *Internet der Dinge* wird uns in Zukunft vermehrt mit den hier besprochenen Problemen, aber auch den genannten Chancen, in Kontakt bringen. Im vorliegenden Beitrag wurde nicht auf Entwicklungen im Internet hingewiesen, die sogar Gefahren für unsere Demokratie bedeuten. Filterblasen und Echokammern sind Themengebiete die dringend im Auge gehalten werden müssen (Flaxman et al. 2016; Montag 2018).

Im Hinblick auf das Thema Internet- und Smartphonesucht gilt es aktuell festzustellen, dass eine Panikmache sicherlich übertrieben wäre. Die entsprechenden Patientenzahlen sind in Deutschland in einem (noch) geringen Bereich angesiedelt, was jedoch keine Aussagen über mögliche zukünftige Entwicklungen erlaubt. Für die Betroffenen und Angehörigen ändert das aber nichts daran, dass durch die Übernutzung der digitalen Welten auch große Belastungen entstehen können. Besonders bedenklich sind für uns alle aber die ständigen Unterbrechungen im Alltag und damit die immer geringer ausfallenden Zeitfenster, in denen wir in Ruhe arbeiten oder das menschliche Miteinander genießen können. Hier gilt es, öfters mal die digitalen Geräte abzuschalten.

▶ **Anmerkung** Christian Montag wird durch eine Heisenberg-Professur von der Deutschen Forschungsgemeinschaft gefördert (DFG, MO2363/3-2).

Literatur

Baird, B., Smallwood, J., Mrazek, M. D., Kam, J. W., Franklin, M. S., & Schooler, J. W. (2012). Inspired by distraction: Mind wandering facilitates creative incubation. *Psychological Science, 23,* 1117–1122.

Billieux, J., Schimmenti, A., Khazaal, Y., Maurage, P., & Heeren, A. (2015). Are we overpathologizing everyday life? A tenable blueprint for behavioral addiction research. *Journal of Behavioral Addictions, 4*(3), 119–123.

Bortz, J. (2006). *Statistik: Für Human-und Sozialwissenschaftler*. Heidelberg: Springer.

Brand, M., Young, K. S., Laier, C., Wölfling, K., & Potenza, M. N. (2016). Integrating psychological and neurobiological considerations regarding the development and maintenance of specific Internet-use disorders: An Interaction of Person-Affect-Cognition-Execution (I-PACE) model. *Neuroscience and Biobehavioral Reviews, 71,* 252–266.

Bush, G., Luu, P., & Posner, M. I. (2000). Cognitive and emotional influences in anterior cingulate cortex. *Trends in Cognitive Sciences, 4*(6), 215–222.

Camardese, G., Leone, B., Walstra, C., Janiri, L., & Guglielmo, R. (2017). Pharmacological treatment of Internet addiction. In C. Montag & M. Reuter (Hrsg.), *Internet addiction: Neuroscientific approaches and therapeutical implications including smartphone addiction* (S. 151–165). Cham: Springer (Erstveröffentlichung 2015).

Csikszentmihalyi, M. (2008). *Flow: The Psychology of Optimal Experience.* New York: Harper Perennial Modern Classics.

Dau, W., Hoffmann, J. D. G., & Banger, M. (2017). Therapeutic interventions in the treatment of problematic Internet use—Experiences from Germany. In C. Montag & M. Reuter (Hrsg.), *Internet addiction: Neuroscientific approaches and therapeutical implications including smartphone addiction* (S. 183–217). Cham: Springer (Erstveröffentlichung 2015).

Davis, R. A. (2001). A cognitive-behavioral model of pathological Internet use. *Computers in Human Behavior, 17*(2), 187–195.

Duke, É., & Montag, C. (2017a). Smartphone addiction, daily interruptions and self-reported productivity. *Addictive Behaviors Reports, 6,* 90–95.

Duke, É., & Montag, C. (2017b). Smartphone addiction and beyond: Initial insights on an emerging research topic and its relationship to Internet addiction. In C. Montag & M. Reuter (Hrsg.), *Internet addiction: Neuroscientific approaches and therapeutical implications including smartphone addiction* (S. 359–372). Cham: Springer.

Elhai, J. D., Levine, J. C., Dvorak, R. D., & Hall, B. J. (2016). Fear of missing out, need for touch, anxiety and depression are related to problematic smartphone use. *Computers in Human Behavior, 63,* 509–516.

Eichstaedt, J. C., Smith, R. J., Merchant, R. M., Ungar, L. H., Crutchley, P., Preoţiuc-Pietro, D., et al. (2018). Facebook language predicts depression in medical records. *Proceedings of the National Academy of Sciences, 115*(44), 11203–11208.

Fiske, D. W. (1949). Consistency of the factorial structures of personality ratings from different sources. *The Journal of Abnormal and Social Psychology, 44,* 329–344.

Flaxman, S., Goel, S., & Rao, J. M. (2016). Filter bubbles, echo chambers, and online news consumption. *Public Opinion Quarterly, 80*(S1), 298–320.

Frewer, A., & Stockhorst, S. (2003). Bibliomanie als Krankheit und Kulturphänomen. Pathographische Fallstudien zur Rezeption von Magister Tinius (1768–1846). *KulturPoetik, 3,* 246–262.

Golan, O., & Baron-Cohen, S. (2006). Systemizing empathy: Teaching adults with Asperger syndrome or high-functioning autism to recognize complex emotions using interactive multimedia. *Development and Psychopathology, 18,* 591–617.

Goldberg, L. R. (1992). The development of markers for the Big-Five factor structure. *Psychological Assessment, 4,* 26–42.

Hadar, A., Hadas, I., Lazarovits, A., Alyagon, U., Eliraz, D., & Zangen, A. (2017). Answering the missed call: Initial exploration of cognitive and electrophysiological changes associated with smartphone use and abuse. *PLoS One, 12*(7), e0180094.

Hahn, E., Reuter, M., Spinath, F. M., & Montag, C. (2017). Internet addiction and its facets: The role of genetics and the relation to self-directedness. *Addictive Behaviors, 65,* 137–146.

Han, I., & Yang, K. S. (2009). Characteristic analysis for cognition of dangerous driving using automobile black boxes. *International Journal of Automotive Technology, 10,* 597–605.

Holt-Lunstad, J., Birmingham, W. A., & Light, K. C. (2008). Influence of a "warm touch" support enhancement intervention among married couples on ambulatory blood pressure, oxytocin, alpha amylase, and cortisol. *Psychosomatic Medicine, 70,* 976–985.

Insel, T. R. (2017). Digital phenotyping: technology for a new science of behavior. *Jama, 318*(13), 1215–1216.

Internet World Stats. (2018). http://www.internetworldstats.com/stats.htm. Zugegriffen: 11. Febr. 2019.

Kern, M. L., Eichstaedt, J. C., Schwartz, H. A., Dziurzynski, L., Ungar, L. H., Stillwell, D. J., Kosinski, M., Ramones, S. M., & Seligmann, M. E. P. (2014). The online social self an open vocabulary approach to personality. *Assessment, 21,* 158–169.

Killingsworth, M. A., & Gilbert, D. T. (2010). A wandering mind is an unhappy mind. *Science, 330*(6006), 932.

Klimecki, O. M., Leiberg, S., Ricard, M., & Singer, T. (2014). Differential pattern of functional brain plasticity after compassion and empathy training. *Social Cognitive and Affective Neuroscience, 9,* 873–879.

Ko, C. H., Liu, G. C., Hsiao, S., Yen, J. Y., Yang, M. J., Lin, W. C., Yen, C. F., Chen, C. S., & Chen, C. S. (2009). Brain activities associated with gaming urge of online gaming addiction. *Journal of Psychiatric Research, 43,* 739–747.

Kosinski, M., Stillwell, D., & Graepel, T. (2013). Private traits and attributes are predictable from digital records of human behavior. *Proceedings of the National Academy of Sciences, 110,* 5802–5805.

Kumlin, T., Iivonen, H., Miettinen, P., Juvonen, A., van Groen, T., Puranen, L., Pitkäaho, R., Juutilainen, J., & Tanila, H. (2007). Mobile phone radiation and the developing brain: Behavioral and morphological effects in juvenile rats. *Radiation Research, 168,* 471–479.

Kushlev, K. (2015). *Digitally connected, socially disconnected: Can smartphones compromise the benefits of interacting with others?* Doctoral dissertation, University of British Columbia.

Kushlev, K., & Dunn, E. W. (2015). Checking email less frequently reduces stress. *Computers in Human Behavior, 43,* 220–228.

Kushlev, K., Proulx, J., & Dunn, E. W. (2016, May). Silence your phones: Smartphone notifications increase inattention and hyperactivity symptoms. In *Proceedings of the 2016 CHI conference on human factors in computing systems* (S. 1011–1020). ACM.

Kwon, M., Lee, J. Y., Won, W. Y., Park, J. W., Min, J. A., Hahn, C., Gu, X., Choi, J. H., & Kim, D. J. (2013a). Development and validation of a Smartphone Addiction Scale (SAS). *PLoS One, 8,* e56936.

Kwon, M., Kim, D. J., Cho, H., & Yang, S. (2013b). The smartphone addiction scale: Development and validation of a short version for adolescents. *PLoS One, 8,* e83558.

Lachmann, B., Sariyska, R., Kannen, C., Cooper, A., & Montag, C. (2016). Life satisfaction and problematic Internet use: Evidence for gender specific effects. *Psychiatry Research, 238,* 363–367.

Lachmann, B., Sariyska, R., Kannen, C., Stavrou, M., & Montag, C. (2017). Commuting, life-satisfaction and Internet addiction. *International Journal of Environmental Research and Public Health, 14*(10), 1176.

Lachmann, B., Sindermann, C., Sariyska, R. Y., Luo, R., Melchers, M. C., Becker, B., & Montag, C. (2018). The role of empathy and life satisfaction in Internet and smartphone use disorder. *Frontiers in Psychology, 9*, 398.

Lam, L. T., & Peng, Z. W. (2010). Effect of pathological use of the Internet on adolescent mental health: A prospective study. *Archives of Pediatrics and Adolescent Medicine, 164*, 901–906.

Lanaj, K., Johnson, R. E., & Barnes, C. M. (2014). Beginning the workday yet already depleted? Consequences of late-night smartphone use and sleep. *Organizational Behavior and Human Decision Processes, 124*, 11–23.

Lemola, S., Perkinson-Gloor, N., Brand, S., Dewald-Kaufmann, J. F., & Grob, A. (2015). Adolescents' electronic media use at night, sleep disturbance, and depressive symptoms in the smartphone age. *Journal of Youth and Adolescence, 44*, 405–418.

Liu, M., Ballard, G., & Ibbs, W. (2010). Work flow variation and labor productivity: Case study. *Journal of Management in Engineering, 27*(4), 236–242.

Luo, S., Jin, J., & Li, J. (2009). A smart fridge with an ability to enhance health and enable better nutrition. *International Journal of Multimedia Ubiquitous Engineering, 4*, 66–80.

Markowetz, A. (2015). *Digitaler Burnout: Warum unsere permanente Smartphone-Nutzung gefährlich ist*. Munich: Droemer eBook.

Markowetz, A., Błaszkiewicz, K., Montag, C., Switala, C., & Schläpfer, T. (2014). Psycho-Informatics: Big data shaping modern psychometrics. *Medical Hypotheses, 82*, 405–411.

Matz, S. C., & Netzer, O. (2017). Using big data as a window into consumers' psychology. *Current Opinion in Behavioral Sciences, 18*, 7–12.

Matz, S. C., Kosinski, M., Nave, G., & Stillwell, D. J. (2017). Psychological targeting as an effective approach to digital mass persuasion. *Proceedings of the national academy of sciences, 114*(48), 12714–12719.

McCrae, R. R., & Allik, I. U. (2002). *The five-factor model of personality across cultures*. New York: Springer Science & Business Media. https://www.springer.com/de/book/9780306473548

Melchers, M., Li, M., Chen, Y., Zhang, W., & Montag, C. (2015). Low empathy is associated with problematic use of the internet: Empirical evidence from China and Germany. *Asian Journal of Psychiatry, 17*, 56–60.

Montag, C. (2015). Smartphone & Co.: Warum wir auch digitale Freizonen brauchen? *Wirtschaftspsychologie Aktuell, 2*, 19–22.

Montag, C. (2016). *Persönlichkeit. Auf der Suche nach unserer Individualität*. Berlin: Springer.

Montag, C. (2017). *Homo Digitalis: Smartphones, soziale Netzwerke und das Gehirn*. Berlin: Springer.

Montag, C. (2018). 3. Filterblasen: „Wie wirken sich Filterblasen unter Berücksichtigung von Persönlichkeit auf (politische) Einstellung aus?". *Hassrede und Radikalisierung im Netz, 31*. https://www.isdglobal.org/wp-content/uploads/2018/10/ISD-Radicalisation-in-the-Network_Report_German_web.pdf#page=31.

Montag, C., & Diefenbach, S. (2018). Towards Homo Digitalis: Important research issues for psychology and the neurosciences at the dawn of the Internet of things and the digital society. *Sustainability, 10*(2), 415.

Montag, C., & Reuter, M. (Hrsg.). (2017). *Internet addiction: Neuroscientific approaches and therapeutical implications including smartphone addiction.* Berlin: Springer.

Montag, C., & Walla, P. (2016). Carpe Diem instead of losing your social mind: Beyond digital addiction or why we all suffer from digital overuse. *Cogent Psychology, 3,* 1157281.

Montag, C., Jurkiewicz, M., & Reuter, M. (2010). Low self-directedness is a better predictor for problematic Internet use than high neuroticism. *Computers in Human Behavior, 26,* 1531–1535.

Montag, C., Flierl, M., Markett, S., Walter, N., Jurkiewicz, M., & Reuter, M. (2011). Internet addiction and personality in first-person-shooter-video-gamers. *The Journal of Media Psychology, 23,* 163–173.

Montag, C., Reuter, M., Jurkiewicz, M., Markett, S., & Panksepp, J. (2013). Imaging the structure of the human anxious brain: A review of findings from neuroscientific personality psychology. *Reviews in the Neurosciences, 24*(2), 167–190.

Montag, C., Błaszkiewicz, K., Lachmann, B., Andone, I., Sariyska, R., Trendafilov, B., Reuter, M., & Markowetz, A. (2014). Correlating personality and actual phone usage: Evidence from psychoinformatics. *Journal of Individual Differences, 3,* 158–165.

Montag, C., Bey, K., Sha, P., Li, M., Chen, Y. F., Liu, W. Y., Zhou, Y. K., Li, C., Markett, S., & Reuter, M. (2015a). Is it meaningful to distinguish between generalized and specific Internet addiction? Evidence from a cross-cultural study from Germany, Sweden, Taiwan and China. *Asia Pacific Psychiatry, 7,* 20–26.

Montag, C., Błaszkiewicz, K., Sariyska, R., Lachmann, B., Andone, I., Trendafilov, B., Eibes, M., & Markowetz, A. (2015b). Smartphone usage in the 21st century: Who's active on Whatsapp? *BMC Research Notes, 8,* 331.

Montag, C., Kannen, C., Lachmann, B., Sariyska, R., Duke, É., Reuter, M., & Markowetz, A. (2015c). The importance of analogue zeitgebers to reduce digital addictive tendencies in the 21st century. *Addictive Behaviors Reports, 2,* 23–27.

Montag, C., Duke, É., & Markowetz, A. (2016a). Towards psychoinformatics: Computer science meets psychology. *Computational and Mathematical Methods in Medicine, 2016,* (Article ID 2983685). https://www.hindawi.com/journals/cmmm/2016/2983685/abs/.

Montag, C., Hahn, L., Reuter, M., Spinath, F., Davis, K., & Panksepp, J. (2016b). The role of nature and nurture for individual differences in primary emotional systems: Evidence from a twin study. *PLoS One, 11,* e0151405.

Montag, C., Sindermann, C., Becker, B., & Panksepp, J. (2016c). An affective neuroscience framework for the molecular study of Internet addiction. *Frontiers in Psychology, 7,* 1906.

Montag, C., Duke, É., & Reuter, M. (2017). A short summary of neuroscientific findings on Internet addiction. In C. Montag & M. Reuter (Hrsg.), *Internet addiction: Neuroscientific approaches and therapeutical implications including smartphone addiction* (S. 131–139). Cham: Springer (Erstveröffentlichung 2015).

Montag, C., Markowetz, A., Blaszkiewicz, K., Andone, I., Lachmann, B., Sariyska, R., et al. (2017). Facebook usage on smartphones and gray matter volume of the nucleus accumbens. *Behavioural brain research, 329,* 221–228.

Montag, C., Becker, B., & Gan, C. (2018). The Multipurpose Application WeChat: A Review on Recent Research. *Frontiers in psychology, 9.*

Montag, C., Zhao, Z., Sindermann, C., Xu, L., Fu, M., Li, J., et al. (2018). Internet communication disorder and the structure of the human brain: Initial insights on WeChat addiction. *Scientific Reports, 8*(1), 2155.

Mooneyham, B. W., & Schooler, J. W. (2013). The costs and benefits of mind-wandering: A review. *Canadian Journal of Experimental Psychology/Revue Canadienne de Psychologie Expérimentale, 67*(1), 11.

Müller, K. W., Glaesmer, H., Brähler, E., Woelfling, K., & Beutel, M. E. (2014). Prevalence of Internet addiction in the general population: Results from a German population-based survey. *Behaviour & Information Technology, 33*(7), 757–766.

Müller, M., Brand, M., Mies, J., Lachmann, B., Sariyska, R. Y., & Montag, C. (2017). The 2D: 4D marker and different forms of Internet use disorder. *Frontiers in Psychiatry, 8,* 213.

Onnela, J. P., & Rauch, S. L. (2016). Harnessing smartphone-based digital phenotyping to enhance behavioral and mental health. *Neuropsychopharmacology, 41*(7), 1691.

Panksepp, J. (1998). *Affective neuroscience: The foundations of human and animal emotions.* Oxford: Oxford University Press.

Polderman, T. J., Benyamin, B., De Leeuw, C. A., Sullivan, P. F., Van Bochoven, A., Visscher, P. M., & Posthuma, D. (2015). Meta-analysis of the heritability of human traits based on fifty years of twin studies. *Nature Genetics, 47*(7), 702–709.

Rumpf, H. J., Meyer, C., Kreuzer, A., John, U., & Merkeerk, G. J. (2011). Prävalenz der Internetabhängigkeit (PINTA). *Bericht an das Bundesministerium für Gesundheit.*

Sariyska, R., Reuter, M., Bey, K., Sha, P., Li, M., Chen, Y. F., Liu, W. Y., Zhu, Y. K., Li, C., Suárez-Rivillas, A., Feldmann, M., Hellmann, M., Markett, S., & Montag, C. (2014). Self-esteem, personality and Internet addiction: A cross-cultural comparison study. *Personality and Individual Differences, 61–62,* 28–33.

Sariyska, R., Reuter, M., Lachmann, B., & Montag, C. (2015). ADHD is a better predictor for problematic Internet use than depression: Evidence from Germany. *Journal of Addiction Research & Therapy, 6,* 1. https://doi.org/10.4172/2155-6105.1000209.

Sha, P., Sariyska, R., Riedl, R., Lachmann, B., & Montag, C. (2018). Linking Internet Communication and Smartphone Use Disorder by taking a closer look at the Facebook and WhatsApp applications. *Addictive Behaviors Reports,* 100148.

Stachl, C., & Bühner, M. (2015). Show me how you drive and I'll tell you who you are recognizing gender using automotive driving parameters. *Procedia Manufacturing, 3,* 5587–5594.

Statista.com. http://www.statista.com/statistics/330695/number-of-smartphone-users-worldwide/. Zugegriffen: 11. Febr. 2019.

Tao, R., Huang, X., Wang, J., Zhang, H., Zhang, Y., & Li, M. (2010). Proposed diagnostic criteria for Internet addiction. *Addiction, 105,* 556–564.

Tupes, E. C., & Christal, R. E. (1992). Recurrent personality factors based on trait ratings. *Journal of personality, 60*(2), 225–251.

Vink, J. M., Beijsterveldt, T. C., Huppertz, C., Bartels, M., & Boomsma, D. I. (2015). Heritability of compulsive Internet use in adolescents. *Addiction Biology, 21,* 460–468.

Yarkoni, T. (2012). Psychoinformatics: New Horizons at the interface of the psychological and computing sciences. *Current Directions in Psychological Science, 21,* 391–397.

Young, K. S. (1996). Psychology of computer use: XL. Addictive use of the Internet: A case that breaks the stereotype. *Psychological Reports, 79*(3), 899–902.

Young, K. S. (1998). Internet addiction: The emergence of a new clinical disorder. *Cyber-Psychology & Behavior, 1*(3), 237–244.

YouYou, W., Kosinski, M., & Stillwell, D. (2015). Computer-based personality judgments are more accurate than those made by humans. *Proceedings of the National Academy of Sciences, 112,* 1036–1040.

Zhou, Y., Lin, F. C., Du, Y. S., Zhao, Z. M., Xu, J. R., & Lei, H. (2011). Gray matter abnormalities in Internet addiction: A voxel-based morphometry study. *European Journal of Radiology, 79*(1), 92–95.

Zhou, F., Montag, C., Sariyska, R., Lachmann, B., Reuter, M., Weber, B., et al. (2019). Orbitofrontal gray matter deficits as marker of Internet gaming disorder: converging evidence from a cross-sectional and prospective longitudinal design. *Addiction biology, 24*(1), 100–109.

Technologische Reproduktion

Die vergessene Seite der digitalen Revolution und das wahrscheinliche Ende der menschlichen Evolution

Doris Mathilde Lucke

Zusammenfassung

Der Beitrag thematisiert die fortschreitende Technisierung und Technologisierung der menschlichen Fortpflanzung. Angesichts der dabei stattfindenden gravierenden Eingriffe in das generative Geschehen und der damit verbundenen Einflussnahmen auf die künftige Menschheitsentwicklung haben Reproduktionstechnologien unabsehbare und aller Voraussicht nach irreversible Folgen. Ihre Anwendung und Weiterverbreitung bedeuten den Einstieg in eine technologische Revolutionierung der Evolution, die in der aktuellen Mensch-Maschine-Diskussion häufig übersehen und als die „andere" Hälfte der digitalen Revolution nahezu systematisch ausgeblendet wird.

Schlüsselwörter

Reproduktionstechnologien · Technisch assistierte Fortpflanzung · Techno-Darwinismus/Gen-Kapitalismus · Postevolutionäres Zeitalter · Reproduktive Autonomie

1 Einleitung

Es ist jetzt genau 50 Jahre her, dass die 1968er gegen den Vietnamkrieg und den Muff unter den Talaren demonstrierten und der „Keine Experimente"-Doktrin der deutschen Nachkriegszeit ihr auch nicht ganz undogmatisches „Das Private ist

D. M. Lucke (✉)
Bonn, Deutschland
E-Mail: lucke@uni-bonn.de

© Springer Fachmedien Wiesbaden GmbH, ein Teil von Springer Nature 2019   333
C. Thimm und T. C. Bächle (Hrsg.), *Die Maschine: Freund oder Feind?*,
https://doi.org/10.1007/978-3-658-22954-2_14

politisch" entgegensetzten. Das war die Protest-Generation der Kommune 1, die nicht nur sexuell alles ausprobierte und mit der Prüderie und den verkrusteten Verhältnissen auch gegen das Establishment anvögelte. Damals bekam kaum jemand mit, dass auf der anderen Seite des Globus Tausende von Kilometern weit weg andere Hippies nicht ganz so lustbetont, aber mindestens genauso experimentierfreudig nicht in *bed ins,* sondern in Garagen gegen andere Grenzen antüftelten. Dort waren es Techno-Freaks und Nerds, die Wissenschaft und Technik herausforderten und mit einem ähnlichen Aufbruchsspirit und generationstypischen Lebensgefühl die kalifornische Silicon Valley-Revolution auslösten, die als zweite Strömung derselben Bewegung und Teil eines weltweiten *challenging the boundaries* zeitgleich – aber unabhängig und ohne Wissen voneinander – zur Studentenrevolte und der sexuellen Revolution in Deutschland ihren Anfang nahm.

Heute, ein halbes Jahrhundert später, fällt auch wieder so gut wie niemandem auf, dass in *„digital natives"* nicht nur die „Digitalität"-Chiffre für die Verzifferung einer hypertechnisierten, computerisierten und durchalgorithmisierten Welt steckt und die so Bezeichneten auch die „Natalität"[1], also die Gebürtigkeit und das Geboren- und Gewordensein im Unterschied zum Hergestellt- und Gemachtsein, im Namen tragen. Nicht in den Blick gerät, dass die *„natives",* wie die Jahrgänge der ab 1980 in die Digitalwelt und deren Kultur Hineingeborenen genannt und damit zugleich auf Träger technischer und medialer Kompetenzen reduziert werden, auch Kinder des Digitalzeitalters sind. Als die ihm entstammenden Abkömmlinge bleiben sie weitestgehend außer Betracht und werden innerhalb des zeitgenössischen Technologie- und Digitalisierungsdiskurses weder vonseiten der Experten noch von einer breiteren Öffentlichkeit als digitaler Nachwuchs wahrgenommen.

Aus einem größeren Mensch-Maschine-Kontext und ausführlicherer Beschäftigung mit technisch assistierter Fortpflanzung heraus entstanden[2], beschäftigt der Beitrag sich vor diesem Hintergrund mit der menschlichen Reproduktion als der

---

[1]Zum Prinzip der Natalität Arendt (1960) und der Geburt als *dem* Inbegriff aller Initiationen, Anfänge, Premieren, Ouvertären und Neubeginne schlechthin und Bezeichnung für Neues hervorbringende biografische Großereignisse ebenso wie für – vor und nach Christi Geburt – historische Zeitenwenden Hansen-Löve et al. (2014). Zum Prozess des *Becoming* in Abgrenzung zum aktiven Machen und zielgerichteten Tun Rosi Braidotti (2002).

[2]Hierzu u. a. auch die Vorträge, die ich im Rahmen von Ringvorlesungen an der Universität Bonn zu „Perfekte Menschen – Defekte Maschinen" (2016) und „Reproduktive Autonomie und der Tod des Menschen" (2018) gehalten habe.

gegenüber der Arbeitswelt unterbelichteten Seite der digitalen Revolution. Innerhalb dieses Diskurses, der ohne die reproduktive Seite, wie Aufklärung und Französische Revolution ohne Schwesterlichkeit und auf die „*fraternité*" begrenzt eine nach Geschlecht halbierte, einseitig oder, wie die Moderne als „unvollendetes Projekt" (Habermas 1994), unvollständig bleibt, erfüllt der Beitrag innerhalb des Sammelbandes[3] die Funktion eines Platzhalters. Er versteht sich als essayistische Skizze im Status eines Augenöffners. In einem spezifisch soziologischen *consciousness raising* soll – nicht zuletzt mit ein paar futuristischen Exkursen – ein Bewusstsein für die verharmloste oder aber interessiert beschwiegene Bedeutung der Reproduktion geschaffen und ihre sowohl für die Zukunft von Gesellschaften als auch der Menschheit insgesamt notorisch unterschätzte Relevanz hervorgehoben werden. Gleichzeitig soll der Blick auch für jenseits der (Allein-) Zuständigkeit von Reproduktionstechnikern, Fertilitätsmedizinern und Humaningenieuren liegende Aspekte der Reproduktionsthematik geschärft und Aufmerksamkeit so auch auf die Sozionik als einem relativ neuen Spezialgebiet der Soziologie gelenkt werden.[4]

2   Zeitdiagnosen, Zukunftsszenarien und Endzeitprognosen

Das digitale Zeitalter ist nicht nur das postindustrielle Zeitalter, es steht auch für den Übergang zum postevolutionären Zeitalter. Die Zeit, in der wir heute leben, ist auch nicht nur die der Informations- und Kommunikationstechnologien, es ist

---

[3]Dem (Beitragsein-)Werben des Mitherausgebers Thomas Christian Bächle erlegen und von dessen Überredungskünsten irgendwann selbst überzeugt, habe ich mir zu Beginn der Schwangerschaft mit dem anfangs sehr viel breiter angelegten und auch inhaltlich anders akzentuierten Publikationsvorhaben Gina Isabelle Jacobs und bei Einsetzen der Wehen Madeleine Mockenhaupt an die Seite geholt. Allen dreien sei aufrichtig gedankt. Ohne ihren intellektuellen Beistand bei der Entbindung der Gedanken im Schreiben hätte es das Manuskript, mein Erstling auf diesem Gebiet, nach einer schweren, wenn auch nur im Geiste ausgebrüteten und auf Papier ausgetragenen Geburt nicht zwischen zwei Buchdeckel und damit auch nicht in die Welt der wissenschaftlichen Literatur geschafft.

[4]„Sozionik" ist ein aus „Soziologie" und „Technik" bzw. „Informatik" zusammengesetztes Kunstwort. Im Unterschied zur Bionik, die durch den Lotos-Effekt, die Nachahmung des Vogelflugs und neuerdings den Pomelo-Effekt bei Fahrradhelmen bekannt ist und die – nebenbei – anders als die Sozionik selbst der Computer ohne Unterkringelung als „richtigen" Begriff durchgehen lässt, handelt es sich bei ihr um einen derzeit noch vergleichsweise unbekannten Teilbereich der Techniksoziologie. Als Überblick über das wissenschaftsgeschichtlich junge Forschungsfeld Malsch (1998).

auch die in Alltagsbewusstsein und Gesamtgesellschaft weniger präsente Gegenwart der Gene und die Echt-Zeit der Reproduktionstechnologien.[5] Das Digitalzeitalter bezeichnet auch nicht nur die Ära der Algorithmen, sondern auch den Eintritt in das Anthropozän.[6] Das ist der Anfang jener Ägide, in der der Mensch sich die Technik nicht mehr zunutze macht, um Waren zu produzieren, große Distanzen innerhalb kürzester Zeit zu überwinden und auf den Mond zu fliegen und sich – allem voran – die nichtmenschliche Natur zu unterwerfen. Es ist die Zeit, in der er die Technik zu nutzen beginnt, um auf seine eigene, die menschliche Natur und das Wesen des Menschen verändernd einzuwirken und danach strebt, über sich hinauswachsen und das Mensch-Sein zu transzendieren.

An der Schwelle zu diesem Zeitalter hört der Mensch endgültig auf, an einen Schöpfergott im Himmel zu glauben. Jetzt glaubt er an sich selbst – als Technikgott auf Erden. „Homo faber" (Frisch 1957), der Macher und Meister der Verfertigung, wird autopoietisch tätig. Er schickt sich an, zum Schöpfer seiner selbst zu werden, und will es zum „homo creator" (Poser 2016) bringen und schließlich zum „homo deus" (Harari 2017) aufsteigen. Von einem religiösen Gottesglauben zunehmend emanzipiert und sich als Fleisch gewordene Allmacht imaginierend, macht er sich ans Werk. Er liest die DNA aus und schreibt die Menschwerdung Gottes in ein Programm für in die Gottgleichwerdung des Menschen um. Den Sündenfall verwandelt er, wie Wasser in Wein, in eine Himmelfahrt, die Schöpfungsgeschichte – kreationistisch als Schöpfungsbericht und damit allzu wörtlich genommen – reinterpretiert er reproduktionstechnisch neu. So gewappnet und von eigenen Gnaden selbst legitimiert, legt er solange „Hand an sich", bis er sich durch Selbst-Erschaffung selbst abschafft und der versuchte Suigen im vollendeten Humanozid sein möglicherweise unbeabsichtigtes Ende findet.

---

[5]Explosivität und Zündstoff der Thematik, deren Sprengkraft es mit der § 218-Diskussion und der mittlerweile an den anderen Rand des Lebens verlegten Sterbehilfe durchaus aufnehmen könnte, blitzten kurzzeitig auf, als die u. a. mit dem Büchner-Preis ausgezeichnete Schriftstellerin Sibylle Lewitscharoff in einer Rede im Dresdner Staatsschauspiel am 02.03.2014 die Reproduktionsmedizin als „Fortpflanzungsgemurkse" bezeichnete und die von ihr hervorgebrachten Kinder „Halbwesen" nannte und damit – so wurde kritisiert – deren Status als „echte" Menschen und vollwertige Personen in Abrede stellte.

[6]Das sich erkennbar an Einteilungen der Erdgeschichte orientierende „Anthropozän" wird hier von Geologiezeitaltern auf die Menschheitsgeschichte übertragen. Der Begriff geht auf den Nobelpreisträger für Chemie Paul J. Crutzen zurück und hat sich als „Geology of mankind" (2002, S. 43) inzwischen auch in andere zeitdiagnostische Gegenwartsbestimmungen eingeschrieben.

Reproduktionstechnologien sind Auslöser einer noch nie da gewesenen technologischen Evolution und Wegbereiterinnen einer innerhalb der Menschheitsgeschichte historisch einmaligen evolutionären Revolution. Deren Auswirkungen werden die in der Produktion derzeit beobachtbaren Umwälzungen und die dort vonstattengehenden Umwertungen um ein Vielfaches übertreffen und auch in ihren Folgen zeitlich überdauern. Als Designer-Evolution und DNA-Revolution wird die Technisierung und Technologisierung der menschlichen Fortpflanzung die Ankunft von Silicon Valley auch im Bereich der Reproduktion einleiten und als reproduktionstechnische R-Evolution zugleich das Ende der Menschheit einläuten. Durch Reproduktionstechnologien werden wesentliche Konstitutiva des Humanum ausgesetzt und zentrale Wesensmerkmale des Menschen in seiner bisher bekannten Form aufgehoben und dessen Spezifika überwunden. Dies wird dazu zwingen, das heutige Bild vom Menschen zu revidieren, eingelebte Vorstellungen vom Mensch-Sein neu zu (über-)denken und über mögliche Neuentwürfe dessen zu reflektieren, was es unter den Bedingungen von Reproduktionstechnologien in Zukunft bedeuten könnte, ein Mensch zu sein.[7]

Die von reproduktionstechnologischen Entwicklungen ausgehenden Veränderungen sind es, die als die schöpferisch wiederherstellenden tatsächlich disruptiven – und damit dem kontinuierlich fortschreitenden Evolutionsgedanken diametral entgegengesetzten – alles Bestehende zerstören und das zuvor Dagewesene auflösen und auslöschen werden. Sie – und nicht die in der Produktion eingesetzten, lediglich herstellenden (Produktions-)Techniken – werden als Verursacherinnen eines die bisherigen Verhältnisse in ihr Gegenteil verkehrenden Umbruchs in die Geschichte nicht nur der Menschheit eingehen, sondern auch andere, nichtmenschliche Spezietäten betreffen und die Hierarchie der Lebewesen insgesamt revolutionieren.

---

[7]Die Entstehung virtueller Realitäten führte dazu, sich über das Reale an der *real reality* Gedanken zu machen. Die Beschäftigung mit Künstlicher Intelligenz wirft die Frage nach der Beschaffenheit einer natürlichen auf, so wie die massenhafte Verbreitung der nichtehelichen Lebensgemeinschaft eine Provokation für die Ehe darstellte und erst die Abweichung die geltenden Auffassungen von Normalität vor Augen führt. Jetzt zwingt der Versuch, künstliche Menschen zu erschaffen, zur Definition des genuin menschlichen Menschen. Dieser wäre ansonsten lediglich *ex negativo* irgendwo zwischen Hominiden und dem Tier als einem nach Descartes seelenlosen Apparat auf der einen und einem Nietzscheschen Übermenschen und humanoiden, menschenähnlichen Wesen auf der anderen Seite angesiedelt und als irgendein merkwürdiges Zwischending positiv unbestimmt geblieben. Zur durch Reproduktionstechnologien mitveranlassten, nicht nur geschlechtsneutralisierenden Neubestimmung des Menschen im Rahmen einer „Ethik der Identitäten" auch Alfred Grossers Buch mit dem den ausschließlich männlichen „l'homme" als universelle Gattungsbezeichnung vermeidenden dt.-frz. Hybridtitel „Le Mensch" (2017).

Nach „*The silent revolution*" (Inglehart 1982), der ersten stillen durch den Wertewandel, und der zweiten, nicht weniger lautlosen durch die Algorithmen (Bunz 2012) ist dies – als übersehene Weggefährtin und stumme Begleiterin der vierten technologischen Revolution – die dritte stille Revolution. Mit ihr bewegen wir uns – offensichtlich – in Richtung Industrie 4.0 und – weithin unbemerkt – Richtung Menschheit 2.0.[8] Die reproduktive Digitalisierung – und nicht die im Fokus heutiger Technologiedebatten stehende Rationalisierung und Automation – markiert die onto- und phylogenetisch einschneidendere und für die Spezies Mensch, wie wir ihn als *homo sapiens* heute kennen, entscheidendere Zäsur. Mit ihr wird die Menschheit und deren Verhältnis zu anderen Entitäten von Grund auf – in ihren Ursprüngen wie in ihren künftigen Ausprägungen – komplett neu gestaltet werden. Auch Marx hat mit seiner Politischen Philosophie Hegel vom Kopf auf die Füße gestellt.

3 Reproduktionstechnologien als Mütter von Reproduktionshintergründen – Zeugung als technisch assistierte Erzeugung

Wenn heutzutage Kinder auf die Welt kommen, war neben Liebe immer häufiger auch Technik im Spiel. Seitdem sich auch die Fruchtbarkeitsmedizin, wenn nicht mit in die Ehebetten, so doch in Klinikbetten oder auf gynäkologische Stühle legt und auf diese Weise unsichtbarer Teil der Familienaufstellung wird, hat das Kinderkriegen nicht einmal mehr unbedingt mit Sex etwas zu tun.

Standen in der sexuellen Revolution der späten 1960-er Jahre und der auf sie in den 1970-er Jahren folgenden zweiten Frauenbewegung[9] Sexualität ohne

---

[8]Während „Industrie 4.0" sich, wie der „Kindergarten", die „Klimakanzlerin" und das „(Kunst-)Lied", auch in Fremdsprachen eingebürgert und als Schlagwort international Karriere gemacht hat, handelt es sich bei „Menschheit 2.0" (2014) um eine Übernahme der dt. Übersetzung des 2005 zuerst unter dem Titel „*The Singularity is Near*" erschienenen Buchs von Raymond Kurzweil.

[9]Während der Studentenbewegung kursierten Macho-Sprüche „Wer zweimal mit derselben pennt, gehört schon zum Establishment" ebenso wie heute in „*Love kills capitalism*" umgewandelte *flower power*-Slogans „*Make love, not war*". Zehn Jahre später reklamierte die aus ihr gewissermaßen als Machismo-Feminismus hervorgegangene Frauenbewegung mit Parolen „Mein Bauch gehört mir" und öffentlichen Selbstbekenntnissen „Ich habe abgetrieben" die sexuelle Selbstbestimmung und forderte als Vorläuferin der heutigen „*#Me too*"-Kampagne das Recht auf körperliche Unversehrtheit und Schutz vor sexualisierter Gewalt.

Fortpflanzung und körperliche Liebe ohne unerwünschte Schwangerschaft, Lust ohne Frust und das Risiko von ungewolltem Nachwuchs im Mittelpunkt, so eröffnet die reproduktionstechnologische Revolution jetzt die Option auf Fortpflanzung – auch – ohne Sexualität. Während die feministische Revolution darum kämpfte, dass Frauen nicht oder nicht ein weiteres Mal gegen ihren Willen Mutter werden mussten, geht es nun um die Möglichkeit der Mutterschaft – auch – ohne Mann. Wurde zuvor – mit einem Tätigkeitsschwerpunkt von *pro familia* auf der *Contraception* – insbesondere weibliche Fruchtbarkeit kontrolliert und begrenzt[10], so soll jetzt medizinisch bedingte Unfruchtbarkeit und anderweitig, z. B. in der sexuellen Orientierung, begründete Nachkommenlosigkeit behoben und unerfüllt gebliebene Kinderwünsche mit neuen Menschenleben erfüllt werden. Zuvor kamen bei dauerhaft ausbleibendem Kindersegen nur die Adoption, die Annahme „an Kindes statt", oder, wenn „es" am Mann lag, der gezielt – moralisch nicht ganz korrekt – auf den Eisprung gelegte Seitensprung als *ultima ratio* infrage.

Nach Babyboom und Pillenknick werden in Deutschland seit ungefähr 20 Jahren relativ konstant jedes Jahr um die 700.000 Kinder geboren. Von diesen kommen immer mehr außerhalb bestehender Ehen zur Welt, sie sind von ihrem Rechtsstatus her also un- bzw. jetzt nichtehelich oder werden dem zum Zeitpunkt der Geburt oder neun Monate davor mit der gebärenden Frau verheirateten Mann als sogenannte Kuckuckskinder zugeordnet. Die allermeisten von ihnen erblicken das Licht der Welt außerhalb ihres künftigen Zuhauses in Krankenhäusern – und nicht bei einer hierzulande äußerst seltenen Hausgeburt –, und immer mehr Frauen bringen ihre Kinder im postparadiesischen Zeitalter nicht, wie es im 1. Buch Mose (Genesis) Kap. 3: 16 heißt, „mit Schmerzen", sondern unter Narkose per Kaiserschnitt zur Welt, so sie es – insbesondere bei deutscher Herkunft und steigendem Bildungsniveau – nicht bei einer der von Günter Grass beschriebenen, bedenkenträgerisch am Ende kinderlos bleibenden typischen intellektuellen „Kopfgeburten" (1980) belassen. Immer mehr Neugeborene haben Eltern mit Wurzeln außerhalb Deutschlands und einen Migrationshintergrund. Inzwischen finden nun auch immer mehr Kinder mit technischer Assistenz und medizinischer Unterstützung auf heute noch als unüblich, da unnatürlich geltenden Umwegen den Weg ins Leben. Als nicht unmittelbar aus einer körperlichen Vereinigung von Mann und Frau hervorgegangen, haben sie als „Designer-Babys" oder „Retorten-Kinder" einen Reproduktionshintergrund.

---

[10]Zur Problematik der Reproduktion und deren Begrenzung in Natur und Kultur Herzog-Schröder et al. (2009).

Was *in vivo* – bei lebendigem Leibe und *in natura* – nicht klappt, wird nun *in vitro* – im Reagenzglas – möglich gemacht und alles daran und manchmal tatsächlich Himmel und Hölle in Bewegung gesetzt, um Wunscheltern *in spe* – „koste es, was es wolle", und notfalls „auf Teufel komm' 'raus" – zu dem gewünschten Nachwuchs zu verhelfen. Zu diesem Zweck, der die Mittel wie kaum ein anderer sonst heiligt, wird mit der Assistenz von Reproduktionstechnologien[11] als Urszene nachgestellt, was sich als erbgesunder, nach medizinischer Definition seinerseits fortpflanzungsfähiger Nachwuchs auf nach herrschender Verkehrsauffassung natürliche Weise *partout* nicht einstellen will.

Zu den bei Fertilitätsbehandlungen angewandten Verfahren gehören Samenspende, In-vitro-Fertilisation, homo- und heterologe Insemination – das ist die künstliche Befruchtung mit dem Samen des Ehemanns oder Lebenspartners der Frau oder dem eines ganz oder teilanonymen Spenders – und *social freezing*[12] sowie bedingt und, je nach Rechtslage, auch die befruchtete und unbefruchtete Eizellenspende und der (Prä-)Embryonentransfer sowie die Leih- und die ebenfalls stellvertretend übernommene Ersatzmutterschaft.[13] Die Erfolgsaussichten bei technisch assistierter Fortpflanzung sind, je nach Ausgangsvoraussetzungen,

---

[11]Unter Reproduktionstechnologien werden alle invasiven, intervenierenden oder auf andere Weise manipulativen und extern initiierten assistierenden Eingriffe und unterstützenden Maßnahmen verstanden, mit denen auf die biologischen Abläufe von Zeugung, Befruchtung, Schwangerschaft und Geburt von außen eingewirkt, zielführend und steuernd in die „natürlichen" Vorgänge eingegriffen und das generative Geschehen dahingehend beeinflusst wird, dass es zu – im Erfolgsfall freudigen – Ereignissen kommt, die so nicht stattgefunden hätten, zumindest zu diesem Zeitpunkt andernfalls nicht eingetreten oder möglicherweise auch ganz ausgeblieben wären.

[12]Wie unser Handy, engl. *„mobile phone"* heißt, ist das aus den USA kommende *„social freezing"* dort als *„egg freezing"* bekannt. Das Präfix *„social"* soll hier lediglich die nichtmedizinische Indiziertheit der Maßnahme anzeigen. Mit ihr wird ein vorhandener oder sich ggf. auch erst später einstellender Kinderwunsch buchstäblich auf Eis – *krýos,* altgriech. Kälte, Eis, – gelegt, die Fruchtbarkeitsspanne der Frau über das Klimakterium hinaus verlängert und eine künftige Mutterschaft als Option offen gehalten.

[13]Die Samenspende ist bei uns gesetzlich erlaubt und die Inanspruchnahme von Samenbanken mit Spenderprofilen, detaillierten Wunschlisten, Kriterienkatalogen und – auch im Internet – abrufbaren Bestellformularen völlig legal. Die Eizellenspende, der Embryonen- und der Präembryonentransfer sowie die Ersatz- und die Leihmutterschaft dagegen sind – im Unterschied zu anderen europäischen und außereuropäischen Ländern – in Deutschland verboten und, wie die Abtreibung, auf eng begrenzte, i. d. R. medizinisch angezeigte Ausnahmefälle beschränkt. Damit soll eine Aufspaltung der nach Auffassung des Gesetzgebers „unteilbaren" Mutterschaft verhindert und deren sukzessive Variante vermieden werden.

gestellter Indikation und im Einzelfall eingesetzten Methoden – entgegen unterschiedlich motivierter anderer, zumeist höherer Angaben – derzeit insgesamt eher gering. Umgekehrt steigt das Risiko von Mehrlingsgeburten[14] – zumindest dies eine untrügliche und durch pure Inaugenscheinnahme überprüfbare Tatsache, die sich mit gehäuften Duo- sowie vereinzelt gesichteten Trio-Buggies im Straßenbild vor allem von Großstädten bemerkbar macht. Bis zum sich ggf. einstellenden Erfolg werden in aller Regel ganze Befruchtungsserien und mehrere Behandlungszyklen notwendig. Da hierbei Männern und Frauen zur Erhöhung der Erfolgschancen parallel behandelt werden, fallen aufgrund der sich wechselseitig potenzierenden Überstimulation fast immer überzählige Ei- und Samenzellen an. Diese werden anschließend zumeist mit kryokonservierenden Kältetechniken präpariert und eingefroren „für alle Fälle" aufbewahrt. Sämtliche fertilitätsfördernde Maßnahmen stehen bei uns unter Arztvorbehalt. Auf ihre Durchführung besteht kein Rechtsanspruch.

4 Reproduktionstechnologien als Entideologisierung und schöpfungsgeschichtliche Offenbarung – Kernschmelzen, Kettenreaktionen und Kapitulationen

Mithilfe der technisch assistierten Fortpflanzung können nicht mehr nur kinderlose Ehepaare als die auch vom Recht privilegierten „geborenen" Elternpaare, sondern jetzt auch Schwule und Lesben Väter und Mütter werden. Wie andere Alleinstehende, können sie alleine oder als gleichgeschlechtliche Paare „eigene" Familien, die nach der farbenfrohen Flagge der Homo- und Transsexuellen benannten Regenbogenfamilien, gründen und zusammen mit ihren „gemeinsamen" Kindern ein, wenn auch noch etwas ungewohntes Zwei-Mütter- oder Zwei-Väter-Familienleben führen. Jenseits der traditionell durch Blutsbande und Eheschließung vermittelten familiären und verwandtschaftlichen Beziehungen entstehen vermehrt nicht biologisch-genetisch begründete Wahlverwandtschaften, die, wie Patchwork-Familien, in vielfältigen und höchst unterschiedlichen Konfigurationen und Konstellationen auftreten und nicht – zumindest nicht mehr ausschließlich – auf die klassischen Verwandtschaftsgeneratoren Geburt, Heirat und Adoption zurückgehen.

---

[14]Der Anstieg ist statistisch signifikant und liegt schon bei Zwillingsgeburten in etwa beim Zwanzigfachen der Wahrscheinlichkeit von „Nachwuchs im Doppelpack" bei einer ohne technische Nachhilfe zustandegekommen natürlichen Empfängnis.

Seitdem Elternschaft nicht mehr notwendig an heterosexuelle Orientierung und gegengeschlechtliche Verkehrspraktiken gebunden ist, können nicht nur lesbische, sondern auch asexuell und zölibatär lebende Single-Frauen mit Kinderwunsch mit einer Samenspende die „anderen Umstände" auf ungeschlechtlichem Wege herbeiführen und nach dem Vorbild der unbemannten Raumfahrt nicht mehr nur sprichwörtlich „wie die Jungfrau zum Kinde kommen".[15]

Über die vermehrende Wirkung hinaus wird die aus Vater, Mutter und deren Kind(ern) bestehende mononukleare Kernfamilie entkernt. Die Denuklearisierung der bürgerlichen Kleinfamilie trifft eine gesellschaftliche Ur-Institution mitten ins Mark. Zusammen mit ihr wird die nach dem Gesetz auf lebenslange Dauer angelegte, monogame Ein-Mann-Eine-Frau-Ehe (§ 1353 Abs. 1 BGB) reproduktionstechnisch demontiert. Der Einsatz von Reproduktionstechnologien führt aber nicht nur zu tektonischen Verwerfungen der Architektur klassischer Familien- und Verwandtschaftskonstruktionen einschließlich der auf sie zurückgeführten Abstammungslinien. Ihr Einsatz hat auch die Entbindung der Geschlechtszugehörigkeit und offiziellen Geschlechtszuordnung von der hierfür konstitutiven Art der Fortpflanzungsfähigkeit zur Folge. Diese wurde als unentbehrlicher Grundstein der hierauf basierenden Gesellschafts- und Rechtsordnung ausgegeben und als deren „natürliche" Grundlage dargestellt. Diese war ihrerseits an das *entweder* zeugen *oder* empfangen und gebären Können – als den Definitionsmerkmalen von Menschen männlichen und denjenigen weiblichen Geschlechts – gebunden und mit dem *entweder* ein Mann- *oder* eine Frau-Sein als der unsere Gesellschaft und ihr Recht tragenden Initialunterscheidung verbunden.[16]

Dies ist das Ende der Ideologie zweier, zum Zwecke der Nachwuchsgenerierung und für den Fortbestand und die Zukunftssicherung der Menschheit naturnotwendig voneinander geschiedener Geschlechter. Konsequent zu Ende

---

[15]Die partner- und vaterlose Mutterschaft wird zur selbstbestimmten biografischen Option und ist Ausdruck einer spezifisch weiblichen reproduktiven Autonomie, die als technisch ermöglichtes *women empowerment* und weiterer Schritt zur Emanzipation vor allem von Neo- und Xenofeministinnen als medizintechnische Errungenschaft begrüßt wird. Zum sich schon vor Jahrzehnten durch rechtlichen und sozialen Wandel anbahnenden „Weg in die vaterlose Gesellschaft" damals noch unter anderen, vordigitalen Prämissen Mitscherlich (1963).

[16]Innerhalb der alten, mit dem Fortpflanzungsgeschlecht begründeten Zwei-Geschlechter-Logik des ausgeschlossenen Dritten wäre der nicht zeugungsfähige Mann eine Frau und die nicht empfängnis- bzw. nicht gebärfähige Frau ein Mann. Die Entkopplung der Geschlechtszuweisung von der Fortpflanzungsfähigkeit eröffnet über die bereits jetzt konstatierbare Abkehr von Dipolaritäten und Dichotomien hinaus eine nahezu unbegrenzte Multiplizierung von beliebig vielen Geschlechtern.

gedacht, bedeutet der Wegfall der Fortpflanzungsvoraussetzung nichts Geringeres als den Totalzusammenbruch der aufs Engste mit der Schöpfungsgeschichte
verwobenen Patriarchalen Soziodizée. Das ist die Große Erzählung von der Überlegenheit des zeugungsfähigen Mannes und der „natürlichen" und „gottgewollten"
Unterlegenheit der gebärfähigen Frau. Mit der Zwei-Geschlechter- und der darauf aufgebauten Zwei-Sphären-Theorie fällt die geschlechtsspezifische Arbeitsteilung und mit ihr die Aufteilung in Männer- und Frauenwelten wie ein auf Sand
gebautes Haus in sich zusammen. Das Lügen gestrafte Narrativ ist das Ende vom
Hohen Lied, der Rest aber noch nicht Geschichte.[17]

Auch der, wie sich jetzt auf dem unverhofft geschlechtsneutralen und nachgerade unschuldigen und keuschen – und nicht nur wegen der eingesetzten
Kryotechnik – kalten Umweg über die Reproduktionstechnologien herausstellt,
grundlos gründenden Vormachtstellung des Mannes wird die hierzu korres-
pondierende Legitimationsgrundlage vollends entzogen.[18] Mit der im Kern bio-
logistisch und evolutionär begründeten „männlichen Herrschaft" (Bourdieu 2005)
ist nach dem schrittweisen Abbau (ehe-)männlicher und (familien-)väterlicher
Privilegien im Bürgerlichen Gesetzbuch (BGB) die letzte Männerbastion gefallen.
Die zu wesentlichen Teilen zumindest latent noch immer auf der Binarität der
Geschlechter und der nachwirkenden Generalnorm der Heterosexualität basierende Gesellschaftsordnung und deren Recht wurden durch eine subversiver femi-
nistischer Umtriebe unverdächtige Hintertür in ihren Grundfesten erschüttert.[19]

---

[17]Zur Dekonstruktion der Mutterliebe als einem – diese Geschlechterideologie mit ihrer
Komplementärrollentheorie stützenden – Frauen angeblich angeborenen Trieb Badinter (1981).

[18]Tatsächlich hat die Wissenschaft ihre Unschuld – und damit auch ihre vermeintliche
Geschlechtsneutralität – mit dem Bau der Atombombe verloren. Zur Wissenschaft und
Technik gemeinhin zugeschriebenen und der ihnen in Weberscher Tradition unterstellten
Wertfreiheit – entgegen ihren auch diesbezüglichen Neutralitätsbehauptungen – ein-
geschriebenen Geschlecht Haraway (1995a) sowie Orland und Scheich (1995). Zum ideologischen Charakter von Wissenschaft und Technik als den Vorreiterinnen und lange Zeit
unumstrittenen Pionierinnen der Rationalisierung Habermas (1968).

[19]Nach dem faktischen Verlust seiner Ernährerrolle in einer ersten Phase der Emanzipation, in der Frauen weitgehende finanzielle Unabhängigkeit und sexuelle Selbstbestimmung erreichten, droht der Mann in einer zweiten Phase der Frauenbefreiung jetzt
auch noch seine Zeugerrolle zu verlieren. Wie immer, wenn Vorrechte und Vorteile von
Männern abgebaut und vor allem die männliche Geschlechtsehre untergraben wird, scheint
zumindest das Vaterland, wenn nicht das Abendland in Gefahr. Jetzt könnte die (Männer-)
Welt, grundstürzend gefährdet, tatsächlich kurz vor dem Einsturz und mit der Bedrohtheit
des „von Natur aus" männlichen *homo erectus* der Untergang der Menschheit bevorstehen.

5   Menschliche Reproduktion als maschinelle Produktion – Nachwuchs als Design-Objekt

Zum Zwecke der produktiven Bearbeitung der Reproduktion werden Geschlechts-
akte – einschließlich der dabei gelegentlich vorkommenden „Stegreif"-
Befruchtungen – in die aseptische Sterilität von menschenfabrikähnlichen
Fruchtbarkeitskliniken verlegt und der *body to body*-Verkehr umgeleitet. Das
extrahierte Ei wird mit dem Ejakulat in einem Laborgefäß, der Retorte, körper-
kontakt- und entsprechend beziehungslos vereint und männliche und weibliche
Keimzellen in keimfreier Umgebung, oft auf minus 196 °C und unter sexuellen
Gesichtspunkten fast schon frigide Umstände heruntergekühlt, leidenschaftslos,
wenn auch mit hohen Erwartungen und Anspannungen verbunden, zusammengeführt. Zugleich wird das Fortpflanzungsgeschehen in die Halböffentlichkeit
professionell besetzter Räume verlagert und seine Abwicklung geschultem Personal anvertraut und dessen Fachaufsicht unterstellt, unter dessen Augen die
Produktkontrolle mit fortschreitendem Verlauf des Entstehungsprozesses raster-
fahndungsartig verdichtet permanent überwacht wird. Biologische Abläufe und
natürliche Vorgänge werden so zu expertenhaft organisierten und entsprechend
komplizierten chemischen Prozessen und physikalischen Prozeduren. Diese finden unter kontrollierten Laborbedingungen und zunehmend extrakorporal, also
außerhalb menschlicher Körper und von deren realer Anwesenheit, „Co-Präsenz"
(Erving Goffman), unabhängig, statt.[20] Zeugung und Empfängnis werden ent-
sexualisiert und entkörperlicht, der Entstehungsvorgang analytisch und labor-
technisch in einzelne Schritte und Abschnitte zerlegt, prozeduralisiert und
rationalisierungsbedingt verlängert.

---

[20]Zur Verlagerung der Sexualität als *cyber sex* in den virtuellen Raum sowie speziell zur
mit der Internet-Ära beginnenden Virtualisierung und Entmaterialisierung von Geschlecht
und Körpern im Netz auch die von mir an der Universität Bonn betreute Dissertation
von Valeska Lübke „*CyberGender*" (2005). Wenn Entwicklungen auf dem Gebiet der
Reproduktionstechnik und -medizin im vorgelegten Tempo fortschreiten – und daran
besteht mit Blick in die Wissenschafts-, Technik- und Medizingeschichte nicht der
geringste Zweifel –, könnte die Begattung bald zur Gattung aussterbender Betätigungen
gehören und, wie die für bestimmte Berufstätigkeiten typische Handbewegung, durch
Greifarm und Genschere ersetzt werden.

Auf diese Weise wird nicht nur der Zufall systematisch eliminiert, sondern auch „Das Prinzip Hoffnung" (Bloch 1959) weitgehend ausgeschaltet. Kinder werden seltener „erwartet", sondern bestellt und in Auftrag gegeben. Dabei werden nicht nur Zuständigkeiten von Biologie und Natur in medizinisch-technische Kompetenzen konvertiert. Gleichzeitig wird auch zur Technikreligion übergetreten und Gottesglaube und Naturvertrauen durch ein wissenschafts- und technikgläubiges Systemvertrauen substituiert.[21] Die Konzeption, biolog., medizin. die (zufällige) Empfängnis, wird gegen das Konzept, den Plan und das Projekt (*plan*, engl. Design, Projekt) ausgetauscht und *chance*, engl. Zufall, durch *choice*, engl. Wahl, wie zuvor auch schon, damals in Zeiten von Geburtenkontrolle und Familienplanung, ersetzt und hinter einer Optionenrhetorik versteckt.

Als nach Bauplan und Entwurf – aus ausgewählten Bestandteilen und eigens angerichteten, synthetisierten Zutaten nach dem Baukastenprinzip aus vorgefertigten Teilen, *Readymades*, wie in der *Concept-Art* von Marcel Duchamp, planvoll zusammengesetzten, modularisierten Werkstücken – nichts anderes heißt „Design" – stehen am Ende dieser reproduktionstechnischen Produktions- und Wertschöpfungskette keine im engeren Sinne *ge*zeugten Menschen, sondern ungezeugte *Er*zeugnisse, Modelle und Fabrikate, die mehr und mehr den Charakter seriell hergestellter Produkte annehmen, mit denen sie als baugleiche Kombinationen, Konfigurationen und Kompositionen immer mehr Ähnlichkeit gewinnen. Damit geht nicht mehr nur, wie in der VW-Werbung „Mit uns geht die Zukunft in Serie", die KFZ-Branche, sondern auch die Zukunft der Menschheit in Serie: „*Reproduction goes Production*".[22]

---

[21]Zum Ende des Zufalls als einer Folge von Algorithmisierung, Big Data und neuen Informations- und Kommunikationstechnologien, dessen Ausschaltung offensichtlich auch auf das Werden menschlichen Lebens übertragen werden soll, Klausnitzer (2013).

[22]Die sich bei künstlicher Befruchtung – in etwas geringerem Ausmaß auch schon beim *social freezing* – häufenden Mehrlingsgeburten sind der lebende Beweis dafür, dass die menschliche Vermehrung von der Monoausgabe pro Schwangerschaft bereits heute in den Modus der Vervielfältigung übergegangen ist. Auf dem Wege der Mehrfach-Vermehrung bringt diese immer häufiger nicht Unikate, sondern kraft medizintechnisch gesteigerter *high tech*-Potenz nun auf einen Satz Multikate, *Multiples* wie von Joseph Beuys, hervor.

6   Durchrationalisierung und Entbiologisierung des Natürlichen – Werdendes Leben als medizinisch-technisches Projekt

Reproduktionstechnologien machen ungewollte Kinderlosigkeit, angefangen bei Abraham und Sara[23], vom seit Menschengedenken als Menschheitsfluch des ausbleibenden – vor allem männlichen – Nachwuchses bekannten Ur-Thema zu einem technischen Problem und aus dem individuell-biografischen Anliegen eigener, nach überkommenen – sich reproduktionstechnisch voraussichtlich bald überholenden – Vorstellungen leiblicher Nachkommenschaft eine medizinische Angelegenheit. Die Folgen dieser Konversionen sind jedoch alles Andere als ausschließlich medizinischer „Art" oder rein technischer „Natur".[24]

Das zu einem vorgestellt perfekten (Familien-)Leben fehlende und zu dessen Komplettierung intendierte Kind wird zu einem Ding, das käuflich erworben werden kann. Seine Er-Zeugung oder Be-Schaffung wird zu einer Dienstleistung, die (Wunsch-)Eltern gegen Geld in Anspruch und als HandelspartnerInnen unter Vertrag nehmen können. Geburt bzw. Inempfangnahme werden zur Terminsache, die entweder per angesetzte Kaiserschnitt oder durch vereinbarungsgemäße Übergabe zum Wunschdatum erfolgt. Als (Wunsch-)Kind besitzt dieses nun nicht mehr nur einen ideellen Wert. Jetzt hat es auch seinen Preis. Als Muss-Kind von Wuscheltern wird es oft schon Jahre vor seiner Geburt für diese zu einer nicht zuletzt auch finanziellen Investition und das so sehr gewollte und gegen die Widerstände von Natur oder schicksalhafter Fügung durchgesetzte, der Biologie

---

[23]Die Erzeltern lösten das Problem mit Hilfe der gemeinsamen Magd Hagar, die sie als Reproduktionsmedium benutzten. Zu der in diesem Fall nach atomaren Kriegen, Umweltzerstörungen und Geschlechtskrankheiten eingetretenen Mangel an fruchtbaren Frauen, der ebenfalls durch teilweise vergewaltigte und zwangsgeschwängerte Mägde ausgeglichen wurde, auch der *prima facie* dystopische, in Wirklichkeit auf historischen Tatsachen beruhende Roman „Der Report der Magd" (1987) von Margaret Atwood, der von Volker Schlöndorff als „Die Geschichte der Dienerin" (1990) verfilmt wurde.

[24]Der mittlerweile erreichte Grad der Hypertechnisierung nahezu aller entwickelter Gegenwartsgesellschaften lässt sich u. a. daran ablesen, dass das Wort „Techniken", wie bei Gesprächs- und anderen Sozial- und Kulturtechniken bis hin zu Reproduktionstechniken, mittlerweile an fast alle menschliche Lebensäußerungen angehängt wird. Ähnliches gilt für die „Arbeit", die bisher mit Erziehung und Beziehung und bald wohl auch mit Zeugung, Empfängnis und Geburt verbunden werden wird. Dies findet heute schon im als Reproduktionsarbeit begriffenen „Kinder Machen" seinen Niederschlag auch in einer zunehmend von der Produktion geprägten Sprache.

abgetrotzte und in diese Welt gezwungene Leben für die Kinder selbst zur möglichen Hypothek.[25]

Mit ihrer Entsexualisierung und Entkörperlichung werden die geheimnisvollen Vorgänge von Zeugung, Empfängnis, Schwangerschaft und Geburt nicht nur denaturalisiert und entbiologisiert. Sie werden auch entweiht und mit dem zerstörten Nimbus des religiös Überhöhten ihres Mysteriums entkleidet. Wie „Das Kunstwerk im Zeitalter seiner technischen Reproduzierbarkeit" (Benjamin 1981) seine Aura verliert und seiner Seele beraubt wird, erfahren sie eine rationalisierungsbedingte Entzauberung. Mit der Entsakralisierung seiner Entstehung wird werdendem Leben zugleich jener Zauber genommen, wie er nach Hermann Hesses „Glasperlenspiel" (1943) jedem Anfang innewohnt und als Wunder von Technik und Medizin seinerseits zur Offenbarung wird.[26]

Außer den Gesetzen der industriellen Fertigung und deren – in identischen Exemplaren jederzeit wieder-holbarer – repetitiver Serialität wird das Fortpflanzungsgeschehen auch den Regeln von Markt und Warentausch und den dort regierenden und beide beherrschenden Verwertungslogiken unterworfen. Nunmehr integrativer Teil des hier wie dort obwaltenden kapitalistischen Regimes, unterliegt die Reproduktion neben quantitativen Vermehrungs- ab jetzt vermehrt auch qualitativen Verbesserungsimperativen. Als solche hat sie Diktaten zu gehorchen, wie sie nicht nur allen Erscheinungsformen des Kapitalismus in dessen unterschiedlichen Spielarten gemein und zu eigen sind. Sie muss auch dessen Grundsätze mit Prinzipien der menschlichen Vermehrung vereinen.[27]

---

[25]Die gesundheitlichen und psychischen Strapazen, die (Wunsch-)Eltern in den zyklischen Schwankungen von Hoffnung und deren z. T. mehrfacher Enttäuschung durchleiden müssen, zeigt der Film „Alle 28 Tage" (2015) von Ina Borrmann. Rückschlüsse auf die Sicht der Kinder lässt die Tatsache zu, dass sich bereits heute Spenderkinder als eine Art Schicksalsgemeinschaft Betroffener unter spenderkinder.de im Netz organisieren.

[26]Zur Entromantisierung als der Elimination von Gefühlen sowie dem Tod der Liebe nach der Institution Ehe nun auch im System Kapitalismus das vor dem Hintergrund allgemeinerer, individualisierungsbedingter neoliberaler Entemotionalisierungs-, Entintimierungs- und Entprivatisierungstendenzen vieldiskutierte Buch von Eva Illouz „Der Konsum der Romantik" (2003).

[27]Die Grundlage für das mit dem Weltbeherrschungsimperativ verbundene Vermehrungsgebot liefert das Neue Testament: „Und Gott segnete sie und sprach zu ihnen: Seid fruchtbar und mehret euch und füllet die Erde und machet sie euch untertan …" (1. Buch Mose (Genesis) Kap. 1: 28). Insofern hat der Kapitalismus, dessen Geist seit Max Weber untrennbar mit der Protestantischen Ethik verbunden ist, in seinen weltumfassenden Missionierungs- und Unterwerfungsansprüchen auch etwas Katholisches. Das überwiegend katholische Spanien gilt innerhalb Europas als Hochburg von Reproduktionstechnik und Fertilitätsmedizin.

7   Reproduktionstechnologische Kolonialisierung des Lebens – Generatives Geschehen als Gegenstand von Digitalisierung und Automation

Mit der, wie die Algorithmisierung, lautlos sich vollziehenden Angleichung werden Reproduktion und Produktion ähnlicher und paradoxerweise einander digitalisierungsbedingt immer analoger.[28] Damit einher geht eine auf menschliche Körper, das menschliche Leben und damit auch auf das zwischenmenschliche Leben ein- und zugreifende Annektierung der Reproduktion durch die Produktion. In der Übermacht der gegenüber der Reproduktion immer (all-)mächtiger werdenden Produktion, mit der diese sich nach den Maschinen jetzt zunehmend auch der menschlichen Fortpflanzung bemächtigt, zeigt sich neben deren hegemonialem zugleich auch der totalitäre Charakter einer mittlerweile nicht nur alle Bereiche des gesellschaftlichen Lebens, sondern auch alle Phasen eines Menschenlebens erfassenden und dieses vereinnahmenden Digitalisierung. Mit der ungemeinen, fast schon unheimlichen Omnipräsenz und Präpotenz der Realität der Digitalität dringt diese als deren – nach der rechtlichen „Kolonialisierung der Lebenswelt" (Jürgen Habermas) – digitale Variante auf dem Wege der technischen Intervention, medizinischen Invasion und genetischen Manipulation nach der Lebenswelt nun in das Leben selbst ein. Als reproduktive Digitalisierung betrifft sie nicht nur das Leben der heute, sondern auch das der kommenden Lebenden.[29]

---

[28]Der Begriff „Analogie" beschreibt den ursprünglich biologischen Sachverhalt, dass aus verschiedenen evolutionären Stadien stammende Körperteile und Organe trotz entwicklungsgeschichtlich unterschiedlicher Herkunft äquifunktionale Aufgaben übernehmen (können). Wie zuvor das Virtuelle zunächst real(isiert) und als *virtual normality* inzwischen normal(isiert) wurde, könnte auch das Digitale *à la longue* quasi-analog werden, nachdem „automatisch" bereits stillschweigend zum Synonym für „natürlich" geworden ist. Inzwischen bedeuten beide Begriffe so viel wie „ohne eigenes Zutun" oder „von selbst".

[29]Neben der Gebürtigkeit bleibt auch dieser Aspekt des in die Welt Hin-Eingeborenseins, wie er mit *„virtual indigeneity"* und *„digital colonization"* und Assoziationen der Subalternität und des Ausgeliefertseins in *„digital natives"* ebenfalls anklingt, häufig unbeachtet. Die abschätzige Konnotation des Eingeborenen, engl. *native,* mit dem abgewerteten Unterentwickelten, Wilden, Barbarischen, Bestialischen und Primitiven wird, wie die überhebliche Wahrnehmung indigener Völker als (ein-)geborenen Untertanen, nicht zur Sprache gebracht und dabei ignoriert, dass der Begriff einer kolonialistischen Denktradition und der imperialistischen Rhetorik der Eroberung und Unterwerfung entstammt. Hierzu auch die Totalitarismus-Studien (1955) von Hannah Arendt.

Auf diese Weise bestimmt die kapitalistische Produktionsweise mit ihren kategorischen Imperativen und impliziten Optimierungs- und Perfektionierungszwängen neben dem bereits lebenden und gelebten auch das mehr und mehr zum Objekt von Digitalisierung und Automatisierung werdende *werdende* Leben. Während der Auto-Mat in der Auto-Genese immer weniger sein reproduktives Pendant als seine in der mehrwertschaffenden Produktionslogik konsequente Fortsetzung findet, weitet der Digitalkapitalismus seinen Einzugsbereich in der Manier imperialistischer Kolonialherren und Besatzer immer weiter aus und erstreckt sich in Form von Befruchtungsapparaten, Brutkästen und Gebärmaschinen auf immer mehr zunehmend auch pränatale Lebensabschnitte.[30] Gleichzeitig ergeben sich aus der nunmehr direkten, nicht mehr nur bildgebenden Verfügbarkeit von künstlich gewonnenen und menschlichen Körpern entnommenen Keimzellen eine Reihe unterschiedlich gearteter, elterlicher, wirtschaftlicher, wissenschaftlicher und medizinischer Herausforderungen, die sich wechselseitig in die Hände spielen und nicht trennscharf gegeneinander abgrenzen lassen.

8 Genkapitalismus als reproduktive Variante des digitalen Kapitalismus – Bestenauslese als Elternpflicht

Die als Nebeneffekt bei Fertilitätsbehandlungen auftretende Überschussproduktion erlaubt es zum einen, die Keimzellen mithilfe der Pränatalen bzw. Pränatalen Implantationsdiagnostik (PND bzw. PID) auf ihre Funktionsfähigkeit zu testen. Die „schlechten" und weniger „starken" werden aussortiert und, wie früher junge Männer beim Militär, ausgemustert. Im Rahmen eines ansonsten mit der Erziehung erst im Kindesalter beginnenden Auswahl-, Kontroll- und Qualitätssicherungsverfahrens ist

---

[30]Nirgendwo sonst erscheint der als Glied wissenschaftlicher Argumentationsketten zur Beschreibung und Analyse von grenzüberschreitenden Diffusionsprozessen – *pardon* – immer etwas anzüglich wirkende systemtheoretische Begriff der „Interpenetration" passender als für die übergriffigen Vorstöße einer männlichen Produktion in die Sphäre der weiblich konnotierten Reproduktion, denen wir in staunender, angesichts der sich auf diesem Gebiet derzeit häufenden Wunder fast schon *ent*wunderter Zeit-ZeugInnenschaft in einer ihrerseits bald obsoleten Sprache stillschweigend „beiwohnen".

es möglich, bereits vor der Befruchtung eine Bestenauswahl zu treffen. Bei diesem Techno-Darwinismus[31], wie man die frühzeitig zum Einsatz kommende Methode der präventiv-präservativen Fehlervermeidung und des pränatal-prophylaktischen Mängelausschlusses nennen könnte, setzt der (Wett-)Kampf ums *Überleben, the survival of the fittest,* als Kampf um ein Recht *auf* Leben und den Eintritt *in* dieses ein, noch bevor der Entstehungsprozess überhaupt in Gang und die Menschenproduktion ins Werk gesetzt worden ist.

Dieses vorgezogene Bewerbungsverfahren räumt bereits den Zweitbesten keine erste Chance auf ein Dasein in dieser Welt ein. Wie allen anderen ungefragt Geborenen und ebenso ungefragt Ungeborenen, wird ihnen keine, vor allem keine *andere* Wahl gelassen. Nur *Triple A*-ler – das sind diejenigen mit der Bestnote in allen Sparten und Disziplinen –, die erste Wahl, die patentrechtlich noch ungeschützte Premiumausgabe als dem voraussichtlich künftigen Mindeststandard, werden als lebenstauglich zertifiziert und nach entsprechender TÜV- und DIN-Prüfung im Benchmarking als lebenswert eingestufte Testsieger zur Weiterverarbeitung zugelassen. Alles Im-Perfekte und Sub-Optimale dagegen wird – im Warenverkehr die minderwertige Produktklassenbezeichnung „zweite Wahl" – verworfen.[32] Gleichzeitig wird durch die Inanspruchnahme-Imperative, die den Technologien gleich mitimplantiert sind, die Nutzung von PID und PND zur zeitlich ersten und, wie die Pflege und Erziehung der Kinder nach Art. 6 Abs. 2 GG, auch prioritär „zuvördersten" Elternpflicht und der Verzicht auf Teilnahme an

---

[31]Jürgen Habermas spricht in diesem Zusammenhang von „liberaler Eugenik" (2001). Tatsächlich funktionierte Evolution immer schon über Selektion und Mutation. Nun kopiert die Technik diese Prinzipien der Natur durch genetische Manipulation und *human enhancement,* also durch körperliche Aufrüstung und maschinelle Verbesserung des Menschen. Inzwischen ist die Mutagenese als hybridartige Form der mittlerweile „konventionellen" Gentechnologie EU-rechtlich anerkannt. Bereits Impfungen oder der Einsatz von Verhütungsmitteln, aber z. B. von Prothesen und Implantaten, stellen solche Eingriffe in ohne sie vermutlich anders verlaufende evolutionäre Entwicklungen dar und nehmen von außen Einfluss auf den naturbelassenen „Gang der Dinge".

[32]Die pränatale Fehlerkorrektur begann mit Operationen im Mutterleib. Im Ausland werden jetzt auch schon vor der Befruchtung und außerhalb von Frauenkörpern Keimzellenmanipulationen, wie mit dem Mitochondrienaustausch, vorgenommen oder (bei uns grundsätzlich illegale) Embryonen- und Präembryonentransfers durchgeführt. Im Ergebnis führt dies zu sogenannten „Drei-Eltern-Babys", die in Parentelen gerechnet bereits in der unmittelbaren Elterngeneration biologisch-genetisch von mehr als zwei Menschen abstammen (können sollen).

diesem Risikominimierungs- und Nachwuchsoptimierungs-Programm zum Ausweis „unverantworteter Elternschaft", die sich dem konsumistischen Charakter des Kapitalismus und dessen universalen Effektivierungsgeboten auf Dauer vergeblich zu entziehen sucht.[33]

9 Fruchtbarkeit als neue Kapitalsorte – Vermehrung als florierendes Geschäft

Die Anbahnung von Nachkommenschaft spielt sich inzwischen nicht mehr nur auf dem Heiratsmarkt oder als „Anbandlung" über Partnerschaftsbörsen und Vermittlungsagenturen ab. Die Vermehrung und deren Vorbereitung werden zusehends zu einer Sache des Arbeitsmarktes. Dieser verdankt seine Entstehung und laufende Expansion der Verknappung der Fruchtbarkeit bei gleichzeitigem Anstieg von auf Verwirklichung drängenden Kinderwünschen bei auch aus anderen Gründen nicht fortpflanzungsfähigen Gruppen der Bevölkerung werden, deren Bedürfnisse von ihrerseits wachsender gesellschaftlicher Legitimität und rechtlicher Lizensiertheit begleitet und befördert. Bereits jetzt erschließen Reproduktionstechnologien über bedarfs- und nachfrageorientierte Fertilitätsmärkte einen zukunftsträchtigen Wirtschaftszweig. Mit kommerziell betriebenen Service-Instituten und Spezialkliniken sind sie Teil einer prosperierenden Wachstumsbranche mit überproportionalen antizyklischen Zuwachsraten – mit fertilitätssteigernden Mitteln vor allem auch im ohnehin boomenden Pharmabereich – und Grundlage einer regelrechten Reproduktionsindustrie. Deren überaus erfolgreiches und ausbaufähiges

---

[33]Hierbei handelt es sich um eine als Ausdruck der klassischen Lebensversicherungsmentalität über den eigenen Tod hinaus getroffene Vorsorge, die als Prolongation der Selbst-Sorge, der Foucaultschen „cura sui", in die Zukunft verlängert und auf nachfolgende Generationen übertragen wird. Der dieser Maßnahme zugrunde liegende genkapitalistische Imperativ gebietet es, nicht nur aus dem eigenen Leben, sondern auch aus den eigenen Genen das Beste zu machen und aus dem über Generationen hinweg akkumulierten genetischen Kapital – mit der Erbmasse als einer weiteren, von Pierre Bourdieu nicht benannten Kapitalsorte – in einer Art innerfamilialer Mikro-Biopolitik für die ErbInnen das (Aller-)Letzte herauszuholen und so den „Lebenszins" (2012, S. 81), wie es in dem Sonett LXXIV bei Shakespeare heißt, in die Höhe zu treiben.

Geschäftsmodell besteht darin, kinderlose Paare und Einzelpersonen familien-
technisch auf Wachstumskurs zu bringen und mit der guten Hoffnung gutes Geld zu
machen.[34]

Als Sonderform eines globalen Medizintourismus sind darüber hinaus Ansätze
eines weltweiten, nicht nur im geografischen Sinne grenzüberschreitenden
Schmuggels von Zellen, Embryonen und Neugeborenen und eines prä- und post-
natalen Menschenhandels erkennbar. In dessen Rahmen wird von Reproduktions-
sklavinnen eine arbeitsteilig organisierte und teilweise der uneinheitlichen
Rechtslage geschuldete, abenteuerliche „Entwicklungshilfe"[35] geleistet. Diese
arbeiten nach dem Vorbild von Mietautos als *rent a womb*"-Leihmütter in der
lebenserzeugenden Industrie. Auf diese Weise bringen sie nicht nur die „Kinder anderer Leute" zur Welt, sondern nach der geteilten und der sukzessiven
nun auch das Phänomen der transnationalen Mutterschaft hervor. Dadurch entstehen Einkommensquellen und Ausbeutungsverhältnisse mit neuen Formen
einer weltumfassenden Proletarisierung (*proles*, lat. Nachkommen), in der sich
neben dem totalitären auch der globalitäre Charakter der reproduktiven Digitalisierung offenbart. Dies gilt auch für marktreife Leibeigenschaften, die man in
Anlehnung an den „digital divide" beim Zugang zum Internet als „reproductive
divide" bezeichnen könnte. All dies zusammen macht fortpflanzungsfähige Menschen zu EignerInnen und EigentümerInnen, PropriateurInnen, von potenziellem
„Humankapital".[36]

---

[34]Wie deren Technisierung, spiegelt sich auch die Ökonomisierung der menschlichen Fortpflanzung in Begrifflichkeiten wider, die, wie in dem Wirtschaftsgeschehen nachgebildeten
Wachstumsraten, Import-/Exportüberschüssen und Menschenkontingenten, Fertilitätsraten,
Geburtenquoten und Ersatzniveaus, der Sprache der Volkswirtschaft entnommen sind und, wie
die Nettoreproduktionskoeffizienten, alle mehr oder weniger nach Bruttoinlandsprodukt klingen. Auch die einschlägige Medienberichterstattung hierzu liest sich wie im Wirtschaftsteil
angesiedelte Bilanzierungen.

[35]Auf diese Weise könnte parallel zum *Cyber Crime* auch eine Reproduktionskriminalität
entstehen.

[36]Insbesondere Spendermärkte pervertieren den Gedanken der kostenlosen Gabe und
führen zu einer extremen Form der Selbstkapitalisierung, die nicht mehr nur die eigene
Arbeitskraft, sondern auch das Fortpflanzungsvermögen zu Markte trägt und aus dem
von „*sex sells*" in „*cells sell*" abgewandelten Verkaufsschlager – teilweise illegal – Kapital schlägt und die eigene Fruchtbarkeit in ein als „Nachwuchs im (Sonder-)Angebot" mit
Sales beworbenes marktgängiges Produkt konvertiert. Zur Fortpflanzungsprostitution auch
das Buch „Fleischmarkt" (2012) von Laurie Penny.

10   Kognitiver Kapitalismus als Spielart des materiellen Kapitalismus – Nachwuchsproduktion als Exzellenz-Initiative

Das zwischengelagerte Zellmaterial wird darüber hinaus zum bei uns weitgehend verbotenen und umso verlockenderen Experimentierfeld für die mehrwertschaffende Produktion von Wissen und Menschen gleichermaßen, als deren Rohstoff und Ausgangsbasis es bereit steht und auf das, seiner durch Entnahme habhaft geworden, unmittelbar zugegriffen werden kann.[37] Gerade von der Fortpflanzung, die – von der Katholischen Kirche mit der unbefleckten Empfängnis erst zum Gotteswunder *verklärt* und damit zum Dogma *erklärt* – lange auch (natur-)wissenschaftlich unerklärt blieb, geht eine frucht- und gleichermaßen furchtbare Faszination aus, deren unwiderstehlicher, im Vergleich zur eher coolen künstlichen Befruchtung, fast schon erotischer Verführung, von unterschiedlich motiviertem Ehrgeiz getrieben, kaum zu entrinnen ist. Auch die neu entstandene Möglichkeit der pränatalen Risikoverminderung und Defizitvermeidung – sogar schon vor der Befruchtung – entwickelt sich von der Sorgfaltspflicht werdender Eltern zur Handlungsaufforderung an eine dem kognitiven Kapitalismus[38] verpflichtete und in dessen Gesetzlichkeiten und Eigenrationalitäten gefangene, hochkompetitive Reproduktionswissenschaft und fertilitätsmedizinische Forschung,

---

[37]In Deutschland gesetzlich untersagt und teilweise mit mehrjährigen Freiheitsstrafen bewehrt ist neben dem Klonen, also der geschlechtslosen Vervielfältigung und identischen Mehrfachfertigung, von Menschen und dem (Prä-)Embryonentransfer jede gezielte Erzeugung von Eizellen mit außerhalb der Realisierung eines eigenen Kinderwunsches liegenden Absichten. Diese unzulässigen Beweggründe können in gewerblichen Motiven ebenso bestehen wie in wissenschaftlichen Interessen.

[38]Wer bei künstlicher Befruchtung eine Fertilitätsquote von 15 % erreicht hat – das ist ungefähr die heutige Trefferquote pro Behandlungszyklus –, will in fünf Jahren bei mindestens 50 % sein und in weniger als 10 Jahren die 100 % erreicht haben. Wem es gelungen ist, Keimzellen auf 20 Risikofaktoren zu testen, arbeitet fieberhaft auch noch auf die Ausschaltung der unendlich vielen restlichen Restrisiken hin. Und wer heute schadhaftes Gengut um Erbkrankheiten oder Missbildungen bereinigen kann – *honni soit qui mal y pense* –, ist mit hoher Wahrscheinlichkeit morgen, spätestens übermorgen in der Lage, auch sonstiges Genpech in erblühendes Lebensglück zu verwandeln.

bei der jedes Moratorium, wie beim Sputnikschock und der Mondlandung, insbesondere auf internationaler Ebene zum Wettbewerbsnachteil gerät.[39]

Reproduktionsforschung wird, wie zuvor die Kernphysik und jetzt die Algorithmen-Alchemie, als Arkandisziplin überwiegend im Verborgenen betrieben und die Ergebnisse vor der Laien-Öffentlichkeit unter Verschluss und diese selbst in Unwissenheit gehalten. In abgeschirmten Forschungslabors und den *gated communities* nicht nur von Silicon Valley bleiben ihre Anstrengungen den Ein-Blicken und Ein-Sichten sexuell aufgeklärter, über reproduktionstechnologische Entwicklungen und vor allem deren künftige Absichten[40] aber nur sehr unzureichend informierter Bevölkerungskreise weitestgehend entzogen. Damit wird zugleich verschleiert, dass diese Forschung keineswegs nur vom Interesse an Erkenntnis und dem Streben nach einem Zugewinn an Wissen und an der Mehrung von Wahrheit geleitet sind. Neben dem Auftrag der Wissenschaften, Wissen zu schaffen, verfolgen Reproduktionstechnik und Fertilitätsmedizin auch andere Ziele und folgen zumindest teilweise auch Logiken, innerhalb deren die *Incentives* Profit und Profil systemimmanent nahe beieinander liegen. Dies lässt ihre – mit wenigen Ausnahmen – männlichen Vertreter, nicht ausschließlich von Wissensdurst und dem Hunger nach Wahrheit getrieben, auch nach keineswegs nur immateriellen und nichtmonetären Belohnungen streben. Entgegen anders lautenden Selbstbekenntnissen und offiziellen Erklärungen einer nur vorgeschoben und *prima facie* (geld-)wertfreien Forschung[41] führt dies dazu, dass sie sich mit Ruf, Ruhm und Reputation allein nicht zufriedengeben.

---

[39]Das vom Beginn der 1990-er Jahre stammende und mithin bald 30 Jahre alte deutsche Embryonenschutzgesetz (ESchG 1990) ist besonders restriktiv. Es gilt im internationalen Vergleich, innerhalb Europas vor allem gegenüber Großbritannien, wie das europäische gegenüber dem „liberaleren", viel mehr Patentierungen zulassenden US-amerikanischen Patentrecht, als forschungs- und damit „automatisch" als fortschrittsfeindlich.

[40]Die Ziele Prävention und Therapie werden in der Außendarstellung gegenüber den kaum weniger reizvollen Intentionen der Innovation und Intervention zumeist in den Vordergrund gerückt, wohingegen ansonsten der Eindruck entsteht, dass die forschende Wissenschaft und experimentelle Medizin den *gentlemen's agreements* einer strategischen Geheimhaltung unterliegt.

[41]Zur grundsätzlich unterstellbaren Verbindung von „Erkenntnis und Interesse" Habermas (1970). Zu einer nur idealiter dem forschungspraxis- und wissenschaftsbetriebsfremden Falsifikationsprinzip folgenden und Interessen an Bestätigung sowohl der eigenen Theorien wie der Forscherpersönlichkeit diametral zuwiderlaufenden „Logik der Forschung" Popper (1935).

Ihrerseits unter Optimierungs- und permanenten Perfektionierungszwängen stehend, erliegen sie der Sogwirkung des Systems und geraten, unter auch finanzierungsabhängigem Ergebnisproduktionsdruck stehend, in die Endlosschleifen infiniter Steigerungsspiralen, die auf der Suche nach einem immer neuen Superlativ erst als *high tech on high end* ihr wahrscheinlich auch wieder nur vorläufig „perfektes" Ende finden.

11 Nachkommenlosigkeit als kapitalisierbare Krankheit – Fortpflanzung als medizinische Dienstleistung und wissenschaftliches Experiment

Dasselbe Streben nach Fortschritt[42] um (fast) jeden Preis führt eine nicht mehr nur heilende und helfende, sondern (in diesem Fall Kinder-)wunscherfüllende und zunehmend lebens- und familienplanrealisierende Projekt-Medizin immer häufiger in Versuchung, nicht wenigstens die Probe aufs Exempel zu machen. Auf dem zwischenzeitlich erreichten und offenbar unaufhaltsam weiter steigenden Stand medizintechnischer Errungenschaften lässt sie nicht mehr nur bei der Bescherung der herbeigesehnten Nachkommenschaft nichts unversucht. In ansatzweise und voraussichtlich weiter wachsendem Umfang wird jetzt auch korrigiert, modifiziert und der Nachwuchs auch ohne medizinische Not schon vor seiner Entstehung so lange optimiert und perfektioniert, bis dieser noch vor dem *statu nascendi* – garantiert – keinerlei Wunscheiternwünsche offen zu lassen verspricht. Dazu wird dieser so perfekt (*facere*, lat. machen) und im wahrsten, dem eigentlichen Wortsinn nach bis zu Ende (*finis*, lat. Ziel, Gipfel, aber auch Ende) fertig gemacht und soweit voll-endet, dass sich daran nichts, vor allem nichts Eigenes und vor allem auch nichts Neues mehr anschließen kann. Wie bei Eltern, die sich nicht selbst, sondern in ihren Kindern zu verwirklichen suchen, ist das Lebenswerk mit ihnen abgeschlossen und in ihnen gleichsam das eigene – nicht mehr zu toppende – Meisterstück vollbracht.

Inzwischen hält es eine auf diesen vereidete Ärzteschaft – so scheint es – nicht mehr nur mit Hippokrates, dem Lebenserhalter. Sie passt Berufsbild und Standesethik den veränderten und von ihr mitveränderten technischen Möglichkeiten an und beginnt, eher hinter den Kulissen, auch mit Prometheus, dem

---

[42]Zu einem von der Steigerungslogik des verbreiteten Fortschrittsgedankens abweichenden, nichtlinear ansteigenden, fortschrittskritischen, dessen Irrsinn parodierenden und seine rasende Geschwindigkeit als Stillstand ironisierenden Zeitbegriff Virilio (1992).

Menschen- und Welterschaffer, zu sympathisieren. Mit ihm im Rücken und moralisch gestärkt, wird nicht mehr nur diagnostiziert und therapiert. Es wird nicht mehr nur ausge- sondern immer häufiger auch *ver*bessert und das schon ziemlich Gute nicht mehr einfach gut sein gelassen. Dem transhumanistisch inspirierten Menschen-Optimierungs-Imperativ[43] und dessen mehr wissenschaftlich-technisch als vom Heiligen Geist beseelten, fast schon religiösen Heil(ung)sversprechen wird dabei zunehmend seltener widerstanden. Stattdessen wird im Forschungsverbund mit den *life sciences* mit der Verbesserung des Menschen bis zu dessen Unverbesserbarkeit solange fortgefahren, bis womöglich ausgerechnet die Lebenswissenschaften zum Totengräber der Humanitas werden und nach der restlosen Fehlerbereinigung und Makelbeseitigung vom Mensch-Sein nicht mehr allzu viel allzu Menschliches übrig bleibt.[44]

Jede Optimierung macht die Optimierten ähnlicher, jede Perfektionierung die Perfektionierten gleicher, jede Aussortierung bedeutet mindestens eine Sorte weniger und erstickt jede potenziell sich ausbildende Verschiedenartigkeit und heranwachsende Vielfalt schon im Keim.[45] Bisher ist es gelungen, sowohl das Kinderkriegen als auch das *Keine*-Kinderkriegen, damit gleich zweifach, zu pathologisieren, erfolgreich zu medikalisieren und teilweise zu hospitalisieren.

---

[43]Zur Unterscheidung von neuzeitlichem Trans- und Posthumanismus stellvertretend für andere Fachpublikationen und sich derzeit häufende einschlägige Übersichtswerke Ranisch und Sorgner (2014).

[44]Die Heilbarkeit oder Verhinderung von Krankheiten und das damit meist auch abgegebene Versprechen auf Lebensverlängerung und eine Verbesserung der Lebensqualität durch eine Präventiv-Medizin, die sich im pränatalen Bereich neben der Ausschaltung von Erbkrankheiten, Missbildungen und anderen Behinderungen jetzt insbesondere auch um die Erhöhung der Lebenschancen von Frühgeburten bemüht, können – im Unterschied extra zur umstrittenen kosmetisch korrigierenden Schönheitschirurgie – zusammen mit Gesundheit als Zustimmungsbeschaffer Nr. 1 gelten. Zu Akzeptanz und Akzeptierbarkeit in der Bevölkerung begünstigenden oder aber erschwerenden Faktoren im Rahmen einer Grundlegung der soziologischen Akzeptanzforschung Lucke (1995).

[45]Tatsächlich kennt die Evolution schon bei Darwin keinen Fortschritt im olympischen Sinne des immer Höher, Schneller, Weiter und Besser einer in aufsteigender Linie vertikal-wertenden Entwicklung vom Niederen zum Höheren, sondern nach Neuweiler (2009) lediglich ein Fortschreiten in der Zeit vom Einfachen zum Komplexen. Zu diesem evolutionären Selbst-Missverständnis und einer möglichen professionellen Fehldeutung, die eine Abkehr vom herkömmlichen Evolutionsgedanken nahe legt, sowie zur Biodiversität und deren aktuell vieldiskutierter Gefährdung der schon im Titel „Die Abschaffung der Arten" (2008) zitativ an Darwin (1860) anschließende Bestseller von Dietmar Dath.

Dadurch wurde es möglich, zusätzliche Marktsegmente zu erschließen, das medizinische Kerngeschäft über die Stammkundschaft hinaus auszuweiten und nicht mehr nur Kranke gesund zu machen, sondern das Leistungsangebot auf weitere Kauf-Eltern und Kunden-Klientelen als potenziellen Zielgruppen auszudehnen und diese zu behandlungs- und therapiefähigen Kinderwunsch-PatientInnen zu machen. Damit ist der Weg von der Patientin und dem Patienten zum Patent nur noch so weit wie der vom *Readymade* zum *Remake* und derjenige von der Mehrfach-, der Polyproduktion, zur *Postproduction*.

12   Reproduktionstechnologien als Risikotechnologien – Nachkommenschaft als Roulette

Technikgeschichtlich betrachtet, stecken Reproduktionstechnologien und Fertilitätsmedizin noch in den Kinderschuhen – das ist in diesem Fall wörtlich zu nehmen. Ausgerechnet im Bereich der Humantechnologien ist das *technology assessment* in ähnlich rudimentären Zustand wie bei den Klimafolgen und die Technikfolgenabschätzung und Humanverträglichkeitsprüfung – aufgrund ihres noch jungen Alters könnte man fast sagen – „naturgemäß" unausgereift und un(ter)entwickelt.[46]

Beim gegenwärtigen Forschungsstand werden reproduktive Entscheidungen unter Bedingungen von Nichtwissen getroffen.[47] Die Entscheidungsergebnisse sind mithin Resultate vorläufigen Wissens und, auf verbreiteter Unkenntnis basierend, bestenfalls exemplarische Zwischenergebnisse eines *work in progress* und die auch bei neuen Techniken und Technologien nicht ausbleibenden Kinderkrankheiten Teil des

---

[46]In deren bisherigen, wegen zu geringer „Laufzeit" heute teilweise auch noch gar nicht möglichen Ausbleiben und Unterlassen besteht zugleich eine Gemeinsamkeit zwischen Reproduktionstechnologien und den ebenfalls vernachlässigten Nachhaltigkeits- und Risikoanalysen beim Klimawandel und Umweltschutz. Beide, die Nachwuchs- und die Klimamanipulation, werden mit Hilfe hochriskanter Großtechnologien, dem *human* und dem *geo engineering*, betrieben. Im ersten Fall geht es um den Ausschluss von Gen-, im anderen um die Minimierung von Georisiken.

[47]Nach der parallel zur Risikosoziologie entstandenen Soziologie des Nichtwissens dürfte es sich hierbei zum weitaus überwiegenden Teil um nichtgewusstes Nichtwissen im Bereich nichtintendierter Handlungs- und Nichthandlungsfolgen handeln. Die Konsequenzen stellen damit streng genommen keine Risiken, sondern unkalkulierbare Gefahren dar. Zu einer Typologie des Nichtwissens Wehling (2006).

Problems. Als Ergebnisse von Experimenten ohne Expertise mit potenziell werdendem Leben unterscheiden sie sich nur mehr geringfügig von Menschenversuchen am noch nicht lebend(ig)en Objekt. Solange diese Experimente, wovon beim aktuellen *state of the art* auszugehen ist, ohne ausreichende empiriebasierte medizinische und technische Erfahrung und praxiserprobte *experience* durchgeführt werden, handelt es sich bei ihnen um wissenschaftliche Wagnisse mit ungewissem Ausgang, eine Art Repro-*Roulette* und *Vabanque*-Spiel, bei gleichzeitig exponentieller (Neu-) Erzeugung und sich explosionsartig vergrößernden zusätzlichen Risiken, wie sie – eine Erkenntnis der ihre eigenen Möglichkeitsbedingungen hinterfragenden Theorie Reflexiver Modernisierung – als Risiko-Minimierungs-Maximierungs-Paradox durch menschliche Versuche der Risikoverminderung und -ausschaltung überhaupt erst entstehen. Dies macht schwierige Risikoprognosen zur nahezu unmöglichen Vorhersage von Gefahren.

Bei Reproduktionstechnologien handelt es sich um Schlüsseltechnologien, vor allem aber handelt es sich um Hochrisikotechnologien. Mit Humantechnologien, die im Unterschied zu den Sozialtechnologien Pädagogik oder Politik als Sachtechnologien gelten[48], werden nicht nur Leben(sgrundlagen), sondern auch Lebensrisiken von Menschen auf Menschen vererbt. Von deren mittel- und langfristigen, möglicherweise erst mehreren Generationen – und damit sehr viel später – erkennbaren Folgen dieser zweifelhaften Risikovererbung werden wir die nach uns Kommenden, wie beim Weltklima, allenfalls durch heute schon gefundene Lösungen für noch nicht eingetretene, in näherer oder weiterer Zukunft aber hochwahrscheinliche Probleme durch *anticipatory reaction,* nicht aber mehr im Nachhinein entbinden können. Stattdessen wird mit Fortpflanzungstechnologien wie in einem Lotteriespiel künftiges Lebendkapital als *prehuman capital* gewissermaßen als Risikokapital angelegt und – im Bilde bleibend – im Labor wie an der Börse mit nicht mündelsicheren Wertpapieren spekuliert. Damit erhält auch der Begriff „Anlage" eine Bedeutung jenseits des Finanziellen. Mit unserem wissentlich im Nichtwissen vollzogenen Entscheidungshandeln hinterlassen wir

---

[48]Wie das Präfix „sozial" bzw. engl. *„social"* in sozialen Netzwerken, *„social media"* oder *„social bots"* dient offensichtlich auch der Zusatz „human" bzw. engl. *„human",* wie in „Humankapital" oder *„human resources"* in der Ökonomie oder bei dem der Arbeitswissenschaft entlehnten *„human engineering",* dazu, den menschenverachtenden und teilweise unmenschlichen Charakter des mit diesen „begrifflichen Präservativen" (Slavoj Zizek) Bezeichneten zu verbergen. Die Rede von der „Sachtechnologie" suggeriert zugleich, wie der ehemalige „Sachzwang", einen ihr innewohnenden dinghaften und objektiv feststehenden Sachcharakter, der ihren Menschengemachtheit verschleiert und sie wie alles Gottgewollte oder Natürliche, als politisch unbeeinflussbare Konstante und gesellschaftlich unabänderliche Größe erscheinen lassen soll.

unseren Nachkommen eine Erbschuld, die diese zu ihren gegenwärtig noch völlig im Ungewissen liegenden Lebzeiten nicht werden abtragen, geschweige denn bei volatilen Zinssätzen vollständig tilgen können.[49]

Auch ist die Zahl der Kinder, die ohne die Geburtshilfe der Technik und deren z. T. lange vor der Befruchtung einsetzenden Hebammendienste das Licht dieser Welt nicht erblickt hätten, nicht allzu groß – mit dem momentanen Anfangsstadium der Reproduktionstechnologien in Zusammenhang steht, wenn auch nicht unbedingt synchron korrespondiert.[50] Ebenso stellen nach In-vitro-Fertilisation schwanger gewordene *single moms* und *same sex parents,* wie noch vor nicht allzu langer Zeit seltene und dementsprechend als Rarität wahrgenommene Zwillinge, heute noch Ausnahmen dar, die überwiegend im Schoße technikaffiner akademischer, juristisch gut informierter und finanziell privilegierter Milieus gedeihen. In Deutschland gibt es derzeit ungefähr 100.000 Kinder, die ihr Leben reproduktionstechnologischen Eingriffen verdanken. Die Zahl der Regenbogenkinder wird mit ca. 16.000 angegeben. Das weitgehende Fehlen genauer Zahlen und Statistiken, bei denen offizielle und informelle Angaben und auch im Netz verbreitete Schätzziffern einschlägiger Organisationen und Verbände teilweise stark voneinander abweichen, sind sowohl Indiz für die Neuigkeit als auch die bisherige Tabuisiertheit der technisch assistierten Fortpflanzung und vermutlich auch auf juristische Grauzonen und rechtliche Risiken sowie die bei zu vermutenden Dunkelziffern in ihrer Folge entstandenen Schwarzmärkte und eine unterhalb der Legalitätsdecke existierende Schattenelternwirtschaft zurückzuführen.

Dies kann sich jedoch rasch ändern und der Trend – mit schon heute erkennbaren und sich derzeit häufenden Anzeichen – im Zuge allgemeinerer reproduktiver Autonomisierungs- und damit einhergehender generativer Entse-

---

[49]Mangelnde Folgenorientierung führte auch schon in der Vergangenheit zu biografischen und familialen Katastrophen. Beim Contergan-Skandal z. B. hatte sich beim Wissensstand der 1960-er Jahre kaum jemand vorstellen können – oder wollen –, dass ein angeblich harmloses Schlafmittel, das schwangeren Frauen von deren Ärzten verordnet worden war, die – wegen der zeitlichen Nähe der unmittelbar nachfolgenden Generation hier noch eindeutig nachgewiesene – Ursache schwerer bis schwerster Missbildungen der von ihnen geborenen Kinder sein könnte.

[50]Von Techniken und Technologien als (Haupt-)Motoren gesellschaftlicher Veränderungen angestoßene Prozesse sozialen Wandels finden in den Subsystemen von Gesellschaften in unterschiedlicher Geschwindigkeit und Intensität zeitversetzt statt. Als *„cultural lag"* (1969) ist das Phänomen seit William F. Ogburn bekannt. Die aus ihrem Auseinanderfallen resultierenden Ungereimtheiten, Widersprüchlichkeiten und Hiaten sind Gegenstand u. a. der techniksoziologischen Innovations- und Diffusions- sowie der sozialwissenschaftlichen Verwendungsforschung.

xualisierungstendenzen – kippen. Zusammen mit anderen aktuell beobachtbaren
Erosionserscheinungen, etwa bei den ehemals klaren Grenzziehungen zwischen
den Geschlechtern und der damit zusammenhängenden Entinstitutionalisierung
traditioneller Lebensformen, könnten nicht nur die Single-Mutter- und die gleichgeschlechtliche Elternschaft, wie zuvor die nichteheliche Lebensgemeinschaft
und die nichteheliche Elternschaft, von Minderheiten zu Vorläuferinnen zukunfts-
weisender Familienmodelle und zu frühen Repräsentantinnen einer in Zukunft
„normalen" und sozial „unauffälligen" Avantgarde werden.[51]

13 Naturalisierung und Normalisierung des Künstlichen – Kapriolen der Evolution und Adieus der Sexualität

Was heute schon als Indiz bereits stattgefundenen Wandels für die praktische
Gleichsetzung von „automatisch" und „natürlich" gilt, könnte bald auch auf
von „künstlich" und „natürlich" zutreffen. Sich ändernde Sprachgewohnheiten,
wie sie sich bei den *„natives"* eingebürgert haben und vermutlich auch bei den
mit technischer Hilfe entstandenen Kindern durchsetzen werden, zeigen auch in
dieser Beziehung sich wandelnde Vorstellungen innerhalb der Gesellschaft und
ihnen folgender gesellschaftlicher Konventionen an. Das Künstliche wäre dann
nicht mehr das Un- bzw. Nicht-Natürliche, sondern das Fast- bzw. Anders-Natür-
liche. Dieses würde sich dem Ursprungs-Natürlichen[52] immer mehr annähern

---

[51]Die allmähliche Aufweichung der Zwei-Geschlechter-Ordnung zeigt sich nach Einführung der „Homo-Ehe" durch das Lebenspartnerschaftsgesetz (LPartG 2001) und der seit
2017 inzwischen ebenfalls möglichen „Ehe für alle" mittlerweile auch in dem nach dem
reformierten Personenstandsgesetz (PStG 2017) offiziell zugelassenen Dritten Geschlecht.
Zur fortschreitenden Pluralisierung privater Lebensformen und deren Ablösung insbesondere von Ehestand und Geschlechtsklasse Lucke (2013).

[52]In Anbetracht von in diesem Fall zwischen dem Natürlichen und dem Gesellschaftlichen
angesiedelten hybridartigen Quasi-Objekten stellt sich im Anschluss an Bruno Latour, wir
seien „nie modern gewesen" (2008), spätestens hier die Frage, ob es einen solchen (Nat-)
Urzustand, eine „Natur pur" gewissermaßen, jemals gegeben hat und von einer „Natur"
oder einem „natürlichen Wesen" des Menschen überhaupt ausgegangen werden kann.
Angesichts zahlreicher anderer, mittlerweile bereits aufgehobener oder in Aufhebung
begriffener dichotomer, d. h. sich *per definitionem* wechselseitig ausschließender Gegensätze ist ebenso fraglich, ob sich im Zeitalter von Bio- und Reproduktionstechnologien von
einer Biologie ohne Technologie und von einer rein biologischen Evolution frei von jeg-
lichem Technikeinsatz sinnvollerweise sprechen lässt.

und ihm schließlich ebenbürtig, wenn nicht gar in dem Maße überlegen werden, in dem es durch fortschreitende Normalisierungs- und Legitimierungsprozesse allein durch seine zunehmende Verbreitung und aufgrund seines immer häufiger sichtbaren Vorkommens an akzeptierter sozialer Selbstverständlichkeit gewinnt. In Israel z. B. wird die künstliche Befruchtung bereits heute als normalerer Vorgang angesehen als in Deutschland. Dort bricht sie sich als zunehmend „natürlicher" Weg zum Kind immer mehr Bahn. Auch in Japan, wo viele AnimistInnen leben und von der Beseeltheit von Menschen *und* Dingen ausgegangen wird, ist die Einstellung zu Reproduktionstechnologien, wie zu Sozialrobotern, und der Umgang mit ihnen mit weniger Berührungsängsten behaftet als in Deutschland.[53]

Noch steht das Künstliche als dem der Natur Abgeschauten und Nachgemachten oder Nachgebauten in klarem Gegensatz zum Natürlichen. Das Künstliche als das Unechte und minderwertige Inauthentische, das Behelfsweise, im Zweifel auch Billigere, da lediglich Kopierte, gilt als das – eher negativ konnotierte – vom Gewohnten Abweichende und Widernatürliche. Es ist abnormal und „wider die Natur" und erscheint im Extremfall gar als „widerlich" und abstoßend. Das Natürliche als das Gewachsene und evolutionär Gewordene, auch als das historisch und soziokulturell Überlieferte – das Urtümliche und Nat-Ursprüngliche – dagegen hat das Präjudiz für das Normale und sozial Unauffällige auf seiner Seite und wird bis auf Weiteres mit dem Normalen gleichgesetzt.[54]

Auf absehbare Zeit könnte damit auch die unbetreute Spontanzeugung beim ungeschützten Sex zum Auslaufmodell und die technisch assistierte Fortpflanzung umgekehrt Standard werden. Unter den von Technik und Medizin bereit gestellten Kontroll- und Entscheidungsmöglichkeiten würde die geschlechtliche Zufallszeugung als reproduktiver Super-GAU beim unkontrollierten Geschlechtsver-

---

[53]Inzwischen sind auch bei uns ab einem bestimmten Alter die künstliche Hüfte oder das Zahnimplantat feste Bestandteile menschlicher Körper und, wie die Zahnlücke im Vorschulalter, nicht nur „normale" medizinische Sachverhalte, sondern unspektakuläre Erscheinungsformen gesellschaftlich anerkannter Normalität und Zeichen eines altersgerechten körperlichen Zustands.

[54]Nachdem das Künstliche im Vergleich zum Natürlichen zuvor noch als das auch ethisch vertretbar eher Manipulierbare angesehen wurde, ist der Unterschied zwischen natürlicher Züchtung und Genmanipulation mittlerweile, wenn überhaupt, nur noch schwer zu bestimmen. Als die Grenzziehungen zwischen beiden noch relativ eindeutig waren, galt das gentechnisch bereits Veränderte, anders als das Naturbelassene, bis vor Kurzem auch nach EU-Recht als patentierbar.

kehr zum Unfall und der zufallsabhängige Glücksfall zur sich mit der „passierten" Fortpflanzung ins Unglück wendenden vermeidbaren Katastrophe könnte auch die gezielt herbeigeführte Empfängnis und expertenhaft begleitete Schwangerschaft. Wie schon jetzt die „Kaiserschnittgeburt"[55] als nicht mehr nur aus der Not geborene Ersatzvornahme, die zunehmend als schmerzfreies und umstandsloses Mutter-Kind-, aber auch krankenhauspersonalfreundliches *Convenience-* und Komfort-Angebot durchgeführt und wie teilweise jetzt auch schon die kalender- und karrierekompatible künstliche Befruchtung eingeleitet wird, von der heutigen Ausnahme zur Zukunft einer zunehmend als natürlich geltenden, flächendeckend installierten menschlichen Reproduktion und zum Normalfall der Vermehrung beim Menschen werden.[56]

Nachdem binnen kürzester Zeit der Internetzugang, wie Luft oder Wasser, zum Grundbedarf und (Über-)Lebensmittel und das Stromkabel für manche innerhalb der Generation der *„digital natives"* Teil des absolut unverzichtbaren Existenzminimums wichtiger als die Nabelschnur geworden ist, könnte parallel dazu auch das die Promiskuität und den wahllosen Geschlechtsverkehr propagierende *„sex with everybody"* der sexuellen Revolution in das vom Posthumanismus gepredigte Postulat *„no sex with no body"* umschlagen und ganz *nonchalant* und wie nebenbei die im Rückblick erstaunte, aber keineswegs unbegründete Frage aufwerfen, wie Evolution trotz Zivilisation überhaupt möglich war.[57]

---

[55]Der Kaiserschnitt als frühere Notoperation wird in Deutschland inzwischen in einem Drittel aller in offiziellen Statistiken verzeichneten Geburten – und damit in deutlich mehr Fällen als den medizinisch notwendigen und aus gesundheitlichen Gründen angezeigten, teils auf ärztliche Anordnung, teils auf Wunsch der „Patientinnen" – vorgenommen. Dass das Zur-Weltkommen von genau genommen nicht geborenen, sondern durch eine Operation, ohne dass Wehen und der für eine „echte" Geburt charakteristische spontane (Ab-)Trennungsprozess eingesetzt hätten, „geholten" Kaiserschnittkindern auf Standesämtern und in anderen amtlichen und kirchlichen Verzeichnissen als „Geburt" registriert wird, kann ebenfalls als Zeichen einer schleichenden Naturalisierung des Künstlichen gewertet werden.

[56]Zum Funktionswandel der Sexualität von der „sozialen Superstruktur" (Schelsky 1955) im *golden age of marriage* der 1950-er und frühen 60-er-Jahre, in dem Adenauer während der Zeit seiner Kanzlerschaft noch annahm, dass die Leute die Kinder „von alleine" bekommen und eine eigenständige Familienpolitik deshalb entbehrlich sei, bis zu den „Neosexualitäten" im 21. Jahrhundert, in denen – für „den Alten" vermutlich unvorstellbar – nun auf Basis der Geschlechtszugehörigkeit sogar Identitätspolitik betrieben wird, Sigusch (2005).

[57]Immerhin hatten zunehmend zivilisierte Gesellschaftsmitglieder dem Systemerfordernis der Nachwuchssicherung trotz Triebaufschub und Triebverzicht in der Vergangenheit nachkommen und damit eine zentrale Funktion des für alle bislang bekannten menschlichen Gesellschaften unverzichtbaren Arterhalts über Jahrhunderte hinweg erfüllen können. Andere, ähnlich tief- bis hintersinnige evolutionstheoretische philosophische Überlegungen finden sich in dem Roman von Peter Sloterdijk „Das Schelling-Projekt" (2018).

14 Reproduktionstechnische Invasion in das Humanum – Generative Interventionen als Generalangriff auf die conditio humana

Reproduktionstechnologien greifen nicht nur in die institutionellen und ideologischen Ordnungen und die arbeitsteiligen Strukturen sowie den kulturellen Überbau von Gesellschaften ein. Sie dringen – und das macht deren Besonderheit gegenüber anderen nicht implantierten, sondern lediglich implementierten Sachtechnologien aus – direkt in menschliche Körper ein. Damit stoßen sie bis zu den elementaren Grundlagen nicht nur von Geschlechtszugehörigkeiten und -identitäten, sondern zu den essenziellen Bestimmungsgründen der menschlichen Existenz insgesamt vor. Als Eingriff nicht nur in die aktuelle Fortpflanzung, welche die direkt folgende nächste Generation betrifft, sondern darüber hinaus auch als Eingriff in die Fortpflanzungs*fähigkeit,* was sich auf alle künftig nachfolgenden Generationen auswirken wird, betreffen die reproduktionstechnisch eröffneten Möglichkeiten nicht nur naheliegender Weise Geschlechterbeziehungen und Generationenabfolgen. Reproduktionstechniken haben Konsequenzen für die Gattung Mensch in ihrer Gesamtheit. Indem sie sich in diese ebenso bahnbrechend wie richtungweisend und mit dieser vermischen und mit Sexualität, Körperlichkeit, Materialität und Gebürtigkeit – bald wohl auch Sterblichkeit – genuine Wesensmerkmale des Humanum zur Disposition und mit humanistischen Idealen der Moralität das Mensch-Sein über Natalität und Mortalität hinaus *per se* infrage stellen, werden sie die Zukunft des ganzen Menschengeschlechts grundlegend und *in toto* beeinflussen.

Mit Reproduktionstechnologien werden an die Wurzeln sowohl menschlicher Gesellschaften als auch an die des Menschen selbst gehende, damit im Wortsinn radikale Weichen für den weiteren Verlauf der Menschheitsgeschichte gestellt und deren Weiterentwicklung mit direkten Erbgutveränderungen vermutlich endgültig und unwiederbringlich nicht nur in andere Keimbahnen gelenkt. Mit genmanipulativen Maßnahmen und gezielten Umprogrammierungen der DNA, wie sie renommierten Fachzeitschriften zufolge in China und den USA bereits gelungen sind, dürfte sich die *conditio humana* irreversibel und fundamental verändern und selbst im gegenwärtigen Anfangsstadium reproduktionstechnischen *know hows* schon zumindest ansatzweise und von der Grundanlage her verändert haben. Aufgrund ihrer unmittelbaren Eingriffe und massiven Zugriffe auf den „Wesenskern" heutiger *und* zukünftiger Menschen werden die in diesem Bereich stattfindenden Entwicklungen sich als unumkehrbar erweisen und vor allem in ihren mittel- und langfristigen Konsequenzen und kaum kalkulierbaren Spätfolgen nicht mehr rückgängig zu machen sein.

Kernkraftwerke kann man abschalten und Industrieanlagen zurückbauen. Stecker lassen sich aus dem Rechner und Autos aus dem Verkehr ziehen. Maschinen können gestürmt und Monitore zertrümmert werden. Selbst Smartphones kann man, wenn man Lust dazu hat und es sich leisten kann, abstellen oder sie sogar, wozu Technologiekritiker und Digitalisierungsskeptiker neuerdings aufrufen[58], wegwerfen und aus sozialen Netzwerken – zumindest theoretisch – aussteigen. Anders als die meisten anderen Technologien erlauben Repro-Technologien, ohne *Stop*-Taste oder *Reset*-Option ausgestattet, keinen Neustart wie beim Computer. Sie halten auch keine weiteren Leben wie im Computerspiel *in petto*.

Während sich die Geschichte der Maschinenstürmer im Zweiten Maschinenzeitalter, dem *„Second Machine Age"* (Brynolfsson 2014), wiederholen könnte, werden Reproduktionstechnologien – erst einmal in menschliche Körper eingepflanzt und zu deren integralen Bestandteilen geworden – zumindest nicht ohne Weiteres explantiert werden können und aus ihnen so leicht nicht wieder herauszubekommen sein. Wie manche Drogen oder Medikamente werden sie sie nicht mehr genauso so leise ausschleichen lassen, wie sie sich still, unauffällig und *en passant* in das menschliche Leben und in die Wege seiner generationsübergreifenden Weitergabe eingeschlichen haben. Vermutlich ist bereits heute jener *point of no return* erreicht, hinter den nicht mehr in einen Status *quo ante* – in eine Zeit vor und eine Welt ohne Reproduktionstechnologien – zurückgekehrt werden kann.[59]

[58]Hierzu zählen u. a. der Sozialpsychologe Harald Welzer (2016) und der Internet-Guru und Microsoft-Entwickler Jaron Lanier (2018), der als nunmehr teilbekehrter Evangelist aus Silicon Valley bei uns in Deutschland als Friedenspreisträger des Deutschen Buchhandels 2014 bekannt ist.

[59]Die Entdeckerinnen von CRISPR/Cas, einem technologischen Verfahren zur Genmanipulation – als „Genschere" popularisiert –, die US-amerikanische Biochemikerin und Molekularbiologin Jennifer Doudna und die französische Mikrobiologin, Genetikerin und Biochemikerin Emmanuelle Charpentier, werden bereits als Nobelpreisträgerinnen – nicht nur auf dem Markt der Wissenschaften – „gehandelt". Die Physikerin Lise Meitner war noch aus dem gemeinsamen Atomprogramm ausgestiegen und hatte Otto Hahn den ungeteilten Vortritt beim Nobelpreis 1944 gelassen.

15 Der Mensch im Zeitalter seiner technischen Produzierbarkeit – Individuen als Exemplare, Personen als Kopien

Nach dem Wunder der Geburt und den medizintechnisch geoffenbarten Geheimnissen werdenden Lebens werden aus Wundern der Natur Wunder der Technik. Glückskinder des Zufalls und (Wunsch-)Kinder der Liebe werden zu (Wunsch-) Kindern der Technik und deren Wunderkindern und dank PND und PID zu wahren Wunderwerken. Diese Menschen der Zukunft werden allenfalls im Status von Exempeln, Paradigmen und Mustern vorkommen. Nicht aber werden sie als einzigartige, unverwechselbare und damit auch nicht gegeneinander austauschbare, unersetzliche Personen oder als einzelne Individuen in Erscheinung treten.[60] Stattdessen existieren sie als Dividuen sowie aufgrund von Samenspenden, sukzessiver Mutterschaft, Erbgutmanipulationen oder (Prä-)Embryonentransfers oder Schattenelternschaft als Polyviduen.[61] Als solche haben sie eine letztlich ungeklärte Abstammung und besitzen uneindeutige, nach geltendem deutschen Recht sogar teilweise „illegale" Identitäten mit mütterlicher- wie väterlicherseits unklaren Herkunfts- und noch ungewisseren eigenen Fortpflanzungsbiografien, in deren Rahmen sie als *carriers* von medizintechnisch behandelten und experimentell veränderten Genen Leben an künftige Lebende weitergeben und damit den Grundstein für deren *life careers* legen. Als Exemplare ohne Authentizität und Individuen ohne Individualität, damit als Lebewesen ohne Personalität und Autonomie, werden den Abkömmlingen des Anthropozän neben der Unvollkommenheit auch andere Merkmale des Menschen fehlen.[62]

---

[60] *„Individuum"*, lat. das Unteilbare, von *„dividere"*, lat. teilen, bildete als kleinste Einheit in der Soziologie ursprünglich das Pendant zu *„atomos"*, griech. Atom, dem vermeintlich ebenfalls unteilbaren Urstoff in der Physik. Auch dieses ist, wie wir inzwischen wissen, durchaus spaltbar.

[61] Polyviduen können in Form von bereits befruchteten und anschließend transplantierten Keimzellen, die entweder aufgrund von erfülltem oder zwischenzeitlich aufgegebenem Kinderwunsch nicht mehr „benötigt" werden, außer den offiziell „eigenen" Eltern auch noch entweder zwei gegengeschlechtliche „Schatteneltern", von denen die Keimzellen ursprünglich stammen, oder z. B. auch zwei, möglicherweise sogar mehrere biologische Mütter haben, eine Eizellenspenderin und eine andere Frau, die in einem übertragenen Sinne von dieser „Spendermutter" schwanger wird und das aus einer fremden Eizelle hervorgegangene und in ihrem eigenen Körper gewachsene Kind schließlich gebiert.

[62] Nach heutiger Auffassung gehören dazu neben der menschlichen Imperfektion auch ihren eigenen Gesetzen gehorchende Personen mit einem eigenständigen, sich seiner Selbst bewussten Ich.

Nicht Einzelausgaben von Ihresgleichen, sondern Einzelausfertigungen aus Serien Gleicher sind sie weniger Kreaturen, Geschöpfe, als Klischees, nichtkreative Nachbildungen, und Klone, keine Originale.[63] Es handelt sich um konfektionierte *prêt à porter*-Schöpfungen, die, wie in der Massenmode, von der Stange bzw. vom Band kommen oder aus dem Eisschrank stammen. Als Einzelteile eines Sortiments oder eine Kollektion und DIN-normierte Puzzleteile aus einem Standardrepertoir Repertoir sind sie nichts Anderes als Kreationen mit Copyright: fehlerbereinigte Blaupausen, die nur noch in einem modifizierten Sinne Menschen im herkömmlichen Sinne verkörpern und von mit Mängeln behafteten Lebe-Wesen zu technisch kultivierten Natur- Produkten und vollkommenen Kunst-Stücken geworden sind.[64]

16 Wiederverzauberung einer entzauberten Natur – Das Kind als Wunschmaschine und Wunderwerk

Inzwischen geschehen in atemberaubendem Tempo und schwindelerregender Rasanz nicht mehr nur Gottes-, Natur- und sonstige Weltwunder.[65] Mit den Reproduktionstechnologien werden in immer rascher werdender und sich permanent weiter beschleunigender Abfolge jetzt sogar Wunder *wider* die vermeintliche Natur des Menschen wahr.

---

[63]Bei Zwillingen beruht diese Originalität, wie bei intersexuellen Menschen in ihrer Uneindeutigkeit, paradoxerweise auf ihrer Multiziplität und ihrem Status als einer gerade nicht originalen Mehrfachausgabe. Aufgrund ihres früheren Seltenheitswerts kam ihnen, wie teilweise Zwittern, Hermaphroditen und anderen Hybridwesen, der Rang von Fabelwesen oder einer Zirkusattraktion zu. Besonders deren eineiige Version galt als „Glücksfall" für die Wissenschaft und lieferte die Natur-Vorlage für die Vererbungsforschung und die Untersuchung des Anlage-Umwelt-Problems.

[64]Zu diesen optimierten und perfektionierten „Neuen Menschen" auch Liesmann (2016).

[65]Auf die Blut- und die Organspende folgten die Daten- und die Samenspende. Nach Finanz- und Datenbanken gibt es jetzt auch Samenbanken und neben dem Devisen- einen DNA-Handel. Nach dem datenbezogenen Info-Darwinismus beobachten wir die Anfänge eines auf den menschlichen Nachwuchs bezogenen Techno-Darwinismus und nach dem Informationskapitalismus, der seinerseits erst vor Kurzem den Finanzkapitalismus ablöst hatte, einen aufkeimenden Genkapitalismus mit allen schon jetzt auftretenden Auswüchsen und wachstumstechnisch explodierenden Begleiterscheinungen. Hierzu gehören etwa Rückrufaktionen von vertauschtem Spendersamen, wie bei werkseitig fehlerhaft ausgelieferten Autos oder Smartphones. Zur kulturtheoretisch als einer der für die Moderne insgesamt typischen Universalien identifizierten Beschleunigung, Rosa (2005).

Nach der gelockerten und sich zusehends weiter auflösenden Verbindung von Ehe und Familie, die als kinderlose Ehe und ehelose Familie in unterschiedlichen Varianten nicht ehebasierter, multipler Elternschaften immer häufiger auch empirisch ohne die jeweils andere vorkommen, und der sich ebenfalls abzeichnenden Entbindung der Geschlechtszuordnung von der Fortpflanzungsfähigkeit wird nach der Sexualität von der Fortpflanzung – durch Verhütung – nun auch die Fortpflanzung von der Sexualität – durch künstliche Befruchtung – zunehmend entkoppelt und mit der ersatzweise übernommenen Mutterschaft selbst die Herkunft von der Niederkunft abgetrennt.[66]

Auch andere vermeintliche Naturgegebenheiten[67] und allein deshalb schon nicht nur für natürlich, sondern auch für unauflöslich gehaltene Grundzusammenhänge, etwa von Zeugung und Geburt, werden von den Reproduktionstechnologien wie ein Gordischer Knoten zerschlagen. An ihrer Stelle werden Neuvernabelungen vorgenommen und zuvor unvereinbare, „natürlich" unmögliche und sich, daraus fehlschlüssig abgeleitet[68], meist auch gesellschaftlich verbietende biografische und biologische Merkmale miteinander verknüpft und als neue Junktims justiert. Als Neuverkabelungen lassen diese mittlerweile Virginität und Maternalität, Jungfräulichkeit und Mutterschaft, gleichzeitig zu. Auch Homosexualität und Elternschaft schließen sich – jedenfalls nicht mehr „von Natur" und damit auch nicht mehr zwangsläufig – aus. Dies ist der Fall seitdem nicht nur der Ehe-, sondern auch der Elternschaftsstatus unabhängig von reproduktionsrelevanten

---

[66]Nach geltendem deutschem Recht ist – anders als beim durch Ehelichkeitsfiktion, freiwillige Anerkenntnis oder amtliche Feststellung nach § 1592 BGB (Vaterschaft) über mehrere Bestimmungsgründe definierten Vater – die juristische Definition des § 1591 BGB (Mutterschaft) eindeutig und einzig und allein die gebärende Frau, als die „Gebärmutter" die wahre Mutter im Sinne des Gesetzes.

[67]Das Natürliche als das von der Natur Gegebene wird häufig als gleichbedeutend nicht nur zum Natur*gemäßen,* einem ontologisierten und essenzialisierten „Wesen der Natur" Entsprechenden, sondern oft auch mit dem Natur*notwendigen* gleichgesetzt und, wie die Ehe als Sakrament sakrosankt, als unantastbar und unabänderlich und damit dem Einflussbereich des Menschen entzogen angesehen.

[68]Dieselbe (Fehl-)Konstruktion spiegelt sich in zu institutionalisierten Sentenzen verdichteten Lebensweisheiten, wenn gesagt wird, „Männer können keine Kinder bekommen" – sie werden sehrwohl Väter –, Schwule und Lesben sind unfruchtbar und – in eine gesellschaftliche Konvention überführt – auch Ledige „natürlich" stets kinderlos. Andernfalls – so wird nicht nur rechtspositivistisch und von konservativer Seite u. a. gegen die „Homo-Ehe" und die „Ehe für alle" argumentiert – hätte eine anthropologisierend vorgestellte und als weiblich imaginierte „Mutter Natur" es sich anders ausgedacht und auch „Vater Staat" – ihr gehorchend – es anders eingerichtet.

sexuellen Orientierungen erlangt und auf Angehörige aller Geschlechter ohne Ansehen des Familienstands ausgedehnt werden kann.

Selbst die genetische Abstammung von mehr als zwei Menschen, der klassischen Abstammungs- und gegengeschlechtlichen Elternpaarkonstellation, liegt mittlerweile, insbesondere aufgrund von durch Verdopplung und evtl. weitere Vervielfältigung multiplizierter Mutterschaft sowie durch tribalisierte, stammesähnlich erweiterte Elternschaft, im Bereich des medizintechnisch Möglichen. Umgekehrt sind mit Homogamie und Sologenese die aus der Botanik bekannte, bei Pflanzen häufiger vorkommende eingeschlechtliche sowie die ungeschlechtliche Fortpflanzung mittlerweile auch beim Menschen möglich. Dies gilt für die, wie beim Klonen, etwa in Form der heute durch künstliche Befruchtung herbeigeführte Jungfrauengeburt ebenso wie für die durch Fernzeugung und Fremdbefruchtung auf dem Wege der transnationalen und transkontinentalen Leihmutterschaft zustande kommende Jung-Fern-Geburt. Ebenso sind u. a. die Auslagerung der Schwangerschaft auf Leih- und Ersatzmütter oder durch Ektogenese, also die externe Aufzucht von Embryonen und Föten in einem Brutapparat außerhalb des Mutterleibs, jetzt auch beim Menschen denkbar und befinden sich nach offenbar erfolgreich begonnener Erprobung im Tierreich derzeit im Stadium auch der menschlichen (Geburts-)Vorbereitung.

17 Evolutionäre Revolutionen – Das absehbare Ende des Todes und der aufkeimende Beginn Ewigen Lebens

Inzwischen lässt sich menschliches Leben konservieren. Es wird vor der Geburt und teilweise auch schon nach dem Tod in einen *stand by*-Modus versetzt und als *human resource on demand* vor- bzw. nachgehalten. Bereits vor seinem Beginn und nicht mehr nur vor seinem herannahenden Ende ist dies ein Leben auf Abruf, das als stille Reserve im doppelten Sinne „aufgehoben" und seine Neu- bzw. Wiederentstehung gewissermaßen „ausgesetzt" wird, so wie ein Schnappschuss in der Fotografie das Leben der Fotografierten fest-, damit aber auch anhält. Als *suspended life* wird dieses, wie beim *social freezing,* gleichsam in der Schwebe gehalten. Auf diese Weise wird nicht nur die Dauer der weiblichen der männlichen Fortpflanzungsfähigkeit angeglichen und Geschlechterverhältnisse auch in diesem Punkt egalisiert und biografische Entscheidungszwänge zeitlich entzerrt. Potenzielles menschliches Leben wird gleichsam auf Halde produziert, „auf blinden Verdacht" bevorratet, und im Stadium einer – vielleicht nie eintretenden – Vorschwangerschaft mit Tiefkühlverfahren in ein präpregnantes künstliches Koma versetzt. Die Übergänge zwischen diesen, sich nur noch graduell unterscheidenden menschlichen Zustandsformen, bei denen dem gerade aktuell lebend(ig)en Leben immer weiter vor Empfängnis und Geburt ein potenziell werdendes vor- und nach dem Tod ein gewesenes, postmortales Leben nachgelagert wird, werden fließend und die Grenzziehungen zwischen beiden zunehmend unscharf, sodass auch das griech. *„panta rhei"*, lat. *„cuncta fluunt"*, „alles fließt" eine Bedeutungserweiterung erfährt.[69]

Nach dem innerhalb des menschlichen Körpers andernorts organfest gemachten Tod[70] zeichnet sich an beiden Enden der über die zwischen Geborenwerden und Sterben hinaus immer weiter verlängerten Lebensspanne ein Zusatz-Leben in Latenz und Potenz ab. Auch ohne Reproduktionstechnologie und Genmanipulation, wie bei Mäusen, deren Leben in Tierexperimenten auf diese Weise schon um etwa ein Drittel verlängert werden konnte, hat sich die durchschnittliche Lebenserwartung beim Menschen nun schon seit Jahrzehnten kontinuierlich erhöht. Wir werden immer älter und das Altern entgegen dem allgemeinen Zeittrend *ent*schleunigt. Darüber hinaus könnten nun sowohl mit dem vorgeburtlichen Vor-Leben wie im nachtödlichen Nach-Leben, insbesondere mit den in beiden Fällen angewandten Methoden der Kryonik, neue (para-)menschliche Existenz-Weisen und Daseins-Formen zwischen Noch nicht-, Nie-, Nicht mehr-, Auf-, Ab- und Wieder-Leben entstehen, innerhalb derer das aktuell gelebte, lebend(ig)e Leben nurmehr einen immer kleiner werdenden Ausschnitt darstellt. Vor allem dann, wenn künftig Biopolitik als Kryopolitik betrieben wird, könnte eine der letzten Gewissheiten zur vorletzten Ungewissheit werden. Wenn sogar das eigene Ableben möglicherweise bald überlebt werden kann, ist selbst

---

[69]Wie „adulte" Stammzellen mittlerweile eingedeutscht, bildet präpregnantes und pränatales Leben das spiegelbildliche Gegenstück zum posthumen, so wie das altägyptische Zeitverständnis nur Gegenwart und Nicht-Gegenwart kennt und Vergangenheit und Zukunft zu einer einzigen Nicht-Gegenwärtigkeit zusammenfallen. Zu kulturell und historisch unterschiedlichen Zeitverständnissen, die mit den jeweiligen Vorstellungen von Leben und Tod auf Engste verknüpft sind, insbesondere die Arbeiten des Forscherpaars Aleida und Jan Assmann. Stellvertretend für deren preisgekröntes gemeinsames Lebenswerk Assmann (1975).

[70]Der Tod war, wie mit dem Kaiserschnitt der Geburtskanal umgangen wird, bereits zuvor im Körper gewandert und mit Erfindung der Herz-Lungen-Maschine im Zuge von – darin auf auch anderweitig Bewegungsspielräume hindeutend – intrakorporaler Migration vom Herz- zum Hirntod geworden. Gleichzeitig ist immer weniger klar und zunehmend uneindeutig, was unter mittlerweile geschaffenen technologischen Bedingungen als „natürliche" Geburt oder als ohne Fremdeinwirkung eingetretener „natürlicher" Tod gelten soll, zumal beide immer häufiger im doppeldeutigen Sinne „verpasst" werden.

der Tod, das große biografische und menschheitsgeschichtliche Amen, offenbar nicht mehr todsicher. Dann könnten diese humanen oder humanoiden Lebens-Arten sich wie eine Retusche ins Bild zunehmend realistischer Zukunftsszenarien schieben und zu einem immer näher liegenden optionalen Entwicklungspfad werden. In Anbetracht eines teilweise heute schon ins Diesseits verlagerten Jenseits, bei dem sich, wie mit inzwischen gelungenen Selbst-Replikationen[71], Wege in die digitale Unsterblichkeit auftun und gleichzeitig Umrisse einer Fortexistenz in einem posthum(an)en Arkadien[72] am Horizont sichtbar werden, scheint selbst im Hinblick auf das Ewige Leben das letzte Wort noch nicht gesprochen.[73]

18   Rückblenden, Vorhersagen und Aussichten

Wie der Mensch-Maschine-Diskurs, der sich über da Vincis Menschenapparate, die als Vorläufer der heutigen Roboter überraschend neuzeitlich und geradezu modern anmuten, bis zu Pygmalion in Ovids „Metamorphosen" (o. J., 10. Buch, Vers 243 ff.) und damit bis in die Antike rekonstruieren lässt, ist die Idee, menschliches Leben zu erschaffen und künstliche Intelligenzen zu kreieren, nicht neu. Mit einer 2000 Jahre langen, und auch entsprechend umfangreichen philosophie- und ideengeschichtlichen, literarisch dokumentierten Tradition sind beide ungefähr

---

[71]Nach Klon-Schaf Dolly und Louise Brown, dem weltweit ersten menschlichen Retorten-Baby in England und dem folgenden „Wunder von Erlangen" eines auch in Deutschland künstlich erzeugten Kindes macht jetzt der japanische Professor Hiroshi Ishiguro als Prometheus des Digitalzeitalters und Nachfahre des modernen Frankenstein im *world wide web* Furore. Er hat es geschafft, sich durch Selbstverdopplung nach seinem eigenen (Vor-) Bild selbst zu erschaffen und als altersloses *Alter Ego* und digitales Double zu replizieren.

[72]Einen Eindruck von diesem Weiterleben in einem, wie in einem naivem Kindheitsglauben vorgestellten, nicht weniger virtuellen Himmel, in dem alters- und namenlose Maschinenmenschen keine Geburts- und auch keine Namenstage mehr feiern und alle – der von Marx vorhergesagte Urzustand – gleich sind und körperlos und sexualfrei, ungeboren und unsterblich von ihrem irdischen Dasein erlöst wurden, vermittelt das Theaterstück „Netzwelt" (2015) von Jennifer Haley.

[73]In „Eine Zeit ohne Tod" (2007) entführen Romane des portugiesischen Literaturnobelpreisträgers José Saramago. Während dieser schon von einer Welt handelt, in der überhaupt nicht mehr gestorben wird, besteht in dem davor erschienenen Werk „Alle Namen" (1997) der einzige Unterschied zwischen den Lebenden und den Toten schon nur noch in ihrer Position relativ zu einem Trennreiter in den Akten, die sie beide – ungeachtet ihres aktuellen Status davor oder danach – für die Ewigkeit aufbewahren.

genauso so alt wie die nachchristliche Zeitrechnung. Dies macht so manche Zukunftsvision der heutigen Gegenwart zu *Déjà vû*-Erlebnissen früher Technik-Utopien und menschlicher Fantasie entsprungener theoretischer Raisonnements, die als Hirngespinste belächelt wurden. Doch noch nie waren die praktische Umsetzung und tatsächliche Verwirklichung dieses uralten Menschheitstraums derart zum Greifen nah wie heute, exakt 200 Jahre nach Shelleys „Frankenstein" und in etwa 200 Jahre nach dem „Homunculus" in Goethes „Faust".[74]

Auch die Reproduktion führte immer schon ein von der Produktion dominiertes und nicht erst in der aktuellen Digitalisierungsdiskussion in die Unbeachtlichkeit abgedrängtes Schattendasein.[75] Buchstäblich seit Adam und Eva wird so getan, als habe menschliches Leben in der Produktion seinen Ursprung und als sei die Reproduktion eine Nebensache von der Unwichtigkeit einer ignorierbaren, da weiblichen Begleiterscheinung. Deren Repräsentantinnen wurde seit jeher eine Nebenrolle im untergeordneten Rang notfalls entbehrlicher Statistinnen zugewiesen, so wie die Maschine anfangs und bis auf Weiteres noch als Assistentin des Menschen gesehen wird. Auf diese Weise wurde der nachweislich falsche, sich dessen ungeachtet über Jahrhunderte hinweg haltende Eindruck erzeugt, die Wiege der Menschheit stünde in der Fabrik und nicht in der Familie und die Reproduktion sei die Sklavin und Magd der ersteren und die Produktion ihr Herr und Beherrscher.[76]

---

[74]Zu den aus heutiger Sicht erstaunlich frühen und heute vor allem mit Julien Offray de La Mettries im Original 1748 veröffentlichtem Standardwerk *„L'homme machine"* (1909) verbundenen Überlegungen zur Maschinisierung des Menschen und der Vermenschlichung der Maschine – mit Rekursen bereits auf Descartes und Hobbes bis hin zu Derrida und Foucault – Baruzzi (1973). Der am 01.01.1818 erschienene dystopische Roman „Frankenstein" (1912) von Mary Shelley, Tochter der engl. Feministin Mary Wollstonecraft, hat, wie Ovids „Metamorphosen" (o. J.), die *„Sonnets"* von Shakespeare aus dem Jahre 1609 oder Goethes „Faust" (1832), Eingang in die Weltliteratur gefunden. Er kann auch als Kritik am bevorzugt männlichen Machbarkeitswahn gelesen werden.

[75]Im Status der *quantité négligeable* findet das Weibliche sich im (Klassen-)Kampf der Geschlechter als (Neben-)Widerspruch bei Karl Marx, als das gegenüber dem Definierten Männlichen vage und unbestimmt bleibende Übrige bei George Spencer Brown (Luhmann 1988) und bei Simone de Beauvoir, deren Kultbuch des Feminismus „Das andere Geschlecht" (1951) die Zweitrangigkeit der Frau als *„le deuxième sexe"* schon im Titel der frz. Originalausgabe von 1949 trägt.

[76]Wurzeln dieser ungleichen – und damit allein schon geometrisch unkorrekten – Halbierung der Welt und deren Aufteilung in eine größere, bessere und eine kleinere, minderwertige Hälfte als einer jahrtausendealten Tradition der Ausblendung, Unsichtbarmachung und Geringschätzung lassen sich bis ins Paradies zurückverfolgen. Eva – die Rolle der Ava in dem Film *„Ex machina"* (2015) – wurde einer Rippe Adams entnommen und, so erzählt es die Schöpfungsgeschichte im 1. Buch Mose (Genesis) 2, 4–3, 24, aus ihm „gebaut".

Folgt man dem Evangelium nach Matthäus (Mt 19, 29–30), dann werden die Ersten die Letzten sein. Genauso könnten Licht- und Schattenseiten sich auch im Verhältnis von Produktion und Reproduktion verkehren. Am Ende ist nicht *homme machine,* sondern *mom machine* der Coup und nicht die Mensch-Maschine-Kooperation, sondern die Mensch-Maschine-Kohabitation, wie sie sich gegenwärtig anbahnt, der eigentliche Clou. Nicht der Kumpel und Kollege Roboter, der *Cobot,* sondern der *Companion* und das *Repro-Couple* und der aus ihrer Kopulation hervorgehende Nachwuchs sind das Gespenst, das – wie damals in Europa – mittlerweile in der ganzen Welt umgeht.

Als der auf stammesgeschichtlicher wie auf der Ebene von Einzelwesen letztlich bedeutendere evolutionäre Einschnitt werden Reproduktionstechnologien innerhalb der Menschheitsentwicklung die tieferen und zugleich bleibenderen Spuren hinterlassen, als Buchdruck, Dampfmaschine, Eisenbahn und Automobil und zuletzt Computer und Internet dies getan und damit die menschliche Lebenswelt zweifellos ebenfalls epochal und grundstürzend transformiert und verändert haben. Das Überschreiten des Rubicon von der maschinellen Produktion zur menschlichen Reproduktion könnte sich im Nachhinein als der größere Schritt herausstellen als der des ersten Manns auf dem Mond. Nicht ohne Grund gilt der Wandel der Familie – *pars pro toto* für im reproduktiven Bereich stattfindende Veränderungen – innerhalb der Soziologie als einer der stärksten Indikatoren für (gesamt-)gesellschaftlichen Wandel, der sich auch im interkulturellen und internationalen (Zeit-)Vergleich als sozialer Seismograf und Frühwarnsystem insbesondere bei der Prognose spektakulärer Umbrüche und säkularer Veränderungen bewährt hat.[77]

Wie Stechuhr und Zahnrad Insignien des Industriezeitalters und das Benthamsche Panoptikon Stein gewordenes Signum der beginnenden Neuzeit, so stehen heute „der Rechner" und „das Netz" als symbolisch verdichtete Zeitzeugen für die computerisierte und technisierte Digitalgesellschaft. Sie bilden gewissermaßen deren mittlerweile etablierte Signatur.[78] Dem Greifarm als dem robotischen Stellvertreter und

---

[77]Seit Durkheims klassischer Selbstmordstudie (1973) gelten Phänomene wie die auffällige Zunahme von nichtehelichen Geburten, Ehescheidungen und Suiziden als Vorzeichen von Anomie und Vorboten des Zerfalls von Gesellschaften.

[78]Beispielhaft für die sich mit neuen technischen Errungenschaften und deren jeweiligen (Hoch-)Konjunkturen wandelnden Technikmythen, -metaphern und -manifesten „Mythos der Maschine" (Mumford 1974) und „Mythos Algorithmus" (Bächle 2015) sowie das mittlerweile durch das „Transhumanistische Manifest" (Young 2006) abgelöste „Cyborg Manifest" (Haraway 1995b).

reifizierten Repräsentanten der Automation entsprächen im Bereich der Reproduktion der künstliche Phallus, der Brutapparat und die Gebärmaschine als derzeit noch weniger wahrgenommene zeittypische Geräte. Die Genschere als sezierendes Werkzeug und materialisiertes Zeitzeichen und Zeitgeist- Marker wäre ihr markierendes, die Zukunft kaum noch vorwegnehmendes Instrument.

Das kultursoziologisch identifizierte Zeitalter der Zeit fällt mit der von Reproduktionstechnologien geprägten postevolutionären Ägide des Anthropozän nicht nur, aber auch zeitlich zusammen. In ihm ist die Selbst-Erschaffung des Menschen nur noch eine Frage der Zeit und die Anthropo-Autogenese möglicherweise eine Sache von Jahrzehnten und wenigen Generationen. Als „Geburt"[79] wird diese reproduktionstechnisch ermöglichte Autopoiesis nur noch in einem, wie mit der „naissance" in Michel Foucaults Biopolitik (2006) oder in dem zukunftsweisend als „Birth of the Break Down Clown"[80] angekündigten Kunstprojekt eines dem Menschen nachgebauten „Clon" von Tim Shaw, einem künstlichen Zwilling des Wissenschaftlers Hiroshi Ishiguro, metaphorischen, vielleicht gar nostalgisch wiederverzaubernden Sinne bezeichnet. Nach der „Antiquiertheit des Menschen" (Anders 1992) und dessen auch von der Kulturanthropologie des 20. Jahrhunderts konstatierter Unzulänglichkeit als „Mängelwesen", das für ein Überleben in dieser Welt auf Dauer nicht geschaffen ist, legen zunehmend auch Buchtitel den bevorstehenden Ausgang der Menschheit nahe. In ihnen kommen außer dem Wort „Ende" entweder auffallend oft die Begriffe „next" und „near" vor oder es wird die grammatikalische Form des engl. *present continuous* für eine bereits angebrochene Gegenwart gewählt.[81]

---

[79]Nachdem der Storch aus dem Reich der Kinder- und Ammenmärchen vertrieben und durch Paketzustelldienste ersetzt wurde, die die Zutaten zum Kind als Gefriergut „frei Haus" bringen und möglicherweise bald durch Lieferdrohnen ersetzt werden, werden nicht nur Sexualkundebücher für den Schulunterricht aktualisiert und an entscheidenden Stellen den neuen Fortpflanzungsweisen angepasst werden müssen. Auch so manches Märchen wird von „Es war einmal" zu „Es wird einmal" die Erzählrichtung wechseln müssen und nicht mehr mit „und wenn sie nicht gestorben sind" enden, sondern mit „und wenn sie nicht geboren werden" anfangen.

[80]Selbst die ansonsten eher konservative Geschichtswissenschaft greift mit der programmatischen Neuausrichtung der *digital humanities* in einer mittlerweile auch das Digitale naturalisierenden Manier neuerdings auf *digital born (!) sources* zurück.

[81]Letzteres gilt z. B. für Nick Bostroms „Szenarien einer kommenden Revolution" (2016). Eine „Zukunft ohne uns" (2011) beschwört Miriam Meckel ebenso herauf wie Francis Fukuyama, der nach dem „Ende der Geschichte" (1992) inzwischen auch das „Ende des Menschen" (2004a) prophezeit und den Transhumanismus zugleich für *„The World's Most Dangerous Ideas"* (2004b) hält. Über ein posthumanistisches „Leben jenseits des Menschen" (2014) reflektiert die Foucault-Schülerin Rosi Braidotti und Michel Foucault selbst schreibt in „Die Ordnung der Dinge": „Der Mensch ist eine Erfindung, deren junges Datum die Archäologie unseres Denkens ganz offen zeigt. Vielleicht auch das baldige Ende" (1971, S. 462).

Nach dessen keineswegs nur erd-, sondern auch evolutionsgeschichtlich gar nicht so lange zurückliegender Erfindung steht womöglich auch der Tod des Menschen als gattungsmäßiger Nahtod oder aber in diesem Fall unfreiwilliger Freitod mehr oder weniger unmittelbar bevor. Dann wären die letzten Tage einer unerwartet kurzen Geschichte der Menschheit, wie in der durch einen genialen Schnitt in die Filmgeschichte eingegangenen Szene von Stanley Kubrick (1968) – vier Millionen Jahre auf nur wenige Sekunden verkürzt – der Knochenwurf eines Affen sich in ein Raumschiff verwandelt, bereits heute soweit „ent-fernt" und im Heideggerschen Sinne ihrer zuvor noch in weite Zukunft vertagten Ferne beraubt, dass selbst die Begriffe „posthum" und „posthuman" nur mehr eine einzige Silbe trennt.[82]

19   Schluss

Wahrscheinlichkeitstheorie und moderne Fiktion sind – auch dies kein Zufall – zeitgleich, beide im 17. Jahrhundert, entstanden.[83] Was noch vor wenigen Jahren so unglaublich und denkunmöglich erschien. Die Abschaffung von Zinsen auf Kapitaleinlagen oder die Idee, dass man „ins Netz gehen" und das Internet Teil der menschlichen Lebenswelt werden könnte, lag so weit jenseits des menschlichen Vorstellungsvermögens und außerhalb der jemals für realisierbar gehaltenen Möglichkeitsräume dass es – wie die Aufhebung von Gravitationsgesetzen oder die Besiedelung des Mars heute – allenfalls als *fantasy* oder *science fiction* durchgegangen wäre. Jetzt unter das literarische Genre des spekulativen Realismus und ist, wenn noch nicht Normalität, so doch zumindest teilweise – und zwar keineswegs alternativ- oder postfaktische – Realität.[84]

---

[82]Die Schnittmetapher findet sich als „Schnittstelle" nicht nur im inzwischen überholten Mensch-Maschine-Verhältnis, sondern in den verschiedenen Varianten des Zu-, Ab-, Weg- und Beschneidens außer im Film auch im *genetic editing*. Als historischer Vorläufer der „Genschere" kann das „Messerchen" gelten. Mit ihm wurden zur Barockzeit durch einschneidende Eingriffe in die Fortpflanzungsfähigkeit die hohen Knabenstimmen der Kastraten erhalten.

[83]Eine genealogische Rekonstruktion der Koinzidenz von Probabilität und Fiktionalität hat die Luhmann-Schülerin Elena Esposito vorgelegt (2007).

[84]Dass „*gravity*", engl., bezeichnenderweise sowohl „Schwerkraft" als auch „Schwangerschaft" bedeutet, könnte, wie der erwähnte Knochenwurf in „*Odyssee im Weltraum 2001*" (1968), als bedeutungsschwangerer und bildmächtiger Wink mit dem Zaunpfahl verstanden werden. Entsprechende verheißungsvolle Assoziationen weckt mit einprägsamen Aufnahmen der gleichnamige Film (2013) von Alfonso Cuarón mit Sandra Bullock in der Hauptrolle.

Zuverlässige Prädiktoren realistischerweise zu gewärtigender und in diesem Sinne immer „unkünftiger" werdender Zukünfte sind, neben im vergleichbaren Ausland geltenden gesetzlichen Regelungen sowie gelungenen Tierversuchen – insbesondere solchen mit sich erhärtendem Anfangsverdacht auf Übertragbarkeit auf den Menschen – vor allem Filme und fiktionale Literatur Zu nennen sind hier vor allem Romane, wie die mittlerweile klassischen Prophezeiungen von Jules Verne, Aldous Huxley oder George Orwell, sowie mittlerweile auch Comics und Computerspiele. Diese eilen als literarische Produkte der wissenschaftlichen Prognose bisweilen um Lichtjahre voraus und übertreffen diese an futuristischer Kreativität und visionärer Kraft oft meilenweit.[85]

Bereits heute sind Geschlechtskörper nur noch als Reproduktionsavatare indirekt, beiläufig und teilweise bewusstlos an der Generierung von Nachwuchs beteiligt und als Stellvertreter von Eltern- und Ersatz leibhaftiger Vater- und Mutterschaft in dessen Vorbereitung und Entstehung immer weniger *in-* als *exvolviert.* In Zukunft könnte die ansatzweise bereits jetzt zur Produktion gewordene Reproduktion zunehmend stellvertretend für „uns"[86] heutige Menschen, wie das bei anderen Aufgaben im Bereich der Produktion vielfach schon jetzt der Fall ist, außer Haus und teilweise sogar außer Landes vergeben werden. Zeugung, Empfängnis, Schwangerschaft und Geburt könnten auf andere Menschen, künftig vermehrt und wenigstens teilweise sogar auf Maschinen delegiert und, wie ein beliebiger anderer Job, outgesourcet werden. Während uns an anderer Stelle die Arbeit ausgeht und wir den Roboter als Konkurrenten am Arbeitsplatz fürchten, haben wir Angst davor, dass die angelaufene Kooperation und an vielen Stellen bereits eingespielte Mensch-Maschine-Interaktion zur feindlichen

---

[85]Stellvertretend für solche Sternstunden cineastischer Prophetie und bereits eingetroffene Weissagungen der 2017 als „*Blade Runner* 2049" von Denis Villeneuve neu verfilmte „*Blade Runner*" (1982), aber auch auf Empathie, Sympathie, Emotionen und Verliebtheit zwischen „richtigen" Menschen und Künstlichen Intelligenzen fokussiert die Filme „*Her*" (2013), „*Transcendence*" (2014) und „*Ex machina*" (2015). Als Vorschau auf gentechnisch aufgewertete Menschen mit allenfalls noch humanoiden Relikten „*Gattaca*" (1997). Zur Überlegenheit des Mediums Film programmatisch „Was weiß Kino, was wir nicht wissen" (2014) von Rüdiger Suchsland, der allerdings zu wesentlichen Teilen auf Analysen des Filmsoziologen (!) Siegfried Kracauer basiert.

[86]Gleichzeitig wird dieses nostrifizierende Kollektiv-„Wir" sowohl in seinen Konturen wie im Kern immer unbestimmter und, wie die Grenzen des Geschlechts und diejenigen zwischen Leben und Tod, unsubstantiierter und aufgrund allenthalben verschwimmender und schließlich ganz verschwindender Dichotomieren auch immer unbestimmbarer. Dies wird ein eindeutiges *Othering* künftig auch zwischen Menschen, nichtmenschlichen Lebewesen und Dingen erschweren.

Übernahme wird und unter der Hand zur Kollaboration geraten könnte. Wir diskutieren über das Ende der Arbeit und über Postwachstumsgesellschaften. Zur selben Zeit wird die Nachwuchsfrage nicht nur anderweitig erledigt *werden*. Mit ihr wird sich bald auch die Vorstellung eines Weiterlebens in leiblicher Nachkommenschaft, als biologische Eltern von Kindern und Kindeskindern als dem „eigen' Fleisch und Blut", erledigt *haben*. In noch größeren Zeiträumen und sehr weit hinausgedacht, könnten sich die heute zur Anwendung kommenden Reproduktionstechniken, wie die Atomkraft, möglicherweise sogar als Brückentechnologie herausstellen.[87]

Die menschliche Fortpflanzung in der heutigen Form wird sich insoweit selbst überleben, als ein Nach-Wuchs ohne Vor-Fahren, die ihm im Leben wie im Tod vorangehen, nicht nur *bio*logisch, sondern schon logisch keinen Sinn macht. Inzwischen fallen nicht mehr nur Geld und Gene, sondern nach Auffassung höchster Gerichte auch personenbezogene Daten unter eine Erbmasse, die – nicht mehr notwendig an lebend(ig)e Körper gebunden und entmaterialisiert – mit Biologie und Natur immer weniger zu tun hat und- dem menschlichen Leben (*bios, griech.* Leben) und dessen Weitergabe zunehmend entfremdet – von Grund auf fremd geworden ist. Während es hierbei auf Leiblichkeit und Sexualität immer weniger ankommt, ist ein als Software komprimiertes Daten-Ich als virtuelle Hinterlassenschaft vererbbar. Mehr und mehr hierauf reduziert, kann dieses künftig möglicherweise in unbegrenzt vielen Uploads beliebig oft hochgeladen und geschlechtslos, ja sogar reproduktionslos, repliziert werden.[88]

Dies macht in Anbetracht zahlreicher, sich derzeit mehrender Anzeichen und konstatierbarer Trends ein unverändertes Fortschreiten der menschlichen Evolution als einem vordergründig rein biologisch-natürlich verlaufenden Entwicklungsprozess zumindest ungewiss. Auch die diese empirischen Hinweise begleitenden und durch fiktionale und wissenschaftliche Literatur gestützten Vorahnungen lassen Zweifel an der Naturnotwendigkeit einer Extrapolation bisheriger evolutionärer Entwicklungen in die Zukunft der Menschheit aufkommen. Dies gilt nicht zuletzt im Angesicht eines auf individueller Ebene künftig möglicherweise

---

[87]Einen auf den Menschen bezogen analogen Gedanken formuliert Friedrich Nietzsche 1883 in „Also sprach Zarathustra": „Der Mensch ist ein Seil, geknüpft zwischen Tier und Übermensch, – ein Seil über dem Abgrunde. (…) Was groß ist am Menschen, das ist, dass er ein Brücke und kein Zweck ist: was geliebt werden kann am Menschen, das ist, dass er ein *Übergang* und ein *Untergang* ist" (Nietzsche 2012, S. 4).

[88]Unter diesen Bedingungen hätte auch der in einer Ausgabe von Forschung & Lehre abgedruckte Cartoon seine Pointe verloren, in dem eine Mutter ihren kleinen Sohn mit dem dann wahrscheinlich überholten Satz aufklärt: „*You are not downloaded, you were born*".

ausbleibenden persönlichen Todes und des sich gleichzeitig abzeichnenden Verschwindens des Menschengeschlechts, das im Ableben infolge des verloren gegangenen Mensch-Seins seinen Kollektivtod findet.

Mit der Überlistung der menschlichen Natur oder dessen, was wir dafür gehalten haben und teilweise immer noch halten, durch ihrerseits immer raffinierter und e-labor-ierter werdende Methoden der Reproduktionstechnik, hat all dies, z. B. mit dem teilweisen Außerkraftsetzen der biologischen Uhr oder überzufälligen Mehrlingsgeburten,[89] klammheimlich bereits begonnen. Unter diesen Voraussetzungen scheint ein Ende der menschlichen Evolution absehbar und als Folge der technologischen Reproduktion, die heute noch am Anfang steht, für das Digitalzeitalter zunehmend wahrscheinlich. Angesichts des beschleunigten Fortschreitens kann immer weniger ausgeschlossen werden, dass, wie der Physik und der Soziologie durch technisch bedingte Kernspaltungen unterschiedlicher Art ihre Analyseeinheiten abhanden gekommen sind, mit den menschlichen Keimzellen und dem als Gattungswesen voraussichtlich aussterbenden Menschen auch der Evolution – zumindest auf diesem Planeten – ihr ureigenes Entwicklungsprojekt für immer verloren geht.[90]

Literatur

Anders, G. (1992). *Die Antiquiertheit des Menschen: Bd. II. Zur Zerstörung des Lebens im Zeitalter der dritten industriellen Revolution.* München: Beck.

Arendt, H. (1955). *Elemente und Ursprünge totaler Herrschaft. Antisemitismus, Imperialismus, totale Herrschaft.* Frankfurt a. M.: Europäische Verlagsanstalt.

Arendt, H. (1960). *Vita activa oder vom tätigen Leben.* Stuttgart: Kohlhammer.

---

[89]Letzteres lässt bei aller gebotenen Vorsicht den Verdacht aufkommen, dass hier etwas „aus dem Ruder" läuft und die hinters (Kunst-)Licht geführte Natur – ob nun aus Rache oder Rebellion –, wie bei den derzeit auffallenden klimatischen Extremen, „verrückt" spielt und auf menschliche Eingriffe zunehmend allergisch reagiert.

[90]Auch in dem ihnen zur jeweiligen Zeit gemeinsamen Anfangsstadium zeigt sich zum einen die Analogie von maschineller Produktion und menschlicher Reproduktion. Hier schreibt Walter Benjamin in seinem berühmten Essay zur Kunstsoziologie von 1936: „Als Marx die Analyse der kapitalistischen Produktionsweise unternahm, war diese Produktionsweise in den Anfängen" (Benjamin 1981, S. 10). Ähnliches gilt für die Übergänge von biologischer und technischer Entwicklung: „Wenn wir wichtige Meilensteine der biologischen und technischen Entwicklung zusammen betrachten, sehen wir, dass biologische Evolution nahtlos in die Entwicklung durch Menschenhand übergeht. Biologische Evolution und Technik weisen beide eine kontinuierliche Beschleunigung auf, angezeigt durch die kürzer werdenden Zeiträume zwischen zwei Ereignissen (zwei Milliarden Jahre zwischen dem Ursprung des Lebens und Zellen, vierzehn Jahre zwischen dem PC und dem WWW.) (Kurzweil 2014, S. 11).

Assmann, J. (1975). *Zeit und Ewigkeit im alten Ägypten*. Heidelberg: Winter.

Bächle, T. C. (2015). *Mythos Algorithmus. Die Fabrikation des computerisierbaren Menschen*. Wiesbaden: Springer.

Badinter, É. (1981). *Die Mutterliebe. Die Geschichte eines Gefühls vom 17. Jahrhundert bis heute*. München: Piper.

Baruzzi, A. (1973). *Mensch und Maschine. Das Denken sub specie machinae*. München: Fink.

Benjamin, W. (1981). *Das Kunstwerk im Zeitalter seiner technischen Reproduzierbarkeit*. Frankfurt a. M.: Suhrkamp.

Bloch, E. (1959). *Das Prinzip Hoffnung*. Frankfurt a. M.: Suhrkamp.

Bostrom, N. (2016). *Superintelligenz. Szenarien einer kommenden Revolution*. Frankfurt a. M.: Suhrkamp.

Bourdieu, P. (2005). *Die männliche Herrschaft*. Frankfurt a. M.: Suhrkamp.

Braidotti, R. (2002). *Metamorphoses. Towards a materialist theory of becoming*. Cambridge: Polity.

Braidotti, R. (2014). *Posthumanismus. Leben jenseits des Menschen*. Frankfurt a. M.: Campus.

Brynolfsson, E. (2014). *The Second Machine Age: Wie die nächste digitale Revolution unser aller Leben verändern wird*. Kulmbach: Plassen.

Bunz, M. (2012). *Die stille Revolution. Wie Algorithmen Wissen, Arbeit, Öffentlichkeit und Politik verändern, ohne dabei viel Lärm zu machen*. Berlin: Suhrkamp.

Crutzen, P. J. (2002). Geology of mankind. *Nature, 415,* 23.

Darwin, C. (1860). *Über die Entstehung der Arten*. Stuttgart: Schweizerbart'sche Verlaghandlung und Druckerei.

Dath, D. (2008). *Die Abschaffung der Arten*. Frankfurt a. M.: Suhrkamp.

de Beauvoir, S. (1951). *Das andere Geschlecht. Sitte und Sexus der Frau*. Hamburg: Rowohlt.

de La Mettrie, J. O. (1909). *Der Mensch eine Maschine*. Leipzig: Duerr.

Durkheim, E. (1973). *Der Selbstmord*. Neuwied: Luchterhand.

Esposito, E. (2007). *Die Fiktion der wahrscheinlichen Realität*. Frankfurt a. M.: Suhrkamp.

Foucault, M. (1971). *Die Ordnung der Dinge. Eine Archäologie der Humanwissenschaften*. Frankfurt a. M.: Suhrkamp.

Foucault, M. (2006). *Die Geburt der Biopolitik*. Frankfurt a. M.: Suhrkamp.

Fukuyama, F. (1992). *Das Ende der Geschichte*. München: Kindler.

Fukuyama, F. (2004a). *Das Ende des Menschen*. München: dtv.

Fukuyama, F. (2004b). The World's most dangerous ideas: Transhumanism. *Foreign Policy, 144,* 42–43.

Grosser, A. (2017). *Le Mensch: Ethik der Identitäten*. Bonn: Dietz.

Habermas, J. (1968). *Wissenschaft und Technik als Ideologie*. Frankfurt a. M.: Suhrkamp.

Habermas, J. (1970). *Erkenntnis und Interesse*. Frankfurt a. M.: Suhrkamp.

Habermas, J. (1994). *Die Moderne, ein unvollendetes Projekt*. Leipzig: Reclam.

Habermas, J. (2001). *Die Zukunft der menschlichen Natur. Auf dem Weg zu einer liberalen Eugenik*. Frankfurt a. M.: Suhrkamp.

Hansen-Löve, A. A., Ott, M., & Schneider, L. (Hrsg.). (2014). *Natalität. Geburt als Anfangsfigur in Literatur und Kunst*. Paderborn: Fink.

Harari, Y. N. (2017). *Homo Deus. Eine Geschichte von Morgen*. München: Beck.

Haraway, D. (1995a). *Monströse Versprechen. Die Gender- und Technologie-Essays.* Hamburg: Argument.

Haraway, D. (1995b). Ein Manifest für Cyborgs. In C. von Hammer & I. Stieß (Hrsg.), *Die Neuerfindung der Natur. Primaten, Cyborgs und Frauen* (S. 33–72). Frankfurt a. M.: Campus.

Herzog-Schröder, G., Gottwald, F.-T., & Walterspiel, V. (Hrsg.). (2009). *Fruchtbarkeit unter Kontrolle? Zur Problematik der Reproduktion in Natur und Gesellschaft.* Frankfurt a. M.: Campus.

Illouz, E. (2003). *Der Konsum der Romantik. Liebe und die kulturellen Widersprüche des Kapitalismus.* Frankfurt a. M.: Campus.

Inglehart, R. (1982). *Die stille Revolution. Vom Wandel der Werte.* Königstein i. T.: Athenaeum.

Klausnitzer, R. (2013). *Das Ende des Zufalls: Wie Big Data uns und unser Leben vorhersagbar macht.* Salzburg: Ecowin.

Kurzweil, R. (2014). *Menschheit 2.0. Die Singularität naht.* Berlin: Lola Books.

Latour, B. (2008). *Wir sind nie modern gewesen. Versuch einer symmetrischen Anthropologie.* Frankfurt a. M.: Suhrkamp.

Liesmann, K. P. (Hrsg.). (2016). *Neue Menschen! Bilden, optimieren, perfektionieren.* Wien: Paul Zsolnay.

Lübke, V. (2005). *CyberGender. Geschlecht und Körper im Internet.* Sulzbach: Ulrike Helmer.

Lucke, D. (1995). *Akzeptanz. Legitimität in der 'Abstimmungsgesellschaft'.* Opladen: Leske + Budrich.

Lucke, D. M. (2013). Jenseits von Ehestand und Geschlechtsklasse. Familienrechtliche Reformen als Grundlage für die Egalisierung und Pluralisierung privater Lebensformen. In D. C. Krüger, H. Herma, & A. Schierbaum (Hrsg.), *Familie(n) heute: Entwicklungen, Kontroversen, Prognosen* (S. 146–174). München: Beltz Juventa.

Luhmann, N. (1988). Frauen, Männer und George Spencer Brown. *Zeitschrift für Soziologie, 17,* 47–71.

Malsch, T. (Hrsg.). (1998). *Sozionik: Soziologische Ansichten über künstliche Sozialität.* Berlin: Edition Sigma.

Meckel, M. (2011). *NEXT. Erinnerungen an eine Zukunft ohne uns.* Hamburg: Rowohlt.

Mitscherlich, A. (1963). *Auf dem Weg zur vaterlosen Gesellschaft.* München: Piper.

Mumford, L. (1974). *Mythos der Maschine. Kultur, Technik und Macht.* Wien: Europa.

Neuweiler, G. (2009). *Und wir sind es doch: Die Krone der Evolution.* Berlin: Klaus Wagenbach.

Ogburn, W. F. (1969). *Kultur und sozialer Wandel.* Neuwied: Luchterhand.

Orland, B., & Scheich, E. (Hrsg.). (1995). *Das Geschlecht der Natur. Feministische Beiträge zur Geschichte und Theorie der Naturwissenschaften.* Frankfurt a. M.: Suhrkamp.

Penny, L. (2012). *Fleischmarkt. Weibliche Körper im Kapitalismus.* Hamburg: Nautilus.

Popper, K. (1935). *Logik der Forschung. Zur Erkenntnistheorie der modernen Naturwissenschaft.* Wien: Springer.

Poser, H. (2016). *Homo creator. Technik als philosophische Herausforderung.* Wiesbaden: Springer.

Ranisch, R., & Sorgner, S. L. (Hrsg.). (2014). *Post- and Transhumanism.* Frankfurt a. M.: Lang.

Rosa, H. (2005). *Beschleunigung – Die Veränderung der Zeitstrukturen in der Moderne.* Frankfurt a. M.: Suhrkamp.

Schelsky, H. (1955). *Soziologie der Sexualität.* Reinbek: Rowohlt.

Sigusch, V. (2005). *Neosexualitäten. Über den kulturellen Wandel von Liebe und Perversion.* Frankfurt a. M.: Campus.

Virilio, P. (1992). *Rasender Stillstand.* Frankfurt a. M.: Fischer.

Wehling, P. (2006). *Im Schatten des Wissens? Perspektiven der Soziologie des Nichtwissens.* Konstanz: UVK.

Young, S. (2006). *Designer Evolution. A Transhumanist Manifesto.* Anherst: Prometheus.

Literarische Referenzen

Atwood, M. (1987). *Der Report der Magd.* München: Piper.

Frisch, M. (1957). *Homo faber. Ein Bericht.* Frankfurt a. M.: Suhrkamp.

Goethe, J Wv. (1832). *Faust I/II.* Leipzig: Georg Joachim Göschen.

Grass, G. (1980). *Kopfgeburten oder Die Deutschen sterben aus.* Darmstadt: Luchterhand.

Haley, J. (2015). *Netzwelt.* Massachusetts: Samuel French.

Hesse, H. (1943). *Das Glasperlenspiel.* New York: Holt.

Lanier, J. (2018). *Zehn Gründe, warum du deine Social Media Accounts sofort löschen musst.* Hamburg: Hoffmann und Campe.

Nietzsche, F. (2012). *Also sprach Zarathustra. Ein Buch für Alle und Keinen.* Köln: Anaconda.

Ovid. (o. J.). *Metamorphosen: Opus in 15 Büchern.* Ditzingen: Reclam.

Saramago, J. (1997). *Alle Namen.* Hamburg: Rowohlt.

Saramago, J. (2007). *Eine Zeit ohne Tod.* Reinbek: Rowohlt.

Shakespeare, W. (2012). *Die Sonette.* München: dtv.

Shelley, M. (1912). *Frankenstein oder Der moderne Prometheus.* Leipzig: Max Altmann.

Sloterdijk, P. (2018). *Das Schelling-Projekt. Bericht.* Berlin: Suhrkamp.

Welzer, H. (2016). *Die smarte Diktatur. Der Angriff auf unsere Freiheit.* Berlin: Fischer.

Filme

Alle 28 Tage. Borrmann, I. (2015). DE.

Blade Runner. Scott, R. (1982). USA.

Blade Runner 2049. Villeneuve, D. (2017). USA.

Die Geschichte der Dienerin, Schlöndorff, V. (1990). BRD/USA.

Ex Machina. Garland, A. (2015). UK.

Gravity. Cuarón, A. (2013). USA.

Her. Jonze, S. (2013). USA.

Odyssee im Weltraum 2001. Kubrick, S. (1968). USA.

Transcendence. Pfister. W. (2014). USA.

Was weiß Kino, was wir nicht wissen. Suchsland, R. (2014). DE.

MIX
Papier aus verantwortungsvollen Quellen
Paper from responsible sources
FSC® C105338

If you have any concerns about our products,
you can contact us on
ProductSafety@springernature.com

In case Publisher is established outside the EU,
the EU authorized representative is:
Springer Nature Customer Service Center GmbH
Europaplatz 3, 69115 Heidelberg, Germany

Printed by Libri Plureos GmbH
in Hamburg, Germany